公 共 關 係 在 中 國

# 公共關係在中國
## 三十年的觀察與研究

陳霓

香港城市大學出版社
City University of Hong Kong Press

國際統一書號：978-962-937-552-2

出版

  香港城市大學出版社
  香港九龍達之路
  香港城市大學
  網址：www.cityu.edu.hk/upress
  電郵：upress@cityu.edu.hk

**Public Relations in China: Thirty Years of Observation and Research**
(in traditional Chinese characters)

ISBN: 978-962-937-552-2

Published by

  City University of Hong Kong Press
  Tat Chee Avenue
  Kowloon, Hong Kong
  Website: www.cityu.edu.hk/upress
  E-mail: upress@cityu.edu.hk

Printed in Hong Kong

# 目 錄

## 第三部分　西方公關理論與中國政府公關實踐調和

　　不久前，讀到中國人民大學新聞與社會發展研究中心公共傳播研究所副所長胡百精教授發表在《國際新聞界》的一篇論文，題目是〈中國公共關係30年的理論建設與思想遺產〉（胡百精，2019）。文章全面梳理了公共關係學（Public Relations Research）自上個世紀八十年代中期引入中國內地至今所經歷的學術發展脈絡。胡教授對公共關係學在中國內地三十餘年的演進，從觀念引入到理論啟蒙、中國特色公關理論體系構建及學術範式創新三個角度進行了概述，令人耳目一新。與此同時，文章將筆者帶回到三十年前研習公共關係的最初，也激起筆者對公共關係在大中華地區（中國內地、台灣、香港、澳門）發展三十年來觀察和研究的回眸。

　　作為中國內地「文革」後恢復高考招生第一屆（「七七級」）的大學生，筆者上個世紀八十年代中期也加入了上萬名奔赴美國深造的中國留學大軍。在俄亥俄大學完成了國際事務研究碩士學位的學習時，筆者有幸獲得了該校競爭十分激烈的大學博士研修獎學金。有趣的是，當時筆者並未想好是否要攻讀博士學位，更不清楚要讀什麼專業。俄亥俄大學的這個博士獎學金真有點「逼」我留校繼續深造的意思。徘徊之際，筆者在一個偶然的場合遇到了 Hugh M. Culbertson 教授。他的和藹可親讓筆者不由得冒昧地請教他：「如果我想留在俄亥俄大學讀博，您覺得讀什麼專業為好？」Culbertson 教授的回答非常直接：「建議你考慮修 E. W. Scripps 新聞學院的公共關係專業。」這是筆者第一次聽說「公共關係」，懵懂間便問道「為什麼？」他的解釋即刻讓筆者眼前一亮：「中國在改革開放，一定會引入公共關係，很快就會需要教學和研究公共關係的學者。」正是 Culbertson 教授的這番話讓筆者下決心研讀公共關係，並有幸由他作為博士論文的指導教授，儘管筆者並不清楚彼時公共關係在中國內地剛剛興起，也不知道 Culbertson 教授是美國公共關係學界的著名學者。也正是如此

近乎草率的決定，開啟了筆者對公共關係在中國發展的觀察和研究，迄今竟已三十載。

經過三十餘載風風雨雨的洗禮，公共關係在中國內地已然成為一個方興未艾的行業和學科（吳友富，2007；陳先紅，2007；余明陽，2007；胡百精，2013），而筆者對中國公共關係的學術研究幾乎與其同步成長。在過去的歲月中，筆者雖然在美國、香港和澳門的大學教授公共關係，但學術研究始終聚焦在大中華地區──特別是中國內地──公共關係的發展。細想起來，主要集中在三個方面：其一，觀察源於西方的公共關係之相關概念、模式、機制、範疇等是如何落地中國內地並快速發展；其二，檢驗在西方環境中得到或正在受到驗證的一些公共關係學理論及假設在中國文化及社會環境中的可靠性和適用性；其三，解析中國公共關係在實踐中產生的觀念、行為和邏輯及其特徵是否已趨於「本土化」（Localization）。三十年不忘初心，也形成了一系列研究成果，其中部分在西方的英文學術期刊發表，部分被收入國際會議論文集和編著中，但絕大部分未能在中文語境中面世。對此，中國公關研究知名學者陳先紅教授覺得十分遺憾，並認為筆者三十年從境外觀察和研究中國公共關係是一個特殊的學術案例，有必要與中國公關學者和從業人員分享相關研究心得。於是，筆者選擇了本人不同時期已發表及未發表的研究成果，根據漢語學術語境習慣，按照考察點的內在邏輯和特徵，進行了跟進研究，並增加了全新的內容，是為此作。

本書所考察的一個現象是：源自西方的公共關係被一個如中國內地這樣的政治、經濟、社會和文化等與西方反差甚大的國家引入，並經三十餘年發展，成為具本土特色的現代行業和教研體系。對這一現象的探討與尚在爭論中「公共關係關國際化、全球化 vs 本土化」的學術討論具學術相關性（Curtin & Gaither, 2007; Dutta, 2012; Fitch, 2013; Holtzhausen, 2011; Sriramesh & Verčič, 2009;

Valentini, 2007; Valentini, Kruckeberg & Starck, 2016; Verčič, Zerfass & Wiesenberg, 2015; Weaver, 2011）。

三十而立，回顧和反思公共關係在中國內地第一個三十年的實踐探索和成長模式並以此檢驗西方公關理論和假設的可靠性和適用性是本書的一個主要目的。為此，本書研究的一個基本議題是：西方公共關係的概念、理念、模式、理論和思想是如何被引入並指導公共關係在中國內地的演進（Evolution），如何與中國公關的實踐相調和（Reconciliation），以及是否或如何得以轉化（Transformation）？

為了描述和分析公共關係在中國內地的「演進（E）」、「調和（R）」和「轉化（T）」，本書由三個支點構成了一個基本分析框架：一是縱向座標，即中國內地過去三十餘年的政治、經濟、社會和文化情境的變遷（時間）；二是橫向座標，即中國內地與世界——特別是西方國家——（空間）的交流和融合過程中，公共關係的關鍵領域（如企業或機構公關、政府公關）的成長；三是議題焦點，即西方公共關係的相關概念、理念、模式、理論和思想在中國公關認知和實踐中所產生的議題焦點。按此分析框架，本書所遵循的分析邏輯是：領域－理論－議題。

基於上述研究問題、研究目的及分析框架，本書的章節作了如下安排：首先，作為第一章的〈西方公共關係理論體系解析〉，通過梳理迄今已經受到中國公關學者和從業人員關注和運用的西方公共關係理論和研究範式及系統性地評述其內涵和外延，以期形成本書的一個基本理論脈絡和分析引導。

第一部分重點回顧和解析源自西方的公共關係是如何隨着中國內地改革開放的深化而落地及演進。〈創新擴散理論與公共關係引入中國內地〉以傳播學的擴散理論（Innovation Diffusion Theory）為指導，考察公共關係如何在中國引入和擴散的路徑，同

時分析中國內地第一代職業公關者的專業背景、在公關實務中所承擔的角色及所習慣的公關模式，探究了可能影響他(她)們公關行為、態度和方法的因素，並比較略顯生澀的中國公關活動和十分成熟的西方公關活動間的差異。〈公關教學法與中國內地公共關係教育〉從教與學方法論(Pedagogy)的角度，考察中國內地第一代公關教育工作者關於公共關係學科定位、培養計畫、教學大綱及學習方法認知和態度，以期描述作為新興學科的公共關係學在中國內地高校的興起和演變。〈公關認知與中國內地精英公關理解〉借鑒認知(Perception)理念，通過對改革開放初期赴美國和香港學習管理的中國內地國企領導和地方政府官員的調查，描述這些處於改革開放前線的中國精英們如何理解和認知公共關係、如何在其所處的特定環境中形成公共關係意識以及對其日常工作的影響。〈公關自責與中國內地、香港、美國公關專業學生倫理取向比較〉則從西方的自責(Conscientiousness)理念出發，探究中國內地及香港高校公關專業學生對企業應遵循的公關倫理原則的認知與理解，並將結果與美國高校公關專業學生的倫理取向進行比較，以此透視中國內地高校在公關引入期對未來公關從業人員的職業倫理教育之狀況。

第二部分是將在西方受到驗證的企業公共關係學(Corporate PR)理論假設與中國企業和機構的公共關係實踐相調和，以檢驗其針對處於轉型中的中國企業的可靠性和適用性。〈卓越理論與中國內地企業內部溝通〉通過分析轉型期的中國企業在建設與優化內部溝通機制以提升企業管理效率方面的實踐，驗證西方公共關係最具影響的卓越理論(Excellence Theory)關於強化組織有效性理論假設的適用性。〈角色理論與中國內地女性公關從業者〉運用西方公共關係的角色理論(Role Theory)，考察中國內地女性公關從業人員的角色要求和職業特徵，並檢驗西方的公關角色設計是否適應中國內地的社會和產業形態。〈企業社會責任傳播與華為和中華電力比較〉以中國內地快速成長的民

營科技企業華為和香港傳統能源企業中華電力為案例，試圖解析西方盛行的企業社會責任公關(CSR PR)傳播在中華文化背景中運行的經驗和特徵，並分析其為中國內地企業可能提供的借鑒之處。〈訴訟公關與快速成長中的中國內地企業〉則針對中國企業在快速擴張中所面對的日益增長的訴訟案，對其應如何運用戰略傳播(Strategic Communication)原則開展策略性的公關應對進行了學術思考，也對中國公關應如何有效地拓展對訴訟公關(Litigation PR)這一新興領域的研究提出了建議。

第三部分是將在西方受到驗證的政府公共關係學(Government PR) 理論假設與中國政府的公關實踐相調和，以檢驗其在中國政治、行政和媒體生態中的可靠性和適用性。〈對話理論與中國政府性健康傳播〉通過探究中國內地的政府公共衛生機構針對進城務工人員（農民工）這一特殊群體關於性病防治的健康傳播，檢驗方興未艾的對話理論（Dialogue Theory）在中國政府公關實踐中的可靠性和適用性。〈公關制度化與中國政府新聞發言人制度〉運用西方關於公關制度化（Institutionalization）的理論假設，探究中國政府新聞發言人制度的緣起，分析其規範化、機制化及制度化的特徵和趨勢，並透視公關制度化理論對中國政府公關的意義。〈危機公關與中國政府汶川地震傳播〉聚焦中國中央政府運用西方危機公關（Crisis PR）的理論和模式以應對 2008 年汶川特大地震的危機傳播，探討中國政府危機傳播在戰略及機制安排上的重大轉變，並驗證危機公關理論對中國實踐的適用意義。〈情境危機傳播理論與中國政府新疆暴亂危機公關〉基於西方危機公關的情境危機傳播理論（Situational Crisis Communication Theory），考察中國政府——特別是地方政府——針對類似情境危機的 2009 年新疆「7.5」動亂的傳播活動，試圖檢驗及調和情境危機傳播理論對中國政府面對政治與社會危機實施公關的相對適用性。〈國家形象傳播與中國大型國際活動品牌化〉則考察了中國政府如何借助 2008 北京奧運會、2010 上海世

博會、2010廣州亞運會這三個舉世矚目的大型國際活動，以維護和提升國家形象為目的所進行的國家形象傳播（National Image Communication），重點檢驗了西方公關學術界關於「大型活動可塑造主辦方公共形象」理論假設在中國政治與文化環境中的可靠性。

第15章〈中國公關研究轉化趨勢：從卓越公關到陽光公關〉探討中國公共關係在與西方公共關係理論的互動中，是否已經形成了自身的特色並具理論創新和研究轉化的意義。為此，該章梳理了中國公關學者在理論創新方面所取得的階段性成果，特別對西方學者崇尚的卓越公關在以中國文化和傳統為主導的傳播生態中可否得以延伸或轉化為陽光公關進行了討論（陳先紅，2015）。

最後，結語再次檢視本書的研究議題，概括西方公關的概念、理念、模式、理論和思想在中國內地演進的特徵，以及與中國公關的實踐相調和或是否得以轉化或本土化的意義，同時討論一些仍在爭論中、尚待不斷完善的公共關係理論、研究方法或範式，並展望了在可預見的未來中應受到中國公關學者和從業人員予以關注的理論和實踐領域和議題。

儘管本書涉及了較寬的學術議題和涵蓋了較長的時間段，但對探究方興未艾的「公共關係國際化、全球化 vs 本土化」議題、關注中國公共關係研究的學者，以及大中華地區的公關從業人員都有學術啟示意義。首先，本書通過長焦距、寬橫面和多交點透視的方法，探索了西方的公共關係概念、理念、模式、理論和思想在中國內地的演進、與中國實踐的調和及可能產生的轉化，檢驗了公共關係國際化、全球化範式的可靠性和局限性，為公關國際化、全球化及本土化的研究提供了一個新的延伸。其次，本書通過對西方公關理論體系和研究範式在中國內地落地

生根的關鍵里程的描述和分析，檢視和反思了公共關係在中國內地三十餘年的成長經歷和特徵，對關注理論和範式創新以期形成本土化的公關體系的中國內地公關學者而言，不失為一個新鮮的路徑啟示。再次，對於大中華地區 (中國內地、香港、澳門和台灣) 傳播學和公共關係專業的大專院校教師和學生，本書所涉及的議題和內容——特別是在特定歷史背景下產生的數據——可作為其教學、學習和研究的參考。對於立志從事公共關係研究和實踐的大中華地區研究生，本書在針對公共關係的研究設計與實施——特別是在設置研究議程、構建分析框架、融合定性與定量方法、解讀學術結果與設計後續研究——等方面是一個有益的參照。最後，對於大中華地區公共關係從業人員，無論是任職於企業與機構還是來自政府與組織，本書所呈現的研究成果有助他(她)們不斷提升和優化對公關原則、規律及新興領域的理解、認知和實踐。

筆者對中國公共關係發展的觀察和研究近三十載，驀然回首，竟彷彿在一瞬間。探索之路上，君問歸期未有期。感謝澳門大學傳播系研究生王航、梁鳳欣、李瑩的辛苦相助，也鳴謝澳門大學多年度研究資助(MYRG) 對書稿撰寫和出版的支持。誠邀公共關係同行們批評指正。祈望中國公共關係研究行穩致遠。

## 參考文獻

余明陽(2007)。《中國公共關係史 (1978–2007)》。上海：上海交通大學出版社。

吳友富主編(2007)。《中國公共關係 20 年發展報告》。上海：上海外語教育出版社。

胡百精(2013)。〈新啟蒙、現代化與20世紀80年代中國公共關係史綱──中國現代公共關係三十年(上)〉,《當代傳播》,第4期,4-9頁。

胡百精(2019)。〈中國公共關係30年的理論建設與思想遺產〉,《國際新聞界》,2019年6月14日。http://cjjc.ruc.edu.cn/fileup/HTML_EN/20140202.shtml

陳先紅(2007)。《公共關係學原理》。武漢:武漢大學出版社。

陳先紅(2015)。〈陽光公關:中國公共關係的未來展望〉,《今傳媒》,第1期,4頁。

Curtin, P., Gaither, K. T. (2007). *International Public Relations: Negotiating Culture, Identity, and Power*. Thousand Oaks, CA: Sage.

Dutta, M. J. (2012). Critical interrogations of global public relations. In K. Sriramesh, & D. Veri, (Eds.), *Culture and Public Relations: Links and Implications* (pp. 202–217). New York, NY: Routledge.

Fitch, K. (2013). A disciplinary perspective: The internationalization of Australian public relations education. *Journal of Studies in International Education, 17*(2): 136–147. DOI: 10.1177/1028315312474898

Holtzhausen, D. (2011). The need for a postmodern turn in global public relations. In N. Bardhan & C. K. Weaver (Eds.), *Public Relations in Global Cultural Contexts* (pp. 140–167). New York, NY: Routledge.

Sriramesh, K., & Verčič, D. (2009). *The Global Public Relations Handbook: Theory, Research and Practice* (Expanded and Revised Edition). New York, NY: Routledge.

Valentini, C. (2007). Global versus cultural approaches in public relationship management: The case of the European Union. *Journal of Communication Management, 11*(2): 117–133.

Valentini, C., Kruckeberg, D., & Starck, K. (2016). The global society and its impact on public relations theorizing: Reflections on major macro trends, original article. DOI: 10.19195/1899-5101.9.2(17).6

Veri, D., Zerfass, A., Wiesenberg, M. (2015). Global public relations and communication management: A European perspective. *Public Relations Review, 41*(5): 785–793.

Weaver, K. (2011). Public relations, globalization, and culture: Framing methodological debates and future directions. In N. Bardhan & C. K. Weaver (Eds.), *Public Relations in Global Cultural Contexts: Multi-Paradigmatic Perspectives* (pp. 250–275). New York, NY: Routledge.

　　陳霓，為中國內地「改革開放」後較早赴美研修新聞與大眾傳播研究生學位課程的留學生，1992 年獲得美國俄亥俄大學新聞學院（E. W. Scripps School of Journalism, The Ohio University）「公共關係與大眾傳播」專業博士學位（PhD），師從美國公共關係學著名學者 Hugh M. Culbertson 教授，並因學習和科研成果突出，被該學院授予當年唯一的「優秀博士」稱號。

　　畢業後，她分別任教於美國的北卡大學（University of North Carolina）、托萊多大學（University of Toledo）、馬里蘭大學（University of Maryland）和陶森大學（Towson University），主講「公共關係學」相關課程。2001 年，她轉任香港浸會大學傳媒系教授公共關係；2008–2014 年，加入香港城市大學媒體傳播系任副教授，並擔任「整合行銷傳播」碩士研究生部主任。2014 年迄今，她任教於澳門大學傳播系，並任研究生項目主任。

　　上個世紀八十年代中期公共關係引入中國內地後不久，陳霓教授便開始觀察和研究公關在中國的演進。她的博士論文幾乎是西方學術界第一篇關於中國公共關係的學術成果。她和導師 Culbertson 教授合著的 *International Public Relations: A Comparative Analysis*〔國際公共關係：比較分析〕（Lawrence Erlbaum, 1996）也是最早含有中國公共關係研究的著作，迄今仍具國際影響。在此後近三十年的學術生涯中，陳霓教授始終關注和研究公共關係在中國內地、香港、澳門的發展，她的數十篇中英文學術文章在包括 *Public Relations Review, Public Relations Quarterly, Asian Journal of Communication, Journal of Contemporary China* 等國際權威學術刊物和學術論著中發表，為國際公共關係學界知名的學者。

# 本　書　圖　表

## 表

## 圖

# 公共關係在中國
## 三十年的觀察與研究

# 1.
# 西方公共關係理論體系解析

　　無論作為一種產業、還是一門學科，現代公共關係發源並興盛於西方發達國家，但隨着經濟全球化的大潮不斷延伸至世界各地。在改革開放的背景下，中國引入並發展公關的三十餘年經歷，印證了公共關係的國際化（Internationalization）或全球化（Globalization）脈絡，即：本土公關從業者和學者在最初理解、解讀與消化源自西方的公關概念、理念和理論的基礎上，隨之將這些理論在本土實踐中予以檢視及驗證，並據此趨於提出修正甚至創新（胡百精，2013；陳先紅、秦冬雪，2018；柯澤，2019）。與此同時，西方公關概念、理念和理論的演變幾乎也經歷了如火如荼的發展，如西方公關學術界所不斷探究的一個重大議題是：公共關係在提升理論高度的同時如何「體系化」和「清晰化」（Gower, 2006; Grunig, 2006; Heath, 2006; S. Kim, Choi, Reber & D. Kim, 2014; Taylor & Kent, 2014; Toth, 2006）？於是，西方公關理論走向體系化和清晰化的研究路徑和理論烙印，便為深度解析中國公關理論和實踐的發展構建了一個不可或缺的長焦距分析框架。

## 一、公共關係理論化追求

　　西方公共關係學者從一開始便堅持（Bernays, 1923），公關作為一個學術領域應該且必須擁有自身的理論體系。與社會科學的其他領域一樣，公共關係理論體系的內核應該包含「學理」理論，即一套客觀中立的分析框架、推理邏輯和實踐論據，用以解釋公共關係這一組織行為現象及其效用；此外也應包括一套「操

作」規範，為指導從事公關工作的實踐人員提供戰略性框架。例如，當機構面臨危機時，危機處理理論就應能幫助機構提供解決問題的路徑選擇。

公共關係理論無疑應該具有多種功用。首先，它應具有敍述性。例如，美國公關學者Grunig & Hunt（1984）的公共關係四階段演進模式可用以描述公關作為一門職業的發展進程及實踐情況。其次，公共關係理論也應能促進理解，即可用某種理論假設和模式對公關為何會依據相關邏輯演變加以解釋。再次，公共關係理論還具有預測和控制的功能。例如，一個闡釋宣傳效用和組織效率兩者關係的理論，可預測某宣傳計劃令企業的股價上升的可能趨勢。最後，公共關係理論還有助研究者確定研究範圍並提供分析框架。例如可驗證某個理論是否成立，或發展出另一套更有效的理論。

當然，西方學術界對公共關係理論的意義存在爭議。有的學者認為，建立理論是為了說明並設法預測公關實踐的情況，並通過對基本過程的假設，歸納出一些概括性的法則，同時基於社會科學研究的邏輯實證觀，說明及預測公關從業人員及其客戶的行為表現。也有學者視公關理論為檢測概念的分析工具，用以解析公關實踐的背景，從而指導策略的制定。例如 H. Culbertson（1993）試圖基於六個案例的研究成果，測試至少16種不同的理論觀點和概念。這是社會學家早於大半世紀前所稱的敏化（Sensitization）方法，即通過盡可能全面地檢測，以發現公關領域裏易被忽略的問題，如客戶怎樣與公眾在對等的條件下有效互動。

正是基於上述要求，公關研究與實踐已然初步形成自身的理論體系。此理論體系既盡可能準確地敍述構成公共關係的要素及活動過程，促進人們理解公共關係實踐背後的理據基礎、目的和公關工作的成效，也相對精確地預測不同情境與結構因素對相關公眾（利益相關者與機構）所帶來的影響，並對公關從業人員如何通過公關活動控制成效提出指導性建議。

## 二、公關理論的發展階段及研究重點

公關理論在西方的發展大致可分為五個時期，各個時期的研究都各具不同的側重點、世界觀、社會及媒體環境及研究方法等，產生了不同的理論，每個理論都有其所屬的階段性、環境性特色，對當時乃至當今的公關研究與實踐仍具影響力和指導意義。

### 上個世紀五十至七十年代中期

西方的公關理論研究始於二十世紀五十年代，起初是大眾傳播學的一個分支領域（Botan & Hazleton, 2006）。當時的公關學者們將大量的精力放在解釋大眾傳播的效果上，認為媒體能夠對生活的諸方面產生強大的影響力，小到消費者的購物選擇，大到國家領導人關於戰爭與和平的決策。五六十年代的公關人員大都將公關看成是媒體關係，目的是通過有計劃的信息發佈來影響似乎無所不能的媒介。因此，公關研究人員運用大眾傳播學理論來研究公共關係，最常用的理論包括：皮下注射理論（Hypodermic Needle Theory）、議程設置理論、把關人理論、媒體框架理論等，以此描述媒介關係帶來的公關有效性。鑒於此，這個階段可稱為「媒體研究」的年代。

着重媒體效果的研究最終被媒體的「有限效果視角」替代（McQuail, 2000），隨後的研究又以「適度效果論」取而代之。該觀點的一系列理論假設表明，媒體的影響主要表現在認知而非態度或者行為上。對於公共關係而言，這些大眾傳媒效果的研究說明了人們在某些情況下的確會從媒體中學習甚至受媒體的影響，但善用媒體並不能夠解決全部的公關問題。相反，公共關係被定義為是一個組織與公眾在不同的情形下以不同的方式溝通的過程。此發現為此後的理論研究奠定了哲學基礎。

## 上個世紀七十年代中期至八十年代中期

　　留美的台灣學者張依依（2007）採用歷史比較的研究方法，以十年作為一個時間單位，將公共關係從 1975 到 2006 年間的理論研究劃分為三個階段，認為第一階段（1975 至 1985 年）為「說服」的十年。

　　此間，主要的公關理論與實踐包括信息運動（Information Campaign）、說服矩陣（Persuasion Matrix）、共向模式（Co-orientation Model）、公關角色理論（Role Theory）。與此同時，健康傳播的成功範例將學者們的注意力吸引到「受眾」上，而 Grunig 的公眾情境理論（Situational Theory of Publics）開創了對公眾的區分和研究。另外，大眾傳播理論中的創新發散（Diffusion of Innovation）、議程設置理論、詳盡可能性模型（Elaboration Likelihood Model）、新聞人員對消息的把關理論、傳播運動模式（Communication Campaign）等研究也在不同程度上將重點放在了受眾之上。

　　自上世紀八十年代初，大眾傳播學對於媒體效果的研究已經走過了媒體的全能論與無用論階段，學者們普遍認同媒體效果的發揮取決於如何管理傳播，於是，公關學界也開始從管理的角度來認識公共關係。與此同時，由於在企業中公關部門與從業人員在組織中得不到重視，公關專業人士普遍認為公關的角色和職能被低估了，於是學者開始尋找統計模型或其他證據從而證明公關對組織的價值，隨後，由國際商業傳播者協會資助的「卓越公關研究」的雛形開始形成。

## 上個世紀八十年代中期至九十年代中期

　　八十年代中期，J. Grunig（1984）為公關研究引進了組織理論，並發展了對稱溝通的概念。Broom 和 Dozier（1986）也提出了公關的管理角色概念。從此，公關學者開始將公關認為是一個兼備管理與傳播的學科，是「組織與其公眾之間的溝通管理」。至此，「溝通管理」成為學者們研究的重點。

由於此時期注重從管理層面定義公共關係，故被稱為「管理的十年」。主要理論包括了生態學與公共關係、系統理論、公關四模式、卓越公共關係以及其中提出的新雙向模式、博弈理論、衝突管理、議題管理、風險溝通、行銷公關/整合行銷傳播（IMC）、危機與危機管理，其中修辭學的方法被用來從修辭選擇看危機溝通。

當然，此時期最為重要的理論當屬卓越公關理論。該理論的前提是公關對組織和社會具有價值，並據此整合了大量關於公關組織、公關專案開展以及卓越公關的外部和組織環境等中間理論。該理論表明公共關係具有說明組織與社會及其所處環境中的各種因素進行互動的獨特管理職能，而公共關係的價值來自於說明組織與其利益悠關者之間發展並維持互惠互利的關係（Grunig, 1992）。由於其開創性，卓越理論主導了此時期的公關研究。

## 上個九十年代中期至本世紀頭十年中期

進入九十年代中期，公關研究更加注重公關傳播中的關係與修辭研究，可謂「關係/修辭的十年」。主要成果包括關係理論、本土關係研究、批判理論等。

與此同時，卓越理論也得以進一步發展，旨在探索該理論是否能夠完善並成為全球通用的理論。雖然大多學者認為卓越公關原則在全世界應是相同的，但也有學者強調了「具體應用」的必要，即在不同的環境中需考慮包括文化、政治制度、經濟體度、媒體系統、經濟發展水平等差別因素（Dutta, 2012; Kruckeberg & Starck, 2016; Sriramesh & Verčič, 2003; Verčič, Zerfass & Wiesenberg, 2015）。

這十年的研究重點無疑回到「關係」上，即：組織—公眾關係（Organization–public Relationships, OPR）。卓越公關的研究人員早期提出，為了使組織實現其目標，與戰略公眾建立長期、積極

的關係意義尤為重大（Ehling, 1992; L. Grunig, & J. Grunig, 1992）；於是，與公眾的關係建立和關係管理直到這一時期才成為公共關係的主要研究聚焦點。

為此，Ledingham & Bruning（1998）認為，關係管理反映的是如何「戰略性地使用傳播的管理功能」。他們（2000）又進一步解釋，關係管理實質上是將公共關係從「利用傳播信息操縱公眾意見」向「促進、培育、維護互利的組織—公眾關係」的方向轉變（p. 87）。而且，組織—公眾關係是具有價值的，因為「一個組織與其關鍵公眾之間存在的關係為關係中各方提供了經濟、社會、政治和/或文化方面的利益，促進了彼此之間持正面看法為特徵的狀態」（p. 62）。與此同時，Broom等（1997）認為關係管理是可衡量的。Grunig & Huang（2000）也認為，當組織行為對公眾產生影響或公眾行為對組織產生影響時，組織—公眾關係便產生了。

此時期研究的聚焦便集中於：關聯式結構，關係類型，關係培養策略，及關係結果衡量與評估。

## 本世紀頭十年中期至今

進入二十一世紀初，公共關係的研究湧現出愈來愈多的不同理論假設，第一個十年可謂體現了「多元化」。特別是由於互聯網的應用與發展改變了公共關係存在的信息環境和傳播方式，眾多理論相繼問世，包括利益相關者理論、關係管理理論、問題解決情境理論（Situational Theory of Problem Solving）等。在危機溝通與管理領域中，隨機應變理論、混沌理論、繁複理論、對話理論（Dialogic Theory）、情境危機溝通理論（Situational Crisis Communication Theory）等。儘管如此，佔主導地位的對稱/卓越公關理論研究，仍將重點放在如何理解和實踐公共關係（Botan & Taylor, 2004）。

為此，有些學者嘗試運用傳播學、社會科學或工商管理等學科中富有成效的理論於公關研究中。如：以人際能力方面的理論為框架提出新的「公關能力理論」；對組織傳播意義文獻進行

梳理並應用於公共關係研究；社會學中的結構化理論也被用來研究公共關係等。也有學者結合社會學、政治學和經濟學發展出了公關社會資本理論（Kent & Taylor, 2002）；另有學者通過複雜性理論的視角來重塑危機管理理論（Coombs, 2004）；還有學者將公關實踐的特定領域理論化為危機傳播與管理、議題管理、公共事務、國家建設、媒介關係、有效說服等建立相應的理論。除此之外，有些學者深入研究了「公共關係制度化」議題（Chen, 2009; Grunig, 2011）。這一時期的特點在於一定程度上改變了早期卓越理論在公共關係學界近乎一統江山的局面，標誌着公共關係作為一個學科日趨多元。

## 三、公共關係研究範式及學派

無疑，過去的半個多世紀見證了公共關係研究的蓬勃發展和理論的漸趨成熟。一門成熟的學科不但擁有其獨立及完整的理論體系，還須具備一套與之相應的研究範式及方法，並由此產生的不同學派（柯澤，2019；Kuhn, 1970）。

### 公共關係研究範式

正如其他社會科學領域，公共關係的研究範式決定了研究者的思考模式及研究前提，進而反映了其所秉持的世界觀和方法論。

Grunig（2009）認為公共關係研究大致存在兩大範式，即：「符號解釋範式」（Symbolic Interpretive Paradigm）和「行為戰略管理模式」（Behavioral Strategic Management Paradigm）。前者將公關看作是緩衝功能（Buffering Function），即：通過運用符號進行修辭和解釋的信息傳播活動來影響公眾的觀點及管理他們對組織的感知與解讀（常包括聲譽、品牌、組織形象、印象和身份等），借此說明組織在公眾的心中創造良好的組織印象，並在其所處的環境中保護組織。因此，認同這種範式的公關學者通常將研究

重點放在如何影響並管理公眾對組織的認知或看法，而不是審視、重組自己的行為。後者，「行為戰略管理」範式將公共關係看作是一種橋接功能（Bridging Function），起着一種紐帶作用。這種功能為管理者提供來源於利益相關者和公眾方面的有價值的信息，這些信息能夠說明組織做出更可靠的決策，在組織行為上也能選擇能與公眾建立更好關係的行為。在橋接公共關係中，公關人員應參與組織戰略決策，管理組織行為以說明建立組織與利益相關者之間的平等關係，目的在於向公眾提供一種管理決策的聲音──消除組織和公眾之間的隔閡（Van den Bosch & Van Riel, 1998），憑藉其「結構洞」位置所傳達的信息、影響力、社會信任和身份認同，同時擁有信息優勢和控制優勢，通過戰略傳播逐步提升組織─公眾─環境關係的品質，為組織帶來社會資本。因此，在此範式中，公關應被看作對話和互動，公關研究須集中在如何使用雙向對稱傳播以促進公眾在管理決策中的聲音，並促進管理層與其公眾之間的對話。因此，前者與後者形成了似乎對立的研究範式。

隨着全球化、跨文化融合的快速發展，近期有學者提出公關研究已開創一種新的範式，即「共創」範式（Co-creational Paradigm）（Botan & Hazleton, 2006; Botan & Taylor, 2004）。一反以往公關研究被「功能論」所主導（強調說服，公關被用來作為組織產生利益的工具或手段，將公眾視為被傳播、說服的對象，研究集中在功利和傳播結果上），共創視公眾為「意義的共同製造者」，相對組織來說，公眾是與其「對等的參與者」或夥伴（Equal Player），因而強調與所有公眾的關係建立。該範式注重組織與公眾的關係和兩者間的互動，研究重點聚焦於意義製造上。如上述提及的 OPR 相關研究、對話理論、共向理論（Co-orientation Theory）等，均被視為該範式主導下所產生的理論。基於對共創視角相關文獻（Botan, 1997; Broom, Casey & Richey, 1997; Crable & Vibbbert, 1985; Ferguson, 1984; Heath & Nelson, 1986; Grunig, 1992; Grunig & Huang, 2000; Kent & Taylor, 1998; Ledindham & Bruning, 1998）的梳理，Botan & Taylor（2004）認為：從功能論（注重傳播技術、媒體關係、視群眾為工具）到共創論（視群眾為

意義的共創者，強調與群眾建立關係）的轉變是這一時期公共關係最為驚人的改變，他們還預測，共同創造範式將會成為公關研究的一個新視角。

## 公共關係研究學派

不同的公關學者由於遵循相同的研究範式進而產生了不同的研究學派。迄今，公關研究大致可分為系統、修辭、和批判三大學派。

系統派專注於解釋公共關係如何通過傳播溝通產生影響（如對機構目標造成正負面影響及其影響範圍）以實現機構目標。該學派的重要代表人物為 J. Grunig 和 H. Culbertson 等。這些學者着重探究公關如何利用傳播功能的實踐與提升機構整體效率之間的關聯關係，尋求三個重要學術議題的答案：傳播專家何時、為何會成功；機構如何從有效的公關實務中獲益；為何機構會用不同方法實踐公共關係。這些學者主要根據邏輯推理與定性、定量的方法形成理論體系，解釋並建構有效的公共關係策略模式。

從研究議程設置上看，系統派學者理論建構的焦點為：(1) 傳播/公共關係對機構效率的貢獻；(2) 公關從業人員的角色與行為表現；(3) 影響公關實務的環境因素；(4) 卓越公關的特點；(5) 實踐公共關係的有效路徑；及 (6) 公眾與利益相關人士的區割。據此，他們已提出一些理論模式、假設和概念，並在進一步地發展和完善這些成果。

無疑，系統性研究方法和理論視角佔據了公關理論探索的重要位置，但由於其他社會科學領域不斷出現的新研究成果，不少新穎的方法也逐漸被引入到公關理論的研究中，其中包括修辭、批判的及比較的方法。

修辭派學者專注於對傳播本身的研究，比如，傳播技巧與受眾行為的關係，傳播中對文字及符號的運用，藉此探索語言和符

號如何影響公眾信念和行為的形成，如何建構公眾對機構的觀感和態度等。研究的議題包括：信息是怎樣在組織與公眾之間流通，爭辯及遊說是怎樣進行並取得成效的。為此，他們通常對組織傳播工具進行內容分析，例如：通訊刊物、年報、新聞說辭，以及大眾傳媒對機構的有關報導。這些學者大都借鑒符號語言學、象徵主義等邏輯去研究公共關係，探討如何利用公共關係來表明機構立場，接觸受眾，以至輔助組織的管理功能。

另一個令他們感興趣的議題是傳播中關鍵人物（如發言人）的修辭與表達能力和技巧，對於構建與改善社群關係是否具有重要意義。修辭學的基本假設是：實施傳播的關鍵人的行為（包括說話策略與技巧等）與構建和諧的人際關係呈正相關（Toth & Heath, 1992）。他們根據修辭學的原理解釋了交流對話中的表達方式與個人及集體意見建構的關聯關係，並據此推論和描述了傳播的事實、價值觀和策略在市場空間及公共政策舞台上如何扮演了一個建設性的角色。

從修辭學視角分析公共關係也表明，當機構在傳播中堅持廣為公眾接受並欣賞的價值觀時，即可建立良好的社群關係，這也是機構實現有效傳播的首要原則。當通過對話與社會其他成員對道德標準形成共識時，機構在重視市場、客戶和公眾的利益的同時，便可更有效地維護自身利益。修辭學派的研究還表明，機構的政策形式並非一成不變，如當某些商業和公共政策因出現限制而裹足不前時，另一個更令人信服的商業和公共政策便會出現。作為對話的一方，主控修辭者決不可能持久操控對話中意見和道德的定位，因為受眾一旦發現被愚弄或被控制就必定會與之反目。此外，修辭理論認為意見經過爭辯會更臻完善，而通過倡議公共討論將使各方利益得以闡明，由於倡議是公共對話的本質，修辭邏輯就能顯現了公關過程的基本理據。最後，修辭具有公關戰略管理功能，如 W. L. Benoit（1995）提出的「修辭戰略」假設，即：公關專家為客戶化解形象和訴訟危機時如果加入了「修辭戰略」──利用修辭的技巧反擊批評與訴訟者、使對手降低公眾可信度、淡化企業或機構受訴行為的主觀性、強調企業或機構的受害身份等──就會令危機管理更加有效。

批判學派在研究對象方面與修辭學派異曲同工。與修辭學派一樣，批判學派強調機構行為的象徵意義，其感興趣的議題包括：機構目標是服務於誰的利益？公共關係在創造及維持權力操控的結構中扮演着怎樣的角色？這些學者主要通過分析機構的實際操作記錄，以研究公共關係的實踐行為（Motion & Weave, 2005）。

例如，批判學派對 J. Grunig 的對等研究大多持批判的態度，理由是現實中根本不可能存在對等模式（Duffy, 2000）。他們的研究發現，在任何社會裏，傳播媒體及從業人員最終都是倒過來宣傳其社會、政治、經濟及文化系統的領導或支配地位。即便信息傳播者會批評個別領袖，但其使用的方法卻在暗示其優越性是自然及毋庸置疑的，傳播信息是按此框架建構而出（Holtzhausen, 2002, pp. 255−9）。

批判學派無疑關注了社會、經濟、政治情境（背景）和權力關係如何影響公共關係的建構（Holtzhausen, 2000）。他們發現，主要影響公關傳播的背景因素包括金錢或經濟實力、傳媒慣例（如處理新聞和專題的不同手法）、意識形態、空間/時間限制等。他們還指出，即便互聯網提高了從前根本不可想像的雙向即時互動的可能性，但傳播的對等性仍無法建構與保障。

在研究範式層面上，系統派的研究大多採用實證主義研究範式；而修辭、批判、及文化取向則是解釋主義範式的代表。這兩種範式在世界觀層面是衝突對立的（姚，2017）。

## 四、主流公共關係理論及假設

在西方，每個不同時期均產生了具有代表意義的公共關係理論，而對這些在不同時期佔據主流地位的理論和假設進行精準的解析十分必要。

## 公眾情境理論（Situational Theory of Publics）

　　該理論的雛形可追溯至上個世紀六十年代，J. Grunig 是該理論的初創者。經過半個多世紀的磨練，該理論逐步受到公關學界和業內的高度認可，並逐步融入卓越公關理論體系中（Grunig, 1997; Grunig & Dozier, 2003; IABC, 1992）。

　　該理論在建構的過程中，倍受關注的是其在描述、分析和預測為何公眾需要交流傳播、何時公眾最傾向於進行交流傳播、如何將可預測的交流傳播行為情景運用於細分公眾、如何達到交流傳播之最佳效果等議題上所做出的重要理論貢獻，因而被認為是幫助公關從業人員理解和把握公眾交流傳播行為的「最具實用性」的公關理論之一（Collins & Zoch, 2002）。同時，也由於其理論建構的精細，被公關學者譽為公共關係領域的「第一個有深度的理論」（Aldoory & Sha, 2007）。

　　該理論的一個基本假設是：不同的公眾在特定的情境下，對同樣的問題會持有不同的觀點、態度和行為（Grunig & Hunt, 1984）。此假設為如何理解公眾的態度和行為，並根據認知去探索公眾何時對問題、議題或情境可能做出何種行為反應提出了一個分析框架，繼而對如何定義和分類公眾及怎樣針對不同公眾進行有效的「定製」傳播提供了一種規範性方法（Grunig, 1989; 1997; 2003; Hamilton, 1992）。

　　何為公共關係意義上的公眾？對此，J. Grunig 發現，共同問題是形成公眾的一個必要條件，而公眾對問題的反應則和公共關係的基本假設相一致。於是，他對「問題」與「公眾」進行了公共關係和傳播意義上的延伸：（1）當公眾認知到所面臨的共同問題後，通常會主動去解決問題；（2）公眾在一個特定的情境中，會產生不同的傳播行為（Grunig, 1978, 1983, 1987, 1989; IABC Research Foundation, 1992）。其他公共關係學者基本接受了 J. Grunig 關於公眾的最初定義（Cultlip & Center, 2000; Hallahan, 1999; Van Leuven & Slater, 1991）。

在加入了「問題」要素後，Grunig(1997)將公眾細分為四類：(1)零知覺公眾(Non-publics)：不覺得問題存在，無問題意識；(2)潛伏型公眾(Latent Publics)：雖然處於問題情境中，但尚未意識到問題的存在；(3)知曉型公眾(Aware Publics)：察覺到問題的存在，但尚無應對問題的意願；(4)行動型公眾(Active Publics)：意識到問題的存在，並有主動應對問題的意願。對公眾進行如此定義和分類，為根據不同類型公眾的特點和狀態來設計並實施更有效地針對不同群體的溝通、交流及傳播提供了一個重要的分析工具。

為了更準確地預測公眾傳播行為或參與交流以解決問題的可能性(Grunig & Hunt, 1984; Grunig, 1997; IABC Research Foundation, 1992)，Grunig還對「情景」進行了分析和描述，提出了三個因變量，即：(1)問題識別(Problem Recognition)，指個人對所面臨問題的認知度；(2)受限識別(Constraint Recognition)，指個人對自身處理所面臨問題的能力與經驗的認知度，如對其行動可能被超出其所能控制的因素所限制的擔心，如受限可能是心理上的，如自我能力評估(對個人有能力執行行為並產生特定成效的自信心)低下(Witte & Allen, 2000)；(3)涉入度(Level of Involvement)指個人對所面臨問題與自身有無關聯的認知度，即：個體涉入度越高，其重視以及理解與問題相關信息的水平也相應會高(Pavlik, 1988)；有些學者指出，只有當危險或機遇「與個人相關或對其產生影響時」，個人才會對問題給予重視並參與解決(Dervin, 1989)；其他研究也發現，涉入度高者表現出更頻繁地分析問題，更積極地索求和擁有更多參數的信息(Heath & Douglas, 1990; Petty & Cacioppo, 1986, 1996)，同時追求更高的知識水平(Chaffee & Roser, 1986; Grunig, 1987; 1997; Grunig & Hunt, 1984; Grunig & Ipes, 1983; Stamm & Grunig, 1977)。

上述三個變量通常用來解釋在何種情景下個人或者公眾將主動參與到兩種不同類型的傳播行為中(Grunig, 1983, 1997; Grunig & Hunt, 1984; IABC Research Foundation, 1992)，這兩類行為因而形

成兩個因變量：(1)信息搜尋(Information Seeking)，展示的是一種「主動型傳播行為」，因而被定義為一種有目的性的信息尋求過程。主動尋求信息的個人，通常會主動查找並獲得與問題相關的信息和參考數據，並加以分析和理解，因此，對於一個情境形成觀點或認知的可能性就會變高；(2)信息處理(Information Processing)，描述的是一種被動型傳播行為。被動傳播的個人或者公眾不會特意尋求信息。當他們偶然收到信息後通常僅僅是隨意地處理這些信息，並不試圖去理解這些信息，從而無法形成對問題或事件的結構型認知。任何信息的流通與他們基本無關。

那麼，這兩組共五個變量之間到底有何關聯性？這五個變量和「公眾」又是如何相關聯？首先，Kim & Grunig (2011)的研究發現：(1)「問題識別」與傳播意願及行為有關。即：問題意識越高，人們將越發主動地去搜尋應對信息，而非簡單、被動地處理信息；Major (1993)也發現問題識別增加了傳播的可能性；(2)「涉入度」對於積極地搜尋或被動地接受信息也產生很大的影響；涉入度高的公眾更傾向於分析問題，希望得到含有更多不同觀點的信息；Grunig (1989)也指出，當「涉入度」高時，人們對於情景的「問題認知」便相對提高，而「受限認知」便相對減低；(3)受限識別的程度高的公眾通常表現出自身對解決問題無能為力或束手無策，不會主動去搜尋傳播信息，也不會參與尋找任何解決問題的方法；反之亦然。高受限識別的感知會使信息搜尋求和傳播行為及意願趨於減少。再者，「受限識別」與「問題識別」相結合可解釋人們何時及為何主動搜尋傳播信息(Kim & Grunig, 2011)。

其次，自變量(Independent Variable)與因變量(Dependent Variable)之間的關係研究表明，基於公眾情境理論認為被動的「信息處理」和主動的「信息搜尋」行為很大程度上取決於公眾的類型，即：(1)行動型公眾表現出具有較高的涉入度和問題識別度，及較低的受限識別度；(2)知曉型公眾表現出較低的涉入度和問題識別度，而較高的受限識別度；(3)潛伏型公眾表現出非常低的涉入度和問題識別度，及非常高的受限識別度。

　　公眾情境理論對公共關係又有何理論和實踐意義？最初，該理論解釋的是個體或公眾「何時」以及「為何」會主動採取諸如信息搜尋等積極交流與傳播的行為；其後，隨着從個人層面去定義、區分和解釋「誰」是「怎樣」的公眾群體，該理論上升到了集體層面，繼而成為公關關係中的涉及個體交流行為和組織決策的理論（Grunig, 1966, 1989, 1997, 2003）。其理論與實踐意義至少體現在三方面：一是該理論更有效地定義了公共關係意義上的公眾，以便理解和分析他們的觀點，如 Grunig（2003）特別提出，知曉型公眾和行動型公眾應視為組織的「戰略公眾」（Strategic Public），需要重視，從而揭示了在問題情境中公眾的認知與傳播行為之間的關係（Grunig, 2006）；二是該理論能夠解釋和預測哪類公眾最可能對問題主動實施交流和傳播，成為公關學者和公關人員時常運用的分析工具（賴澤棟，2014），並具有理論指導作用（Aldoory & Sha, 2007）；三是該理論的一個最重要的發現，即：平常被動、隨機地使用信息的個體只有在信息與其認知的問題相關聯時才會主動、系統地使用信息，它聚焦於對場景的洞察，並考慮到時間和空間的改變，這是傳統研究所缺乏的，這一發現解釋了為何在普通公眾中盲目地尋找認同群體要比有目的地在特定群體中培養戰略公眾的失敗率高很多，據此，公關人員首先要確定誰最可能與他們交流（找到主動型和知曉型，排除被動或零知覺型），然後將有限的信息與傳播資源集中用於所確定的主動型公眾，以便最有效地建構一個可長期維持高品質的互動關係的戰略公眾（Grunig & Dozier, 2003）。

　　大量的實證研究表明，公眾情境理論有較強的解釋力和實踐價值，被認為是公共關係研究和實踐的基礎理論之一。同時，公眾情境理論已持續進行了全球化試驗（Grunig, 1997），被論證為是一個全球性理論，其理論核心具備了一些普世性意義。

## 公關角色理論（Role Theory）

　　Broom & Dozier（1986）從角色的觀點出發，通過對單個公關人員的行為功能進行角色歸類與分析，逐步形成公關人員「四角

色」概念性的理論體系。角色理論主要包括角色認知和角色期待等內容。

角色認知是指在組織機構活動中，各種角色總是不斷地相互影響和相互作用。公關人在扮演某一個角色時，既要知道自己的身份和地位，也要知道對方的身份和地位。所以對角色的認識只有在角色的互動中才能更加明確。由於明確了自身的地位，也就加深了對對方地位的認識，例如，廠長和員工的關係等等，都是在與對方的相互關係中才明確了雙方的地位（Heather, 2013）。角色期待是指每個人在組織中總是佔有一定的「職位」，對於佔據這個職位的人，人們對他總是賦予一定的期望，而人們對他所應具有的行為期望，就稱為角色的期待。

最早把角色的概念引入公關理論研究的是Broom & Smith（1979），隨後，Broom & Dozier以角色認知和角色期待為基點，考察了美國公關從業人員的日常工作及從事的活動，歸納出公關人員的四個角色定性（Broon & Dozier, 1986）：

(1) **公關指導專家**（Expert Prescriber）──通常由管理層定義為處理並解決公關問題的權威。他們具有界定及深入研究問題、制定戰略程序和承擔執行有關計劃的責任。擔當此角色的人會決定傳播方案，負責制定計劃程序，精於診斷和解決公關問題，對計劃的執行負責任、以及通過正式與非正式的調研方法評估實施效果。

(2) **溝通服務協助者**（Communication Facilitator）──這類角色介於機構與公眾之間，扮演的是仲介、詮釋和調停的角色，重點在於消除信息交流的障礙，以確保雙方的雙向溝通暢通無阻。擔任溝通促進者應確保機構內各員工知悉媒體對機構所作的報導，為管理層創造聽取內外公眾意見的機會，作為仲介角色促進管理層與不同公眾間的雙向溝通，且設法學習更多現代觀念和規則。

(3)　**問題解決協助者**（Problem-Solving Process Facilitator）——
當機構需要解決難題時，擔任此類角色的公關從業
人員將引導管理層在解決過程中理性地計劃及制定
解決難題的程序，並促使管理層參與計劃執行的全過
程。為此，他們要經常會見管理層，通報公關計劃的
執行情況，並徵求意見；當與管理人就處理公關難題
合作時，他們會制定其他的備用解決方案，協助管理
層認清問題、制定目標，並規劃系統的執行程序。

(4)　**溝通實施操作者**（Communication Technician）——此類角
色定位於公關操作層面。主要工作為公關材料製作，
主要的能力要求是溝通及新聞寫作技巧。擔任這類角
色的公關從業人員要撰寫公關材料、提供與機構有
關的重要信息、處理相關技術問題、製作小冊子、宣
傳單張和其他出版物等。

隨着經濟全球化的快速發展，國際公關學者開始嘗試
界定存在於「非西方」文化環境中的公關角色。其中，印度
的 Sriramesh（2003）、韓國的 Rhee（2002）、筆者與 Culbertson（Chen
& Culbertson, 1996）的研究具有一定的代表性。我們的研究儘
管承認基於西方社會和經濟制度的「角色扮演理論」可作為
一個界定全球範圍內的公關角色的有意義的概念框架，但同
時也指出，在現代化進程處於不同階段的環境中，公關從業
人員通常只扮演兩個角色的其中之一：他們要麼是「公關傳播
管理者」（Communication Managers），要麼是「公關實施操作者」
（Communication Technicians），前者部分地相容了 Broom & Dozier 提
出的前三個角色。此外，非西方環境中，幾乎所有的公關部門都
會擁有「溝通實施操作者」，而這些人員大多視公關為一門講
求創意及美藝的學問。架構較開放又或常常處於危機環境的
機構則注重「傳播管理」一職，該類管理者致力於環境監測及
評估研究，他們也較偏向於採用雙向對等或非對等的公關模式
（Culbertson & Chen, 1996）。

角色理論被廣泛運用於公關研究中,是了解組織傳播和公關實踐的重要理論。「角色」這個概念也被引入日後著名的「卓越公關理論」研究中,並發現公關實踐卓越與否的一個主要預測變量便取決於公關高層人員的角色是傳播管理者還是實施操作者 (Grunig, 1992)。同時, 探討「角色」研究的出現顯示了公關研究從「說服傳播」為主逐漸步入到「公關管理」研究的階段。

### 公關四階段演進模式 (Four-Stage Evolution Model)

Grunig & Hunt (1984) 通過雙向(相對於單向)傳播模式 以及檢測平衡對等(相對於非對等)的傳播效果,識別出四種最典型的組織機構實踐公共關係的通用方法,並提煉為公共關係的演進模式。

第一是「媒體仲介/宣傳模式」──這個單向傳播模式表明,公共關係最初活動的主要目的是為了爭取大眾傳播媒介對組織機構或其產品進行有利的宣傳報導,即單純地提升報導率。為此,公關從業人員盡力為客戶或僱主爭取媒體關注,主要以精心設計甚至嘩眾取寵的活動或「新聞」稿吸引傳媒報導,並不注意確保宣傳內容的準確性甚至組織機構的良好聲譽,將公眾利益置之不顧。該模式描述了以任何可能的方式尋求媒體關注的宣傳性公關,同時,該模式的實踐者使用單向的、信源/接收者的傳播方式。

第二為「公共信息模式」──與媒體仲介/宣傳模式相似,此模式同樣為單向傳播,只將公共關係作為信息傳播的工具和路徑。公關從業人員的任務僅為廣泛地、及時地將有利於機構的真實信息發放給大眾傳播媒介。由此,公關從業人員儼如「駐機構新聞工作者」,即:通過大眾傳播媒介以及一些可控的媒體如通訊稿、小冊子和直接郵件,向受眾發放相對真實的信息,儘量向公眾提供準確的信息,但避免披露不利自身的信息。雖然被傳播的信息均為真實及基於事實的,但機構通常不會提供事實的全部內容,相反只會發放經過機構篩選過的所謂「事實」以取得有利於客戶和僱主的媒體報導。

第三是「雙向非對等模式」──該模式認為，有效公關的核心並非傳播或提供信息，而在於實施「科學的勸導」。由此，該模式要求公關人員通過調查研究，設計出最有可能說服目標公眾以及引導公眾按照機構的需要行事的信息傳播活動。因而，該模式的特點是不平衡的單向傳播，它使用對態度、行為的研究來勸說公眾接受組織的觀點或按照組織的意願行事。儘管該模式視公共關係為一種雙向的對話機制，但認為公關是一種完全應該由機構所操縱的對話機制。為此，公關人員要花大量時間從公眾處接收信息，藉此更有力地說服受眾消費，或按機構的利益做選擇。由於這個雙向非對等模式是基於對公眾態度的研究，因而往往較之媒體仲介/宣傳模式及公共信息模式更能有效地實現公關目的；特別是當機構與公眾出現分歧而公眾又堅信機構表現有待改善時，此模式能使公關產生特殊的效用。

第四為「雙向對等模式」──儘管此模式同樣強調雙向溝通，但其目標卻非遊說，而立足於如何在客戶/機構與公眾之間成功地建立共識及互惠互利的長期關係。從業者使用預先計劃的傳播來管理衝突並提高與公眾之間的了解，通過研究來促進雙方之間的理解和溝通。在對稱模式中，理解而非片面的說服是公共關係的主要目標（J. Gunig & L. Grunig, 1992, p. 289）。由此，在雙向對稱模式中，傳播的目的須「平衡」，它通過談判和妥協調整組織與公眾之間的關係。按此模式，公關工作主要是通過傳播，對與目標公眾的衝突和合作關係進行管理，如強調談判及妥協，決不迫使機構對某一特定議題做出定論，而是容許機構通過談判做出最能有效解決問題的決定。所謂「對等」，就是機構與公眾兩者的價值和問題的「權重」均被視為同等，即：公關人員與公眾如夥伴般處於對等位置，公關的任務是尋找機會調整客戶的行為表現，以尊重及滿足公眾的需求。據此，公關人員通常認為，機構的行為只有與受其影響的目標公眾互相協調時、機構只有在實現同時符合自身和各目標公眾利益的目標時，公關活動方可認作具有成效；反之，當機構忽視或損害目標公眾之利益時，這些公眾有可能成立激進組織，對抗並挑戰機構，最終演變成衝突。有研究指出，雙向對等模式能更有效地建立機構與

公眾的良好關係，此模式也被視為公共關係實踐中最合乎道德及最有效實現機構目標的模式。

公關四階段演進模式不僅反映了公關實踐從產生到發展的進化過程，也特別總結了這個過程中的不同階段中不同的代表人物的不同的公關實踐。如 P. T. Barner 是「炒作事件」（Pseudo Event）設計和操作（組織實施旨在吸引傳媒「眼球」活動）的大師。Ivy Lee 被公認為公共信息模式的創始人，他特別受到稱道的是通過有目的地設計以及所謂的「公共信息」成功地為洛克菲羅家族（Rockefeller Family）改變了不利的公眾形象。Edward Berney 則代表了雙向不對等傳播形式的公關實踐。作為公關界的傳奇人物，他的一個經典的例子，就是通過一個極為簡單但基於心理學的一項研究，為煙草公司策劃了多項公關活動，從而一舉破除了美國社會根深蒂固的反對女性抽煙的觀念，當然也極大地提高了煙草銷售量。由此，他所倡導的「科學勸導」理念受到學者的注意。此後，S. Cutlip 和 Center 提倡有效公關要注意研究公眾的需求，並盡可能去滿足其需求。他們便被認作是對雙向對等模式的最早的實踐者和闡述者。

除了上述四種模式，Grunig 根據他後期的研究，提出了一個新的公關模式。通過大量的實例比較分析，他發現，一個傑出的公關人通常需要──實際上也會──同時應用雙向對等及雙向非對等模式，即：公關從業人員在公關活動不僅要注意勸導，同時也要致力於受眾關係的建立，不僅要成為受僱機構的服務者，也要視自己為目標公眾的護航者。經過提煉，Grunig（2001）稱這一結合為「混合動機模式」，指雙向非對等模式和雙向對等模式的混合。

有研究表明，「混合動機模式」將是一種相對符合經濟全球化趨勢要求的公關實踐模式。任何一個機構都不可能在沒有資源（資金、材料和人才）的情況下運作，即使最具理想主義的公司在破產之後，也不可能再為社會產生任何有意義的影響。所

以，一些針對利益相關人士的勸導工作——即雙向不對稱——是不可缺失的。再者，完全意義上的雙向對等模式過於理想化，實踐中並不經常可行，能夠取而代之並得到廣泛認同的應是「混合動機模式」(Murphy, 1991)。

然而，儘管這些公關實踐模式迄今仍被普遍使用，但出現的三個發展方向是不可逆轉的。第一，公關實踐從單向傳播走向雙向傳播；第二，公關實踐的目的也從僅限於爭取傳媒報導慢慢轉向建立互惠互利的關係；第三，公關的作用逐漸趨於淡化其「技術」功能，強調其「管理」職能。這三個發展趨勢無疑將幫助公關成為一個嚴肅的研究與實踐領域。

## 卓越公關理論 (Excellence Theory)

卓越公關理論是卓越研究的產物。1985 年，「國際傳播專業人士協會」研究基金資助 Grunig 帶領的由六位研究員組成的專門研究小組開始了該項研究。卓越研究重點回答的一個「根本性問題」是：公關怎樣、為什麼以及在何種程度上影響到組織目標的達成？研究歷時十五年，研究團隊依據管理學的卓越理論，分析公關部門的實踐特徵，找出最能提升機構績效的實務方法，並剖析這些機構實踐卓越公關的戰略與策略安排，最終歸納出具有一般通用原則的卓越公關理論(Grunig, 1992)。

此項研究集中回答了以下三個問題：公關關係在多大程度上影響了組織目標的實現？公共關係如何使得組織更有效以及它帶來了多大的經濟貢獻？應該如何組織和管理公共關係職能使其為組織、企業效力提供最大的貢獻。通過一系列的實證研究證明了公關具備獨特的管理功能，該功能可說明組織與其所存在的環境中的社會和政治元素進行互動；研究還發現公關的價值源於組織與其公眾之間關係的建立和維護，同時，關係的品質取決於組織的行為而非通過公關人員所傳遞的信息；由此，如果公關帶頭人授權參與到組織戰略管理，那麼公關可以影響組織的管理決策與行為。

　　卓越公關的目標是如何通過公關活動協助機構與它們的目標公眾之間建立最大可能的良性關係並解決組織與戰略公眾之間的衝突。為此，就公共關係如何才能達到「卓越」的境界，Grunig 的研究小組提出了以下八個主要原則（Grunig, 2009）：

(1)　　卓越公關必須具備戰略性（Being Strategic），即將公關納入戰略管理。戰略性公關必須具備以下要素：首先，要按公關目標制定戰略管理的原則，並要在機構的宏觀管理層面結合機構目標進行評估。機構為了考慮身處的環境所出現的機會及其可供利用的程度，落實制定戰略性管理，更必須制定適用於環境的長遠戰略性決定。其次，高級公關管理人員（通常是公關部門的主管）應被視為「有實權」的管理人員之一，亦即機構內具有最終決策權的人士，並為機構提供有關所處環境、機構以及機構與外在環境之間的關係的信息。再次，公關從業人員可通過監測環境和議題管理，以檢視所作決定的後果及公眾介入的情況。公共關係還須強調雙向對等地維持對外及對內溝通。一般的公關可能會先找機會說服不同團體以不同的方式支援機構，但戰略公共關係要求其協助機構應客戶的需要及偏好做出調整。最後，戰略公共關係着重公眾的多元背景和特殊需要，如：市場推廣和廣告人員主要接觸消費者；投資關係部門接觸實際或潛在投資者；人力資源部則接觸未來的僱員；採購人員接觸供應商；遊說主要接觸政府官員。

(2)　　卓越的公關要求資深公關人員一定要躋身企業最高管理層（Empowerment of Public Relations）。管理高層通常由一群有能力、有地位並能影響機構主要決策的人士所組成，他們的使命是為機構的發展定下目標方向。只有當高級公關人員在高層管理會議中居有一席之地時，才能參與到戰略決策過程中，否則公關不能發揮其作為幫助組織思考其戰略公眾問題的顧問的作用

（L. Grunig, J. Grunig & Dozier, 2002）。它決定了公關參與戰略決策過程的程度，以及對公關實踐模式的選擇。

(3)　卓越的公關要有完整的、整合的、特定的公關職能（Integrated Communication Function）。所有公共活動均須整合到單個部門或具有一個協調不同部門的機制中。為了在垂直結構中發揮強有力作用，公關職能應該被整合為一個獨立部門以便有效利用稀缺的資源。只有通過這種整合，公關人員才可以通過獲取等級權威、控制資源以及網絡中的中心地位來謀求權力，最終有助於組織更大程度上發揮其效力。

(4)　卓越的公關基於一個獨立的管理職能機制。許多組織僅僅將公關分解為其他部門的輔助工具，如行銷、人力資源、法律或財務，從屬於其他職能時，難以作為一個完整的公關職能在戰略公眾之間分配傳播資源。因此，公共關係的管理功能必須要與其他部門的功能分開，儘管也要與這些部門的功能相輔相成。

(5)　卓越的公關需要由管理者而非技術人員領導。他們應是視野開闊、專業嫻熟的專業人員，不僅要掌握行業關鍵知識，同時還具備管理能力和雙向對稱公關的技巧，並接受過較為系統的公關知識體系教育和接受過人文藝術方面的訓練。他們也須具有大局觀、整體意識和團隊精神，又互相協調，為共同目標合力工作。

(6)　卓越的公關必須採用雙向對稱的傳播模式。公關專家協助機構界定與哪個目標公眾建立關係及所制定的傳播策略如何滿足組織機構及目標公眾，以求建立互惠互利的長期關係。當兩者利益有衝突時，也應認同組織機構和公眾兩者間的價值及關注均同等重要的，使用雙向對稱的傳播模式與戰略公眾增進了解。同時，卓越的公關強調內部溝通系統也須基於雙向對稱。它可以幫助組織建立起一個參與性的文化氛圍，採用此模式的組織應下放管理結構權力，給予員工自主權並允許他們參與決策。

(7) 　卓越的公關是多元的。卓越的公關隊伍應由不同性別、種族及文化背景的公關從業人員所組成，具跨文化傳播能力、容忍和開放的態度及善於從不同背景的人身上學習的主動性。跨國機構尤其需要公關從業人員具文化多元性，才能在跨界別、國家及種族中更有效率地運作。

(8) 　卓越的公關必須遵守道德標準。溝通、傳播不以說服為目的、不蓄意操控公眾；組織決定與行為必須具備企業社會責任感。

　　早期的卓越公關理論還包含了「卓越公關是全球性的」原則。「環球視野，地方行動」已幾乎成為經濟全球化背景下公關實踐的格言。然而，口號中的「地方行動」也表示大多數機構會在當地層面落實全球性策略。因此，實踐卓越公共關係的最佳方法，就是對公關的一般通用原則作適當的調整，以適應於不同國家、文化及社會與政治體系，以期達到最佳效果。

　　卓越理論雖多年來既作為指導公關研究的主要範式、也被認為是解釋公關實踐倫理的宏觀理論（黃懿慧、呂琛，2017），但隨後仍然遭受質疑（Kenny, 2017; Kent & Taylor, 2017），同時也出現了一些解釋傳播及關係複雜性的替代理論，包括但不限於：組織—公共關係理論（Ledingham & Bruning, 1998）、融合理論（Cancel, Cameron, Sallot, Mitrook, 1997），以及對話理論（Botan, 1997; Kent & Taylor, 2002; Pearson, 1989）。正是由於這些新的理論的出現，如今已經很少有公關學者還認為此領域存在一個單一的主導理論或範式。

## 關係管理理論（Relationship Management Theory）

　　公共關係的關係管理研究視角認為，組織與環境相互依存，應當建立相互尊重、相互理解、相互感知，和以不危害任何一方利益的目標和願望的承諾為基準。

該視角指出，公共關係之目的是「圍繞共同利益和共有目標有效地管理組織與其利益悠關者之間的關係，這種關係隨着時間的推移能夠説明實現組織和公眾間的相互理解並且有利於二者的互動」，而公共關係的作用在於「建立、維護並平衡組織與關乎其成敗的利益悠關者之間互利關係的管理職能」（Cutlip, Center & Broom, 2000, p. 2）。此將公共關係看作關係管理職能的理念為之後的公關項目活動分析、計劃、實施和評估提供了框架，也為衡量實踐中一直被忽視的公關方案、結果記錄、投資收益率提供了系統性的方法。

關係管理理論在定義「組織/公眾」關係的要素以及現象（相互獲利）和產生這一現象的條件要素（有效的管理、共同的利益、共用的目標）方面，解釋了只有當組織/公眾關係得到有效地管理時互利才能實現，並且明確了對稱的組織/公眾關係如何通過聚焦於共同的利益、共用的目標的管理並隨着時間的推移而產生。這一研究通過識別可衡量的溝通頻率提高的結果，以及為從業人員提供證明公關實踐有助於實現組織與其運作中的社區的經濟、文化和社會的健康狀態的方法，證明了其用途。

相互性是關係管理視角的核心概念，具實踐意義。研究表明，長期的組織/公眾關係是基於相互性這一概念構建的（Ledingham & Bruning, 2000）；關於不同環境和產業間組織/公眾關係的研究也支持這一發現。研究還證明了共同利益和共用目標對於組織/公眾關係品質的重要意義（Ledingham & Bruning, 1998）。另外，關係管理理論由於明確了在特定條件下（隨着時間的推移，聚焦於共同的利益、共用的目標）產生某一後果（相互的理解和獲益）的某個行為（有效的管理），滿足了 Broom 等學者（Broom, Casey & Ritchey, 1997, 2000）提出的闡釋理論的條件。

關係視角已經應用到多個公關職能中，包括議題管理（Bridge & Nelson, 2000）、危機管理（Coombs, 2000）、社區關係（Ledingham, 2001）、媒體關係、及公共事務（Ledingham, 2003）等；關係管理也與公關系統理論和雙向對稱模式是一脈相承的；同時，關係管

理也適用於一些中等理論,比如 Ledingham 和 Bruning (1997) 的公眾忠誠度理論。

關係管理的提出體現了公關職能逐漸遠離傳統的對信息傳播、媒體報導量衡量的軌跡,趨向於公關方案對組織與參與互動的公眾關係的品質影響評估。此外,視公關為一種管理功能將公關從一個策略性的技術主導上升到以戰略計劃為中心,還將公關的焦點從溝通轉向關係,而溝通在發起、培養和維護組織/公眾關係中主要是作為一種溝通工具。在這個框架中,溝通的價值在於其對組織/公眾關係品質的貢獻 (Dozier, 1995; Ledingham & Bruning, 1998)。

關係管理理論也為未來的研究提供了空間,如對不同類型的組織/公眾關係與其對互動重要性的進一步理解提出可能。同樣,將組織/公眾關係看作一個連續統一體,研究其品質如何演化其中影響它的無數要素也同樣成為將來的一個研究方向。該理論還提出了一個具體的組織類型、管理方法和問題所面臨的環境模型,對在不同情形下使用管理關係原則十分有用。最後,該理論還為將來的關係研究提供了一個理論框架,即:隨着時間的推移,怎樣的管理實踐能更有效地聚焦於何種類型的利益和共用目標,以產生何種程度的相互理解和受益。

## 公關對話理論 (Dialogical Theory)

該理論的主要假設是:組織應該以坦誠而合乎倫理的對話形式積極地尋求與公眾進行互動以便創造組織與公眾之間有效的溝通管道 (Kent, 2017; Kent, Taylor & White, 2003)。

對話被界定為「任何思想和意見之間協商性的交換」(M. Kent & Taylor, 1998)。這一概念源於包括哲學、修辭學、心理學以及關係傳播學等領域 (Kent & Taylor, 2002),哲學家與修辭學家長期以來將對話看作是最道德的溝通形式以及將真理從謬誤中剝離開來的核心手段之一。神學家 M. Buber (1970) 被認為是現代對

話概念之父，他認為對話包含了對他人價值的認可所做出的努力，而不僅僅將對方看作是達成預期目的的一種手段。

在公共關係學中，對話被解釋為「與公眾之間的問題溝通」（Kent & Taylor, 2002, p. 22）。在經歷了公關理論從強調溝通管理（Grunig & Hunt, 1984）到注重將溝通作為建立關係的手段的變化後（Botan, 1993），人們意識到可以通過有效的公關活動來建立與公眾對話的管道和程序，以加強對話效果（Kent & Taylor, 2002）。

將對話納入公關理論要歸功於Pearson。按照他（1989）的觀點，公關應為人際交往中的辯證管理，合乎倫理的公共關係應具備一個雙向對話的系統而非單方面的「獨白」。隨後，Botan（1997）主張「比起將它看作一種具體的方法、技術或者形式，毋寧說它是溝通中的一種立場、導向或者關係」。Kent與Taylor（1998）認為對話是結果而非過程，並將對稱模型看作是一種聆聽或徵集回饋的過程性方式。此外，Kent & Taylor（2002）明晰了公關中的對話概念並提出了對話理論的原則。

對話理論揭示了有效對話的五個特點：

(1)  **相互性**——意味着組織與公眾之間具有密不可分的聯繫，反映的是合作性導向及相互平等的精神。對話不同於談判或討價還價，它不關注輸贏或者妥協；對話中的每個人均擁有自己的立場，通過對話理解別人的立場及持此立場的原因，沒有人擁有絕對真理；對話同時特別強調「平等」，即：在對話中，要避免使用權力和優越感。當合作共贏逐漸成為公關的重要目標時，相互性所提供的框架可以說明組織的公關服務於組織與公眾雙方的利益。

(2)  **親近性**——意味着組織在決策過程中公眾被納入考慮之中；對於公眾而言，則意味着他們樂意並能夠向組織清楚地表達其需要。親近性產生於三種類型的對話關係中。即時互動——對話中的各方當場就問題進行溝通，而非等到已做完決定後；時間流——對話不光

根植於現在，還持續性地聚焦於過去並尋求構建一個所有參與者共用的平等未來；參與——當一個組織完全參與到它所處的社區時，它才能夠站在更宏觀和全面的角度做出決策。

(3) **同感性**——對話的這一特點包含了支援、公共導向及確認或認知。同感性的溝通意義重大，因為它使得對話參與者通過設身處地為他人着想而改進溝通。對話不僅僅是鼓勵他人的參與，還要為他人的參與提供便利。隨着溝通工具的發展，個人、組織或公眾變得密不可分，將公關看作一種社群構建功能在公關領域中已達成共識。同感性同時要求對他人意見的認知，組織應該要認識到就算是那些不同意組織的個人或者群體的聲音也應該得到傾聽。

(4) **風險性**——Leitch & Neilson (2001) 指出，真正的對話有可能產生不能預測的危險後果。由於對話涉及了這樣的風險，它可能讓參與者無法阻止其餘參與方的操縱和愚弄。對話不能提前排演，參與者之間信念、價值觀和態度的交換也是自發性的，不可預測。然而正是對話的風險性使得組織——公眾關係的意義更為明顯：它能夠產生理解，最小化不確定性和誤解。

(5) **承諾**——對話應該是誠實且直接的，組織與公眾之間能夠真實地與對方來往更能夠達至互相有利的解決方案。另一方面，對話是為了達到相互獲利與理解的目的，而不是為了擊敗對方或者「利用他們的缺點」(Ellul, 1985)，朝着相互理解的方向開展對話相當於對話性關係至關重要。只有當人們開始不固持己見並理解他人的立場時對話才會發生。

對話有效開展的所有方法都建立在組織承諾並認可關係構建的價值。Kent & Taylor (2002) 認為至少有三種方式將對話整合到公關日常實踐中。一是構建人際關係，即要求組織領導人以及組織所有參與到公眾溝通中的成員一定要願意參與對話。正如許多組織提供危機管理、衝突管理和公共發言的培訓一樣，組

織成員也應該接受對話的訓練。二是構建媒介對話關係,組織可以通過大眾媒介管道與公眾進行溝通以加強其對對話的承諾並帶來更多的交往。利用互聯網而開展有效的公關是必須的,比如,網站可以被用來與公眾進行直接溝通,同時,組織通過對資源和培訓的承諾,讓網站具備對話性而非獨白似的功能。三是對話的程序化方法,即將對話視為結果,並非過程。

對話的程序化方法涉及促進對話的組織機制的建立。Pearson(1989)認為形成平等的組織——公眾對話基礎有三個程序,並進而識別了對話組織系統的六個維度,即:(1)理解並同意指導開始、維持與結束互動的機會的規則;(2)公眾理解並同意指導將信息或問題從答案中分離的時間長度的規則;(3)公眾理解並同意指導話題提議和主導改變話題的機會的規則;(4)公眾理解並同意何時回應能夠被看作回應的規則;(5)公眾理解並同意管道選擇的規則;(6)公眾理解並同意談論與改變規則的規則。與對話理論緊密相關的還有參與原則。Taylor & Kent(2014)提出可以將參與原則置於對話理論框架下來進行闡釋。他們認為參與是對話的一部分,並且,組織與公眾之間能夠通過參與達成創造社會資本的協議;參與既是一種影響互動的導向也是一種指導群體間互動過程的方法。公共關係是一種說明組織參與到多個公眾當中的傳播活動。鑒於此,參與原則在某種程度上奠定了組織—公眾關係傳播研究的基礎。

對話理論已被擴展到解釋各種組織如何與公眾建立對話關係,尤其是在新媒體的運用上,並為「關係」研究提供了新的理論指導(Anderson, Swenson & Gilerson, 2016; Lane, 2014; Lane & Bartlett, 2016)。

## 問題解決情景理論(Situational Theory of Problem Solving)

基於公眾情景理論,Grunig 和他的學生 J. N. Kim 於 2011 推出了一個新的理論:問題解決情景理論,並將其定義為一個更普遍的、更具適用性和效用性的傳播和問題解決理論。當然,「問題

解決情景理論」並非替代公眾情境理論，只是為了擴大該理論的應用範圍來提高其影響力（Kim & Grunig, 2011）。

和其母理論相比，新理論模型發生較大變化。首先，該理論擴展了因變量傳播行為，從原來的兩個發展為六個：信息搜尋、信息注意、信息篩選、信息許可、信息告知、信息共用；其二，重新引入「參照標準」為自變量之一，從而由原來的三個增加為四個：問題認知、涉入認知、受限認知、參考標準；同時，增加了一個新的調節變量，即問題解決的「情境動機」。中國學者賴（2014）指出，新的理論不僅對原有變量做出更為清晰的定義，並用更為接近人們行為的情境動機變量作為問題認知、涉入認知、受限認知的調節變量，更好地說明人們的認知變化與行為之間的關係。

更為重要的是，問題解決理論規避了公眾情境理論簡單地把人們的傳播行為歸為信息搜尋和信息處理的缺陷，詳細考察了問題解決情境中的具體傳播行為，並從主動傳播和被動傳播兩個方面將這三種傳播行為細化為六種具體的傳播形態，全面展示了人們在問題解決中的信息認知與傳播行為，強化了理論模型的內在聯繫。該理論為公關實踐提供了更好的理論工具，也給組織衝突、口碑傳播、創新擴散等現象提供了理論解釋。

此外，採用了新名稱「問題解決理論」後，「公眾情境」得以淡化，提升了該理論的應用範圍，如健康、政治、行銷、風險和科學傳播和企業管理及圖書信息科學等。

## 情境危機傳播理論（Situational Crisis Communication Theory）

源於公眾情境理論，W. Coombs（2004）發展了情境危機傳播理論。該理論將危機設定為情景，強調危機溝通策略的效果會因一些前置變量的不同而變，這些前置變量包括：危機歷史、過往與利益相關方的關係、危機嚴重程度等。該理論還借鑒了歸因理論來評估危機對組織聲譽造成的威脅，再根據聲譽威脅程度做出應對危機策略，從而為應對危機提供了有效的理論框架（Guerber, Anand, Ellstrand et al., 2019; Rachmat & McKenna, 2019）。

　　例如，危機應對策略是一個組織在應對危機中實施的以幫助修復因危機造成的名譽損失之措施，例如道歉是一種常被運用的應對策略。情境危機傳播理論承認道歉是為了維護聲譽和保護形象，但指出道歉並非解決所有危機的萬能秘方，須配合使用其他策略。

　　此理論還指出，危機應對策略必須基於組織的戰略意圖，並可分為四種：否認、弱化、重建、加強。否認策略力圖消除危機與組織之間的任何關係，或高調聲明危機並不存在，聲稱危機歸咎於他人；還可通過威脅（如司法訴訟等）對付攻擊控告者。弱化策略試圖減少危機的組織歸因或危機的負面影響，尋找藉口試為組織辯解，對公眾感知到的危機損害輕描淡寫。重建策略試圖提高組織的聲譽，公開聲明組織對危機承擔全部責任並請求諒解和做出誠懇的道歉，包括為受害者提供金錢或禮物等賠償，以此補償危機的產生的負面影響。加強策略是對其他三種策略的補充同時還尋求在組織和利益相關者之間建立良好關係，比如解釋自己如何也成為了危機的受害者，盛讚相關者的表現，加強宣傳組織過往的良好口碑及政績。

　　此理論的重點分別為：在危機應對階段採取的行動，應以危機識別階段收集的與危機有關的信息和聲譽威脅評估為基礎；由於危機傳播對於縮短危機持續時間、儘量減少危機損失至關重要，有效的傳播可讓組織建立起對危機局勢的控制感；危機傳播的危機應對策略對於抗擊危機帶來的聲譽損失十分理想，直接影響在公眾心裏和眼中的組織聲譽與形象。

## 五、解析意義

　　為了更確切地了解中國公共關係從業者及學者對理解、借鑒、驗證和發展西方公關理論和研究的成果，本章對公共關係在西方學術界作為一門學科的發展階段、範式與流派變化及主要的理論和假設做了梳理，並旨在這一基礎上構建一個解析中國公共關係實踐的分析框架，其解析意義如下：

　　首先，這一分析框架為長焦距。在過往的三十餘年裏，公共關係在中國內地至少經過了兩代人的努力，不僅不斷成長為一種產業，也逐步形成為一個具學位教育和學術研究的學科。與公共關係在其他國家和地區成長的經歷一樣，中國內地的公共關係實踐也難免經過「拿來主義」、「去粗取精」及「適應性改良」的不同階段 (胡百精，2019)。西方公共關係幾乎與此同時的發展脈絡，無疑為探究公關在中國的引入、落地、生根、成長甚至「本土化」提供了一個難得的縱向參照。

　　其次，這一分析框架包含了空間向度。西方公共關係實踐領域的橫向擴張引導了公關研究聚焦於不同的議題領域，繼而產生不同的公關理論、公關範式、公關流派；這些理論、範式、流派難免影響和界定了公關在中國起步和興盛，特別是影響和界定了公關在中國實踐和研究的議題領域 (陳先紅，2017，2018) ——如公關意識和認知在中國的形成、企業公關在中國的實踐及政府公關在中國的運用。西方公關理論、範式、流派無疑為深度解析中國公關實踐和研究提供了一個必要的橫向參照。

　　最後，這一分析框架有助聚焦理論驗證。可以肯定的是，源自西方的公關概念、理念、理論發展大多根植於西方的政治、經濟、社會和文化情境和價值體系中；若要成為一種具人類社會普遍意義的知識體系，西方公關概念、理念、理論仍須在一個非西方的 (如中國) 政治、經濟、社會和文化情境和價值體系中予以檢驗、修正乃至發揚。本章所概述的主要公關理論——如情境理論、四階段演進模式、角色理論、卓越理論、關係管理理論、對話理論等——將分別在中國公關實踐予以驗證。因此，西方公關概念、理念、理論和價值體系無疑為深度解析中國公關實踐和研究提供了一個不可或缺的理論參照。

# 參考文獻

柯澤（2019）。〈傳播學研究：認識論、方法論及創新〉，中國社會科學網，7月4日，https://mp.weixin.qq.com/s/X4hQVJHDoYwi2zvbLJ8ePA。

胡百精（2013）。〈新啟蒙、現代化與20世紀80年代中國公共關係史綱——中國現代公共關係三十年（上）〉，《當代傳播》，第4期，4–9頁。

胡百精（2019）。〈中國公共關係30年的理論建設與思想遺產〉，《國際新聞界》，6月14日，http://cjjc.ruc.edu.cn/fileup/HTML_EN/20140202.shtml。

張依依（2007）。《公共關係理論的發展與變遷》。五南圖書出版公司。

陳先紅（2017）。《現代公共關係學》，第2版。北京：高等教育出版社。

陳先紅（2018）。《中國公共關係學（上下）》。北京：中國傳媒大學出版社。

陳先紅、秦冬雪（2018）。〈西方公共關係研究述評〉，《新聞與傳播評論》，第6期，93–104頁。

黃懿慧、呂琛（2017）。〈卓越公共關係理論研究三十年回顧與展望〉，《國際新聞界》，第5期，129–154頁。

賴澤棟（2014）。〈問題解決情景理論：公共情景理論的新進展〉，《國際新聞界》，第2期。

Aldoory, L. & Sha, B-L. (2007). *The Situational Theory of Publics: Practical Applications, Methodological Challenges, and Theoretical Horizons*. Mahwah, NJ: Lawrence Erlbaum Associates.

Anderson, S., Swenson, B., & Gilerson, N. (2016). Understanding dialogue and engagement through communication experts' use of interactive writing to build relationships. *International Journal of Communication, 10*: 4095–4118.

Benoit, W. L. (1995). *Accounts, Excuses, Apologies: A Theory of Image Restoration Strategies*. Albany, NY: State University of New York Press.

Bernays, E. (1923). *Crystallizing Public Opinion*. New York, NY: Boni & Liveright Inc. http://sttpml.org/wp-content/uploads/2014/06/5369599-Crystallizing-Public-Opinion-Edward-Bernays.pdf.

Botan, C. H. (1993). Introduction to the paradigm struggle in public relations. *Public Relations Review, 19*(2): 107–110.

Botan, C. H. (1997). Ethics in strategic communication campaigns: The case for a new approach to public relations. *Journal of Business Communication, 34*(2): 188–202.

Botan, C. H. & Hazleton, V. (2006) (Eds.). *Public Relations Theories Ii*. NJ: Lawrence Erlbaum Associates.

Botan, C. H., & Taylor, M. (2004). Public relations: State of the field. *Journal of Communication, 54*(4): 645–661.

Bridges, J. A., & Nelson, R. A. (2000). Issues management: A relational approach. In J. A. Ledingham & S. D. Bruning (Eds.), *Public Relations as a Relationship Management: A Relational Approach to Public Relations*. Mahwah, NJ: Laurence Erlbaum Associates.

Broom, G. M. (2006). An open-system approach to theory building in public relations. *Journal of Public Relations Research, 18*: 141–150.

Broom, G. M., Casey, S., & Ritchey, J. (1997). Toward a concept and theory of organization-public relationships. *Journal of Public Relations Research, 9*(2): 83–98.

Broom, G. M., Casey, S., & Ritchey, J. (2000). Toward a concept and theory of organization-public relationships: An update. In J. A. Ledingham & S. D. Bruning (Eds.), *Public Relations As Relationship Management: A Relational Approach to Public Relations*. Mahwah, NJ: Lawrence Erlbaum Associates.

Broom, G. M., & Dozier, D. M. (1986). Advancement for public relations role models. *Public Relations Review, 12*(1): 37–56.

Broom, G. M. & Smith, G. D. (1979). Testing the practitioner's impact on clients. *Public Relations Review, 5*(3): 47–59.

Buber, M. (1970). *I and thou* (W. Kaufmann, trans.) New York: Charles Scribner's Sons.

Chaffee, S. H., & Roser, C. (1986). Involvement and the consistency of knowledge, attitudes, and behaviors. *Communication Research, 13*(3): 373–399.

Chen, N. & Culbertson, M. H. (1996). Guest relations: A demanding but constrained role for lady public relations practitioners in mainland China. *Public Relations Review, 22*(3): 279–96.

Chen, N. (2009). Institutionalizing public relations: A case study of Chinese government crisis communication on 2008 Sichuan earthquake. *Public Relations Review, 35*(3): 187–98.

Collins, E. L., & Zoch, L. M. (2002). PR educators—"The second generation": Measuring and achieving consensus. Paper presented at the PRSA annual conference.

Cooms, W.T. (2000). Crisis management: Advantages of a relational perspective. In J. A. Ledingham & S. D. Bruning (Eds.), *Public Relations as a Relationship Management: A Relational Approach to Public Relations*. Mahwah, NJ: Laurence Erlbaum Associates.

Coombs, W. T. (2004). A theoretical frame for post-crisis communication: Situational crisis communication theory. In M. J. Martinko (Ed.), *Attribution Theory in the Organizational Sciences: Theoretical and Empirical Contributions*. Greenwich, CT: Information Age.

Coombs, W. T. (2006). The protective powers of crisis response strategies: Managing reputational assets during a crisis. *Journal of Promotion Management, 12*: 241–259.

Coombs, W. T. (2015). *Ongoing Crisis Communication: Planning, Managing, and Responding*. Thousand Oaks, CA: Sage Publication.

Crable, R. E., & Vibbert, S. L. (1985). Managing issues and influencing public policy. *Public Relations Review, 11*(2): 3–16.

Culbertson, H. M., & Chen, N. (1996) (Eds.). *International Public Relations: A Comparative Analysis*. Hillsdale, NJ: Lawrence Erlbaum Associates.

Culbertson, H. M., Jeffers, Dennis W., Stone, Donna B. & Terrell, Martin. (1993). *Social, Political, and Economic Contexts in Public Relations: Theory and Cases*. Hillsdale, NJ: Lawrence Erlbaum Associates.

Cutlip, S. M., Center, A. H., & Broom, G. M. (2000). *Effective Public Relations*. Upper Saddle River, NJ: Prentice-Hall.

Dervin, B. (1989). Audience as listener and learner, teacher and confidante: The sense-making approach. *Public Communication Campaigns, 2*: 67–86.

Dozier, D. N. (with Grunig, L. A. & Grunig, J. E.) (1995). *Manager's Guide to Excellence in Public Relations and Communication Management*. Mahwah, NJ: Laurence Erlbaum Associates.

Duffy, M. E. (2000). There's no two-way symmetric about it: A postmodern examination of public relations textbooks. *Critical Studies in Mass Communications, 17*: 294–315.

Dutta, M. J. (2012). Critical interrogations of global public relations. In Sriramesh, K., Verčič, D. (Eds.). *Culture and Public Relations: Links and Implications* (pp. 202–217). New York, NY: Routledge.

Ellul, J. (1985). *The Humiliation of the Word*. Eerdmans Grand Rapids, MI.

Ferguson, M. A. (1984). Building theory in public relations: Interorganizational relationships. Paper presented at the Annual Meeting of the Association for Education in Journalism and Mass Communication, Gainesville, FL.

Flynn, T. (2006). A delicate equilibrium: Balancing theory, practice, and outcomes. *Journal of Public Relations Research, 18*: 191–201.

Gower, K. K. (2006). Public relations research at the crossroad. *Journal of Public Relations Research, 18:* 177–190.

Grunig, J. E. (1966). The role of information in economic decision making. *Journalism and Communication Monographs, 3*.

Grunig, J. E. (1978). Defining publics in public relations: The case of a suburban hospital. *Journalism Quarterly, 55*(1): 109–124.

Grunig, J. E. (1983). Communication behaviors and attitudes of environmental publics: Two studies. *Journalism and Communication Monographs, 81*.

Grunig, J. E. (1987). When active publics become activists: Extending a situational theory of publics. Paper presented at the Meeting of the International Communication Association, Montreal, Canada.

Grunig, J. E. (1989). Sierra club study shows who become activists. *Public Relations Review, 15*(3): 3–24.

Grunig, J. E (1992) (Ed.). *Excellence in Public Relations and Communication Management*. Hillsdale, NJ: Lawrence Erlbaum Associates.

Grunig, J. E. (1997). A situational theory of publics: Conceptual history, recent challenges and new research. *Public Relations Research: An International Perspective*, 3: 48.

Grunig, J. E. (2001). Two-way symmetrical public relations: Past, present, and future. In R. L. Heath (Ed.), *Handbook of Public Relations*. Thousand Oaks, CA: Sage.

Grunig, J. E. (2003). Constructing public relations theory and practice. In B. Dervin, S. Chaffee, & L. Foreman-Wernet (Eds.), *Communication, Another Kind of Horse Race: Essays Honoring Richard F. Carter* (pp. 85–115). Cresskill, NJ: Hampton Press.

Grunig, J. E. (2006). Furnishing the edifice: Ongoing research on public relations as a strategic management function. *Journal of Public Relations Research, 18*(2): 151–176.

Grunig, J. E. (2009). Paradigms of global public relations in an age of digitalization. *Prism*, 6(2): http://praxis.massey.ac.nz/prism_on-line_journ.html.

Grunig, J. E. (2011). Public relations and strategic management: Institutionalizing Organization-public relationships in contemporary society. *Central European Journal of Communication, 41*.

Grunig, J. E., & Dozier, D. M. (2003). *Excellent Public Relations and Effective Organizations: A Study of Communication Management in Three Countries*. Routledge.

Grunig, J. E., & Hon, L. (1988). Reconstruction of a situational theory of communication: Internal and external concepts as identifiers of publics for AIDS. Paper presented to the Association for Education in Journalism and Mass Communication, Portland, OR.

Grunig, J. E., & Huang, Y. (2000). From organizational effectiveness to relationship indicators: Antecedents of relationships, public relations strategies, and relationship outcomes. In J. A. Ledingham, & S. D. Bruning (Eds.), *Public Relations as Relationships Management: A Relational Approach to the Study and Practice of Public Relations* (pp. 23–53). NJ: Lawrence Erlbaum Associates.

Grunig, J. E., & Hunt, T. (1984). *Managing Public Relations*. New York: Holt, Rinehart and Winston.

Grunig, J. E., & Ipes, D. A. (1983). The anatomy of a campaign against drunk driving. *Public Relations Review, 9*(2): 36–52.

Grunig, J. E. (2009). Paradigms of global public relations in an age of digitalization. *PRism, 6:* 1–19.

Guerber, A. J., Anand, V., Ellstrand, A. E. et al. (2019). Extending the situational crisis communication theory: The impact of linguistic style and culture. *Corporate Reputation Review, 23,* 106–127. https://doi.org/10.1057/s41299-019-00081-1

Hallahan, K. (1999). Communicating with inactive publics: The moderating roles of motivation, ability and opportunity. Paper presented at the Annual Meeting of the Public Relations Society of America Educators Academy, College Park, MD.

Hamilton, P. K. (1992). Grunig's situational theory: A replication, application, and extension. *Journal of Public Relations Research, 4(*3): 123–149.

Heath, R. L. (2001). *Handbook of Public Relations.* Thousand Oaks, CA: Sage Publications.

Heath, R. L., & Douglas, W. (1990). Involvement: A key variable in people's reaction to public policy issues. *Public Relations Research Annual, 2:* 193.

Heath, R. L. (2006). Onward into the more fog: Thoughts on public relations research directions. *Journal of Public Relations Research, 18:* 93–114.

Heath, R. L., & Nelson, R. A. (1985). *Issues Management.* Thousand Oaks, CA: Sage Publications.

Heather, M. & L. Yaxley (2013). Career experiences of women in British public relations (1970–1989). *Public Relations Review, 39(*2): 156–165.

Holtzhausen, D. R. (2000). Postmodern values in public relations. *Journal of Public Relations Research, 12:* 93–114.

Holtzhausen, D. R. (2002). Toward postmodern research agenda for public relations. *Public Relations Review, 28:* 251–264.

IABC Research Foundation. (1992). *Excellence in Public Relations and Communication Management.* Lawrence Erlbaum Associates.

Kenny, Julian (2017). Excellence theory and its critics: A literature review critiquing Grunig's strategic management of public relations paradigm. *Asia Pacific Public Relations Journal, 17(*2): 78–91.

Kent, M. L., & Taylor, M. (1998). Building dialogic relationships through the World Wide Web. *Public Relations Review, 24(*3): 321–334.

Kent, M. L., & Taylor, M. (2002). Toward a dialogic theory of public relations. *Public Relations Review, 28(*1): 21–37.

Kent, M. L., Taylor, M., & White, W. J. (2003). The relationship between web site design and organizational responsiveness to stakeholders. *Public Relations Review, 29(*1): 63–77.

Kent, M. L. (2017). Principles of dialogue and the history of dialogic theory in public relations. January. https://www.researchgate.net/publication/318509024_Principles_of_Dialogue_and_the_History_of_Dialogic_Theory_in_Public_Relations

Kent, M. L., & Taylor, M (2017). Beyond excellence: Extending the generic approach to international public relations, the case of Bosnia. *Public Relations Review, 33*: 10–20.

Kim, J., & Grunig, J. E. (2011). Problem solving and communicative action: A situational theory of problem solving. *Journal of Communication, 61*(1): 120–149.

Kim, S., Choi, M., Reber, B., & Kim, D. (2014). Tracking public relations scholarship trends: Using semantic network analysis on PR Journals from 1975 to 2011. *Public Relations Review, 40*(1): 116–118.

Kloesel (Eds.), Bloomington and Indianapolis, IN, Indiana University Press.

Kriyantono, R., & McKenna, B. (2019). Crisis response vs crisis cluster: A test of situational crisis communication theory on crisis with two crisis clusters in Indonesian public relations. *Malaysian Journal of Communication, 35*(1), http://ejournal.ukm.my/mjc/article/view/23446

Kuhn, T. S. (1970). *The Structure of Scientific Revolutions*. Chicago: University of Chicago Press.

Lane, A. (2014). Pragmatic two-way communication: A practitioner perspective on dialogue in public relations. Unpublished doctoral dissertation. Queensland University of Technology, Australia.

Lane, A. & Bartlett. J. (2016). Why dialogic principles don't make it in practice—and what we can do about it. *International Journal of Communication, 10*: 4074–4094.

Ledingham, J. A. (2001). Government-community relationships: Extending the relational theory of public relations. *Public Relations Review, 27*: 285–295.

Ledingham, J. A. (2003). Explicating relationship management as a general theory of public relations. *Journal of Public Relations Research, 15*(2): 181–198.

Ledingham, J. A., & Bruning, S. D. (1998). Relationship management in public relations: Dimensions of an organization-public relationship. *Public Relations Review, 24*(1): 55–65.

Ledingham, J. A. & Bruning, S. D. (2000) (Eds.). *Public Relations as Relationships Management: A Relational Approach to the Study and Practice of Public Relations*. NJ: Lawrence Erlbaum Associates.

Leitch, S., & Neilson, D. (2001). Bringing publics into public relations: New theoretical frameworks for practice. In R. L. Heath (Ed.), *Handbook of Public Relations* (pp. 127–138). Thousand Oaks, CA: Sage Publications.

Major, A. M. (1993). Environmental concern and situational communication theory: Implications for communicating with environmental publics. *Journal of Public Relations Research, 5*(4): 251–268.

McQuail, D. (2010). *Mcquail's Mass Communication Theory*. Sage Publications.

Motion, J., & Weaver, C. K. (2005). A discourse perspective for public relations research: Life sciences network and the battle for truth. *Journal of Public Relations Research, 17*: 49–67.

Murphy, P. (1991). The limits of symmetry: A game theory approach to symmetrical and asymmetrical public relations. In L. Gurnig and J. Grunig (Eds.), *Public Relations Research Annual, 3,* 115–131. NJ: Lawrence Erlbaum Associates.

Pasadeos, Y., Berger, B. & Renfro, R. B. (2010). Public relations as a maturing discipline: An update on research networks. *Journal of Public Relations Research, 22*(2):136–158.

Pavlik, J. V. (1988). Audience complexity as a component of campaign planning. *Public Relations Review, 14*(2): 12–21.

Pearson, R. (1989). Business ethics as communication ethics: Public relations practice and the idea of dialogue. In C. H. Botan, & V. Hazleton (Eds.), *Public Relations Theories* (pp. 111–131). Hillsdale, NJ: Lawrence Erlbaum Associates.

Petty, R. E., & Cacioppo, J. T. (1986). Message elaboration versus peripheral cues. *Communication and Persuasion* (pp. 141–172). New York, NY: Springer-Verlag.

Petty, R. E., & Cacioppo, J. T. (1996). *Attitudes and Persuasion: Classic and Contemporary Approaches.* Avalon Publishing.

Rhee, Y (2002). Global public relations: A cross-cultural study of the Excellence theory in South Korea. *Journal of Public Relations Research, 14*: 159–184.

Sriramesh, K. (2003) (Ed.). *Public Relations in Asia: An Anthology.* Thomson Publishing.

Sriramesh, K., & Verčič, D. (2003). A theoretical framework for global public relations research and practice. In K. Sriramesh, & D. Verčič (Eds.). *The Global Public Relations Handbook: Theory, Research, and Practice.* NJ: Lawrence Erlbaum Associates.

Taylor, M., & Kent, M. (2014). Dialogic engagement: Clarifying foundational concepts. *Journal of Public Relations Research, 26*(5): 384–398.

Toth, E. L. (2006). Public relations and communication management: Challenges for the next generation. *Journal of Public Relations Research, 18*: 91.

Toth, E. L., & Heath, R. L. (1992) (Eds.). *Rhetorical and Critical Approaches to Public Relations.* Hillsdale, NJ: Lawrence Erlbaum Associates.

Valentini, C., Kruckeberg, D., & Starck, K. (2016). The global society and its impact on public relations theorizing: Reflections on major macro trends, original article. DOI: 10.19195/1899-5101.9.2(17).6

Van den Bosch, F. A. J., & van Riel, C. B. M. (1998). Buffering and bridging as environmental strategies of firms. *Business Strategy and the Environment, 7*(1): 24–31.

Van Leuven, J. K., & Slater, M. D. (1991). How publics, public relations, and the media shape the public opinion process. *Journal of Public Relations Research, 3*(1–4): 165–178.

Verčič, D., Zerfass, A., Wiesenberg, M. (2015). Global public relations and communication management: A European perspective. *Public Relations Review, 41*(5): 785–793.

Weaver, K. (2011). Public relations, globalization, and culture: Framing methodological debates and future directions. In N. Bardhan & C. K. Weaver (Eds.), *Public Relations in Global Cultural Contexts: Multi-paradigmatic Perspectives* (pp. 250–275). New York, NY: Routledge.

Witte, K., & Allen, M. (2000). A meta-analysis of fear appeals: Implications for effective public health campaigns. *Health Education & Behavior, 27*(5): 591–615.

第 一 部 分 ｜ 西方公關理論與中國公關認知演進

# 2.
# 創新擴散理論與
# 公共關係引入中國內地

　　公共關係作為本源是西方發達國家的產業形態，在中國內地得以快速發展無疑是一個令人矚目的經濟現象，其與廣告、市場行銷、工商管理等源於西方的概念、理念、方法和模式逐步被引入中國內地並獲得迅速發展，有着異曲同工之處。公關作為一種新型行業是如何在中國內地形成並發展的？對此，本章援引由美國著名傳播學者 Everett M. Rogers（1995, 2003）於二十世紀六十年代提出的創新擴散理論（The Diffusion of Innovation Theory，簡稱 DIT）作為分析指導，檢視影響公關引入中國內地的政治、經濟和社會等背景因素，並描述公關在中國內地的發展階段和擴散路徑，以檢驗該理論在中國公關「擴散」實踐的適用性。同時，為了描述公關在中國內地擴散並形成產業過程的特徵，本章還聚焦了第一代公共關係從業人員在全新的公關工作中所扮演的角色或實務模式。

---

\* 本章部分內容引自筆者的博士論文：Public relations in China: Its introduction and development, PhD. Dissertation, Chapter 2, Ohio University, Athens, OH, 1992.

# 一、概述

中國內地在上個世紀八十年代初打開國門不久便開始關注西方公共關係的業態發展。在學習和借鑒西方先進管理理念和機制的熱潮中，公共關係很快受到中國內地新一代管理者的關注、推崇和實踐。有研究顯示，至九十年代末，中國內地公共關係從業人員已達十多萬人，幾乎遍佈各行各業（蔣楠，2012）。中國內地的高等院校也感受到人才市場對公關專才的急切需求，開始開設公共關係課程（楊晨，2011）。隨之，公共關係行業組織和學術研究機構也應運而生（吳宜蓁、林志青、郭菁菁，2003）。在這個蓬勃發展的十多年間，公共關係在中國內地便經歷了從無到有、從有到大的奇跡般的過程。這一發展經歷無疑與相關背景因素（Contextual Factors）息息相關。

## 政治、經濟、社會和文化背景

公共關係的引入和發展首先得益於中國領導人的開放思維和經濟制度變革的趨勢（吳宜蓁、林志青、郭菁菁，2003；蔣楠，2012；Chen, 1992）。上個世紀七十年末，中國內地結束了長達十年之久的文革動亂，以鄧小平為核心的中國共產黨第二代領導集體提出建設具有中國特色社會主義的主張。政治上，中國政府在繼續堅持實現四個現代化——即工業現代化、農業現代化、國防現代化、科技現代化——奮鬥目標的同時，逐步對內推行經濟改革，對外實行開放。於是，思想領域的變革推動了經濟體制的變革，中國政府嘗試將計劃經濟與市場經濟有機結合起來。

變革鼓勵了中國新型管理者和知識分子解放思想，探索新領域，追求新知識。正是這種求變和開放的心態為公共關係理念的引入與發展提供了必要的社會基礎。很快，企業家們發現：引入與發展在西方發達國家似乎行之有效的公共關係，有助於現代企業之間建立和維繫互惠互利的良好關係。

公共關係在中國內地的引入與發展與文化背景也有關聯。中國的傳統文化深受儒家思想影響，而儒家思想高度重視諸如人

際關係、誠實守信、道德為重、忠誠可靠等傳統倫理價值。然而，改革開放初期，與此相關的儒家價值觀受到極大的衝擊，企業與企業家之間的交流甚至交易被俗稱「搞關係」的邏輯所侵蝕，有償提供「關係」服務（發展與維護關係）甚至賄賂在日常經濟乃至社會生活中已彌漫開來，危害愈來愈大。於是，基於關係的倫理道德標準便促使很多人尋求能夠真正傳承傳統價值的體系。加之人民的生活日漸複雜，人與人之間的交往愈來愈受到重視，因而，有人認為西方有效的公共關係不僅可以取代組織行為領域裏被當代社會弱化或淘汰的成分，也可以賦予儒家的關係價值以現代意義。

## 公共關係實踐的發展

公共關係作為一種管理實踐，在中國內地經歷了一個多維度的發展過程。首先，公共關係的引入，在企業內呈現的是一種垂直式的發展模式，即：在企業的管理層，自上而下逐步獲得不同層級管理者和員工的認可。其次，公共關係率先被引入到某些外向型行業，之後再經過橫向發展進入其他行業。但是，在這兩個維度的發展過程中，由於管理者對公共關係的本質、概念及功能的解讀有誤，一定程度上制約了其垂直發展。公共關係行業的橫向發展起初則局限於中外的合資企業。

無論是垂直式還是橫向性，公共關係實踐在中國內地的發展大致經歷了四個階段（余明陽，2007），即：引入階段、擴張階段、反思階段和成熟發展階段。

1980 年到 1985 年，中國公共關係處於第一階段，即引入階段，基本與中國部分行業的經濟體制改革相一致。這一時期，人們開始接觸公共關係這個新概念並學習和理解其相關知識，開啟了公共關係在中國內地的引入。但是，由於人們對公關實務在認知上的偏見及一些不合格的公關從業人員在實踐中對公關概念的錯誤引用，公共關係在引入初期遭受到人們的誤解，其部分效果受到社會的質疑。

　　第二階段從 1986 年開始到 1989 年 6 月結束,屬於中國公共關係的迅速擴張階段。期間,許多人對公共關係有所了解並表現出濃厚甚至盲目的興趣。中國內地開設了一批公共關係機構,多家企業和機構也設置了公共關係部門,公關書籍大量充斥書店。雖然人們仍然對其目標、角色和實踐存在疑惑,但愈來愈多的人開始主動學習公共關係的相關知識,逐步增強了對公共關係的認知。與此同時,公共關係也被引入到一些新興行業(如服務業)。

　　從 1989 年初夏開始,中國公共關係發展進入第三階段,即反思階段。由於中國改革開放初期出現的一些崇洋媚外、社會不公平及貪腐現象,中央政府開始重新審視如何更加科學、客觀和契合中國現實要求地從西方引入科學技術和管理理念,從而避免對西方的東西囫圇吞棗、照單全收。針對公共關係,中國政府出台相應政策,強調不能全盤接受西方社會的公共關係概念,在引入的過程中,要形成符合中國特徵、具有中國特色社會主義的公共關係(陳先紅,2016)。

　　1992 年春天,鄧小平南巡並發表重要講話,強調無論是計劃經濟還是市場經濟,只要能夠發展生產力,都可以在實踐中大膽使用以證明其在中國的適用性(遠上、漢竹,1992)。鄧小平的南巡講話標誌着中國改革開放進入了新的發展階段,也部分地平息了中國思想界與學術界關於社會主義特色公共關係的爭論,繼而推動了中國公共關係進入成熟發展階段。同時值得注意的是,公共關係在橫向發展上開始從合資企業擴展到服務型企業(Chen, 1992;余明陽,2007),甚至一些民營企業也開始嘗試公共關係的措施。

　　中國公共關係經過上述發展階段,在不斷變化的實踐中所產生的概念、原則、角色和功能,帶有中國特定發展階段和環境烙印的內涵和外延,其與西方發達國家公共關係活動的差異無疑值得深入探究。

## 二、文獻綜述與研究假設

首先,與其他源於西方社會的概念、實踐、理論和思想一樣,中國的公共關係最先在改革開放最前沿廣東等地區落地,隨後擴散到具有中西交流傳統的經濟中心上海及政治中心北京,最後再引入到中國內地二線省會城市如南京。這一假設是基於對於中國不同地區受西方概念和實踐的影響程度存在明顯差異的研究(余明陽,2007;陳先紅,2018)。

如果上述判斷成立,那麼也有理由認為,這四個地區的公共關係從業人員之間也存在差異。例如,就從業人員的起源與分佈而言,公共關係從業人員早期可能主要集中於廣州及其周邊地區,上海及北京的公共關係從業人員則相對較少,隨後,上海、北京及南京也開始出現公共關係從業人員。這一擴散的現象似乎與美國傳播學者 Everett M. Rogers 提出創新擴散理論所描述的發展規律極為相似(Rogers, 1995, 2003)。1962 年,Rogers 基於多案例考察了創新擴散的進程和特徵,發現新事物(新行業)擴散的基本規律,並提出了著名的創新擴散 S-曲線理論。作為傳播效果研究的經典理論之一,該理論解析了媒介勸服人們接受新觀念、新事物、新產品的理論的影響,提出在創新面前,有些人群會比其他人群意識和思想更開放,願意採納創新,如此的創新傳播包含了認知、說服、決定、實施以及確認五個步驟。據此,在公關創新擴散過程中,早期公共關係從業者在傳播行為、思維模式等方面都與後期公共關係從業者存在系統性差異(Bakkabulindi, 2014)。基於該理論,就中國公共關係活動的演變歷程,本研究提出以下三個假設:

假設1:公共關係最先盛行於廣州地區的公共關係部門和機構,隨後擴散到上海和北京,最後再引入到南京。

假設2:廣州地區率先在高校中開設公共關係專業,上海及北京次之,南京再次之。

假設 3：廣州地區、上海及北京的資深公共關係從業人員大都從所在地直接獲取公共關係專業知識或專業指導，南京的公共關係從業人員則更多是從廣州、上海及北京地區間接地學習相關知識，如他們的培訓老師先從這些地區接受培訓，然後再在南京開展培訓。

關於假設 3，須做一點說明的是，其他地區和城市的公共關係從業人員很難親自到處於廣東地區、改革開放前沿的深圳特區學習公共關係知識和經驗，因為改革開放初期其他地區和城市的公民需要獲得特殊許可方能進入深圳等經濟特區（如廣東的珠海、福建的廈門），這樣就減少了北京及上海的公共關係從業人員到深圳學習和工作的機會。直至二十世紀九十年代初，這項限制才被逐步取消。

與公共關係知識在中國內地都會城市擴散的同時，對最初入行的公關從業者所擔負的公關角色可做怎樣的分析？依據對西方公關實踐的研究，Broom & Dozier（1986）認為公共關係從業人員在組織中通常扮演如下四種角色：專家診斷者、溝通促進者、解決問題過程中的促進者和傳播技術人員。據此，他們及其他學者着重探討了美國公共關係從業人員從公共關係技術人員角色到公共關係管理人員角色的轉變規律。在美國，雖然擔任管理角色的公共關係從業人員在數量上並不佔優，但這已成為新聞報導及學術討論中常常提及的理想職業（Cutlip, Center, & Broom, 1985）。公共關係管理角色及公共關係技術角色下的子角色也是學者們關注的重點問題。不過，大量的後續研究也在不斷改進和修正十年前 Broom & Dozier 提出的角色理論。

正是在深入探討公關角色規律的同時，西方有些公關學者認為研究公關的模式更具意義。於是，Grunig & Hunt（1984）提出了四種公共關係模式，即新聞代理/宣傳、公共信息、雙向非對稱式公共關係和雙向對稱式公共關係。這一公關模式的理論奠定了美國乃至西方公共關係學術和實踐的基石。他們認為新聞代理在公共關係早期發展中處於主導地位，但後期公共關係活動逐步從單向模式轉向雙向模式，主要目的也從說服變為建立關係。

相關後續研究表明,公共關係已經不再單純是諸如法律、工程或企業諮詢等行業人員使用的一項技能,它已經初步發展成為一個獨立的職業,擁有自己獨立的培訓、實習和資格認證系統。然而,在現實生活中,美國公共關係部門和機構仍難免與其他領域的從業人員產生交互影響,一定程度上弱化了公共關係的自主性,從而影響了公共關係活動的品質。那麼,在公共關係在中國內地都會城市擴散的過程中,最初入行的公關從業者的公關模式又有怎樣的體現?

基於上述理論指導,本研究提出了如下假設:

假設4:按扮演公共關係管理人員角色的公關從業人員佔公關從業人員總數的比例從高到低排序是:廣州及其附近地區 > 上海及北京 > 南京;而按扮演公共關係技術人員角色的公關從業人員佔公關從業人員總數比例從高到低的排序則相反。

假設5:按以雙向溝通為主的公共關係從業人員佔公關從業人員總數比例從高到低排序是:廣州及其附近地區 > 上海及北京 > 南京;而按以單向溝通為主的公關從業人員佔公關從業人員總數比例從高到低排序的順序則相反。

假設6:按接受過公共關係專業知識學習的公關從業人員佔公關從業人員總數比例從高到低排序是:廣州及其附近地區 > 上海及北京 > 南京;而未經過公共關係專業知識學習的公關從業人員佔公關從業人員總數比例從高到低排序的順序則相反。

除了借鑒了上述源自西方傳播和公共關係研究的理論發現,本研究還考察了其他可能因素。

第一,不同社會的特定條件可能會影響到其公共關係理念和公共關係活動,其中一個影響條件即該社會媒體的主流思想和傳播機制,或稱之為主流媒體(Al-Enad, 1990)。

中國內地的傳播體系是社會主義政治制度的一部分(Cheng, 1989)。中國內地的新聞媒體是在黨和政府的領導下,負責宣傳和

推廣國家的方針、政策，從而實現黨和政府國家治理和社會發展的目標。自在中國內地執政以來，中國共產黨直接領導大眾傳媒機構，並對傳播內容進行審查(Chin, 2018; Tong, 2009)。因此，中國內地媒體本質上是黨和政府宣傳和推廣相關方針和政策的傳播平台(Howkins, 1982; Shambaugh, 2007)。

因而，中國內地的大眾傳播體現的是一種單向的、非對稱和不平衡的傳播形式，主要服務於政府機構和組織。如果媒體的社會條件是政府主導，那麼公共關係中的媒體關係實際上涉及了政府關係。

第二，Janis & Mann (1977) 在研究選擇的自由時發現，決策者選擇行動方案的自由度往往對其組織的行為產生影響。他們認為，崇尚個人主義和重視組織相對獨立的社會，組織決策者的選擇自由度較大。組織的個人決策者的選擇自由還會受到社會條件可供選擇的範圍的影響，因為他們會考慮在其所處社會或組織中，哪些路徑或政策及措施能行得通、有效果。如果選擇範圍較廣，決策者就會尋求多種方法，然後權衡不同方法的利弊，從而選擇最優方案；一旦選擇的範圍有限，決策者的選擇自由會受到限制，其決策的創造性也會受到壓抑。當決策者發現新的方法或者與主流不同的方法不受歡迎或行不通，他們便不願主動搜尋新的資源或信息，也不會輕易接受新的評估、處理和使用信息的方法。因此，組織或機構的性質會影響公共關係從業人員角色的選擇。

根據以上討論，可以得出以下幾點觀察：

(1) 政府機構和組織的公共關係會有特定的傳播模式。在中國內地，政府機構和組織的公共關係模式往往是單向的、勸導性的，因此公共關係從業人員的選擇自由和選擇範圍均受一定的限制。在這種情況下，公共關係從業人員大多扮演溝通促進者的角色，因而，他們便成為政府和組織部門裏的信息控制方。

（2） 在政府機構和組織中，政府力量、上級命令和同事壓力通常會決定公共關係活動的開展，公共關係從業人員一般也會根據官方的政策來開展公關活動。如果公共關係從業人員的公關活動與官方保持一致，那麼他們的公關活動就會遭受較少的壓力，反之則壓力較大。

（3） 中外合資企業受到的政府控制無疑相對較弱，而參與合資的境外或西方企業為保證盈餘，當然也會參與到企業管理中來，而這在一定程度上有助於合資企業對新的理念和受眾需求保持開放和包容的態度。

（4） 在開展公共關係活動時，服務業（如賓館）通常比製造業更加開放和樂於創新。一方面，服務行業通常要接待外國或境外客人。相較於製造業，服務業由於資金回籠快而不需要大量和長期的投資，他們較少受到政府相關政策的影響。

（5） 政府機構和組織的公關從業人員通常對公共關係領域的新發展新趨勢興趣不大。政府公關從業人員一開始就採用了單向公共關係模式，他們的目的只是自上而下的傳達政府信息，並不需要特別關注受眾的信息需求。這說明政府公關從業人員缺乏探索新的公共關係管道及信息的動力。

　　一般而言，中國政府機構的決策者和執行者往往處於機構內部的上層，而包括大部分公關從業人員在內的其他崗位工作人員只是協助執行上級的指令，向下傳達政府信息，完成組織的相關目標。這樣的組織結構和過程僅僅服務於組織本身。因此，顯而易見，中國政府公共關係活動通常採用說服性的單向公共關係模式。政府公共關係從業人員往往無法參與決策制定，他們大多僅扮演着公共關係技術人員的角色，缺乏決策權力和執行自由。

　　因此，本研究提出如下假設：

　　假設 7：與企業或非政府公共關係從業人員相比，政府公關從業人員無需也不太關注開展公共關係研究；

假設 8a：相比製造業和服務業公共關係從業人員，政府公關從業人員更多地將公關活動定位為單向公共關係模式，即：政府＞製造業＞服務業；

假設 8b：相比企業或非政府部門，政府公共關係從業人員的角色更類似於公共關係技術人員角色。

與政府公共關係從業人員所受限制相比，服務業公共關係從業人員所受限制應該較低。因此，中外合資服務類型企業的公共關係從業人員所受限制應該最低，其次為中外合資製造企業和國有企業，政府機構公共關係從業人員所受限制最高。假設 8a 與 8b 即為驗證這一判斷所設計。

假設 9：若按公共關係從業人員可選擇範圍方面得出的決策權和自由度大小，從高到低排序為：服務業＞製造業＞政府。

Grunig（1972）在解釋信息系統理論時講到，信息處理是被動地對偶然發現的信息進行處理，而信息尋求則是主動地、有計劃地對信息進行篩選、融合和解碼。Grunig 的理論認為，受廣泛認可的問題與主動的信息尋求行為相關聯。服務業的公共關係從業人員如果缺乏創新，他們就難從激烈的競爭中脫穎而出。因此，服務業的公關從業人員不會滿足於現有的信息，他們會急切地尋求和處理更多的信息。此外，若公共關係從業人員感知到的不是信息本身，而是一系列外在限制，他們會傾向於採用被動的信息處理模式。最後，活動涉入度跟信息尋求和使用行為呈正相關，也就是說，活動涉入度越高，公共關係從業人員則會更加主動地尋求信息。而政府公共關係從業人員由於受到上級命令的限制，其活動涉入度會相對較低。

如果公共關係從業人員總是受到上級命令的限制，其活動涉入度必然趨低，其公關活動未來的目標和策略也毫無懸念，那麼，公關從業人員會傾向於採用被動的信息處理模式，而這樣的模式並不利於公共關係的發展。據此：

假設10：按公共關係從業人員信息尋求的強度和寬度從高到低排序為：服務業＞製造業＞政府。

在證明假設 7、8a、8b、9 和10 的過程中，筆者發現 Janis & Mann（1977）的選擇自由一說隱含着更大的借鑒意義。他們指出，人們為了維持認知一致，以避免出現認知失調，會尋求更容易讓他們感到舒服的信息，避開讓他們不自在的信息；而且，他們為了達到認知一致，在信息尋求過程中，所採用的方法一定會受到其所處的文化環境的影響。

在公共關係實踐領域，中國政府公共關係從業人員一般都會遵守國家政策規定。為了避免認知失調，他們通常會無條件地接受這些政策。而服務業和製造業的公共關係從業人員則會更傾向於接受不同的方法或想法。因此，與政府公共關係從業人員相比，服務業和製造業的公共關係從業人員可能會採取諸如重新解讀國家政策、拒絕新的政策或改變自己的行為等更加靈活的方式來避免認知失調。

西方一些大眾傳播學者（Cobbey & McCombs, 1979; Meyer, 1978）提出，細緻的受眾研究（如認為與受眾溝通應是雙向過程）會得出更加細分的受眾模組。這表明：

假設11：相比支援單向公共關係模式的公共關係從業人員，支援雙向公共關係模式的公共關係從業人員會更精細、精確地定義受眾群體。

在對上述假設驗證的同時，本研究還試圖解析兩組研究問題。第一，年齡、性別、受教育程度以及職位等因素是否會影響公共關係從業人員的公共關係模式和公共關係角色？公共關係從業人員對受眾的不同定義會產生什麼影響？公共關係從業人員對公共關係的不同認知又會產生什麼影響？第二，年齡、性別、機構性質、受教育程度和類型、看待受眾的方式、工作經驗和職位等因素是否會影響公共關係從業人員對公共關係的認知？

## 三、研究方法

　　針對此次研究，筆者對上個世紀八十年代開始進入中國公共關係行業的從業人員──即第一代中國內地公關從業人員，採取了大眾傳播和公共關係研究領域通行的問卷調查，並據所獲得信息進行相關數據處理及抽象分析。

### 與調查者

　　在 1991 年的數月中，筆者從廣州、上海、北京及南京四城市的公共關係協會的註冊成員中，隨機抽取 475 名公共關係從業人員，並通過信函的形式向其發放問卷，最終收到 281 份有效問卷，應答率為 59%。

### 預調查

　　為確保調查問卷中所列問題、概念和語言表達的準確性，筆者在北京、南京和上海三個城市開展了預調查。每座城市都有 4 名參與預調查者收到了問卷的部分問題，共計12名，其中女性 5 名，男性 7 名。筆者認真研究了預調查的回收問卷，試圖找出問卷中可能存在的問題，並對問卷做出相應調整。問卷的原語言為英語，之後翻譯成中文，然後再根據中文翻譯成英文，跟原來的英文問卷作對比，儘量提高問卷翻譯的準確度。筆者也根據預調查的情況對問卷的語言翻譯做出了一些相應的調整。

### 取樣

　　之所以選取北京、上海、南京三座城市以及廣州地區的公共關係協會為調查對象，是因為如本文前部分所述，這些城市或地區在改革開放初期所受來自西方發達國家的概念、實踐和理論的影響程度存在明顯的差異。

　　筆者曾預期在每個城市的公關協會中各收回 100 份問卷，以確保樣本容量誤差在每個城市或地區中不大於 10%，在整個樣

本中則不大於 5%。但在實際操作中，發現部分公共關係從業人員並不願意對問卷做出回應，於是只能將北京、上海及廣州地區的樣本容量增加了 25%。鑑於南京公共關係協會的規模相對較小，南京的樣本總量並未增加，但這不會降低數據的精確度。

按照常規等距取樣的要求，隨機從四個城市公共關係協會的註冊會員中抽取 475 名公共關係從業人員。1991 年 8 月初，將調查問卷和要求回郵的信封發放給與調查者。之後，筆者放棄未回應的與調查者，並給名單上的其他從業人員發放問卷。數據收集於 1991 年 12 月底結束。

此次問卷調查筆者共選取了 475 名公共關係從業人員，共有 281 名與調查者做出回應，其中北京 90 名，南京 55 名，上海 71 名，廣州 65 名。

## 操作定義

單向公共關係與雙向公共關係。在衡量與調查者所採用的公共關係模式時，筆者首先介紹了 Grunig & Hunt（1984）的四種公共關係模式，然後要求與調查者在最常採用的公共關係模式前寫「2」，次要採用的公共關係模式前寫「1」，完全不採用的公共關係模式前寫「0」。新聞代理人/宣傳或公共信息模式屬於單向公共關係模式，而雙向非對稱和雙向對稱模式則屬於雙向公共關係模式。

公共關係管理人員與公共關係技術人員。在衡量與調查者所扮演的公共關係角色時，筆者請與調查者估算他們在四種公共關係角色上所花費的時間。這四種角色由 Broom & Dozier（1986）提出，包括專家診斷者、溝通促進者、解決問題過程中的促進者和傳播技術人員。

在次要操作定義中，筆者要求每個與調查者評價 25 個公共關係活動的重要性，其中 20 個來自 Broom & Dozier 的量表，剩餘 5 個則從觀察中國公共關係從業人員的行為中得出。通過對這 25

個活動的因數分析，總結了公共關係管理人員和公共關係技術人員的兩個指標：

## 決策權力

筆者要求與調查者評估他們在影響整體組織政策和溝通活動兩個領域中的權力，選項包括1–7，其中1表示非常小，7表示非常大。

## 決策自由

筆者要求與調查者評估他們在公共關係策劃和執行方面的自由度，選項包括 1–7，其中 1 表示極不符合，7 表示非常符合。

本研究的數據處理和分析均採用了 SPSS-PC+，包括卡方檢驗、T 檢驗、方差分析、皮爾遜積矩相關系數和 Scheffe 事後比較法。

本研究還採用因數分析法和主軸及方差最大化旋轉方法得出公共關係管理角色和公共關係技術角色的兩個指標，用來衡量與調查者對於多個公共關係角色的關注程度。另外，也採用了科隆巴赫系數測量內部一致性信度。

# 四、發現與討論

## 公共關係擴散模式、教育與培訓

筆者在上文中論述了公共關係在內陸擴散的基本情況。問卷調查數據結果表明，公共關係應該最先引入被譽為中國改革開放前沿及創新中心的廣州地區，然後擴散至上海和北京，最後引入到南京。這一判斷與 Rogers（1983）提出的中國內地許多創新理念的擴散都呈現出類似路徑的假設相一致。

表2.1　四個地區中公共關係部門設立、開展公共關係活動以及
接觸公共關係的平均年限

| 平均年限 | 南京 | 上海 | 北京 | 廣州 | F |
|---|---|---|---|---|---|
| 公共關係部門設立 | 1.78ab (n=18) | 2.62c (n=21) | 3.13a (n=30) | 3.74bc (n=35) | 8.91 (df=3100 p<.0001) |
| 開展公共關係活動 | 1.98a (n=52) | 2.89a (n=65) | 4.05a (n=87) | 4.87a (n=62) | 87.25 (df=3260 p<.0001) |
| 接觸公共關係 | 3.33a (n=54) | 5.37a (n=67) | 6.81a (n=87) | 8.22a (n=64) | 180.4 (df=3268 p<.0001) |

註：Scheffe 事後比較法裏，上面表格有相同上目標平均年數差異會很大。

具體而言，假設1認為公共關係最先出現在廣州地區，接着是上海和北京，最後是南京。與調查者接觸公共關係的年限、開展公共關係活動的年限及所在公共關係部門設立的年限等方面的數字清楚地印證了這一假設（見表 2.1）。

假設2也得到了印證，國內主要大學裏開設公共關係科目和專業的順序也是先廣州地區（1985），繼而是上海和北京（1987），最後是南京（1990）。

假設 3 得到了部分印證。問卷調查數據表明，在廣州地區和北京工作的公共關係從業人員關於公共關係的知識和技能，大都是其通過在所在地區或城市接受公共關係學習和培訓而得，而上海、尤其是南京的公共關係從業人員則更多地是在其他地區或城市學習公共關係知識。44%（n=24）的南京公共關係從業人員、26%（n=18）的上海公共關係從業人員及3.4%（n=3）的北京公共關係從業人員表示他們會去公關行業發展更快、更成熟的城市和地區接受培訓，這些城市和地區的排序為：廣州地區＞北京和上海＞南京，$X^2$（3, n = 273）= 49.892, p<.001。而這些在公關行業發展更快、更成熟的城市接受公共關係培訓的公共關係從業人員又成了其所在城市公共關係領域的資深人員，甚或「意見領

袖」。沒有與調查者表示他們會去公關行業比自己所在城市發展
更慢的地區學習公共關係知識。

這些城市的公共關係培訓者的認知也是如此。86% 的南京
與調查者（n=43）表示，他們的培訓老師也是在其他城市學習
公共關係知識，而上海和南京的數據分別為 47%（n=28）和 38%
（n=31）。沒有培訓老師會去公關行業比自己所在城市發展更慢的
地區學習公共關係知識，$X^2$（3, n=252）= 60.72, p<.001。因此，公共
關係培訓老師可能在公共關係活動擴散方面扮演着重要角色。

按在高等教育機構主修或輔修公共關係、新聞或大眾傳播
等相關專業的公共關係從業人員佔公共關係從業人員總數比例
來看，其從高到低排序為：廣州地區 > 北京和上海 > 南京，儘管
這一排列順序可能具有偶然性。大概 28% 的廣州與調查者表示
曾主修或輔修過上述專業，北京和上海的數據為 24%，南京為
19%。

中國公共關係呈現出從東南沿海向內陸發展的擴散形式，而
諸如股市、賽馬等其他領域也呈現出類似的趨勢。我們有理由認
為，中國改革開放的進程正是以這種發展形式和路徑分割出新
舊兩部分，隨着各種新事情的逐漸發展擴散，中國內陸城市也終
將迎來或好或壞的現代化進程。

國際公共關係協會前主席布萊克（Sam Black）（1992）在訪
問過中國三次之後指出，「隨着深圳經濟特區的設立及中外合
資企業的大範圍增加，1981 年，公共關係這個新型理念首先在
深圳獲得關注。同年 9 年，深圳大學引入了全日制公共關係課程
（p. 41）」。之後，深圳也逐步成為公共關係領域教育和實踐的主
導中心。布萊克的評論與本研究的結果一致。

上個世紀八十年代初期，中國內地的公共關係教育首先興起
於廣州地區，隨後逐步擴散到其他城市，並呈現出專業化的發展
趨勢（公共關係教育委員會，1989；楊晨，2014）。截至目前，公共
關係教育已經發展成為一個涵蓋多方面、多層次的體系，即：當

地公共關係協會提供短期培訓課程；中央電視台和當地電視媒體通過電視大學提供遠端課程；部分高等院校提供函授課程；專科學院提供二年學位課程；部分重點高等院校提供本科乃至碩士及博士教育（楊晨，2014；Chen, 1994）。

本研究的問卷調查結果顯示，大概三分之二的與調查者（64.8%）至少擁有大學學士學位。大部分與調查者的高教專業背景為大眾傳播或其他人文社科專業。所有與調查者都表示他們至少上過兩門公共關係課程。相關研究表明公共關係是一個跨學科的領域（Culbertson, 1991; Grunig, 1985），因此公關教育需要加強在應用社會科學和人文學方面的教學工作。無疑，中國內地的公共關係行業彼時正在朝着專業化的方向發展。

## 公共關係角色與公共關係模式

Broom & Dozier（1986）的公共關係角色理論及 Grunig & Hunt（1984）的四種公共關係模式對研究中國公共關係的引入和發展大有裨益，至少它們可以幫助描述中國公共關係從業人員的公共關係活動現狀和目標。

Broom & Dozier（1986）認為專家診斷者是解決公共關係問題方面的權威。他們確定公共關係問題，提出解決方案，策劃公共關係活動並負責實施。而傳播技術人員則負責開發和製作公共關係內容，負責寫作、編輯、與媒體打交道。

假設 4 提出，按扮演公共關係管理人員角色的公關從業人員佔公關從業人員總數比例從高到低排序為：廣州及其附近地區＞上海及北京＞南京；而按扮演公共關係技術人員角色為主的公關從業人員佔公關從業人員總數比例從高到低排序的順序可能相反。這一假設在本研究所獲取的數據中並未完全得到印證。數據表明，與調查者在扮演溝通促進者和解決問題過程中的促進者兩種角色上所佔用的時間上，所調查的城市之間的差異並不明顯。然而，北京的與調查者在專家診斷者和傳播技術人員兩

種角色上所佔用的時間比例明顯區別於其他三個城市或地區。北京與調查者在專家診斷者角色上佔用的時間明顯要少很多（M = 14.71%, SD = 18.36; M = 23.95%; F（df=3）= 4.17, p<.05）。

假設 5 同樣沒有得到完全印證。假設 5 認為廣州地區的公關從業人員最注重雙向溝通，北京和上海次之，南京則再次之，這一點並未得到印證。與其他城市和地區與調查者相比（33%），北京與調查者（44%）更傾向於單向溝通，但是這個差異並不明顯。這似乎與傳播技術人員更傾向於採用單向傳播的觀點一致（Grunig & Grunig, 1989）。

儘管所調查的各城市或地區之間並沒有明確地劃分公共關係角色或公共關係模式，但本研究的數據表明，北京的公關從業人員更多的扮演公共關係技術人員角色，更傾向於採用單項公共關係模式。這一發現說明，公共關係在中國內地的擴散並不一定伴隨着特定的地域、經濟發展水平、對外開放程度等社會條件而產生不同的概念。然而，本研究數據也表明，北京作為中國的首都，涉及公關傳播的公共關係可能會受到更加嚴格的政府控制，到達那裏的新思想很可能就會被放大成中國與西方、社會主義與資本主義衝突的一部分，這在一定程度上可能會影響公共關係行業在那裏的發展。

在此研究中，筆者還採用了另一種測量與調查者的公共關係角色和公共關係模式的方法，即：通過分析公共關係從業人員所在機構類型及其客戶類型，對比不同領域或行業的公共關係活動差異。

數據顯示，較大比例（15.8%）的公共關係從業人員在中外合資企業工作，這顯示公共關係在這一類企業中呈現出強勁的發展趨勢。另外，服務業的比例也很高（15%）。這與本研究對中國公共關係的發展模式最初判斷一致：公共關係實踐首先在合資企業開始，隨後擴散至其他行業，最後才被引入到政府機構。

假設 8 認為政府公共關係從業人員應該會更傾向於單向的公共關係模式，通常扮演公共關係技術人員的角色。在公共關係

模式方面，這個假設得到部分印證。數據顯示，政府公共關係從業人員（n=10, 48%）比製造業（n=14, 26%）和其他領域會更偏向於採用單向的公共關係模式，$X^2(3, n=253)=11.04$, p<.05。

但令人驚訝的是，服務業公共關係從業人員（n=61, 49%）也偏向於採用單向的公共關係模式。在一定程度上，這也部分地反映了為什麼政府和非政府人員對公共關係技術人員角色的關注度及所花費的時間並沒有顯著不同。

筆者在對比公共關係從業人員的公共關係角色和公共關係模式時，通過關聯性分析發現，在公共關係管理角色中，扮演專家診斷者的地位極其重要。數據表明，分配到專家診斷者角色的時間與對公共關係管理角色的關注度呈高度的正相關（r=.64），反映了對不同角色的一種原則上取向。對公共關係管理角色的關注度也與雙向對稱式公共關係呈正相關，而且關聯度極大。

換言之，若公共關係從業人員重視公共關係管理角色，他們會傾向於在專家診斷者角色上投入更多的時間，另外他們也會更加傾向於採用雙向對稱式公共關係。因此，本研究也表明，中國內地公關從業人員的公共關係角色和公共關係模式之間存在關聯，這與美國的相關研究結果一致（Grunig & Grunig, 1989）。關注公共關係管理角色的公共關係從業人員會更傾向於採用雙向對稱式公共關係（r=.24），而公共關係技術人員則更傾向於採用新聞代理/宣傳式的公共關係。這些發現都支持了 Broom & Dozier（1986）、Culbertson（1991）和 Grunig & Hunt（1984）的觀點，即：公共關係應是雙向對稱式的。

扮演專家診斷者角色的公共關係從業人員在明確公共關係問題、制定和執行公共關係方案等方面都享有很大的權力和自由。因此，他們分配到這個角色的時間，與權力（r=.52）和自由（r=.53）呈高度正相關，也與雙向對稱式公共關係（r=.20）有適度關聯。美國的研究則表明，專家診斷者是擁有較大自由的管理人員。另外，在中國內地，專家診斷者角色在總體機構決策中享有權力，而這在美國則並不常見。

　　一般而言，專家診斷者的角色使得公共關係從業人員更加注重公共關係管理角色，他們會主動地承擔確定公共關係問題、制定並執行公共關係戰略等管理責任。但是，本研究發現，公共關係管理角色跟溝通促進者及解決問題過程中的促進者之間並沒有關聯，這與中國公共關係從業人員所認知的專家診斷者角色的本質並不一致。

　　本研究的數據也顯示出，部分公共關係從業人員已開始承擔公共關係管理角色，這似乎反映的是一個階段性、漸進式的進步。與調查者所描述的管理角色可以分為兩個層面：(1)公共關係從業人員負責管理一個公共關係部門，負責公共關係從業人員招聘、公共關係任務分配以及其他事務；(2)公共關係從業人員成為整個機構管理層的一員，他們可以並實際參與機構決策制定。本次研究發現，很多中國公共關係從業人員認為自己在機構中扮演了第二種管理角色，也就是在機構中擔任營運管理人員。事實上，大概三分之二的與調查者表示他們是機構的管理者，五分之二與調查者表示他們是機構的中高層管理者。

　　超過 70% 的與調查者還表示，他們在日常公關活動中也會開展一些公共關係領域的研究。儘管他們對於「研究」的定義可能十分寬泛，包括了一般意義的學習，如閱讀期刊文章，甚至學術研究，如向行業雜誌投稿。另外，在這一公共關係從業人員群體中，大多數(90%)表示他們非常願意學習公共關係領域的新理念，高度關注公共關係活動的新做法。因此，和美國一樣，中國內地的公共關係從業人員也很重視學術研究、環境評估以及定義客戶的政治、經濟以及社會背景。根據雙向對稱式公共關係模式的要求，這些因素對於明確受眾需求至關重要。

　　本次研究似乎表明中國內地的部分公共關係從業人員也正在逐步進入到真正的管理層，這也就意味着中國內地公共關係從業人員十分重視並且也在積極參與到組織政策制定中。顯然，關於他們實際上做什麼、認為自己發揮怎樣的作用及在其他管理者眼中應該扮演什麼角色，還需要進一步探究。原因是，專家診斷者不一定具有高度管理重要性。Broom & Dozier (1986)

以及其他學者指出，有時候專家診斷者在高層中並沒有很大影響力。高層可能會讓公共關係負責人去確定並解決公共關係問題，但是他們不會給這些負責人過多的權力或者資源。另外，與調查者對 Broom & Dozier 對四種角色的理解，以及估算自己在各種角色上投入的時間方面也可能會存在少許誤差。

與公共關係這個職業一樣，大部分參與調查的中國內地公共關係從業人員都很年輕。根據回歸分析的結果，中國社會的傳統相對比較看重從業人員在該領域的資歷，公共關係領域也不例外。因此，相對比較年輕的中國公共關係從業人員能否在企業或機構的整體決策過程中享有重要的管理地位，仍有存疑之處，值得進一步探究。但這至少可以部分地揭示中西文化傳統對公共關係角色認知的差異。

最後，本研究的數據似乎表明，中國公共關係在所考察的時期似乎並沒有出現西方學者所界定的四種公關角色，實際上僅存在兩種角色，即：公共關係管理人員和公共關係技術人員。這似乎符合公共關係引入和發展初期的規律，美國方面也有相關研究證實了這一觀點（Culbertson, 1985; Stone, 1990）。

## 行業間差異

除了假設 11，其餘的假設都集中在探討政府公共關係從業人員和服務業、製造業公共關係從業人員之間可能存在的差異。

假設 7 提出，與非政府機構公共關係從業人員相比，政府公共關係從業人員不太重視開展公共關係研究。本研究的數據未能印證這一假設。然而，數據表明，政府公共關係從業人員可能更傾向於研究受眾和信息兩方面的內容，而非政府人員則集中研究受眾或者信息某一方面的內容，$X^2(1, n = 273) = 8.91, p < .001$。

關於決策的自由度高低，假設 9 得到了印證（見表 2.2）。與政府公共關係從業人員相比，服務業公共關係從業人員享有更高

表2.2　不同行業間公共關係從業人員自由度和權力平均分

| 行業 | 服務業 (n=125) | 製造業 (n=53) | 政府 (n=21) | F |
|------|-----------------|----------------|--------------|---|
| 自由度 | 4.7120[a] | 4.2453 | 3.5714[a] | 7.1659 (df=2196, p<.001) |
| 權力 | 30.7200 | 28.9811 | 25.0476 | 4.4738 (df=2248, p<.05) |

Acheffe 對比數據中，[a] 平均數變化很大

的決策自由度。而且製造業公共關係從業人員的決策自由度介於服務業和政府兩者之間。然而，根據方差分析還有scheffe事後比較法，只有服務業和政府機構兩者之間存在明顯差別。

在決策中享受到的權力大小方面，服務業公共關係從業人員要高於他們製造業的同行，而製造業則又高於政府機構（見表2.2）。雖然數據呈現出的趨勢與假設一致，但數據間差異並不明顯。因此，假設 9 只是得到部分印證。

數據還表明，決策的自由度和權力大小與公共關係從業人員的角色和公共關係模式緊密相關（r=.68），也與公共關係從業人員對管理角色的關注度高度關聯（r=.74）。這個發現並不出人意料，因為公共關係管理角色在明確公共關係問題、制定和執行公共關係方案方面都需要很大的自由和權力。

假設10認為服務行業的公共關係從業人員會比製造業的公共關係從業人員更傾向於積極地搜尋信息，而政府公共關係從業人員主動搜尋信息的積極性最低。這一假設並未得到印證。本研究的數據顯示，中國內地不同行業的公共關係從業人員在搜尋信息的強度和寬度上差異並不明顯。

假設 11 則認為採用雙向公共關係模式的公共關係從業人員會比採用單向模式的公共關係從業人員傾向於更加明確地定義受眾，這一假設並未得到本研究的數據支援。

關於不同類型的組織之間差異的假設大部分都未能得到本研究數據的印證。當然，這也可能與測量方式缺乏精確度和樣本數量較少有關。不過，調查數據也明確表明，政府公共關係從業人員，尤其是北京地區的政府公共關係從業人員更傾向於扮演公共關係技術人員的角色，傾向於採用單向的公共關係模式。但不同行業和城市的公共關係模式並沒有明顯的差異，這與當前的研究一致。Chen & Culbertson（1992）發現中國政府公共關係存在着兩種不同的方式：一種類似於雙向公共關係模式，盛行於像天津這樣的地方政府；另外一種是非對稱或者新聞代理模式公共關係，中央政府機構的公共關係活動通常就採用這種模式。

遺憾的是，問卷未能區別地方政府與中央政府公共關係從業人員之間的差異。另外，在 281 名與調查者中，只有 21 名與調查者從事政府公共關係。因而樣本容量較小，也就難以展現出明顯的差異，之後的研究可以設法解決這些問題。

## 解析研究問題

本次研究主要採用雙變量分析與多元變性回歸分析兩種方法，以盡可能全面地分析各相關變量之間的關係。

首先，筆者採用雙變量分析探討年齡、性別、受教育程度以及職位等因素是否會影響公共關係從業人員的公共關係模式和公共關係角色，得出如下六方面的初步發現。

第一，公共關係從業人員的年齡與其對專家診斷者角色的重視程度呈正相關（r=.49），與其對傳播技術人員角色的重視程度呈負相關（r=-.39），與其對傳播促進者角色的重視程度呈負相關（r=-.16）。這些數據具有顯著的統計學意義（p<.002）。

公共關係從業人員的年齡還對其對管理角色的兩個相關測量指標的重視程度有着相當大的影響（r=.48）；但與技術人員角色（p<.001）呈負相關（r=-.41）。中國社會普遍看重從業人員在該

領域的工作經驗及資歷，因此人們普遍認為，管理者理所應當要年長一些。

數據結果表明，即使年齡似乎對公共關係從業人員扮演的公共關係角色有很大的影響，但與公共關係從業人員所採用的公共關係模式並沒有緊密的聯繫。

數據結果還顯示，性別對公共關係從業人員的公共關係角色和模式具有一定的影響。男性（n=180, M=43.87, SD=12.25）遠比女性（n=93, M=39.77, SD=12.18）更加注重公共關係管理角色 t（187.03）=2.63, p<.01。相反地，女性（M=35.96, SD=8.61）比男性（M=31.52, SD=7.94）更加注重公共關係技術人員角色，t（173.36）=-4.15, p<.001。這一結果跟美國的研究一致（Broom & Dozier, 1986）。

有研究表明在中國內地，一些年輕女性因相貌出眾而從事公共關係行業，所以她們的工作性質有點類似於高級接待員，主要負責取悅客人（Wang, 1989）。本研究並未就此進行專門驗證，但筆者認為後續研究可以將取悅客人作為公共關係技術人員的角色進行重點探討。

但是，本研究的數據也部分地表明，女性（M=4.90, SD=1.79）比男性（M=3.83, SD=1.65）更注重取悅客人，t（173.25）=4.79, p<.001。此外，這一角色通常由初入職、未經過高等教育的年輕女公共關係從業人員擔任。

中國文化歷來重視教育，當代中國社會特別認為完成高等教育代表着知識水平和成功。受過高等教育的人通常都會受到尊重，因而行政人員和管理人員大都擁有本科學士學位或學歷。一般而言，沒有大學學歷的人通常僅能從事類似於高級服務員性質的工作。

性別似乎也影響着公共關係從業人員對公共關係模式的選用。男性（n=124, 69%）會比女性（n=48, 52%）更傾向於採用雙向公共關係模式，$X^2$（1, n=172）=7.12, p<.01。這可能是由於女性公共關係從業人員往往更多地扮演公共關係技術人員的角色。但似乎

表2.3　平均數：公共關係管理角色和公共關係技術角色；
年齡與公共關係從業人員職位

| | | 職業地位 | | | | |
|---|---|---|---|---|---|---|
| | 1. | 高層<br>（n=25） | 中層<br>（n=86） | 低層<br>（n=60） | 普通職工<br>（n=103） | F (df=3270;<br>p<.001) |
| | | 職業頭銜 | | | | |
| | 2. | 管理者 | 負責人 | 助理負責人 | 普通職工 | F (df= 3276;<br>p<.0001) |
| 注重公共關係管理角色 | 1. | 59.200$^a$ | 49.733$^a$ | 38.833$^a$ | 34.806$^a$ | 75.6649 |
| | 2. | 55.136$^a$ | 52.571$^b$ | 43.400$^{abc}$ | 34.033$^{abc}$ | 55.7494 |
| 注重公共關係技術角色 | 1. | 24.560$^a$ | 31.500$^a$ | 32.883$^b$ | 36.204$^a$ | 16.9282 |
| | 2. | 26.273$^{ab}$ | 28.841$^b$ | 33.773$^b$ | 35.875$^a$ | 13.0682 |
| 年齡 | 1. | 48.708$^a$<br>（n=24） | 38.060$^a$<br>（n=84） | 35.298$^a$<br>（n=57） | 29.577$^a$<br>（n=97） | 46.2262 |
| | 2. | 46.619$^a$<br>（n=21） | 42.771$^b$<br>（n=61） | 34.457$^{abc}$<br>（n=70） | 27.757$^{abc}$<br>（n=115） | 45.6694 |

註：Scheffe 事後比較法裏，上面表格有相同上目標平均年數差異會很大。

可以進一步假設，如果更多的女性能夠扮演公共關係管理人員的角色，她們可能會比男性更傾向於採取雙向對稱的公共關係模式。

第三，在公共關係從業人員的教育程度對其公共關係角色和公共關係模式的影響方面，數據表明，具有大學學歷的人更注重或追求擔負管理角色，但是差別並不明顯。

第四，在公共關係從業人員的職位對其公共關係角色和公共關係模式的影響方面，職位越高的公共關係從業人員就越少從事公共關係技術活動，更加關注公共關係管理角色，這一差異十分明顯（見表 2.3）。這一差異與美國的研究一致（Broom & Dozier, 1986）。在美國，企業或機構高級管理人員主要從事管理活動，而員工則大多數進行技術活動。

另一個並不令人驚訝的發現是，在中國公共關係從業人員中，年齡與職位相關聯（見表 2.3）。且37% 男性與調查者於所在機

構中位居管理層，而女性與調查者的比例卻僅有17%，這一數據表明在高層領導中，男性佔主導地位。

調查結果顯示，位居管理層的與調查者及年長的男性與調查者通常扮演公共關係管理人員的角色，這與中國社會尊重年長者和重視男性的文化傾向一致。而在美國，職位較高的公共關係從業人員既會參與管理討論，也能進行寫作、編輯、內容開發等技術活動。美國公共關係管理者相對較為年輕（Broom & Dozier, 1986）。這一差異可能是基於兩個國家的文化價值不同。然而，中國公共關係從業人員的職位與他們採取的公共關係模式之間並沒有明顯的關聯。

第五，筆者考察了公共關係從業人員如何定義受眾與其公共關係角色和公共關係模式兩者之間的相互影響。理論上，採用雙向對稱式公共關係的公共關係從業人員一般會仔細地研究他們的受眾，以便更清晰地了解受眾的需求和背景。Culbertson（1989）認為，如果公共關係從業人員能夠仔細研究他們的受眾，他們就會了解到受眾的各個層面或方面的需求。

本研究的結果表明，雖然中國公共關係從業人員如何定義受眾對其所扮演的公共關係角色並沒有很大影響，但卻與其是否採用雙向對稱式公共關係模式存在關聯。數據表明，採用雙向對稱式公共關係的公共關係從業人員（佔31%；非雙向人員是18%）通常會認為他們的受眾是單一且特定的，而採用非雙向對稱式公共關係的公共關係從業人員（佔44.4%；雙向人員是26.7%）一般會更加廣義地定義受眾，$X^2$（4, N=272）=10.199, p<.05。

最後，在中國公共關係從業人員對公共關係的認知對其公共關係角色和公共關係模式的影響方面，將公共關係定義為管理活動的公共關係從業人員（M=46.42, SD=12.71），比將公共關係定義為建立形象的公共關係從業人員（M=40.39, SD=9.61）更加注重公共關係的管理角色。這兩者之間存在明顯的差異 t（79.45）=2.72, p<.01。而將公共關係定義為建立形象的公共關係從業人

員（M=35.27, SD=6.19），比將公共關係定義為管理活動的公共關係從業人員（M=30.67, SD=7.89）更加注重公共關係的技術角色 t（76.67）=3.27, p<.01。

相關性分析的結果表明，約 72.4% 的與調查者強調雙向公共關係模式，但在所有將公共關係定義為建立形象的與調查者中，只有 50% 的與調查者表示他們注重公共關係管理活動 $X^2$（1, N=272）=9.09, p<.01。

其次，筆者採用雙變量分析探討了年齡、性別、機構性質、受教育程度和類型、看待受眾的方式、工作經驗和職位等因素是否會影響公共關係從業人員對公共關係的認知，也得出來如下六個有趣的發現。

第一，方差單因素分析表明，年齡是公共關係從業人員對公共關係活動認知的首要影響因素。年齡越大的公共關係從業人員越傾向於把公共關係看作是管理活動（M=38.25, SD=10.05），而不單純只是為了建立形象（M=34.13, SD=9.37）, F（1,2）=5.77, p<.01。這與本次研究的其他發現一致，即：公共關係從業人員的年紀越大，其在機構中的職位就越高，就更加注重公共關係的管理角色，而他們也就更傾向於把公共關係定義為管理活動。

第二，44% 的男性與調查者將公共關係定義為管理活動，而女性與調查者的比例則只有 33%。相反地，66.5% 的女性將公共關係定義為建立形象，而表示同意的男性則為 56%。這一差異雖然並不明顯，但卻具有顯著的統計學意義 $X^2$（1, N=181）=6.30, p<.05。這同樣與本次研究的其他發現一致，即：男性公共關係從業人員在機構中通常職位較高，更加注重公共關係的管理角色。而女性在機構中通常職位較低，更加關注公共關係的技術角色。因此，男性和女性對公共關係的定義自然會有所不同。

第三，中外合資企業公共關係從業人員（74.2%）更傾向於將公共關係看作是管理活動，而製造業（46.3%）和服務業公共關係從業人員（42.2%）持此意見者的比例則明顯偏少。服務業公共關係

從業人員(57.8%)更傾向於將公共關係看作是一種建立關係的活動。這一發現具有顯著的統計學意義且符合預期 $X^2(2, N=163)=30.92$, p<.01。而這一差異的主要原因在於中外合資企業的公共關係從業人員受政府控制較少，受西方影響較大。服務業和製造業公共關係從業人員開展公關活動的目的就是為了吸引客人、銷售產品。

第四，超過半數受過高等教育的公共關係從業人員(61%)更加注重公共關係管理角色，而沒有受過高等教育有此傾向者的比例則只有 22%。這一差異具有顯著的統計學意義 $X^2(1, N=154)=17.66$, p<.01。顯然，受教育程度會影響人們對於公共關係技術角色和公共關係管理角色的認知。前文也指出，未接收過高等教育的公共關係從業人員更加關注公共關係技術人員角色，更傾向於採用單向模式的公共關係活動。

第五，與調查者對公共關係目標的不同看法會影響其對公共關係活動的認知。在將公共關係活動的目的看作勸導的與調查者中，68%的與調查者認為公共關係活動旨在建立形象。而將公共關係活動的目的看作滿足公眾需求的與調查者中，70%的與調查者認為公共關係活動應強調管理角色。這方面數據差異很明顯，$X^2(1, N=187)=28.08$, p=.001。此外，注重滿足受眾需求的與調查者基本上採取雙向公共關係模式，而傾向於採取非對稱式、公眾信息和新聞代理式公共關係活動的與調查者則強調公共關係活動旨在建立形象，而勸導是其常用手段。這些數據說明，引入和發展初期的中國公共關係從業人員大致可以分成兩大類：第一類是雙向式公共關係，即注重滿足公眾需求；第二類是單向式公共關係，注重通過公關活動勸導受眾。

最後，公共關係從業人員的工作年齡、職位與公共關係從業人員對公共關係的認知沒有明顯關係，將不再進行詳細論述。

總而言之，本次研究發現，年齡、性別、職位和對公共關係的認知似乎影響了引入和發展初期的中國公共關係從業人員的

公共關係角色。年齡、性別、對受眾的定義和對公共關係的認知也部分地影響了公共關係從業人員的公共關係模式。當然，這些變量在之後的研究中仍值得特別關注和進一步驗證。

研究問題 2 的相關研究結果顯示，年齡、性別、所在機構類型、受教育程度以及對待受眾的方式似乎影響了引入和發展初期的中國公共關係從業人員對公共關係的認知。

筆者還認為不能簡單地將公共關係角色、模式和對公共關係的認知看作變量，它們也可能會對一些自變量產生影響，更多的因果關係闡釋需要之後的研究來進行論證。

針對上述變量，筆者還進行了多變量回歸分析。多變量回歸分析可以同時檢驗多個獨立變量，通過保持其他變量恒定，從而確定哪個自變量對因變量影響最大。為此，筆者選取了先前研究中概括公共關係從業人員地位和方法的五個有用因變量以及與所選因變量相關的十個自變量。

五個因變量分別為公共關係管理角色、公共關係技術角色、權力、自由以及公共關係從業人員在傳播技術人員角色上投入的時間，這些變量對研究引入和發展初期的中國公共關係具有顯著意義。

從理論層面來看，十個自變量可以劃分為三大類：（1）人口特徵（性別、年齡、受教育程度），這個類別或多或少可以在公共關係工作範疇之外描述與調查者的特徵；（2）與調查者的職場地位（中高低層管理人員或者普通職員）以及他們所在機構的行業和類型（政府機構或者合資企業）；（3）與調查者的公共關係活動通常採用單向模式還是雙向模式，與調查者對公共關係活動目標的定義是勸導還是滿足公眾需求，與調查者對受眾的定義是偏一般、多元還是偏特殊、單一。

十個自變量的積差相關發現顯示，這些自變量在某些程度上相互關聯，但是關聯性不足以產生多重共線的問題。

　　關於回歸公式中自變量的順序,測量公共關係從業人員相關工作的自變量之前,控制與調查者基本的人口特徵十分重要。而且,關於公共關係工作的變量中,控制結構性的變量(工作的地理位置、所在機構的類型以及職場地位)應該要先於分析與調查者的公共關係活動。

　　需要強調的是,中國社會十分重視教育、看重資歷,個人權力與其職位和機構背景緊密關聯,因此結構變量與人口特徵將會影響權力、自由度以及對管理角色的關注度。而且與前兩類自變量相比,第三類自變量的影響相對較小。

　　於是,三大類自變量的分析順序如下:人口、工作地理位置以及所在機構類型和行業類型、公共關係的認知和公關活動的模式。

　　筆者對每個因變量都進行了三個回歸分析。從表 2.4 可以看出,在五個獨立因素中,人口因素的影響最大。跟此前的假設一樣,在控制其他變量的情況下,性別、受教育程度和年齡這三個變量仍然很大程度地影響與調查者對公共關係領域的認知。

　　一旦加入結構性和地方性變量,根據調整後的 $r^2$ 增長,第一類和第二類變量的影響都很顯著。而筆者將第三類變量加入分析之後發現第三類變量的影響並不顯著。

　　無疑,對自變量需要重點展開討論。數據表明,年齡是影響自由度和公共關係管理角色的重要因素,教育與權力和自由度中度相關,而性別只與公共關係技術角色相關,女性比男性更注重公共關係技術角色方面的工作。與調查者的職位與五個因變量呈高度正相關。顯然,高層管理者比中層或底層管理者要更注重公共關係管理角色、權力和自由度,後者又比普通職員更勝一籌。相反,職位與公共關係技術角色的兩個指標呈高度負相關,這表明引入和發展初期的中國公共關係從業人員的公共關係角色受其職位影響。政府公共關係從業人員會比非政府公共關係從業人員享有更少權力和自由。合資企業的自由方差不是很明

表2.4　標準回歸系數：以公共關係五種取向為因變量

| 自變量 | 權力 | 自由 | 公共關係<br>管理角色 | 公共關係<br>技術角色 | 傳播技術人員<br>角色上時間<br>投入比例 |
|---|---|---|---|---|---|
| **因變量** | | | | | |
| **第一類──人口** | | | | | |
| 性別 | .04 | .01 | .02 | .14* | .11 |
| 教育 | .14** | .14** | .07 | .08 | .11 |
| 年齡 | .15 | .23** | .15* | -.13 | -.05 |
| **第二類──工作地理位置、機構和行業類型** | | | | | |
| 合資[b] | -.04 | .15** | .08 | -.05 | -.12 |
| 政府[c] | -.17** | -.24** | -.03 | .03 | .03 |
| 地理位置 | .04 | .10 | .02 | .04 | -.03 |
| 職位 | .56** | .44** | .58** | -.33** | -.46** |
| **第三類──公共關係活動** | | | | | |
| 雙向或單向[d] | .03 | .03 | .03 | -.08 | .02 |
| 目標 | .01 | .01 | .09 | -.05 | -.14 |
| 受眾[e] | -.03** | -.12** | -.22** | .02 | .07 |
| | F=28.00 | F=25.04 | F=29.04 | F=11.11 | F=7.59 |
| **調整後的 $R^2$** | | | | | |
| （第一類） | .28 | .26 | .30 | 018 | .17 |
| （前兩類） | .53 | .53 | .53 | .24 | .32 |
| （總三類） | .56 | .54 | .57 | .24 | .33 |
| **調整後 $R^2$ 遞增** | | | | | |
| 第一類 | .25 | .27 | .23 | .06 | .15 |
| 第二類 | .03 | .01 | .04 | .00 | .01 |

a　性別為虛變量，1=男性，2=女性
b　此為虛變量，1=非合資企業人員，2=合資企業人員
c　此為虛變量，1=非政府工作人員，2=政府工作人員
d　此為虛變量，1=非雙向公共關係，2=雙向公共關係
e　1=特定與單一化的受眾定義，2=一般與多元化的受眾定義，3=涵蓋兩種
*　$p<.01$, ** $p<.001$

顯，表明這類企業的公共關係從業人員比樣本中其他公共關係從業人員享有更多權力和自由。至於對受眾的定義，數據顯示，公共關係從業人員越注重特定及單一的受眾概念，他們就越注重公共關係管理角色，也就擁有越多的權力和自由。

在五個自變量之中，公共關係從業人員的職位影響最大。公共關係從業人員職位越高，就越關注公共關係管理角色，也就擁有越多的權力和自由，而且會更少關注公共關係技術角色。

年齡似乎只與五個自變量中的其中三個明顯相關。年齡較大的公共關係從業人員更傾向於管理角色，並宣稱他們有更多的權力和自由。但是當其他變量都輸入到回歸分析中，年齡的回歸系數是低的。因此，公關從業人員年齡越大，他們就越可能在機構中位居高職，所擁有的權利和自由就越大，就越關注公共關係管理角色。

系數和回歸分析表明資歷和職位的影響十分顯著，這點與量化分析的結果一致。中國社會傳統上十分尊重權威，而權威很大程度上都受資歷和年齡影響，在公共關係引入和發展初期的中國內地，仍然如此。

公共關係從業人員對受眾的認知是一般化還是特定化，也會產生差異。雖差異並不明顯，但意義深遠。顯然，仔細劃分受眾不僅能夠提升受眾定義的準確度，也會對公共關係行業的發展產生積極作用。公共關係從業人員越強調研究特定和單一化的受眾，他們就越能有更多管理任務、權力和自由。對受眾群體的精細化展現出公共關係從業人員思考的成熟與老練。或許這是公共關係教育應當要聚焦的領域。公共關係從業人員的行業類型及受教育程度似乎也都會影響公共關係從業人員的工作。

## 中西公共關係差異對比

本研究的結果部分地表明，引入和發展初期的中國內地和西方的公共關係活動之間存在明顯的差異，這種差異不僅受到雙

方社會、政治和經濟制度和機制的差異性影響，不同的文化傳統、價值觀念和道德準則等方面也有影響作用。兩者開展公共關係活動的最終目標也不盡相同。即使公共關係這一源於西方的概念和理論被引入到中國內地，但卻由於受政治、社會和文化環境的限制，初期未能得到順利和健康的發展。引入和發展初期的中國公共關係所展示的一些獨特性，在很大程度上受中國儒家傳統學說——特別是孔子思想——的影響，該思想強調人際關係、誠實守信、道德準則以及對組織忠誠，這些思想對中國民眾以及組織生活的價值取向和行為邏輯既產生了積極的影響，也帶來了一些消極的結果。（Chen & Culbertson, 1992；劉韻秋、曲麗紅，2005）。

孔子認為人與人之間的交往很大程度上取決於人際間的親密關係、個人的社會地位和所處的背景（Yum, 1991）。中國人對待局內人（自己人）和局外人（外來者）的態度有着明顯的差異。孔子強調「禮」，也就是遵守禮節和社會秩序，要求所有人遵守社會認定的、與其他人相關聯的禮節。這就使得建立新的人際關係變得更加困難。中國人傳統上並不太明確劃分公共關係和私人關係兩者之間的界限。而儒家思想對「義」的強調使得中國人覺得很難進行一項「單純」的買賣或交易。他們想讓交易盡可能地私人化、人情化，表現在使雙方都滿意，或感覺取得「雙贏」，即無顯著的「虧欠」。這一點在《中國公共關係大辭典》對公共關係的定義裏明確地體現出來（張龍祥，1993，45－46頁）。該定義強調「人情味」是中國公共關係活動的本質。人與人之間打交道，人情味會將人的要素置於商業要素之上。因此，引入和發展初期的中國公共關係從業人員仍然堅信，良好的、具有人情味的人際關係是開展公共關係活動的基礎。

更具體地說，關係是重要的個人社交網絡，沒有關係就很難辦好事情。當然，責任和恩惠都因關係而產生。因此，一個人的地位越高，權力就越大，就更容易建立這樣的人際網絡。對此，有研究發現，公共關係引入中國內地初期如此，迄今並未發生根本性變化（陳先紅，劉曉程，2013）。

從表面上看，在引入和發展公共關係初期的中國內地，人際或機構間關係似乎是非對稱的，因為它強調源於關係雙方的社會地位和聯繫。但是從深層次看，關係其實代表着對稱性原則（Chen & Culbertson, 1992）。本次研究也印證了從深層次建構對稱性關係對健康地發展現代公共關係的重要性。參與本次調查的公共關係從業人員，不管其年齡、教育、地位和職位如何，都強調「處好」關係的重要性。尤其是沒有大學文憑的年輕女性公共關係從業人員，她們在機構中只是普通員工，從事的是高級接待員性質的工作，但她們開展公共關係活動的目的就是為了與客戶處好關係。

中國內地媒體及其運行方式也表明了與客戶處好關係的重要性。如上所述，中國內地媒體受黨和政府的嚴格管控，具有黨和政府的社會和經濟治理的工具作用，因而其可靠性會常常受到質疑，從而影響其對外溝通的效果。因此，企業與非政府機構的公關從業人員重視與媒體處好關係就成為中國內地第一代公關從業人員的一種重要實務模式，這一點在西方相關文獻中尚未見到相應的發現和研究。儘管媒體關係在中國尤為重要，但大多數與調查者（80%）在從事公共關係工作之前並沒有媒體經驗。而在美國，公共關係從業人員則被要求必須具備媒體經驗（Waters, Tindall & Morton, 2010）。據此，似可看出中美兩國的公共關係行業呈現截然不同的發展經歷。

本調查還發現，對於中國公共關係從業人員，尤其是級別較低的公共關係從業人員來說，客戶關係很重要，但他們似乎更多地注重客戶的感觀和人情的建構和維護。這點似乎也是中西公共關係之間的一大差異。這充分表明，中國人際關係和社會關係極其複雜微妙，因此對西方公共關係從業人員而言，在中國內地開展公共關係活動時，就必須謹慎其所扮演或選擇的公共關係角色（許斌，1994；Chen & Culbertson, 1996；Culbertson, 1991）。西方官員和商人如果沒有耐心和智慧去理解中國人際關係的微妙之處，他們就很難很好地跟中國人打交道，在面對引入和發展初期的中國公共關係從業人員時，尤其如此。

## 五、結語與意義

本章所取得的研究初步結果顯現了如下重要的理論和分析意義。其一，二十世紀八十年代初期，中國內地經歷了深刻的政治經濟變革，開啟了改革開放的偉大進程。正是在如此的政治、經濟和社會變革的情境，公共關係行業被引入中國內地。Rogers 的擴散理論十分貼切地描述了中國公共關係的引入、擴散及發展歷程。與其他源於西方的理念一樣，公共關係首先被引入到以廣州為中心的南部沿海地區，隨後擴散至中國的經濟和政治中心上海和北京，最後在南京等二線城市獲得發展。事實上，中國正是在這種擴散形式下被分割成「新」「舊」兩個部分。不過，隨着新生事物擴展程度的不斷加深，內陸城市最終也迎來或好或壞的現代化變化。

儘管公共關係經過引入和成長期的陣痛，在中國內地已逐漸演變成一個行業（居延安、趙建華，1989；柳斌傑，2016），但人們對此時期公共關係概念和職能的認識或認知仍存在不解、疑惑甚或誤解。有些人認為公共關係從業人員就是高級接待員，主要任務就是討好客人。有些人就索性把公共關係等同於利用年輕貌美的女子推銷產品或服務，並與客戶建立好關係，另些人則把公共關係看成是廣告、行銷甚至宣傳的附屬品，主張將其融入到這些領域中（彭奏平、謝偉光，2004）。一些以行銷為目的的中國企業管理者幾乎只關注短期回報，無視公共關係的真正價值，並不願意把仍然有限的資源投入到公共關係領域（袁世全，2003；劉志明，2015）。這種認知上的保守符合印證創新擴散理論所描述的人們對新事物認知的階段性。

除此之外，本研究結果還表明，在中國內地擴散公關的過程中，公共關係從業者在企業或機構中的地位和受教育程度，會影響其公共關係的認知。受過大學教育的公共關係從業人員會開展較多的公共關係研究，而且他們也會傾向開展受眾和信息研究。例如，本研究顯示了中國最初入行的公共關係從業人員一些特徵，如：公共關係從業人員以男性為主（三分之二與調查者

為男性），平均年齡37歲，擁有大學學歷，在機構中職位相對較高，在公共關係領域工作平均年限約為兩年。這說明中國公共關係從業人員相對較為年輕。鑒於公共關係這個職業也很年輕，而年輕人也比較容易接受新思想，所以這個現象不足為奇，而十分符合創新擴散理論對接受新事物規律的描述（Dearing, 2009; Seeger & Wilson, 2019）。

其二，儘管 Broom & Dozier 的公共關係角色理論和 Grunig & Hunt 的四種公共關係模式對於研究中國公共關係活動具有一定的指導意義，但公共關係在本次研究所選取的四個中國內地地區雖然呈現出不同的擴散和演變過程，但在公共關係角色和公共關係模式上並沒有太大差異。例如，年齡、性別、教育程度、職場地位和特定、單一化的受眾概念等因素與公共關係管理角色和雙向非對稱式公共關係的採用呈正相關。

在研究五個變量對公共關係角色的影響中，多元線性回歸分析表明中國內地最初入行的公共關係從業者在所處機構的地位對其公共關係角色的影響最大，即：職場地位越高，公共關係從業人員就越關注公共關係管理角色，享受更多的權力和自由，也就越少參與到公共關係技術活動中。而公共關係從業者的年齡與其在機構中的地位和責任相關，顯然也是影響權力、自由度和管理角色的重要因素，這與中國社會重視資歷和地位的傳統一致。

本研究的結果還表明，在公關於中國內地的擴散中，政府公共關係從業人員，尤其是作為首都北京的政府公關從業人員，更傾向於關注公共關係技術角色，更多採用單向模式公共關係。這也驗證了先前的研究，即中央政府部門和機構更加注重宣傳和建立形象。而服務業以及合資企業則恰恰相反，他們則更多採用更為現代的公共關係模式。

關於公共關係從業人員的公共關係角色和模式，相關分析法得出一些比較有趣的結果。在引入和擴散期的中國公共關係活動中，專家診斷者是公共關係從業人員最常扮演的公共關係

管理角色。愈來愈多的公共關係從業人員似乎也有機會在中國公共關係工作中扮演管理角色。有理由認為，儘管中國內地最初入行的公關從業人員在公共關係活動中，兼有西方研究所確定的四種公共關係角色，但事實上較為顯著的僅為兩種公共關係角色，即：公共關係管理角色和公共關係技術角色。這點與近期美國和歐洲的一些研究結果也十分相近（Mykkänen, 2015; Putri, 2018; Stone, 1990）。

其三，本研究表明，引入和擴散期的中國公共關係實務模式和西方公共關係的模式存在顯著差異，這種差異既存在於雙方社會、政治和經濟系統，也存在於文化傳統、價值觀念和道德準則方面，還存在於兩者開展公共關係活動的最終目標。

中國內地最初入行的公共關係從業者，尤其是級別較低的公共關係從業人員，十分強調客戶關係的重要性。鑒於在中國文化中，個人關係和公共關係之間存在着較為模糊的界限，而個人關係似乎是中國文化的核心，因此處好關係似乎就顯得理所當然。由於官方媒體的可靠性和可用性受到質疑，因而引入和發展初期的中國公共關係從業人員還傾向於尋求其他的傳播方式。因此，客戶關係也就成了公共關係活動的重要一環，或許比西方公共關係的地位要高一些。

對受眾的不同定義也能導致公共關係角色的差異，雖然差異不是特別明顯，但意義深遠。顯然，仔細劃分受眾能夠提升受眾定義的準確性，並有助於公共關係行業的發展。公共關係從業人員越關注研究特定和單一化的受眾，他們就越能有更多管理任務、權力和自由度。誠然，公共關係從業人員所從事的行業、機構性質及受教育程度，都會影響公共關係從業人員的公共關係活動。

公共關係從業人員的年齡、性別和受教育程度會影響其對公共關係的認知。年齡較大、有大學文憑的公共關係從業人員較為注重公共關係管理角色。而在中外合資企業中工作以及那些認為公共關係活動的主要目標是滿足受眾需求的公共關係從業人員，似乎也更加看重公共關係的管理角色。而關注管理角

色、採取雙向對稱模式公共關係，以及權力和自由度較大的公共關係從業人員更加願意主動地進行信息搜尋。

上述發現雖然描述了公共關係最初引入中國內地時期的擴散軌跡及最初入行的公關從業人員的角色認知和實務傾向，但對這些議題的進一步解析，尚需深入研究此時期中國內地的公關教育對未來公關從業人員的培訓、參與改革開放的精英(特別是政府官員和國業管理者)的公關意識和認知，以及作為未來公共關係從業的公關專業大學生對如公關倫理等西方價值和理念的態度。對於這三個議題的研究，將在第三、四、五章中分別作出分析。

## 參考文獻

公共教育協會。〈剛剛起步的中國公關教育 [ R ]〉，第二屆中國公關關係年會未公開發表的報告。中國北京，1989年5月。

余明陽 (編) (2007)。《中國公共關係史 (1978–2007)》。上海：上海交通大學出版社。

吳宜蓁、林志青、郭菁菁 (2003)。〈兩岸公共關係業之發展比較——一個初探性的研究〉，《中華傳播學會年度學術報告》。http://ccs.nccu.edu.tw/paperdetail.asp?HP_ID=248。

居延安、趙建華等 (1989)。《公共關係學》。上海：復旦大學出版社。

袁世全主編 (2003)。《公共關係辭典》。北京：格致出版社。

張龍祥主編 (1993)。《中國公共關係大辭典》。北京：中國廣播電視出版社。

許斌 (1994)。〈公共關係與中國傳統文化的淵源——對建構中國公關理論的思考〉，《上海大學學報 (社會科學版)》，第1期。

陳先紅 (2016)。〈公共關係學的想像：視域、理論與方法〉，《現代傳播 (中國傳媒大學學報)》，第5期，27–35頁。

陳先紅、劉曉程 (2013)。〈專業主義的同構：生態學視野下新聞與公關的職業關係分析〉，《新聞大學》，第2期，98–104頁。

彭奏平、謝偉光主編 (2004)。《公共關係實務》。北京：清華大學出版社，25–30頁。

楊晨（2011）。〈全國高校公共關係學本科專業發展現狀調研報告〉。中國高等教育學會公共關係教育專業委員會。http://www.youliao668.com/Contents/TheoreticalStudy/2011-11-30-18-57-0-448.htm。

楊晨（2014）。〈2013中國公關教育觀察報告〉，《國際公關》，第2期，41–43頁。

遠上、漢竹著（1992）。《鄧小平南巡後的中國》。北京：改革出版社。

劉志明（2015）。〈「公共關係」再定義〉，《新聞與傳播研究》，第11期，http://www.cssn.cn/zt/zt_xkzt/xwcbxzt/xwxycbx/sdgzwc/201501/t20150125_1491334.shtml。

劉韻秋、曲麗紅（2005）。〈孔子學說中公共關係思想初探〉，《公關世界》，第8期，33–35頁。

蔣楠（2012）。〈中國公共關係三十年發展對傳媒業的影響分析〉，《浙江大學學報（人文社會科學版）》，第42卷，第4期，217–224頁。

柳斌傑（2016）。〈當前中國公共關係的十大主要任務〉，《中國青年報》，12月23日。http://theory.people.com.cn/n1/2016/1223/c40531-28971115.html。

Al-Enad, A. H. (1990). Public relations' roles in developing countries. *Public Relations Quarterly, 35*(1): 24.

Bakkabulindi, F. E. K. (2014). A call for return to Rogers' innovation diffusion theory. *Makerere Journal of Higher Education, 6*(1): 55–85. DOI: http://dx.doi.org/10.4314/majohe.v6i1.4.

Black, S. (1992). Chinese update. *Public Relations Quarterly, 37*(3): 41.

Broom, G. M., & Dozier, D. M. (1986). Advancement for public relations role models. *Public Relations Review, 12*(1): 37–56.

Chen, N. (1994). Public relations education in the People's Republic of China. *The Journalism Educator, 49*(1): 14–22.

Chen, N., & Culbertson, H. M. (1992). Two contrasting approaches of government public relations in mainland China. *Public Relations Quarterly, 37*(3): 36.

Chen, N., & Culbertson, H. M. (1996). Guest relations: A demanding but constrained role for lady PR practitioners in mainland China. *Public Relations Review, 22*(3): 279–296.

Cheng J. Y. S. (1989). Introduction: China's modernization programme in the 1980s. In J. Y. S. Cheng (Ed.), *China: Modernization in 1980s.* Hong Kong: The Chinese University Press.

Chin, S. J. (2018). Institutional origins of the media censorship in China: The making of the socialist media censorship system in 1950s Shanghai. *Journal of Contemporary China, 27*(114): 956–972.

Cobbey, R. E., & McCombs, M. E. (1979). Using a decision model to evaluate newspaper features systematically. *Journalism Quarterly, 56*(3): 469–476.

Culbertson, H. M. (1985). Practitioner roles: Their meaning for educators. *Public Relations Review, 11*(4): 5–21.

Culbertson, H. M. (2016). Breadth of perspective: An important concept for public relations. In *Public Relations Research Annual* (pp. 13–36). Routledge.

Culbertson, H. M. (1991). Role taking and sensitivity: Keys to playing and making public relations roles. *Journal of Public Relations Research*, 3(1–4): 37–65.

Cutlip, S. M., Center, A. H., & Broom, G. M. (1985). *Effective Public Relations* (6th edition). Englewood Cliffs, NJ: Prentice-Hall.

Dearing, J. W. (2009). Applying diffusion of innovation theory to intervention development. *Res Soc Work Pract, 19*(5): 503–518. doi: 10.1177/1049731509335569

Grunig, J. E. (1972). *Communication and the Economic Decision-Making Processes of Colombian Peasants*. Madison: University of Wisconsin Land Tenure Center.

Grunig, J. E. (1985, April). Hard thinking on education. *Public Relations Journal, 41*(4): 30.

Grunig, J. E., & Hunt, T. (1984). *Managing Public Relations*. New York: Holt, Rinehart & Winston.

Grunig, J. E., & Grunig, L. S. (1989). Toward a theory of the public relations behavior of organizations: review of a program of research. In J. E. Grunig & L. A. Grunig (Eds.), *Public Relations Research Annual Vol. 3,* (pp. 85–113). Hillsdale, NJ: Lawrence Erlbaum Associates.

Grunig, L. A. (1992). Power in the public relations department. In J. E. Grunig (Ed.), *Excellence in Public Relations and Communication Management* (pp. 483–501). Hillsdale, NJ: Lawrence Erlbaum Associates.

Howkins, J. (1982). *Mass Communication in China*. New York: Longman.

Janis, I. L., & Mann, L. (1977). *Decision Making: A Psychological Analysis of Conflict, Choice, and Commitment*. New York: Free press.

Mykkänen, M., & Vos, M. (2015). Contribution of public relations to organizational decision making: Insights from the literature. *Public Relations Journal, 9*(2). http://apps.prsa.org/Intelligence/PRJournal/past-editions/Vol9/No2/

Meyer, P. (1978). In defense of the marketing approach. *Columbia Journalism Review, 16*(5): 60.

Putri, A. (2018). The role of public relations as a management function in higher education, SHS Web of Conference, 42, 00031. https://www.researchgate.net/publication/322762043_The_Role_of_Public_Relations_as_A_Management_Function_in_Higher_Education

Rogers, E. M. (1995). *Diffusion of Innovations*. New York, NY: Free Press of Glencoe.

Rogers, E. M. (2003). *Diffusion of Innovations* (5th edition). New York, NY: Free Press of Glencoe.

Seeger, H., & Wilson, R. S. (2019). Diffusion of innovations and public communication campaigns: An examination of the 4R nutrient stewardship program. *Journal of Applied Communications, 103*(2). https://doi.org/10.4148/1051-0834.2234

Shambaugh, D. (2007). China's propaganda system: Institutions, processes and efficacy. *The China Journal, 57*: 25–58. doi:10.2307/20066240

Stone, D. B. (1991). The value of veracity in public relations. Unpublished doctoral dissertation, Ohio University, Athens, Ohio.

Tong, J. (2009). Press self-censorship in China: a case study in the transformation of discourse. *Discourse & Society. 20* (5): 593–612.

Waters, R. D., Tindall, N. T. J., & Morton, T. S. (2010). Media catching and the journalist-public relations practitioner relationship: How social media are changing the practice of media relations. *Journal of Public Relations Research, 22*(3): 241–264. DOI: 10.1080/10627261003799202

Yue, C. (2016). Strategic public relations management in China. *Open Access Theses,* 911. https://docs.lib.purdue.edu/open_access_theses/911

Yum, J. O. (1991). International cultures: Understanding diversity. In L. Samovar & R. Porter (Eds.), *Intercultural Communication* (6th edition, pp. 68–71). Belmont: Wadsworth.

第一部分 西方公關理論與中國公關認知演進

# 3.
# 公關教學法與
# 中國內地公共關係教育

　　公共關係在中國內地的引入、擴散和發展迅速的過程中，始終召喚着具有專業訓練和系統教育的人才，甚至一度形成激烈的人才大戰（彭奏平、謝偉光，2004；Chen，1996）。此間，高等教育機構未負眾望：幾乎在公共關係以新興產業出現後不久，公共關係課程便被納入中國高等院校教育，並逐步發展成為涵蓋本科和研究生教育的學位專業（余明陽，2006）。同其他西方國家一樣，中國內地的第一代公關教育工作者無疑也面臨了一個永恆的挑戰，即：公關教育應如何順應公關產業發展、契合本地及國際公關教育趨勢以培養未來的公關行業從業者。受中國獨特的歷史、文化、政治和經濟背景的影響，中國公關教育具有自身獨特的特點；而作為一個蓬勃發展的教育與學術領域，也必然關注公關領域發展所產生的相關學術議題。若從源於西方的教學法（Pedagogy）角度來看，公關高等學歷教育的迅速發展必然會帶來諸如課程設置、教學標準、品質保證、教育策略、教學實踐、機構發展及新媒體應用等一系列重要的學術議題。本章基於筆者對

*　本章部分內容引自筆者的文章：Chen, N. (2014). A pedagogical study of public relations education in China. *Journal of Teaching and Education*, 3(2): 121–32.

中國內地高等院校公關專業教學情況的綜合調查，旨在通過解構公共關係教育在公關引入中國內地後的發展歷程，描述和分析即將入行的公關從業者們獲得專業技能訓練和建構公關知識體系的影響因素。

## 一、文獻綜述和研究問題

公共關係這一源自西方的理念和實踐在中國內地經歷了不同的發展階段，且仍處於不斷發展之中 (Chen, 1996, 2009)。公關的行業發展是否具有中國特色仍待進一步討論（中國國際公共關係協會訪談，2010），然而，公關職業的成長遠快於公關教學和學術領域的發展已是不爭的事實。在此背景下，公關教育面臨着難以繞過的挑戰和健康發展的機遇。

在西方國家，公共關係已發展成為一個被廣泛認可的教育與學術領域，且已逐步形成自己獨特的教育、培訓和認證體系 (Chen, 1996; Coombs & Rybacki, 1999; DiStaso, Stacks & Botan, 2009)。然而在此成長過程中，公關教育者仍然擔心公關教育的自主性和品質會受到市場行銷、廣告甚至工程等領域的制度性約束和侵擾 (Grunig, 1992; Willis & McKie, 2011)。在其身份和形象方面，公關學者一直在捍衛公共關係作為一門學科的完整性，為在高等教育機構內形成自身體系的公關教育實踐在不懈努力 (Chung & Choi, 2012; Coombs & Rybacki, 1999; Matchett, 2010)。據此，筆者提出：

研究問題 1：中國公共關係教育與學術領域在形成過程中受到哪些重要因素的影響？

中國公關教育呈現出一個漸進發展的特點。1983年，處於中國內地改革開放前沿廈門特區的廈門大學率先在新聞傳播系開設了介紹性的公關科目（PR Introduction），兩年後正式開設了「公共關係原則和實務」固定科目。1985年，同樣處於改革開放前沿

深圳特區的深圳大學首創開設三年制公關專科學歷教育。兩年後,作為中國教育最高行政管理機構的教育部同意將公共關係作為核心課程納入公共管理、企業管理、市場行銷、廣告學、新聞學、傳播學、旅遊及應用經濟學等專業的專業培養計劃。1994年,經國家教育部批准,位於廣州的中山大學開設中國內地第一個公共關係的四年制本科學士學位專業。同年,中山大學還開始在行政管理專業招收公關研究方向的碩士研究生。2003年,復旦大學新聞傳播學院開設了中國內地第一個公共關係學碩士點並開始招收公共關係方向的博士研究生。2006年,上海交通大學和上海外國語大學開始招收、培養公關方向的博士生,分別隸屬於行政管理和國際關係學科(吳友富,2007)。然而,這些專業及學位的設立並未受到國務院學位委員會(暨教育部學位辦公室)的認可。

此階段,教育部似乎在是否將公共關係作為一個學位教育領域予以發展上顯得小心翼翼。一個主要的原因是,中國教育體制的變革相對於經濟領域的改革開放仍顯滯後,高等教育機構也相對等級森嚴,幾乎所有諸如廈門大學、中山大學、復旦大學等重點高校均直屬教育部管理,特別是通過此後的「211」建設,教育部更是將管理的範圍從部屬院校擴至省屬重點院校(教育部,2010)。中國公關教育的發展緩慢似乎與此背景的影響相關。

儘管此時公共關係尚未被由國家教育行政管理部門認可為一個專門的教育與學術領域,但中國高等院校仍迅速地發展公關專業教育,如從事公關專業教學的師資隊伍已逾千名。因此,筆者提出:

研究問題 2:中國公關教育者具有怎樣的教育和專業背景?他們經過怎樣的專業和教育學方面的培訓?

在西方國家,最初公共關係從業人員大都具備的是法律、工程、管理和傳播等不同學科的專業背景,後來愈來愈多的從業人員接受的是公共關係學科的專業培訓,從而使得公關專業的學歷逐步成為一個職業或專業資質要求,與此同時大大地促進

了公共教育和學術的發展(Chen, 1996; DiStaso, Stacks & Botan, 2009; Willis & McKie, 2011)。西方國家的公關教育工作者往往接受過傳播學或管理學領域的專業培訓。他們要麼具有豐富的公關理論知識,持有大眾傳播領域博士學位,且以公共關係為核心研究方向;要麼是具有豐富公關從業經驗的資深公關管理者(公共關係教育協會,2006;Wright & Flynn, 2017)。擁有博士學位尤其是傳播學博士學位通常是成為公關學術人員的必備條件,也是高校中公共關係專業師資專業與學術背景認證的一個重要標準(JMACED,2010)。

作為一個處於發展中的新興領域,中國內地的公關教育始終缺乏經過大眾傳播學或管理學系統訓練的高學歷師資。絕大多數從業中國公關教育者所受教育及培訓十分有限,且學術背景各異。有些屬於自學成才,有些在國外接受過一兩年的非學歷學習,也有少數年輕一代公關教育從業者則在攻讀學士、碩士或博士學位時選修過一兩門公關課程(余明陽,2006)。開設公關學位專業的各所高校都在為解決這一問題大費周章。例如廈門大學多年來一直在邀請退休或休學術假的西方公關學者來校為本校及外校公關教師開設為期一個月或一個學期的公關系列講座。因此,筆者提出:

研究問題 3:中國是否形成了教育學意義上的公共關係教學原則或理論?如果有,公關教育者又是如何將它們應用到公關教育實踐中?

近年來,西方公關教育從業者和公關從業人員日益重視教育學意義上的公共關係教學法。1998年,美國傳播協會在其公共關係教育調查中強調了公關教學的重要性。同年夏天,美國傳播協會舉辦了公共關係教育研討會,將教育學意義上的公關教學法列為四大主題之一。美國傳播協會教育專責小組還意識到加強公關教育從業者主動學習的迫切性和重要性,因為其發現大多公關教育從業者未能自覺地、與時俱進地使用新的傳播和教學科技,也沒有給予教學創新足夠的重視(Coombs & Rybacki, 1999)。在此推動下,美國高校的公關專業開始更加重視教學法

創新，如根據從業者的經驗加強體驗式學習和實操素質培養。為此，一些學者提出最契合專業要求的公關教育應包括理論和管理、研究和批判性思考、寫作以及體驗式教學等課程（Lee, 2009; Prindle, 2015）。隨着逐步將實習、體驗式學習以及圍繞客戶關係的服務式學習納入公關教育體系，以客戶為基礎的即時情景表現技能在美國高校的公關教學大綱和計劃中得以充分體現（Benecke & Bezuidenhout, 2011; Lee, 2009; Motion & Burgess, 2014）。

中國內地的公關教育從業者似乎在緊跟西方學者的腳步。事實上，自公關被引入後不久，中國公關教育從業者便開始關注公關教學法的研究。1989 年 12 月，全國高等院校公共關係教學研討會在深圳大學舉行，會上經過深入討論推出了新的公關教學大綱和教學計劃。1995 年，中國高等教育學會成立了公共關係教育專業委員會，並由該委員會負責規範公共關係素質教育和專業培訓，開展理論和實踐研究，推動公共關係教學內容和人才培養模式、方法改革。2003 年，經國家民政部批准，「中國國際公共關係協會學術工作委員會」成立，負有推動公關學術和教育發展的使命。隨後，中國國際公共關係協會與復旦大學合作成立「復旦大學國際公共關係研究中心」，與中國傳媒大學合作成立「現代公共關係教育科學研究所」。2006年，中國國際公共關係協會學術委員會下屬的「中國公共關係教育研究會」也正式成立（吳友富，2007）。所有這些由專業協會設置的專門機構，在推動中國公關教育及培訓創新發展方面及時發揮了重要作用。因此，針對中國內地的公關教學法演進，筆者提出：

研究問題 4：中國高校的公關教育從業者是如何開展公關教學的？他們是否採用了體驗式學習等教學方法？如果有，他們是如何實施的？

西方公關教育從業者從未停止對公關教學方法的優化和創新。大約二十年前，和其他人文社科領域的教育從業者一樣，高校的公關教育從業者將教科書作為他們的主要教學數據（Butcher, Davies & Highton, 2006）。而如今，傳統的教科書已退居二線，不再佔據教學參考和信息的首席地位了（Yow, 2011）。大多數

公關教育從業者傾向於採用體驗式教學方法(Prindle, 2015),時下的真實公關案例和即時公關實踐體驗取代了傳統的教學數據和課堂講授。有些公關教育從業者還強調了服務式學習,要求學生與現實中的公關機構合作,面對確實的客戶,並根據客戶要求參與解決真實公關問題的服務,從而在為真實客戶服務的過程中學習(Benigni & Cameron, 1999; Prindle, 2015)。無論是課程內容還是教學數據方面,西方公關教育從業者及其他新聞與大眾傳播領域的學者一直在充分利用體驗式、服務式教學方法,並為其完善發展做出了突出貢獻(Wright & Flynn, 2017)。

值得注意的是,中國公關教育從業者已經認識到開展體驗式教學以促進學生主動學習的重要性。2010年8月16日,公共關係教育專業委員會下發了促進本科公關教育的決議,強調以實踐為導向的教學方法的重要性,呼籲公關教育從業者在規劃公關課程時應從「以教師為中心」轉向「以學生為中心」(公關關係教育專業委員會,2010)。然而,中國學生已經習慣了說教式的授課方式,習慣了被動的接受老師或課本上的知識。創新性的練習、體驗式及服務式學習對於公關教育從業者和學生來講都是一個不小的挑戰。

在西方,公共關係教育學的爭論焦點之一在於如何在公關教學中最為有效地應用日新月異的傳播技術。新媒體技術所帶來的即時性和國際性,為新聞和傳播課程走向全球提供了前所未有的機會(Chang, Himelboim & Dong, 2009; Sledzik, 2007)。儘管有些研究顯示網絡公關教育和傳統公關教育在學生學習行為方面並不存在顯著差異(Kelleher & O'malley, 2001),也無益於轉變學生學習行為,但大多數學者認為公關教育必須採用新的傳播技術或新媒體,因為愈來愈多的公關從業者已經在實踐中熟練地使用這些新技術(Freberg, 2015; Weisgerber, 2009)。美國公共關係教育協會在其2006年度報告中呼籲美國公關教育從業者應確保學生既能熟練應用最新的傳播技術,又要正確認識它們所帶來的社會後果(公共關係教育協會,2006)。

新媒體或新的傳播技術對中國內地各行各業的影響愈加突顯。如何在網絡信息時代開展公關教育已成為中國公關教育從業者倍加關注的重要議題。早期研究發現，中國公關教育從業者並不擅長在課堂教學中採用新的傳播技術（代祥芬，2005）。但面對新的傳播技術所帶來的挑戰，中國公關教育從業者不得不開始探索新的教學技術和策略（楊俊，2009）。2010年，教育部下發《關於批准2010年度國家精品課程建設項目的通知》，明確指出國家精品課程必須全部上網，向全國開放（王亞青，2011；教育部，2010）。公共關係教育專業委員會最近開展的一項研究明確指出，大多未能充分採用新媒體技術的公關課程的教學效果明顯差。因此，筆者提出：

研究問題5：新媒體或新的傳播技術是如何影響中國高校的公關教育的？

## 二、研究方法

針對筆者提出的上述研究問題，本次研究主要採用了文本分析和深度訪談的方法。

首先，筆者查閱了十所由教育部正式批准開展公關本科教育的中國高等院校的官方網站，收集並下載了其公關專業設置介紹及課程計劃和科目大綱，作為後續文本分析的材料。

其次，筆者收集了相關高校公關專業的教材、課目大綱、講義及紙質作業。2003年至2007年，筆者參與了上海公共關係協會對中國公關教育和實踐情況的一項重大調查，期間收集了大量有關中國公關教育的第一手數據。經上海公共關係協會允許，筆者將這些數據用於此次研究。

再次，筆者收集查閱了大量有關公關教育、研究及認證的中國政府高教管理部門頒發的公開政策和規定和公關專業協會的公開數據，包括國務院學位委員會制定的規章制度和政策、國

務院學位委員會學位評定委員會提交的報告和政策建議，也包括了中國高等教育學會公共關係教育專業委員會和中國公共關係教育研究會發表的諸多學術論文。

最後，筆者進行了聚焦中國公共教育的深度訪談。為此，筆者專門邀請了中國國際公共關係協會和上海公共關係協會從事公關教育的兩名高級官員進行深度訪談。筆者還隨機對四所開設公共關係專業高等院校的六名本科公關教師進行深度訪談，其中三名為專業的負責人。筆者對訪談數據進行轉錄及歸類分析。

訪談聚焦了與公關教學相關的三類系列問題：

**教學研究：**中國公關教育從業者是否存在事關公關教學的學術爭論？你是否了解中國公關教育有哪些理論或原則？如果有，它們分別是什麼？你對此有何看法？你開展過哪些公關教學研究？你發表過哪些與公關教學相關的學術成果？你對中國高等院校公關教育作何評價？

**教學策略：**貴校的公關課程由何人規劃？它們的規劃是經過怎樣批准程序被採用的？你是否參加過或舉辦過公關教育培訓？你覺得這些培訓是否有效？你在公關教學中採用過哪些策略？你是否嘗試過以學生為中心的教學方法或體驗式教學方法？在規劃課程內容時，你覺得哪些要素是必不可少的，如理論、原理、案例等？在規劃課程大綱、練習及安排作業時，你覺得哪些要素最為重要？

**有效學習：**你覺得有效學習最為重要的特徵有哪些？如何將公關教學轉變為公關學習？公關教育從業者如何通過實踐教學、體驗式實習或服務式教學促進有效學習？你採用過哪些新的措施來促進學生主動學習？你採用過哪些新傳播技術或新媒體平台來提高學生學習效率？有哪些成功的案例？你如何衡量學生的成績和學習效率？你是否對中國公關教育存在憂慮？如果有，你的主要憂慮是什麼？

# 三、觀察和討論

基於上述方法，本研究得出了五點有趣但很重要的結果，它們不僅反映了中國內地公共關係教育和專業人才培養的現狀，而且對學術界關於公關教學法的爭論和探索具有一定的啟示意義。

觀察1：受中國公眾對公共關係的誤解和現時教育制度的影響，公共關係在中國內地尚未成為一門得到普遍認可的學科，從而推遲了公關教育與時俱進的發展。

二十世紀八十年代初，隨着公共關係被引入中國內地，部分高校開始參照國外公關教育模式開設公關課程。二十世紀八十年代末至九十年代初，如公共關係等應用性強的專業由於其在就業上的巨大優勢更易受到學生的青睞，眾多高等院校匆忙中紛紛開設公關專業。公關的快速引入及井噴式的增長使其陷入「大躍進」式的虛熱，從而導致現代公關本質、目標、角色和功能在中國內地造成混亂和模糊。中國公關教育看似形勢一片大好，實際上卻存在着較大的隱患，如課程設置、師資準備及教材開發等方面的問題逐漸顯露出來。事實證明，在這種情況下培養出來的公關人才難以滿足不斷擴大的社會需要，導致多數院校公關專業在匆忙上馬幾年後便紛紛處於萎縮甚至關停狀態（吳友富，2007）。

二十世紀九十年代中後期，中國公共關係進入了相對理性、平穩的發展階段，但公關教育仍遭受公眾對公關職業形象認知上模糊的挑戰，人們普遍將公關活動看作是庸俗的「搞關係」，對其成為一門高等教育的專業持懷疑態度，有些高校的公關專業也迎合了如是的社會態度。中國國際公共關係協會的一名受訪官員表示：「受公關小姐和公關先生概念的部分影響，一些公關課程非常注重禮儀和接待溝通技能培養。」（訪談，2010）更有甚者，大多高等院校在招收公關專業學生時把相貌和身高列為錄取條件之一。此外，由於公關更多被看作是一門女性行業，因而公關專業存在嚴重的性別不平衡現象（訪談，2010a）。

在中國內地，公共關係能否成為一門獨立的學科呢？學者們對此莫衷一是，其部分原因出於國務院教育行政管理部門的立場。1987年，教育部相關部門下發決議，批准了在行政管理、企業管理、市場行銷、廣告學、旅遊經濟、應用經濟學以及新聞傳播學科中開設公關專業科目。直至1998年，國務院學位委員會才將公共關係列為行政管理學科的一個專業方向（編號110305W）。因而，在不同的院校中，公共專業往往隸屬於不同的學院，如大部分公關專業隸屬於行政管理學院或工商管理學院，只有少數隸屬於新聞傳播學院。

政府的教育行政管理機構對公關教育發展方面也略顯保守。截至2010年，在1,900所高等院校中，僅有30所院校（1.5%）獲准開設公關專業。2010年10月，中國高等教育學會公共關係教育專業委員會申請在高校中開放公關專業本科教育，教育部尚未對此做出明確回應。中國國際公共關係協會的一名高級官員表示：「離開國家學位委員會的支持，我們就無法在中國建立學位教育品質認證體系，更不用說參與全球教育品質認證了」（訪談，2010）。

觀察2：由於僅有為數不多的公關教育者持有傳播學博士學位，而大多公關教育者的教育背景來自於其他領域，中國的公關教育呈現了教師學術背景的多元性。

經過近三十年的發展，絕大多數公關專業仍缺乏持有傳播學或公共關係博士學位甚或碩士學位的師資。中國國際公共關係協會的一名高級官員表示：「中國缺乏有資質培養公共關係博士的院校，僅有的幾個招收公共關係方向博士的院校也缺乏訓練有素的導師和科學系統的課程安排」（訪談，2010）。華中科技大學的一名受訪教授表示，由於中國政府的教育行政部門愈來愈嚴控新興專業招收研究生，公共關係方向的研究生教育也只能在小範圍內運行，「招生總是供遠小於求」（訪談，2011）。由於高校教師薪酬普遍較低，大多在西方高校取得新聞傳播博士學位的公關學者也難以到中國高校任教（訪談，2011a）。

　　以中山大學為例。通過分析該校公關專業的教師簡介，筆者發現：雖然絕大多數從事公關教學的教師持有博士或研究生學位，但卻並非來自新聞傳播領域。五名老師中，其中一名教授畢業於行政管理專業，另外三名副教授分別持有新聞學（法律和政策方向）博士學位、工商管理碩士學位及社會學博士學位，另外一名助理教授則持有中國文學博士學位（中山大學傳播與設計學院，2011）。上海外國語大學也是如此，三名教授公關課程者分別是，一名持有國際關係博士學位，一名持有商業管理博士學位，還有一名僅有廣告學的碩士學位（上海外國語大學國際工商管理學院，2011）。

　　與西方公關學者的看法恰恰相反，中國公關教育從業者並不認為具有其他領域教育背景的學者從事公關教育會影響中國公關教育的發展。上海外國語大學的一名受訪學者表示：「不同學科背景的學者參與公關教育對我們而言是一種資產而不是負債，是一種優勢而不是缺陷，因為這樣可以確保不同學科之間的互動。而且，學生也很歡迎不同專業背景的老師給他們授課」（訪談，2011b）。另外一名上海外國語大學的公關教育從業者指出：「學科背景各異其實有助於我們開展更多有特色的公關課程，例如我們擅長國際關係研究的老師就會開展『戰略溝通』和『政府間公共關係』領域的特色課程」（訪談，2010b）。

　　觀察 3：中國公關教育從業者始終關注公關教育的研究，迄今已初步形成具中國特色的理論共識，並依此指導了公關的教科書編纂和課程設置。

　　幾乎自在高校開設公關專業起，中國公關教育工作者就開始開展公關教育和教學的研究。1989 年12月，中山大學、深圳大學、杭州大學、復旦大學、國際關係學院、蘭州大學等多所院校聯合在深圳大學舉辦了首屆全國高校公關教學研討會。此後，第二至五屆全國高校公關教學研討會分別於1991 年、1994 年、1996 年、1998 年在杭州大學、蘭州大學、國際關係學院和湖北大學舉辦。在這些會議上，公關教育工作者交流公關教學信息，分享教學

經驗，並探討教學創新，對推動中國的公關教育發展起到了積極作用(吳友富，2007)。進入二十一世紀後，全國高校公關教學研討會主要針對公關實踐的一些專題教學進行討論，如公關活動、危機溝通與管理等熱門公關教學話題，並以區域性為主，主要活躍在杭州、廣州、上海等經濟較為發達的城市，繼續為中國公關教育從業者交流教育理念和探究教學創新提供了平台(訪談，2010)。

公關行業協會與高校合作成立公關教育研究中心的舉措也推動了中國公關教育研究的發展。作為國家層面的公關專業協會，中國國際公共關係協會分別與復旦大學和中國傳媒大學合作成立了「復旦大學國際公共關係研究中心」及「現代公共關係教育科學研究所」。這些專注於公共教育研究機構的建立為進一步整合公關教學資源、構建高層次公關教育平台發揮了重要作用 (訪談，2010，2010a，2011)。

正是在這些重要平台上，一些涉及公共教育的原則、理念和理論共識應運而生。在公共關係教育專業委員會2010年6月召開的第十二屆學術年會，時任副會長、華東師範大學教授邱偉光提出將「素質教育」概念應用於中國公關教育。基於其對上海高等院校公關教育的調研，邱維光指出傳統的應試教育模式已不適應時代發展的需要，新時代的公關教育應注重學生的全面發展，應將真實案例研究、實習、公關案例競賽、辯論、演講及模擬案例等策略應用於公關教育。他還建議，公關教育從業者應推進人性化教育，關注學生的個性化發展，培養學生的應用技能。邱偉光的提議似乎得到了公關教育界的認可(訪談，2010)。在此後有中國國際公共關係協會2012年10月25日頒佈的《公關員國家職業標準》中得以部分體現(中國國際公共關係協會，2012)。在筆者的訪談中，與受訪者均表示了解「素質教育」這一理念，並指出儘管從教育學角度看，這並非全新的理念，但被用於高校的公關教學中還是具有促進意義(訪談，2011c，2011d)。也部分受訪者充分肯定這一理念有助於中國公關教育發展(訪談，2010，，2011b)。

　　由蕪湖信息技術職業技術學院楊俊教授提出的「三模組教學法」模式也廣受讚譽。與傳統的「理論聯繫實際」模式不同，楊俊提倡公關教育應將理論、實踐和應用有機結合起來，靈活採用多媒體演示、一對一討論、課外探索等多種形式，培養學生寫、說、聽和執行力四方面的技能，從而塑造「T」型公關人才。楊俊在教學實踐中也將這一理論應用於「公共關係原理」和「高級公共關係」課程中。如在2008年汶川特大地震期間，楊俊要求學生從不同組織或機構（如政府、公益組織、企業等）的視角策劃與地震相關的公關活動方案並予以試行，取得了良好的教學成效（楊俊，2010）。其主編的《新型實用公共關係教程》，由於基於他的「三模組教學法」，被列入普通高等教育「十一五」國家級規劃教材（楊俊，2008）。

　　有趣的是，受訪者大多欣賞邱偉光和楊俊教授對優化公關教育的努力，認為必須對公關教學方法和課程設置進行改革；但是，有些受訪者雖承認開設的公關課程過於偏重理論，但提出「如果拋開諸如Grunig等學者的公關理論，那究竟又該給學生教授哪些概念性的知識點呢？」（訪談，2011c）。另有學者擔心，如果課上不講理論，又該如何向質疑者證明公關是一門真正的學科，而不是一門可以不經過正規大學教育就可以從事的職業呢（訪談，2011d）？

　　雖然部分受訪者強調了建立具有中國特色公關教育理論和體系的必要性和迫切性（訪談，2010，2010a），但對什麼是中國特色或怎樣才能具有中國特色不得而知。當筆者在訪談中問及中國特色公關教育理論或方法的具體內容時，一部分受訪者認同中國特色的公關教育理論「原則上」應符合中國現時的制度與實踐特徵，但對這些特徵卻難以具體描述（訪談，2011c，2011d）。另一部分受訪者則認為中國特色本身也在不斷變化中，具有中國特色的公共教育也應不斷修正、與時俱進（訪談，2010a）。

　　觀察4：中國公關教育從業者在開展公關教育時雖認識到如體驗式、服務式學習等教學策略的重要性，在實際運用中尚處於初級階段。

　　所有受訪者均意識到採用創新方法開展公關教育的重要性。華中科技大學的一名受訪者表示：「在傳統課堂上，學習的主要責任在於老師，這種觀念必須改變，尤其是在公關教學中，學習的責任應該轉移到學生身上」（訪談，2011）。深圳大學的一名受訪者也表示：「公關教育應該旨在促進學生主動學習，因此我們應更加着眼於如何促進學生主動學習，體驗學習，而不是把知識硬性灌輸進學生頭腦中」（訪談，2011c）。因此，上海外國語大學的一位受訪者強調，中國公關教育工作者應致力於推動學生主動學習，從「以老師為中心」轉向「以學生為中心」，而體驗和服務式學習是個可行的辦法（訪談，2011b）。

　　然而，當談到如何在公關教育中採取體驗或服務式學習策略時，與訪者則看法不一。上海公共關係協會一名資深官員表示：「公關教育從業者也曾嘗試採用互動式的教學方法，然而效果並不理想。中國學生已經習慣了說教式的授課方式，習慣了被動的接受老師或課本上的知識」（訪談，2010a）。「我們也知道依賴課本知識絲毫無益於促進學生主動學習，然而要想採用體驗式學習策略，我們仍面臨重重阻礙」（訪談，2010）。一方面，教育部要求高校採用國家規劃教材，但尚未要求加入實習或體驗學習計劃（訪談，2010）。另一方面，由於大多高等院校並未與實體公關公司或大型企業形成良好的互惠互利關係，因而很難找到合適的機構開展體驗和服務式學習（訪談，2011a，2011b，2011c）。中國公關教育在本科階段通常採用大班教學，因而很難開展服務式學習，而且大多數公關教育從業者也缺乏相應的教學經驗（訪談，2011d）。

　　儘管如此，中國公關教育從業者也針對體驗式學習展開了一系列創新嘗試。為了鼓勵教職員工摒棄「課本＋講義」的傳統教學模式，上海外國語大學啟動了公關案例電子數據庫專案。在校學生及老師只要上傳公關案例並附上詳細的分析和評價均可獲得一定的物質獎勵。上海外國語大學每年都會評選出最佳公關案例。隨着電子數據庫的不斷擴大，所有的教師和學生均可不受時間和場地限制即時使用，推動了以案例為導向的公關教育的發

展（訪談，2011b）。上海外國語大學還與中國本土一家知名公關公司合作成立公關教育中心。該中心聘請該公司的資深公關專家作為兼職教授，與學生一起就真實案例制定公關策略；結果先在小組內評分，然後再分別由該公司的公關從業者和上海外國語大學的公關教育從業者分別進行評核，優異者則可參與實際競標。然而在筆者調查時，該活動規模較小，仍處於嘗試階段，且僅在寒暑假進行。誠然，相關負責人員的支持、活動品質控制及可持續性等問題仍有待進一步完善（訪談，2011b）。

觀察5：中國公關教育從業者已認識到互聯網技術在公關教育中的重要作用，且已在日常的公關教學中探索使用互聯網技術。

時至今日，儘管飛速發展的互聯網仍在內容和平台等方面受到中國政府相關部門的審查（Bhattacharji, Zissis & Baldwin, 2010），但在大學校園裏互聯網已經成為教學生活不可或缺的一部分。在談到新通訊技術對公關教學的影響時，與訪者均表示：（1）互聯網方便快捷，因而他們會在日常公關教學中大量使用互聯網；（2）新通信技術尤其是社交媒體的盛行所帶來的革命性變革使人們可以便捷地通過互聯網平台發佈和共用網頁內容並與他人互動，這同樣適用於公關教學；（3）利用互聯網教學需要公關教育從業者轉變教學思路，如一名受訪者表示：「新的通訊技術和日益增長的線上資源要求教師轉變自身角色，從教師變成學習同伴」（訪談，2011b）。另外一名受訪者認為：「網絡教學可以使學生按照自己的節奏參與對話，消化信息，參考他人的答案從而給出自己的答案，實現真正意義上的自我學習，對此公關教師應予以鼓勵」（訪談，2011a）。

然而，與訪者均表示， 在中國內地的高校通過互聯網開展公關教育仍然只是個例。在六名受訪者中，其中五名受訪者表示相關政府教育行政管理機構並不認可「不受控制地使用互聯網平台」開展新聞傳播領域的教學。雲南省一些高校中省教育廳倡導下設立的公關模範班也印證了這一顧慮。據稱，模範班的教學成果中並沒有任何證據表明利用互聯網開展公關教學有助於促進學生主動學習（潘晏偉，2008）。

對於中國公關教育者自身而言，新媒體仍然是較新的領域，他們並不太願意在課堂上應用自己尚未熟練掌握的新平台。當問到對新媒體和新傳播技術的了解程度時，六名受訪者均表示對如博客的社交媒體有所涉獵，但對一些新傳播技術知之甚少，其中僅兩名受訪者嘗試過視頻製作，另外四名受訪者瀏覽過一些知名博客，但自己均未開通博客。兩名受訪者表示聽說過Facebook，但卻並不了解 Podcasts, Wikis 或 RSS feeds。

筆者發現受訪者對採用新傳播技術開展公關教育仍存在顧慮。中國國際公共關係協會的一名受訪官員指出採用新傳播技術可能會導致「技術定義內容」的問題（訪談，2010）。他解釋道：「一些公關培訓專案之所以採取網絡教學的模式並非是經過深思熟慮後才做出的合理決策，而是出於財務核算的考慮。因此，許多網絡上的公關培訓課程已背離了它們的教學目標。」三名受訪者認為，即使使用互聯網進行公關教學，教師也應該居於主導地位，引導和控制學生與學生間的交流和互動（訪談，2011a，2011b，2011c）。深圳大學的一名受訪者表示：「線上討論及線上作業應與真實課堂一樣，應該具有詳盡明瞭的教學目標，受到老師的嚴格掌控。如果放任學生不管，任由他們自主發揮，一些學生可能無法做到對自己負責」（訪談，2011c）。另外兩名受訪者甚至強調：「儘管新的傳播技術可以幫助學生即時獲取多方面的信息，然而對於一個富有成效的公關課程而言，教學內容和目標仍至關重要。」在這方面，他們認為，「一些西方學者在推動線上教育模式上似乎走過頭了」（訪談，2010a，2011b）。

## 四、總結與啟示

通過從源自西方教學法的角度對中國內地第一代公關教育工作者和高校公關專業教學的初步調查，筆者得出了如下與即將入行的公關從業者的專業訓練和知識積累相關聯的具啟發性意義的發現：

第一、中國內地的公關教育在媒體制度和公關成長陣痛的影響下發展滯後。與西方發達國家相比，中國的公關行業和職業所遭遇的負面的身份／形象認知問題，加之高校的公關教育在二十世紀八十年代末至九十年代初的盲目擴張，一直困擾着主管高等教育的政府行政部門及公關教育工作者。公眾仍然對公關作為一種現代職業持有偏見，對其作為高等教育的一門專業的可行性持懷疑態度。政府主管高等教育的部門對公關專業擴大和招生的嚴格控制也影響了中國公關教育的不斷發。

第二，中國內地尚未形成一套經受業界不斷檢驗、被廣泛接受和應用的公關教學法體系。由於教育工作者認識到了公共關係的實操性，案例教學一枝獨秀。從 1992 年開始到 2006 年，由國際公共關係協會組織舉辦的中國優秀公共關係案例評選活動共舉辦了七屆，參評的案例愈來愈廣泛，得獎者編入《中國優秀公關案例選評》，成為後來很多高校公關專業的必讀參考書（馮迪，2009）。但是，一度得到關注的「公關素質教育」更像是一系列原則而非系統的理論，「三模組教學法」具有一定的理論指導意義，但仍待在實踐中進一步完善和檢驗。

第三，對於中國公關教育工作者而言，新聞傳播和公共關係專業以外的其他學術背景的人員參與公關教學並非是弱項，相反，部分學者認為這有助於中國公關教育的多元發展。然而，由於沒有相關的專業經驗或資質，中國公關教育工作者往往只是口頭上強調體驗式學習，難以組織與真實場景相契合的教學專案。此外，大部分高校並未與公關機構建立合作關係，且也未在課程計劃中強制性要求學生實習，因而公關教育從業者很難開展服務式教學。

第四，儘管中國公關教育從業者認識到新的傳播技術對於公關教育的重要性，但他們卻很少在日常的公關教學中採用新媒體平台和技術。由於公關教育從業者缺乏新的傳播技術方面的專門知識、實踐經驗及操作知識，再加上政府僅於近期才開始關注新傳媒技術在教育領域的應用，因而中國公關教育工作者很少在公關教育中採用新的傳播技術。

　　第五，中國內地公關教育工作者大多認為，中國公關教育模式由於受到現時中國內地的高等教育制度的約束故較為傳統，必須與時俱進。與調查者均表示傳統的書本主義的授課式教學已不適應當今中國社會深刻變革的趨勢，公關教育工作者應致力於促進學生主動學習。大多公關教育從業者已在探索新的教學策略，他們採用體驗或服務式教學方法，從而提高公關教學效果。各級公關行業協會也日益關注公關教學問題（柳斌傑，2016；陳先紅、秦冬雪，2018）。從教學法的角度來看，所有這些認知和態度上的變化對於完善和促進中國公關教育發展大有裨益。

　　迄今，中國內地公關教育仍落後於公關行業的快速發展。即便在西方，公共關係教學法也仍然是一個方興未艾的研究領域，不同的策略、方法和理論層出不窮。期望中國內地的公關教育工作者能夠在有選擇地引入西方的公關教學法概念、理念、方法和理論的同時，將其放在中國的實踐中予以驗證，並不斷地大膽改善和創新。畢竟公共關係的健康發展有賴於教育與培訓機構幫助未來一代公關從業者形成具全球化視野的公關意識、構建堅實、有效的知識結構及獲取創新、實用的技能素質。

# 參考文獻

上海外國語大學國際工商管理學院官網（2011）。http://cib.shisu.edu.cn/shizililiang.html

中山大學傳播與設計學院官方網站（2011）。http://scd.sysu.edu.cn/xueyuangaikuang/teacher/

中國國際公共關係協會（2012）。〈公關員國家職業標準〉。10月25日。http://www.cipra.org.cn/templates/T_Second/index.aspx?nodeid=2&page=ContentPage&contentid=99

公共關係教育委員會（2006）。《21世紀公關教育》，http://www.commissionpred.org/report/2006_Report_of_the_Commission_on_Public_Relations_Education.pdf

王亞青（2011）。〈《國家精品課程評審指標體系》的分析與思考〉，《中國高等教育評估》，第4期，64–67頁。

代祥芬（2009）。〈高校行政管理專業中公共關係教學問題淺議〉，《中國科技信息》，第20期，177–178頁。

余明陽（2006）。〈中國公共關係教育20年綜述〉，《公關世界》，第09期。

中國高等教育學會公共關係教育專業委員會（2010）。《推動中國公關教育活力發展》，http://www.hie.edu.cn/fco/dtxx_view.asp?id=724

吳友富（2007）。《中國公共關係20年發展報告》。上海：上海外語教育出版社。

柳斌傑（2016）。〈當前中國公共關係的十大主要任務〉，《中國青年報》，12月23日。http://theory.people.com.cn/n1/2016/1223/c40531-28971115.html

教育部（1998）。中國高校本科專業名單。http://www.moe.edu.cn/publicfiles/business/thmlfiles/moe/s3882/201010/109699.html

教育部（2010）。《教育部國家精品課程評估指標體系》。http://www.jingpinke.com/xpe/portal/5b076385-11d6-10000-9287-bd80a6bd4b60?uuid=9915e169-1266-1000-ae7a-5ef033508626&objected=oid：9915e169-1266-1000-ae79-5ef033508626

訪談（2010）。中國國際公共關係協會，9月11日，北京。

訪談（2010a）。上海公共關係協會，9月20日，上海。

訪談（2011）。華中科技大學，3月12日，武漢。

訪談（2011a）。復旦大學，3月18日，上海。

訪談（2011b）。上海外國語大學，3月19日，上海。

訪談（2011c）。深圳大學，5月25日，深圳。

第一部分　西方公關理論與中國公關認知演進

訪談（2011d）。中山大學，5月27日，廣州。

陳先紅、秦冬雪（2018）。〈2017年西方公共關係研究述評〉，《新聞與傳播評論》，第71卷，第6期，93–104頁。

彭奏平、謝偉光主編（2004）。《公共關係實務》。北京：清華大學出版社，25–30頁。

馮迪（2009）。〈中國公共關係教育二十年〉，2009年4月6日。http://www.cipra.org.cn/templates/T_Second/index.aspx?nodeid=6&page=ContentPage&contentid=159

楊俊（2008）。《新型實用公共關係教程》。北京：高等教育出版社。

楊俊（2009）。〈信息化背景下的《公共關係》案例教學新探〉，《公關世界：上半月》，第2期，51–53頁。

潘晏偉（2008）。〈公共關係模範課程教育改革報告〉。http://www.enetedu.com/topic/html/2008-6-2/2008621502211.htm

Barry, W. I. A. (2005). Teaching public relations in the information age: A case study at an Egyptian university. *Public Relations Review, 31*(3): 355–361.

Benecke, D. R., & Bezuidenhout, R.-M. (2011). Experiential learning in public relations education in South Africa. *Journal of Communication Management, 15*(1): 55–69.

Benigni, V. L., & Cameron, G. T. (1999). Teaching PR campaigns: The current state of the art. *Journalism and Mass Communication Educator, 54*(2)(Summer): 50–60.

Bhattacharji, P., Zissis, C., & Baldwin, C. (2010). Media censorship in China. Backgrounder, Council on Foreign Relations. http://www.cfr.org/publication/11515/media_censorship_in_china.html

Butcher, C., Davies, C., & Highton, M. (2006). *Designing Learning: From Module Outline to Effective Teaching*. Abingdon: Routledge.

Chang, T. K., Himelboim, I., & Dong, D. (2009). Open global networks, closed internationsl flows: World system and political economy of hyperlinks in cyberspace. *International Communication Gazette, 71*(3): 137–159.

Chen, N. (2004). From propaganda to public relations: Evolutionary change in the Chinese government. *Asian Journal of Communication, 13*(12): 96–121.

Chen, N. (2009). Institutionalizing public relations: A case study of Chinese government crisis communication on 2008 Sichuan earthquake. *Public Relations Review, 35*(3): 187–198.

Chung, W., & Choi, J. (2012). Professionalism in public relations pedagogy: A comparative analysis of public relations curricula among the United States, the United Kingdom, and South Korea. 17 October. https://doi.org/10.1177/1077695812462348

Coombs, W. T., & Rybacki, K. (1999). Public relations education: Where is pedagogy? *Public Relations Review, 25*(Spring): 55–63.

DiStaso, M. W., Stacks, D. W., & Botan, C. H. (2009). State of public relations education in the United States: 2006 report on a national survey of executives and academics. *Public Relations Review, 35*(3): 254–269.

Freberg, K. (2015). Social media and public relations pedagogy: The rise of the social education economy. Institute for Public Relations, 6 July. https://instituteforpr. org/social-media-public-relations-pedagogy-rise-social-education-economy/

JMACED (2010). Of pearls and swine: Teaching PR in universities. Teaching journalism, media & professional communications. http://jmaced.net/2010/07/of-pearls-and-wswine-prs-image-problem-in-higher-education/

Lee, B. (2009). Student public relations agencies: A qualitative study of the pedagogical benefits, risks, and a framework for success. *Journalism & Mass Communication Educators* (Spring).

Motion, J., & Burgess, L. (2014) Transformative learning approaches for public relations pedagogy, *Higher Education Research & Development, 33*(3): 523–533, DOI: 10.1080/07294360.2013.832163

Prindle, R. (2015). Experiential learning in public relations through student-conducted research assignments. *Journal of Education Human Resources, 36*(2): 131–154.

Ramsden, P. (2003). *Learning to Teach In Higher Education* (second edition). Abingdon: Rooutledge.

Sledzik, B. (2007). Bring market realities to the PR classroom—It's a fast track here, just like in the real world. http://toughsledding.wordpress.com/2007/03/22/

Weisgerber, C. (2009). Teaching PR 2.0 through the use of blogs and wikis. *Communication Teacher, 23*(3): 105–109.

Willis, P., & McKie, D. (2011). Outsourcing public relations pedagogy: Lessons from innovation, management futures, and stakeholder participation. *Public Relations Review, 37*(5): 466–469.

Wright D. K., Flynn T. (2017). Public relations education and the development of professionalization in Canada and the USA. In T. Watson (Eds.), *North American Perspectives on the Development of Public Relations*. National Perspectives on the Development of Public Relations. Palgrave Macmillan, London.

Yow, M. (2011). A different approach to teaching PR. *Platform Magazine*. https://platformmagazine.org/2012/01/17/a-different-approach-to-teaching-pr/

第一部分 西方公關理論與中國公關認知演進

# 4.
# 公關認知與
# 中國內地精英公關理解

　　源自西方發達國家的公共關係最初引入中國內地之時，正是改革開放不斷深入之際。參與社會變革路徑探索的一代精英——包括但不限於政府官員、企業管理者和知識份子，由於其教育背景和對新鮮信息的敏感度，似乎更易接受新觀念、新事物、新理論的影響，較之其他人群，他們的創新意識和思想會更開放，更願意嘗試和採納創新（Bakkabulindi, 2014）。有理由認為他們對公共關係概念的解讀、功能的認知及公關意識的形成會影響公關在中國內地的發展。那麼，這些身處改革開放之中的精英們是如何理解及認知公共關係？他們又是如何將其所擁有的公共關係知識運用到實際工作中？為了解析這些問題，本章介入學術界關於「公關認知」（Perception about Public Relations）的討論(Abdullaha & Threadgoldb, 2008; Jugenheimer, Kelley, Hudson & Bradley, 2014; Wright, 2011）），基於對來自江蘇省、河南省及中央和各地方婦聯的68名政府官員、企業領導及學者的調查，在中國內地的環境中驗證西方「公眾由於媒介的負面報導通常對公共關係產生負面認知」的立論（White & Park, 2010)，並試圖對影響公關認知的因素做出中西方比較分析。

## 一、背景因素

公眾（包括一般公眾與社會精英）對新生事物的認知離不開時代背景。影響中國內地精英認知公共關係這一源自西方事物的一個重要背景因素是社會對政府職能轉變的呼喚帶來的公共行政體制改革。自1982年以來，中國政府多次進行政府體制改革。1988年，中央政府決定通過轉變政府職能以深化體制改革（China Daily, 2000）。中國政府一直致力於組建一個高效、透明、負責任的政府。廉潔、勤政、務實、高效的政府有助於促進經濟發展，維護政治和社會穩定。改革開放初期政府體制改革的重點在於實現政企分開，建立權責機制。隨即，「效率」、「透明度」、「問責制」等詞彙成為中國公共領域用語中的熱門詞，政府官員和企業及機構管理者似乎愈來愈重視與公眾進行溝通（Liu, 2001; Turney, 2000）。

然而，此項改革難以一蹴而就。截至2002年底，中國仍然有1,500多萬個政府和行政機構，仍然有 3,000 多萬名工作人員在25,000 個行政工作崗位上任職（China Daily, 2002）。隨着2002 年11月及 2003 年 3 月黨和國家領導層換屆的完成，國務院進一步深化行政管理體制改革，具體措施包含了精簡政府機構，縮減人員編制，推動行政與立法和司法分離，完善民主協商政治體系，從而提振公眾對政府的信心。2008 年，中國共產黨十七屆二中全會通過《關於深化行政管理體制改革的意見》，確立了深化行政管理體制改革的總體目標，即：到2020 年，建立起一個較為完善的中國特色社會主義行政管理體制。2013 年，為進一步推動政府職能轉變及簡政放權，國務院推進大部制改革，將國務院組成部門減少至 25 個。十八大後，新一輪的行政管理體制改革迅速啟動，旨在進一步強化簡政放權。四十年來，經過八次大規模的改革及局部的調整，中國內地逐步建成了具有中國特色、與社會主義市場經濟相匹配的行政管理體制（薛剛凌，2018）。儘管現在宣佈公共行政體制改革取得成功仍為時尚早，但中國政府至少已經向前邁出了重要的一步並且仍在持續推進改革。

顧名思義，公共行政管理是指政府或政府管理的機構（如國有企業）在使用公共資源時所須遵循的法定規則和章程，它決定着公民與國家之間的關係。良好的公共行政管理可以促進高效和有效的資源配置、運用和管理，推動政府運作的透明度，推動政府問責機制的建立，確保公民參與政府決策，從而確保政府與公民之間的關係建立在相互信任、相互理解和相互尊重的基礎之上（Zhang & Zhang，2001）。

只有當政府行政管理能夠反映其所服務的公眾的價值觀時，它才有可能轉化為社會資本，獲得公眾認可。行之有效的行政管理不僅應該具有更加高效和有效的資源管理及服務提供能力，而且同樣應該滿足政府和公眾的需求，確保政府運作的透明度和行政措施的問責制，應允許公民參與決策，保障公眾得到公平對待，確保政府公職人員遵守職業道德（Verspaandonk, 2001）。因此，從國際上現代化的經驗來看，透明度、問責制、公眾參與、公平正義和職業道德等準則對一個現代化日趨成熟的國家和社會極為重要，因為它們有助於增強公民歸屬感，提升社會資本，促進政治民主。

對於政府及政府管理的機構而言，透明度、問責制、公眾參與、公平和職業道德等準則也意義重大；如果這些準則無法得到足夠的重視，那麼公眾就會對政府產生猜疑和不信任。隨着公眾受教育程度的提高和自信心的增強，人們愈來愈傾向於期望政府在使用公共資源及制定政府政策時能夠遵紀守法。事實上，世界上愈來愈多的政府，無論基於哪一種政治制度，都不同程度地認識到他們不能忽視公眾這方面的合理要求。調查表明，在經合組織國家成員中，大多數政府都將相當大比重的公共預算以不同的名義，花費在公共關係領域，旨在提升自身形象（OECD, 2003; Verspaandonk, 2001），使得政府公共關係已成為一種較為普遍的行政管理機制。

中國政府同樣也花費了大量資源來宣傳自己，但在改革開放之前乃至之初卻並未能基於公共關係的角度形成有效的政府

公關。中國實行共產黨領導、多黨派合作的政治協商制度。中國共產黨和中國政府一直在強調為人民服務，也耗費了大量的公共資源來宣傳黨和政府的政策。但是，受黨中央直接領導的宣傳部門長期以來的工作重點是宣傳，出於一定的政治需要對媒體、新聞和出版行使了較為強勢的管理職責和權力，幾十年來一直負責着中國公共信息的供求。事實上，由黨和國家控制的政治宣傳在很大程度上影響和決定着政府與公民的關係（Zhang & Zhang, 2001)）。

然而，隨着經濟改革的深入，中國內地發生了一系列根本性的變化，傳統的政治宣傳已不再滿足中國改革開放的現實需求。這是因為：

第一，不斷形成的中國特色社會主義市場經濟要求政府減少對經濟活動的干預，要求將政府治理和經濟管理分開。「大市場、小政府」的經濟模式成為公認的現代公共治理理念（何穎、李思然，2013）。因此，中國政府必須要轉變職能。

第二，隨着市場競爭滲透到社會和經濟生活的各個方面，政府在市場經濟中的角色正逐漸由經濟主導型政府向公共服務型政轉變。例如，2005年4月27日，十屆全國人大常委會第十五次會議通過《中華人民共和國公務員法》，明確指出要建設信念堅定、為民服務、勤政務實、敢於擔當、清正廉潔的高素質、專業化的公務員隊伍，這在一定程度上是對公眾需求的一種政治回應。政府不僅要精簡行政機構和行政編制，還應須逐漸轉變政府結構及政府職能。（張柏林等，2012）

第三，雖然中國的改革開放極大地提高了中國經濟發展水平，但由於公共行政體制機制變革的相對滯後，導致了政治權力和經濟利益的不正常結合，以致「權力尋租」一段時間甚囂塵上，不僅為政府官員貪污腐敗提供了機會，也迫使企業營運成本快速攀高（吳敬璉，2014）。工商業界，尤其是民營企業，希望能得到政府的公平對待，期盼政府的決策和行政管理公開透明、公平正義。

第四，隨着民營企業的增長使社會財富得到重新分配，人們愈來愈期待政府可以為「失敗者」或「弱勢群體」提供救濟，使他們從困境中走出來，進一步地通過政府對社會資源的再分配以確保社會公平和正義，繼而保障中國的平穩發展。

第五，隨着中國行政體制、司法體制改革及民眾受教育程度的提高，中國人民的公民意識得到充分鼓勵和不斷增強。合憲性、公民權和納稅人權利等概念愈來愈成為大多數公民的政治價值觀，並被愈來愈廣泛地運用到對政府政策及行為的判斷之中。

第六，隨着中國愈來愈深入地參與到經濟全球化進程中，國際社會必然要求中國政府在國際上參與「全球治理」行動（俞可平主編，2003），在國內遵守公共治理原則，而國際社會常常將國內治理的情況作為參與國際治理的參照指標（楊雪冬、王浩主編，2015）。

正是在這種內外要求所驅動的背景下，中央及各地方政府開始穩妥但堅定地轉型政府傳播模式：放棄傳統的宣傳模式，轉而探索採取西方政府善用的政府公共關係措施。即使這種轉變尚未完全滿足公眾的期待，但中國政府開始運用公共關係以應對和處理如透明度、問責制、公眾參與、公平和效率等政治與政策問題，並將其日益機制化。

## 二、初步觀察

任何體制上的改變都必須首先從改變機構內部人員的觀念、意識和態度開始。因此，本研究試圖探討中國行政體制改革，如何改變政府官員及政府所屬機構管理者對公共關係的看法和態度，繼而形成其現代公共關係意識和認知。筆者據此提出了如下八點觀察，作為本研究的指導思路。

觀察 1：新一代的中國政府官員及政府所屬機構管理者年輕、充滿活力且思想開放。他們接受過良好的教育，受僵化的傳統意識形態影響較少。他們傾向於將自己看作是為人民服務的人民公僕，而不是當官做老爺的政府官僚。他們的身份與職責認知，為中央和各地方政府放棄傳統的政治宣傳轉而接受現代公共關係作為與公眾溝通的機制，提供了一個必要條件。

觀察 2：行政管理體制改革從體制層面促使中國政府官員及政府所屬機構管理者改變了對現代公共關係的看法和態度。在中國，關係始終是一種重要的社會及政治資本，是人們獲取社會及政治利益的必需品（Wright, Szeto & Cheng, 2002）。因而，在中國的傳統觀念中，公共關係極易成為「搞關係」或「操縱關係」的同義詞。然而，近四十年的行政管理體制改革，可能有助於重塑新一代政府官員及政府所屬機構管理者對公共關係在現代社會中所起作用的看法和態度。

觀察 3：隨着中國共產黨不斷強化「執政為民」的政治理念和建構服務型政府的決心，政府公共關係必然成為中國政府的公共服務體系中不可分割的一部分。儘管人們對公共關係的稱謂不同，諸如公共信息、公共傳播、公共事務、社會工作、群眾關係等等，但至少新一代的中國政府官員及政府所屬機構管理者傾向於認可公共關係在公共服務領域的有效性。

觀察 4：中國內地新一代政府官員及政府所屬機構管理者，在公共關係領域的知識和專業經驗往往與他們對公共關係的正確看法和正面態度呈正相關。公共關係真正被看作一門學問和專業引入中國內地的時間並不長（Chen, 1996）。然而，這一西方理念適應中國政治、經濟及社會領域變革的進程卻歷盡波折。任何一名合格的政府所屬機構的公關人員，都應該同專門從事公共關係行業的人員一樣，接受過一定的公共關係教育或培訓。因此有理由認為，凡是支持建立政府─公眾傳播平台系統的政府官員及政府所屬機構管理者，至少應系統地接觸過公共關係、廣告、大眾傳播、新聞或通信技術等傳播領域的知識或接受過這些領域的培訓。

觀察 5：隨着中國內地新一代政府官員及政府所屬機構管理者愈來愈清晰地認識到公共關係能夠並確實在人們的生活中產生正能量，他們必然會支持並推動公共關係不斷走向制度化；例如，政府及政府所屬機構的公共事務部門通常採取發佈新聞稿、新聞發佈會、訪問、特別活動、公共活動、宣傳等措施。儘管這些措施往往與許多企業的公關措施相似，但新一代中國政府官員及政府所屬機構管理者能夠逐步體會到這些措施對促進政府與公眾溝通與交流的積極作用，繼而接受公共關係，並支援將公共關係制度化（Wakefield, Plowman & Curry, 2013）。

觀察 6：有效的政府層面的公共關係措施有助於推廣當地產品，招商引資，從而促進當地社會和經濟發展（Walker, 1997）。促進經濟發展是中國各級政府的重要任務，因此政府官員可能會將公共關係視為新型的產品推廣策略，從而替代傳統的「群眾動員」式招商引資策略。於是，公共關係自然而然地影響政府政策的制訂。以促進當地經濟發展為己任的新一代中國政府官員及政府所屬機構管理者，似乎會將公共關係活動運用到其政策制定、執行和宣傳的過程中。

觀察 7：根據西方發達國家的經驗，只有雙向對稱式的政府公共關係才能發揮最大化的作用。雙向對稱式公共關係要求「公共關係是以對話、協商、傾聽和衝突管理的方式進行，而不是以說服、操縱和命令的方式進行」（Grunig, 1992）。按此要求，政府層面的公共關係不僅要關注政府向公眾傳播的信息，也要關注公眾的信息回饋。具有開放意識的新一代中國政府官員及政府所屬機構管理者傾向於從傳統的宣傳或單向公共關係模式轉向雙向對稱的公共關係模式。

觀察 8：如果一個負責任的、公開透明的政府及政府所屬機構應該能夠為各類公眾提供服務，那麼，一個有效的政府公關便要具備面對及與各類受眾群體溝通的能力，而任何公共關係都避免不了要跟媒體打交道（Hemelryk, 2002）。而隨着中國政府及政府所屬機構在財政及審查方面對媒體控制的日趨減少，政府官員及政府所屬機構管理者就必須要學會如何處理新型媒體

關係，無論是與地方媒體還是國家媒體。此外，政府層面的公共關係還應覆蓋城市居民、農民、非政府組織、其他政府機構及人員。新一代的中國政府官員及政府所屬機構管理者可能會認識到，隨着政府公共關係服務的範圍不斷擴大，其政府公共關係投入也應相應加大。

## 三、研究方法

本次研究同時採用了定量和定性兩種分析方法。筆者依據公開的中國政府文獻，分析了中國政府行政管理體制變革在過去十年中的進程及影響因素。為此，筆者於 2002 年 4 月至 10 月對來自河南、江蘇以及中國婦聯的三組政府官員、國企管理者及學者開展了問卷調查，着重觀察這些中國政府官員及政府所屬機構管理者針對公共關係的看法、態度，及在日常工作中運用公共關係的意識與做法。

調查問卷共計 9 頁，設計的問題分為三大類。第一類問題主要是為了了解與調查者相關的人口統計學數據，具體包括：(1)性別；(2)年齡(從 20 歲至 65 歲，每 5 年為一個間隔)；(3)受教育程度(初中、高中、大學、研究生)；(4)所在政府級別(中央、省、市、縣、鎮)；(5)服務性質(職務職責：從行政長官到部門主管；服務範疇：包含經濟、社會、法律、教育、文化等各領域)。

第二類問題主要是了解與調查者對現代公共關係的概念、性質、範圍和作用的理解和看法，具體包括：(1)對公共關係概念與原則的基本認知；(2)對自身公共關係知識的基本評價；(3)對政府公共關係概念與原則的基本認知；(4)對自身實踐公共關係的認知和評價。

第三類問題主要是與政府層面的公共關係活動相關，旨在了解與調查者(1)對「公眾」概念的認知程度；(2)對政府關係措施的認知程度；(3)運用公共關係措施為公眾服務必要性的看法；(4)對政府常用的公共關係措施的熟悉程度；(5)對公共關

係措施有效性的評價；(6)對中國政府層面的公共關係運作的總
體評價。

　　本次調查採用了便利抽樣的方法選取樣本，但所選取的樣
本均與本次研究的目的相關。自上個世紀九十年代中期以來，中
國政府一直在向海外派遣年輕的中層政府官員、國企領導及行
政管理學者，考察和學習先進國家政府行政管理究竟應該在自
由市場經濟中發揮怎樣的作用，以及中國政府應該怎樣開展行
政管理體制改革。這是中共中央為二十一世紀培養政府行政管
理後備人才的一大舉措。

　　在美國，馬里蘭大學(Universsity of Maryland, College Park)是此
類中國培訓專案的主要合作夥伴。馬里蘭大學位於華盛頓特區
城市圈，與美國聯邦政府相距不遠，毗鄰馬里蘭州政府、維吉尼
亞州政府和德拉瓦州政府及哥倫比亞特區政府，馬里蘭大學周
邊有許多的市縣級政府。這一良好的地理位置使得馬里蘭大學
成為了中國領導層管理培訓的絕佳地點。從 1997 年開始，馬里蘭
大學為來自安徽、江蘇、河南及北京等省市的政府官員、國企管
理者及行政管理學者舉辦了數期為期三到六個月乃至一年的培
訓課程。

　　筆者在美國陶森大學任教時曾多次受邀為培訓班舉行以
「公共關係原理和實踐」為專題的講座，而且也一直是上述培訓
課程的教員之一。2002 年春，筆者請求當時的項目協調人協助筆
者對來自江蘇和河南的兩組地方政府官員和國企管理者展開問
卷調查(IGCA, 2002)。

　　儘管筆者在選取樣本時採用了便利抽樣的方法，但這兩個
省份卻代表着不同的經濟和社會發展模式和水平。從地理位置
來說，江蘇位於東南沿海地區，河南則屬中國中部地區。經濟
上，江蘇明顯擁有更加開放的市場和實行了較有效的改革措施，
經濟發展較快，國內生產總值一直位居全國前五。河南雖為中
國的人口和農業大省，但其步履維艱的經濟轉型尚未顯現出較
大的成效。在社會發展方面，兩省也處於不同的發展階段，江蘇

稍微領先河南。對比兩省高校及高校學生數量就可以明顯的看出這一點：儘管河南是中國人口最大省，2000 年年底人口總數為9,470 萬，但江蘇的高校數量及高校學生數量卻是河南的兩倍。因此，對這兩個省份的政府官員及政府所屬機構管理者如何認知公共關係、如何運用公共關係活動進行行政體制改革作比較分析，無疑具有一定的學術意義。

筆者於 2002 年 4–5 月間對來自這兩個省份參加馬里蘭大學行政培訓的官員和國企管理者開展了問卷調查。在這一過程中，小組對調查的初步反應就呈現出四個有趣的特點。

第一，這兩個省份的與調查者似乎都感覺此次調查的性質和領域很敏感。專案協調員必須明確強調：(1)此次調查僅供學術研究參考；(2)調查採用匿名方式進行，任何時候都不會透露透漏與調查者姓名；(3)研究結果將可應要求與與調查者分享。

第二，來自經濟欠發達的河南省的政府官員及政府所屬機構管理者對是否參與此次調查更加猶豫。在進行調查之前，專案協調員必須對他們做更多的解釋。

第三，江蘇組的問卷回收率高於河南組。在江蘇省這一組，筆者發放了 36 份問卷，最後收到了 27 份有效問卷，問卷應答率為 75%。而在河南這一組，筆者發放了 27 份問卷，最終收到了16 份有效問卷，問卷應答率為 59%。

第四，江蘇省的與調查者似乎對研究結果更感興趣。在調查完成後的幾個月裏，7名來自江蘇省的與調查者(佔問卷答覆者的26%)直接或通過專案協調員聯繫了筆者，要求提供調查結果或更多有關公共關係領域的數據。而來自河南的與調查者卻沒有一人提出這方面的要求。

總之，與河南的與調查者相比，江蘇的與調查者更加樂於參與此次調查，他們的回答更加全面，這在一定程度上是由於兩地經濟和社會發展的差異。江蘇靠近上海，而上海則深受西方影響。江蘇長期以來都是中國的經濟重地，吸引了大量的國外投

資，對西方的觀念更加開放。而河南是一個典型的內陸省份，不太受到西方的影響，代表了另外一種的中國發展態勢。他們不太容易接受新引入的概念，而且在嘗試新事物時往往更加謹慎。這兩個省份呈現了不同的社會發展階段的特徵。

之後，筆者於同年10月在香港對來自北京的政府官員和國企管理者開展了調查，作為上述調查的補充。受香港婦聯邀請，來自中國中央和各地方政府的 30 名女性政府官員及政府所屬機構管理者參加了為期兩周的「公共和文化事務管理」專業研討會。這 30 名女性精英絕大多數來自中央和地方政府的婦聯及附屬機構，主管婦女工作。筆者受邀就公共關係和媒體關係舉辦了一次講座。在主辦方的允許和支持下，筆者對這 30 名與會者發放了問卷，最終回收 25 份有效問卷，問卷應答率為 83%，高於前兩次調查的問卷應答率。女性官員似乎也不太擔心參與此次調查的「政治」後果。

此次調查的樣本總數為 68。因樣本量較少，進行深度統計分析的意義不大，筆者主要對問卷結果的平均值和頻率進行了分析，得出了一些極具趣味和意義的發現。加之一部分與調查者在政府部門中承擔管理職責，負責包括人事僱用、財務預算及其他行政管理工作。另外一部分與調查者雖然自身並不從事公共關係工作，但他們的同事卻在單位中主管公共關係工作。因此，與調查者的回答要麼反映了他們自身的意見與看法，要麼反映了他們所在機構內負責公共關係活動的同事的普遍意見。

## 四、調查結果和解讀

本次調查涉足了一個較新的中國公共關係的研究領域，統計數據部分地反映了參與調查的這些被送往國外學習公共服務及行政管理知識的中國政府官員及政府所屬機構管理者個人對公共關係的態度和認知。

表 4.1　與調查者基本信息

| 人物特徵 | 人數（共計68人） | 百分比（%） |
|---|---|---|
| **性別** | | |
| 男性 | 39 | 57 |
| 女性 | 29 | 43 |
| **年齡** | | |
| 26-35 | 6 | 8.8 |
| 36-45 | 44 | 64.7 |
| 46-60 | 18 | 26.5 |
| **受教育程度** | | |
| 大專 | 8 | 11.8 |
| 本科 | 42 | 61.8 |
| 研究生 | 18 | 26.4 |
| **所在政府單位級別** | | |
| 中央政府部門 | 4 | 5.8 |
| 省級政府部門 | 39 | 57.3 |
| 市級政府部門 | 18 | 26.4 |
| 縣級政府部門 | 7 | 10.3 |
| 鄉鎮級政府部門 | 0 | 0 |
| **政府機構** | | |
| 政府領導 | 5 | 7.3 |
| 普通的政府服務 | 6 | 8.8 |
| 經濟事務 | 17 | 25 |
| 財政和稅收部門 | 6 | 8.8 |
| 司法事務 | 2 | 2.9 |
| 民政及社會福利 | 1 | 1.4 |
| 信息與傳播 | 1 | 1.4 |
| 文化教育及公共衛生 | 6 | 8.8 |
| 群眾事務 | 24 | 35.3 |

　　如表 4.1 所示，男性人數佔與調查者總數的 57%，女性佔 43%。44 名(65%)與調查者年齡位於 36–45 歲之間，而根據改革後官方的公職人員年齡統計，這一年齡段是相對較年輕的。所有與調查者均接受過大學教育，其中42人(62%)擁有學士學位，18人(26%)擁有碩士學位，8人(12%)擁有大專學歷。94%的與調查者

在省、市和縣級政府機構工作。其中，17人（25%）在政府機構從事經濟領域工作，24人（35%）在政府機構負責社會事務類工作。

這一數據表明，經過多年的行政管理體制改革，中國已經培養出一批相對年輕且受過良好教育的新一代政府官員及政府所屬機構管理者，其中男性略多於女性。

那麼，新一代的中國政府官員和國企管理者對公共關係的作用及職能了解程度有多深呢？為了評估這一問題，筆者在調查中列出了公共關係的七個定義，並要求與調查者選出他們認為最符合公共關係定義的三個描述。如表 4.2 所示，絕大多數與調查者（66.1%）將公共關係定義為「一種與不同公眾溝通的手段」。39 名（57.3%）與調查者認為公共關係是「一種在組織和公眾之間建立雙向對稱溝通模式的手段」。23 名（33.8%）與調查者認為公共關係是「一種推銷服務和產品的手段」。然而，只有 11 名（16.1%）與調查者認為公共關係是「一種宣傳或自我推銷的手段」。沒有人認為公共關係是一種通過關係賺取利益的手段，也沒有人認為公共關係等同於「走後門」，是通過建立特殊關係來牟取暴利。

與其他兩組與調查者相比，來自經濟較發達且教育水平較好的江蘇省的與調查者更多的把公共關係看作「一種大眾傳播的手段」和「一種在組織和公眾之間建立雙向對稱溝通模式的手段」。而且只有 1 名來自江蘇的與調查者把工作看作一種宣傳或自我推銷的手段。

基於與調查者對公共關係作用和職能的理解，筆者繼而希望與調查者明確地定義什麼是政府層面的公共關係。與調查者之間並沒有明顯的差異（見表4 .3）。67.6% 的與調查者認為政府的公共關係是「一種政府與公眾建立聯繫的溝通系統」。61.8% 的與調查者認為政府公共關係是「一種政府解決社會衝突和管理社會危機的手段」。大約一半的與調查者認為政府公共關係就是在政府與公眾之間「建立雙向溝通模式」。30.8% 的與調查者認為政府公共關係是「一種政府獲取宣傳和公眾支持的手段」。30.8% 的與調查者認為政府公共關係是「一種監督輿論的手段」。少數

### 表4.2　與調查者對公共關係的基本理解

| 類型 | 人數 | 百分比（%） |
|---|---|---|
| **公共關係是一種與不同公眾溝通的手段** | | |
| 河南（16人） | 10 | 62.5 |
| 江蘇（27人） | 21 | 77.7 |
| 中國婦聯（25人） | 14 | 56 |
| 合計（68人） | 45 | 66.1 |
| **公共關係是是一種在組織和公眾之間建立雙向對稱溝通模式的手段** | | |
| 河南（16人） | 9 | 56.2 |
| 江蘇（27人） | 18 | 66.6 |
| 中國婦聯（25人） | 12 | 48 |
| 合計（68人） | 39 | 57.3 |
| **公共關係是一種宣傳或自我推銷的手段** | | |
| 河南（16人） | 4 | 25 |
| 江蘇（27人） | 1 | 3.7 |
| 中國婦聯（25人） | 6 | 24 |
| 合計（68人） | 11 | 16.1 |
| **公共關係是一種推銷服務和產品的手段** | | |
| 河南（16人） | 5 | 31 |
| 江蘇（27人） | 6 | 22 |
| 中國婦聯（25人） | 12 | 48 |
| 合計（68人） | 23 | 33.8 |
| **公共關係是一種組織之間建立互惠關係的手段** | | |
| 河南（16人） | 2 | 12.5 |
| 江蘇（27人） | 3 | 11.1 |
| 中國婦聯（25人） | 6 | 24 |
| 合計（68人） | 11 | 16.1 |
| **公共關係是一種通過關係賺取利益的手段** | | |
| 河南（16人） | 0 | 0 |
| 江蘇（27人） | 0 | 0 |
| 中國婦聯（25人） | 0 | 0 |
| 合計（68人） | 0 | 0 |
| **公共關係等同於走後門，是通過建立特殊關係來謀取暴利** | | |
| 河南（16人） | 0 | 0 |
| 江蘇（27人） | 0 | 0 |
| 中國婦聯（25人） | 0 | 0 |
| 合計（68人） | 0 | 0 |

表 4.3　與調查者對政府公共關係的基本理解

| 類型 | 人數 | 百分比 (%) |
|---|---|---|
| **政府公共關係是一種政府與公眾建立聯繫的溝通系統** | | |
| 　河南（16人） | 9 | 56.2 |
| 　江蘇（27人） | 22 | 81.4 |
| 　中國婦聯（25人） | 15 | 60 |
| 　合計（68人） | 46 | 67.6 |
| **政府公共關係是一種在政府與公眾之間建立雙向對稱溝通模式的手段** | | |
| 　河南（16人） | 11 | 68.7 |
| 　江蘇（27人） | 13 | 48.1 |
| 　中國婦聯（25人） | 10 | 40 |
| 　合計（68人） | 34 | 50 |
| **政府公共關係是一種對政策進行政治宣傳或自我推銷的手段** | | |
| 　河南（16人） | 2 | 12.5 |
| 　江蘇（27人） | 0 | 0 |
| 　中國婦聯（25人） | 3 | 12 |
| 　合計（68人） | 5 | 7.3 |
| **政府公共關係是一種政府解決社會衝突和管理社會危機的手段** | | |
| 　河南（16人） | 12 | 75 |
| 　江蘇（27人） | 14 | 51.8 |
| 　中國婦聯（25人） | 16 | 64 |
| 　合計（68人） | 42 | 61.8 |
| **政府公共關係是一種政府與其他組織建立互利關係的手段** | | |
| 　河南（16人） | 1 | 6.3 |
| 　江蘇（27人） | 0 | 0 |
| 　中國婦聯（25人） | 2 | 8 |
| 　合計（68人） | 3 | 4.4 |
| **政府公共關係是一種通過與上級機構建立關係從而獲取支持的手段** | | |
| 　河南（16人） | 3 | 18.7 |
| 　江蘇（27人） | 2 | 7.6 |
| 　中國婦聯（25人） | 4 | 16 |
| 　合計（68人） | 9 | 13.2 |
| **政府公共關係是一種政府獲取宣傳和公眾支持的手段** | | |
| 　河南（16人） | 5 | 31.2 |
| 　江蘇（27人） | 7 | 25.9 |
| 　中國婦聯（25人） | 9 | 36 |
| 　合計（68人） | 21 | 30.8 |
| **政府公共關係是一種監督輿論的手段** | | |
| 　河南（16人） | 7 | 43.7 |
| 　江蘇（27人） | 6 | 22.2 |
| 　中國婦聯（25人） | 8 | 32 |
| 　合計（68人） | 21 | 30.8 |

第一部分　西方公關理論與中國公關認知演進

與調查者仍然認為政府公共關係就是「政治宣傳」(7.3%)，或者政府公共關係就是「一種政府與包括私企和非政府組織在內的其他組織建立互利關係的手段」(4.4%)。也有小一部分與調查者(13.2%)認為政府公共關係是「一種通過與上級機構建立關係從而獲取支持的手段」。

筆者發現，與江蘇(51%)的政府官員和國企管理者相比，河南(75%)和中國婦聯(64%)的政府官員和國企管理者更多地把公共關係看作「一種管理和解決社會危機的手段」。與江蘇地政府官員(22.2%)相比，河南(43.7%)和中國婦聯(32%)的政府官員更加傾向於把政府公共關係看作是「一種監督輿論的工具」。

有趣的是，當問及與調查者對政府採取公共關係的實際目的的看法時，91.1%的與調查者認為運用公共關係的目的是「提高政府透明度」，83.8%的與調查者認為運用公共關係的目的是「管理和解決社會危機」，62.2%的與調查者認為運用公共關係的目的是「獲取公眾對政府政策的理解和支持」。略多於一半的人(54.4%)認為政府運用公共關係是「為了使政府和公眾就某些政策達成共識」(見表4.4)。然而，23名(33.8%)與調查者表示，政府運用公共關係的確包含政治宣傳目的。只有5名與調查者將政府層面的公共關係定義為一種政府進行宣傳和自我推銷的手段。

很明顯，與調查者對政府運用公共關係的作用和職能的理解，與他們對政府層面的公共關係實際目的的看法並不完全一致。也就是說，根據他們的認知和經驗，理想的公共關係要求政府應該做什麼與實際中政府在做什麼兩者之間是較大有區別的。

表4.6和表4.7還表明，中國政府官員及政府所屬機構管理者在很大程度上將公共關係等同於媒體關係，他們在公共關係實踐中更加傾向於充當着公共關係技術人員的角色。然而，表4.3的數據表明，絕大多數與調查者認為政府層面的公共關係是在政府和公眾之間建立雙向對稱溝通模式，起連接政府和公眾的作用。他們認為公共關係的目的在於幫助政府管理和解決危機，在於進行輿論監督。與調查者的上述看法表明他們更

### 表4.4　與調查者對政府層面公共關係實際目的的看法

| 類型 | 人數 | 百分比(%) |
|---|---|---|
| **宣傳政府政策** | | |
| 河南 (16人) | 6 | 37.5 |
| 江蘇 (27人) | 8 | 30.8 |
| 中國婦聯 (25人) | 9 | 36 |
| 合計 (68人) | 23 | 33.8 |
| **提高政府透明度** | | |
| 河南 (16人) | 15 | 93.8 |
| 江蘇 (27人) | 27 | 100 |
| 中國婦聯 (25人) | 20 | 80 |
| 合計 (68人) | 62 | 91.1 |
| **管理和解決社會危機** | | |
| 河南 (16人) | 14 | 87.5 |
| 江蘇 (27人) | 22 | 81.5 |
| 中國婦聯 (25人) | 21 | 84 |
| 合計 (68人) | 57 | 83.8 |
| **宣傳政府領導** | | |
| 河南 (16人) | 0 | 0 |
| 江蘇 (27人) | 0 | 0 |
| 中國婦聯 (25人) | 2 | 8 |
| 合計 (68人) | 2 | 2.9 |
| **回應公眾壓力** | | |
| 河南 (16人) | 2 | 12.5 |
| 江蘇 (27人) | 3 | 11.1 |
| 中國婦聯 (25人) | 4 | 16 |
| 合計 (68人) | 9 | 13.2 |
| **應上級部門要求** | | |
| 河南 (16人) | 3 | 18.7 |
| 江蘇 (27人) | 4 | 14.8 |
| 中國婦聯 (25人) | 6 | 24 |
| 合計 (68人) | 13 | 19.1 |
| **宣傳政府機構** | | |
| 河南 (16人) | 5 | 31.2 |
| 江蘇 (27人) | 5 | 18.5 |
| 中國婦聯 (25人) | 7 | 28 |
| 合計 (68人) | 17 | 25 |
| **獲取公眾對政策的支持** | | |
| 河南 (16人) | 10 | 62.5 |
| 江蘇 (27人) | 13 | 48.1 |
| 中國婦聯 (25人) | 18 | 72 |
| 合計 (68人) | 41 | 60.2 |
| **與公眾就政府政策達成共識** | | |
| 河南 (16人) | 8 | 50 |
| 江蘇 (27人) | 15 | 55.5 |
| 中國婦聯 (25人) | 14 | 56 |
| 合計 (68人) | 37 | 54.4 |

表 4.5　與調查者公共關係知識獲取來源

| 類型 | 人數 | 百分比 (%) |
|---|---|---|
| **在大學時接受過專門的公共關係、大眾傳播或新聞領域的課程** | | |
| 河南（16人） | 0 | 0 |
| 江蘇（27人） | 2 | 7.4 |
| 中國婦聯（25人） | 3 | 12 |
| 合計（68人） | 5 | 7.3 |
| **通過閱讀公共關係、大眾傳播或新聞領域的書籍** | | |
| 河南（16人） | 5 | 31.2 |
| 江蘇（27人） | 12 | 44.4 |
| 中國婦聯（25人） | 6 | 24 |
| 合計（68人） | 23 | 33.8 |
| **通過參加公共關係、大眾傳播或新聞領域的講座** | | |
| 河南（16人） | 15 | 93.7 |
| 江蘇（27人） | 27 | 100 |
| 中國婦聯（25人） | 24 | 96 |
| 合計（68人） | 66 | 97.1 |
| **有過公共關係、大眾傳播或新聞領域的工作經驗** | | |
| 河南（16人） | 0 | 0 |
| 江蘇（27人） | 1 | 5.8 |
| 中國婦聯（25人） | 0 | 0 |
| 合計（68人） | 1 | 1.5 |
| **通過媒體獲取公共關係知識** | | |
| 河南（16人） | 13 | 81.3 |
| 江蘇（27人） | 21 | 77.7 |
| 中國婦聯（25人） | 18 | 72 |
| 合計（68人） | 52 | 76.5 |

關注公共關係的管理角色。這再次展現了與調查者「理想」和「實際」之間的差異。筆者在1996年對中國女性公共關係從業者的研究中也發現了這一差異，中國女性公共關係從業者看似扮演者公共關係管理者的角色，但在實際工作中卻從事着公共關係技術人員的工作（Chen & Culbertson, 1996）。

　　部分地由於公共關係在上個世紀八十年代中期才被引入中國，因而中國內地政府官員及政府所屬機構管理者對現代公共關係知識的了解程度無疑會影響他們對公共關係的看法和認知。表 4.5 表明，幾乎所有與調查者都是在國外培訓期間通過

專家的講座才了解到公共關係方面的知識(河南：93.7%；江蘇：100%；中國婦聯：96%)。報紙、廣播、電視等傳統媒體是與調查者獲取公共關係知識的第二途徑(河南：81.3%；江蘇：77.7%；CNWF：72%)。另外，大約三分之一的與調查者表示他們通常通過書籍和期刊雜誌來獲取公共關係知識。然而，只有 5 名與調查者在大學時選修過系統專門的公共關係或者大眾傳播課程，只有 1 名與調查者具有公共關係領域的工作經驗。

從與調查者對公共關係作用和職能的認識和理解程度來看，中國政府官員及政府所屬機構管理者似乎並沒有在工作中應用公共關係的實踐經驗。只有 45.6% 的與調查者表示他們所在機構曾經開展過他們認知中的公共關係活動。60% 的婦聯與調查者表示其所在機構曾開展過公共關係活動，這一比例高於河南及江蘇的與調查者，這可能是因為婦聯工作需要更直接與公眾尤其是女性打交道。

如果政府需要開展公共關係活動，那麼，這些政府官員及政府所屬機構管理者認知中的公共關係工作的對象是誰？對此，三組與調查者均把「地方媒體」排在第一位(合計：89.7%；河南：87.5%；江蘇：88.9%；中國婦聯：92%)。如此強調的原因可能有二：一方面可能是因為大多的地方政府官員及政府所屬機構管理者產生於當地，對地方媒體更加關注和熟悉，另一方面可能是因為地方政府對媒體的控制要比中央政府對媒體的控制要少，以致媒體對地方政府的監督和批評要更加自由一些，對當地公眾的影響更大一些。一位與調查者表示：「通過政府公共關係處理與當地媒體的關係變得愈來愈重要。」

「城市居民」（79.4%）和「國家媒體」（75%）則分別位列第二和第三。這一數據表明：第一，地方政府官員及政府所屬機構管理者往往更關注城鎮居民，而不是分佈範圍更廣的農村居民，因為中國的地方政治在很大程度上指的是城鎮政治。第二，從某種意義上來說，中央政府對地方政府的控制仍然存在，受中央政府控制的國家級媒體往往代表中央政府監督地方政府，仍不容地方政府官員輕視。

表 4.6　公眾類型

| 類型 | 人數 | 百分比(%) |
| --- | --- | --- |
| 城市居民 | 54 | 79.4 |
| 農村居民 | 8 | 11.8 |
| 地方媒體 | 61 | 89.7 |
| 國家媒體 | 51 | 75 |
| 地方層面非政府組織 | 17 | 25 |
| 國家層面非政府組織 | 8 | 11.8 |
| 上級機關 | 5 | 7 |
| 政府機構及其工作人員 | 2 | 2.9 |
| 機構人員 | 5 | 7.3 |
| 其他政府機構及其工作人員 | 12 | 17.6 |
| 共計68人 | | |

表 4.7　政府公共關係活動常用措施

| 類型 | 人數 | 百分比 (%) |
| --- | --- | --- |
| 安排媒體進行特別報導 | 56 | 82.3 |
| 向媒體提供「社論」或「特寫文章」 | 51 | 75 |
| 向媒體提供背景數據或簡報 | 45 | 66.8 |
| 向媒體提供新聞稿 | 7 | 10.3 |
| 派發宣傳單、宣傳冊及其他宣傳材料 | 14 | 20.5 |
| 現場答記者問 | 0 | 0 |
| 在媒體上發佈公益廣告 | 14 | 20.6 |
| 定期舉辦政府政策公眾聽眾會 | 1 | 1.5 |
| 不定期舉辦政府政策研討會，邀請專家進行現場解讀 | 11 | 16.2 |
| 出席電視及廣播訪談 | 4 | 5.8 |
| 通過電視及廣播與公眾直接溝通 | 0 | 0 |
| 通過互聯網直接與公眾互動（如出席談話類節目） | 2 | 2.9 |
| 舉辦大型文化與音樂匯演進行宣傳 | 3 | 4.4 |
| 媒體報導同時包含一些負面的新聞 | 11 | 44 |
| 共計68人 | | |

　　值得注意的是，沒有一位與調查者將國家級的非政府組織和地方層面的非政府組織看作他們公共關係的主要對象，也未把政府機構及其工作人員看作公共關係的主要對象。這表明，非政府組織作為中國改革開放的新生事物才剛剛開始對中國政府和社會產生影響。另外，與調查者似乎並不認為對政府機構及其工作人員開展公共關係工作有任何必要，在他們看來，政府及政府所屬機構的內部溝通並非政府層面的公共關係的一部分。

　　儘管與調查者認知中的政府層面公共關係活動的對象有限，但他們基本都傾向於採取相關公關措施，其中三種公關措施特別受到青睞：安排媒體進行特別報導(82.3%)；向媒體提供「社論」或「特寫文章」(75%)；向媒體提供背景數據或簡報(66.8%)。這一數據表明，大多數新一代中國政府官員及政府所屬機構管理者仍然傾向於採用傳統的公共關係措施。當然，也有約五分之一的與調查者認為分發政府宣傳單、宣傳冊及其他宣傳材料(20.5%)以及使用「公益」廣告(20.6%)等公共關係措施很有效果。16.2%的與調查者認為舉行公開研討會或現場報導，邀請專家就某些公共政策進行討論，也是比較有效果的公共關係措施(見表4.7)。

　　值得注意的是，諸如新聞發佈會、現場答記者問、定期舉辦公眾聽證會及參與電視/廣播訪談等本應常用的政府公共關係措施卻並未出現在與調查者的選擇中。另外，政府及政府所屬機構似乎也很少採用網絡、電視及廣播類直接互動性的談話節目進行公共關係活動。這一發現表明，當這些公共關係活動要求政府官員及政府所屬機構管理者直接參與並擔當個人角色時，參與調查的中國政府官員們明顯不願選擇，可能是他們對自身現場應對能力信心不足，也可能是傳統的中國官場文化不鼓勵所謂的「個人主義」表現。

　　與調查者對上述公共關係措施有效性的評估提供了一些有趣的啟示。如表4.8所示，與調查者仍然認為運用傳單和宣傳冊等政府宣傳材料，是最有效的政府層面的公共關係措施(m=4.28)，這可能是最傳統的公共關係手段，也是政府最常採用的公共關係措施，故可能是他們最為熟悉的工作，儘管只有14名

表 4.8　政府公共關係常用措施有效性

| 類型 | 5 | 4 | 3 | 2 | 1 | 平均值 |
|---|---|---|---|---|---|---|
| 安排媒體進行特別報導 | 41 (3.01) | 14 (.82) | 10 (.44) | 0 | 0 | 4.27 |
| 向媒體提供「社論」或「特寫文章」 | 30 (2.20) | 18 (1.05) | 10 (.44) | 1 (.02) | 0 | 3.71 |
| 向媒體提供背景數據或簡報 | 40 (2.94) | 14 (.82) | 7 (.30) | 6 (.17) | 1 (.01) | 4.24 |
| 向媒體提供新聞稿 | 25 (1.83) | 25 (1.47) | 14 (.61) | 4 (.11) | 0 | 4.02 |
| 派發宣傳單、宣傳冊及其他宣傳材料 | 32 (2.35) | 24 (1.41) | 8 (.35) | 4 (.17) | 0 | 4.28 |
| 現場答記者問 | 0 | 15 (.88) | 21 (.92) | 23 (.67) | 9 (.13) | 2.60 |
| 在媒體上發佈公益廣告 | 0 | 26 (1.52) | 27 (1.19) | 14 (.41) | 1 (.01) | 3.13 |
| 定期舉辦政府政策公眾聽眾會 | 0 | 23 (1.35) | 19 (.83) | 15 (.44) | 11 (.16) | 2.78 |
| 不定期舉辦政府政策研討會，邀請專家進行現場解讀 | 2 (.14) | 35 (2.05) | 21 (.92) | 9 (.26) | 1 (.01) | 3.38 |
| 出席電視及廣播訪談 | 7 (.51) | 24 (1.41) | 26 (1.14) | 8 (.23) | 0 | 3.29 |
| 通過電視及廣播與公眾直接溝通 | 5 (.36) | 23 (1.35) | 22 (.97) | 11 (.32) | 7 (.1) | 3.10 |
| 通過互聯網直接與公眾互動(如出席談話類節目) | 12 (.88) | 25 (1.47) | 16 (.70) | 15 (.44) | 0 | 3.49 |
| 舉辦大型文化與音樂匯演進行宣傳 | 0 | 7 (.41) | 30 (1.32) | 23 (.67) | 8 (.11) | 2.51 |
| 媒體報導同時包含一些負面的新聞 | 15 (1.1) | 25 (1.47) | 18 (.79) | 10 (.29) | 0 | 3.65 |

表4.9　改進中國政府公共關係的必要性及原因

| 類型 | 人數 | 百分比（%） |
|---|---|---|
| 促進依法治國 | 40 | 58.8 |
| 使公共政策制定進程更加民主化 | 48 | 70.6 |
| 回應公眾對政府透明度的要求 | 30 | 44.2 |
| 應上級政府要求 | 11 | 16.2 |
| 提升政府形象 | 8 | 11.8 |
| 提升政府官員形象 | 2 | 2.9 |
| 促進政府與公眾之間的溝通 | 25 | 36.8 |
| 幫助解決社會衝突 | 12 | 17.6 |
| 共計68人 | | |

（20.5%）與調查者表示他們在公共關係實踐中運用過這一公共關係措施。與調查者還認為安排媒體進行特別報導（m=4.27）和向媒體提供背景信息（m=4.24）是另外兩種最有效的公共關係措施。其他有效的公共關係措施包括向媒體提供社論和專題文章（m=3.71）和定期發佈新聞稿（m=4.02）等。

調查數據還表明，與調查者也支持採用互聯網或新媒體（m=3.49）、不定期召開研討會，邀請專家就政府政策進行現場解讀（m=3.38）及電視和廣播訪談節目（m=3.1）等新的公共關係措施。對需要政府官員及政府所屬機構管理者個人直接參與及臨場反應能力要求較高的公共關係措施，與調查者們的有效性評價較低（m=2.6）。然而，令人難以置信的是，大部分與調查者認為政府層面的公共關係應該容忍「媒體報導同時包含一些負面的新聞」（m=3.65），這可能與他們希望加強媒體在公眾心目中的可信度有關。

雖然接受調查的政府官員及政府所屬機構管理者並不認為公共關係是他們日常工作的一部分，但大多數人認為他們需要增強與公眾進行更多更好的溝通的意識和能力（83.8%）。如表 4.9所示，在與調查者給出的理由中，下面三條原因位居前列：（1）使公共政策制定進程更加民主化（70.6%）；（2）保證政府依法治國（58.8%）；（3）轉移公眾對政府透明度的壓

力（44.2%）。然而，根據筆者問卷調查後的隨機非正式的個別訪談，他們理解的「民主」並非西方的民主制度，而是可以應用在行政管理領域的「廣泛徵求意見」和「提升公眾的參與度」（如個別地方政府就公眾關心的如環保等議題舉行的公開聽證會）。關於法治，他們更傾向於政府應該「依法行政」，他們對公共透明度原則似乎廣泛地認同，也普遍認為政府公共關係是提升負責任和透明政府形象的有效途徑。也許是基於這一考慮，大約三分之一的與調查者堅信政府有必要通過一些公共關係促進政府與公眾之間的溝通（36.8%）。只有17.6%與調查者認為政府有必要採用公共關係措施解決社會衝突，管理社會危機。一些與調查者甚至表示，為了使上級部門滿意（16.2%），為了改善政府形象（11.8%）及政府官員形象（2.9%），政府應該加倍開展公共關係活動。筆者詢問了與調查者對如何改進中國政府層面的公共關係的看法，沒有人對這一開放式問題作出回答，這可能只是表明他們或者尚未考慮過這個問題，或者由於他們對公共關係知識和經驗的有限而難以確定。

## 五、總結與分析

本章所探究的一個基本研究議題是：人們（特別是社會精英們）在現代化轉型中如何形成理解和認知公共關係。針對這一議題，筆者初步探討了中國內地在行政管理體制改革背景下，政府官員及政府所屬機構管理者如何理解、看待及認知公共關係、形成公共關係意識，以及他們在實際工作中如何運用公共關係的原則、形式和技巧。中國學者對這一領域的研究相比其他滯後。

中國內地改革開放歷史進程中的政治、經濟和文化背景至關重要。中國新生代的政府官員及政府所屬機構管理者是在經濟體制改革和對外開放的背景下成長起來。相比上一代官員，他們更加年輕，更有活力。他們接受過良好的教育，更多地接

觸了現代學說、理念和經驗，思想意識比較開放。他們還更傾向於將自己看作「公職人員」，而不是「政治官員」。因而，當中國政府推進行政管理體制改革時，他們更容易成為政府放棄傳統的政治宣傳轉而採用一些公共關係措施的支持者、推動者和參與者。

中國政府行政管理體制改革致力於建設一個負責任的、相對公開透明的新型政府和機構。這些目標和價值取向無疑會影響政府官員及政府所屬機構管理者對公共關係的理解、看法、認知乃至有意識地應用。隨着公共關係實踐和教育在中國的不斷深化，新一代政府官員及政府所屬機構管理者不再認為公共關係只是庸俗的「搞關係」，而是傾向於把公共關係看作是一種現代的公共溝通系統，是一種在政府與公眾之間建立雙向對稱溝通的手段。這一發現與西方公關研究中，關於公眾通常由於媒體對公關的負面報導出現對公關的浮脈內認知的發現有差別。從調查的結果看，與調查者對公共關係信息和知識的獲取來源大多來自於書本、講座，似乎並未參照大眾媒體對的公共關係的報導，這與西方受涵化理論（Cultibation Theory）指導所得出的「媒體通過議程設置影響甚至固化受眾認知公關」的發現（Mosharafa, 2015; Tapper, 1995; White & Park, 2010）不一致，這可能部分地因為中國內地媒體在大眾（特別是知識精英）心目中的可信度及權威性不高有關。

此次研究另一個十分有趣而具學術意義的發現是，儘管大多數與調查者將公共關係定義為一種理想的雙向對稱式公共關係模式，然而他們在實際工作中，特別是與媒體打交道時，卻傾向於採用傳統的溝通方式，充其量為一種單向公共關係模式。對於中國女性政府官員及政府所屬機構管理者而言，她們更加顯得樂以管理者的視角思考公共關係工作，但實際上工作中卻難以實現她們的理想，這與筆者之前的研究結果相吻合，即：管理型公共關係在女性中尚屬罕見（Chen & Culbertson, 1996）。

儘管政府層面的公共關係會被中國內地政府官員及政府所屬機構管理者們等同於「公共信息」、「公共傳播」、「公共事務」、

「社會工作」和「群眾關係」，但新一代中國政府官員及政府所屬機構管理者，基本上認同公共關係可作為改善政府行政的一種有效工具。他們尤其認識到有效的公共關係因為有助於宣傳當地產品，吸引外部投資，繼而有助於促進當地社會和經濟發展。

然而，中國內地新一代政府官員及政府所屬機構管理者似乎沒有完全準備好在日常工作中運用公共關係；他們沒有足夠的公共關係及其他大眾傳播領域的系統知識，沒有受到系統的專業培訓，也缺乏參與實行公關活動的專業經驗。與非公有制機構或企業的管理者相比，他們的公共關係意識和認知略顯薄弱。與非公有制機構或企業所採用的多樣和不斷創新的公共關係措施不同，他們所傾向的公共關係措施顯得單一和保守。儘管他們將政府層面的公共關係看作是雙向對稱的公共關係模式，但他們似乎對諸如對話、協商、互動交流和衝突管理等公共關係措施缺乏認知和信心，特別是當這些措施需要更多的個人參與和更高的應變能力時，尤為如此。儘管中國政府對媒體的控制有所下降，但政府官員及政府所屬機構管理者仍然把國家媒體和地方媒體看作政府公共關係的主要對象，很少把非城鎮居民、非政府組織等其他公眾群看作政府公共關係的主要對象。

如本章所述，中國內地不斷深化中的體制和機制改革已經開始影響了作為社會精英一部分的政府官員及政府所屬機構管理者們對現代公共關係的理解、態度、認知甚或處理公共事務的行為，這對促進政府從傳統的宣傳轉向公共關係將發揮正面作用。社會公眾對公共關係的正面和正確的理解、認知和意識無疑將確保公關行業的成熟與完善，儘管仍然任重道遠。

## 參考文獻

何穎、李思然 (2013)。〈中國社會發展路徑的哲學思考公共管理〉，《中國行政管理》，第11期，https://www.cpaj.com.cn/news/20131114/n30983360.shtml

吳敬璉 (2014)。〈腐敗的實質是權力尋租年〉，《財經雜誌》，2014年8月，http://finance.sina.com.cn/review/hgds/20140811/143519974215.shtml

俞可平主編（2003）。《全球化：全球治理》。北京：社會科學文獻出版社，243–256頁。

張柏林等（2012）。《中華人民共和國公務員法》教程。北京：中國人事出版社。

楊雪冬、王浩主編（2015）。《全球治理》，北京：中央編譯出版社。

薛剛淩（2018）。〈行政管理體制改革四十年：成就與展望〉，《中國發展觀察》，第15期，5–8頁。

Abdullaha, Z., & Threadgoldb, T. (2008). Towards the professionalization of public relations in Malaysia: Perception management and strategy development. *Public Relations Review, 34*: 285–287.

Bakkabulindi, F. E. K. (2014). A call for Return to Rogers' Innovation Diffusion Theory. *Makerere Journal of Higher Education, 6*(1): 55–85. DOI: http://dx.doi.org/10.4314/majohe.v6i1.4

Chen, N. (1996). Public relations in China: The introduction and development of an occupational field. In H. M. Culbertson & N. Chen (Eds.), *International Public Relations: A Comparative Analysis* (pp. 121–154). Hillsdale, NJ: Lawrence Erlbaum Associates Publishers.

Chen, N., & Culbertson, H. M. (1996). Guest relations: A demanding but constrained role for lady public relations practitioners in mainland China. *Public Relations Review*, (Fall): 279–94.

China Daily (2000, June 8). Press Release. Local government restructuring. www.chinadaily.com.cn

China Daily (2002, December 18). Press Release. Deepening government reforms. www.chinadaily.com.cn

Grunig, J. E. (1992). What is excellence in management. In J. E. Grunig (Ed.), *Excellence in Public Relations and Communication Management* (p. 231). Hillsdale, NJ: Lawrence Erlbaum Associates, Publishers.

Hemelryk, S. D., Keane, M., & Hong, Y. (2002). *Media in China: Consumption, Content and Crisis.* NY: Routledge Carzon.

Institute for Global Chinese Affairs (IGCA) (2001–02). Senior public and business administrators training program for the Henan province, the People's Republic of China, November 2001, May 2002, University of Maryland.

Institute for Global Chinese Affairs (IGCA) (2002). Senior public and business administrators training program for the Jiangsu province, the People's Republic of China. March–June, University of Maryland.

Jugenheimer, D. W., Kelley, L. D., Hudson, J., Bradley, S. (2014). *Advertising and Public Relations Research.* New York: Routledge, 223.

Liu, M. (2001). *Administrative Reform in China and Its Impact on the Policy Making Process and Economic Development After Mao.* Lewiston, NY: Edwin Mellen Press.

Mosharafa, E. (2015). All you need to know about: The cultivation theory. *Global Journal of Human−Social Science, Arts & Humanities−Psychology, 15*(8). Online ISSN: 2249–460x & Print ISSN: 0975-587X

OECD (2003). *Annual Report, 75–89.* https://books.google.com/books?id=7jR96oWhz TYC&pg=PA75&lpg=PA75&dq=OECD+and+public+relations&source=bl&ot s=GkUXoR4e61&sig=ACfU3U1JVajj9WOrMNwXuOFoAsr6UAqsVg&hl=zh-CN&sa=X&ved=2ahUKEwjs3La-uN_mAhW8KqYKHe7OBLQQ6AEwB3oEC AsQAQ#v=onepage&q=OECD%20and%20public%20relations&f=false

Tapper, J. (1995). The ecology of cultivation: A conceptual model for cultivation research. *Communication Theory, 5*(1): 36–57. https://doi.org/10.1111/j.1468-2885.1995.tb00097.x

Turney, M. (2000). Government public relations, 1. https://www.nku.edu/~turney/prclass/readings/government.html

Verspaandonk, R. (2001). Shaping relations between government and citizens: Future direction in public administration, Research Paper 5, Department of Parliamentary Library, the Parliament of Australia. www.aph.gov.au/library/pubs/rp/2001–02/02rp05.htm

Wakefield, R. I., Plowman, K. D., & Curry, A. (2013). Institutionalizing public relations: An international multiple-case study, *Journal of Public Relations Research, 25*(3): 207–224, DOI: 10.1080/1062726X.2013.758584

Walker, D. (1997). *Public Relations in Local Government: Strategies, Approaches to Better Communications.* NY: Pitman Publishing.

Wang, J. C. F. (1999). *Contemporary Chinese Politics* (6th edition). Englewood Cliffs: Prentice Hall.

White, C., & Park, J. (2010). Public perceptions of public relations. *Public Relations Review, 36*(4): 319–324.

Wright, D. K. (2011). History and development of public relations education in north America. *Journal of Communication Management, 15*(3): 236–255.

Wright, P., Szeto, W. F., & Cheng, L. T. W. (2002). Guanxi and professional conduct in China: A management development perspective. *International Journal of Human Resources Management, 13*(1) February: 156–182.

Zhang, C., & Zhang M. (2001). Public administration and administrative reform in China for the 21st century: From state–center governance to the citizen–center governance. Paper for ASPA On-Line Virtual Conference. March 19–April 1, 2001.

# 5.
# 公關自責與中國內地、香港、美國公關專業學生倫理取向比較

## 一、簡介

　　在西方，無論是企業內部還是專門機構的公共關係從業人員，其職業操守常常受到詬病。有研究表明，其中一個重要原因是部分從業人員行為的自責意識(Conscienciousness)不強，或自我控制力(Self-control)不夠(Olver & Mooradian, 2003; Schmidt & Ryan, 1993)。基於行為主義的研究更多地認為自責與個性高度相關聯。根據他們的描述，一個行為自責(Consciencious Individual)的人通常工作努力、遵紀守法、尊重社會禮儀、理智不衝動、以及坦承守諾並能夠有效地自我控制欲望，反之則屬不自責(Back, Schmukle, & Egloff, 2009; Jacksona, Woodb, Boggc, Waltond, Harmse, & Robertsa, 2010)。若按自責人格描述推論，一個自責的公關從業者必定是職業操守完美的公關人。然而，Lee & Cheng (2012)發現，由於行為與認知相關聯，影響公關自責行為的因素也必定包括了公關人對法律法規以及職業倫理(Ethics)的理解和認知，後者無疑是決定職業自律的重要條件之一。Neill & Weaver (2017) 以及 Denise Bortree (2019) 則明確地提出，公關的倫理教育對公關自責自律行為起到了不可或缺的作用，例如二十一世紀的公關從業者由於倫理了解不多、修養不夠而傾向於在工作中「保持沉默」。

---

\* 本章部分內容引自筆者與Culbertson M. 合著的文章：Chen, N. & Culbertson, M. (2018). High-minded utilitarian public relations students dance to two drummers. *Journalism & Mass Communication Educator*, *73*(1): 83–100.

那麼，作為未來公關從業者的中國內地高校公關專業學生是如何認知公關倫理的？他們由於文化、社會和教育體制差異又與美國及香港的學生在倫理認知上有何不同？解析這一議題的重要意義之一在於：當源自西方的公共關係引入中國內地時，特別是隨着專業教育體系的不斷發展，除了其作為現代行業的概念、方法、模式、形態得以落地外，公關內涵的以西方文化、社會、政治和經濟形態為本源所的理念、價值、倫理甚或哲學是否也悄然入門。為此，本章比較中國內地公關專業學生，與香港和美國同專業學生在理解和認知公關倫理的一般原則與價值上的同異，以及成為一個自責公關從業者的可能。

## 二、分析框架

許多倫理學者將義務論（Deontology）和功利主義（Utilitarianism）視為兩種對立的倫理決策方法。前者強調行為本身是否道德，而後者則關注行為的結果和最終效益（何錫蓉，2016；高兆明，2013；龔群，2002）。筆者基於對中國內地、美國和香港這三個國家或地區的五所高等院校進行調查，發現：儘管大多數公關專業學生同時認同並遵守上述兩種倫理思想的相關原則，但傾向於功利主義思想者總體上似乎佔主導地位。現存研究還表明，義務論和功利主義與高尚倫理思想存在關聯（何錫蓉，2016），此發現不僅對公共關係與倫理相關的教學有指導意義，同時對企業或機構未來公關人員的操守管理有啟示。

毫無疑問，在高等院校從事公共關係倫理學教育的學者和教師，應該也必須與學生探討倫理學如何及為何在公關活動中發揮作用。筆者曾先後在美國和中國內地、香港的多所大學教授公共關係，在教學過程中，發現了一個有趣的現象，即：在完成作業（個人的或小組的）的過程中，公關學生們往往傾向於從功利主義出發來制定決策，他們會優先考慮哪些決策可能有效，哪些決策可能無效。儘管這些學生文化、民族和種族背景各不相同，但大多數學生從本質上看是義務論者，並高度認同哲學家康

德的「純粹理性原則」及其他相關準則，諸如「凡人不能説謊」等具普世意義的倫理規則。

然而，現在的公關大學生是否真的傾向於功利主義思想呢？還是他們只是覺得自己不得不遵守某些被廣泛接受的純理性規則和原則呢？為了闡釋這一問題，本次研究着眼於比較中國內地、香港和美國的公關專業學生對公關倫理如何影響其公關信念和公關活動的看法。由於中國（即便香港）和美國文化和歷史存在巨大差異(Chen & Culbertson, 2009)，因此，這三個國家和地區的研究結果對公共關係的比較教育具有更加廣泛的適用性。

據此，本研究提出了兩個主要議題：

第一，公關專業學生是同時採用功利主義和義務論兩種倫理原則，還是如一些評論家所言，由於這兩種倫理原則呈負相關，採取其中一種倫理原則的公關學生就會放棄遵循另外一種倫理原則了呢？迄今，西方學者就上述問題對公關專業學生進行過系統調查者不多(Silverman & Gower, 2017)。

第二，功利主義是否如部分人所擔心的那樣，會導致公關學生為了貪圖短期收益而採取一些低劣的手段、變成不自責的公關人，還是通過教育（如更加詳盡的情景分析）可以促使公關學生成為「高尚的功利主義者」呢？

公共關係學者一直以來都在試圖確立一些可以引導公關從業人員的價值觀念或倫理規則。Ron Pearson (1989)按照公關活動的實操規律，將 Albert Sullivan 的倫理觀(1965)歸納成三種基本的價值類別，即：(1)技術型，即能熟練制定和開展公關活動；(2)偏袒型，即取得令老闆和客戶滿意為動因；(3)共同型，即傾向於服務社會大眾的利益。James E. Grunig 及其同事在國際商業傳播者協會支持下所開展的卓越研究中，則強調了雙向對稱傳播的必要性(L. A. Grunig, J. E. Grunig & Dozier, 2002)。Kohlberg (1981) 和 Grunig (2014)的研究也指出，成熟的倫理原則不應該只是局限於在對某些公眾和利益相關者開展説服活動時所須遵循的倫理原則。Bowen (2004)強調，正如康德描述的那樣，義

務論並不會忽視結果。康德的基本原則包括尊重他人、維護他人的尊嚴，並向他人表達善意。但在公關實踐中，這些原則都需要考慮行為的結果。

Cornelius Pratt（1991）曾經開展過義務論和功利主義這兩個倫理原則的比較研究，他的研究基於對商學院工商管理專業學生的一項調查研究。鑒於其研究的議程設置與本研究相似，筆者也參考了其分析框架。

## 三、文獻綜述與研究假設

倫理原則的普遍適用範圍不盡相同（Brenkert, 2009）。猶太教和基督教的十誡及無私準則據說具有普世性（Hulst, 2009）。康德從理性出發也提出了絕對命令原則（Peck, 2009）。

相比之下，有些倫理原則在特定的文化背景下顯得尤為重要。例如，中國深受儒家思想影響，因此與中國人簽訂合同或者進行其他正式業務之前就必須與他們建立信任關係（Whitehouse, 2009）。例如，在某一特定的國家或社會中，什麼是對，什麼是錯，什麼重要，什麼不重要，在對這些道德與倫理認知和判斷時，有研究發現，專業團隊和其他群體之間可能存在顯著的差異（Culbertson, Jeffers, Stone & Terrell, 1993）。

進而言之，某些倫理原則設定了特定的行為目標，而某些倫理原則則更關注於實現目標所能接受的手段。為了在商業領域做出這樣的區分，筆者查閱了2009年和2010年《商業倫理期刊》的相關文章。期刊當中提到的一些倫理原則和標準似乎側重於實現目標的行為方式或手段上，具體包括（但不限於）：

(1) 強調「己所不欲，勿施於人」的金科玉律（Karakas, 2010）。

(2) 關心他人的利益（French & Weis, 2000）。

(3) 確保決策公平公正，給予人們應得的回報（Sharma, Borna & Stearns, 2009）。

(4) 強調尊嚴、人權以及免受攻擊和詆毀的自由（Craig, 2000））。

(5) 採用對稱溝通模式，傾聽他人的需求，並根據這些需求做出改變以更好地滿足他們的需求（Dozier, L. Grunig, & J. Grunig, 1995; Grunig, 1992; Grunig et al., 2002）。

(6) 採取透明原則，讓公眾了解你的行為和動機（Giles, 2011）。

而西方關於倫理研究中的另外一些原則則側重於特定的行為目標，這些目標具體包括（但不限於）：

(1) 自由，尤其是表達意見的自由（Souder, 2010; Stern, 2008）。

(2) 獲得公平的機會和對待，如：哈貝馬斯的言語行為理論構建了一個理想的世界，在這個世界裏，那些發表演說的人，努力試圖定義真相，而每個人都能自由出色地發言，並對他人的發言提出質疑，沒有人試圖去說服或操縱他人（Habermas, 1989）。

(3) 獎勵有功之人，每一個有功之人都應獲得相應的認可和／或獎勵（French & Weiss, 2000）。

(4) 和諧，在理想情況下，東方社會通過等級制度實現和諧，而西方社會則通過解決理念和利益之間的衝突來實現。這個目的似乎很重要，因為從某些程度上來說國家和群體是相互依存的（Yeh & Xu, 2010）。

顯而易見，手段在這一系列倫理原則中扮演着極其重要的角色，這也反映出人們對功利主義的關注。規則、標準和規範存在的理由各不相同。正如本章前部分所述，有些是基於理性，有些是基於宗教信仰，還有一些則基於意識形態。

當然，功利主義思想會招致批評。但是，由於這些批評往往是基於批評者認為決策者是能夠較為準確地預測行為後果，而這一假設往往是錯誤的，這是因為人們常常會高估決策產生積極結果的可能性（Bok, 1979; Zyglidopoulos, Fleming & Rothenberg, 2009）。當然，功利主義思想或結果主義思想在商業界卻很常見。

在一定程度上，這可能是因為公司為股東所有，他們有義務為公司賺取利潤(Boje, Rosile, Dennehy & Summers, 1997)。

綜上所述，大多傳播溝通和商業倫理方面的文獻似乎都帶有功利主義的意味。這些文獻側重於強調實現目標的手段而非特定的行為目標。他們引用實用主義的論據來支持當代的道德準則，並指出現代科學正在挑戰長期以來的「永久倫理原則」(Kim, 2011)。

那麼，有哪些可能影響倫理立場的潛在因素？針對這一問題，筆者提出了如下兩個假設：

假設 1：一個人越相信倫理準則具有普世性，其做出倫理抉擇時就越會強調這些準則；

假設 2：一個人越相信可以預測倫理抉擇的後果，其越能充分地接受功利主義的觀點。

筆者還假設，與前面所討論的現實商業和社會趨勢相似，公關教育也傾向於強調功利主義思想，而且 Pratt (1991)發現公關實踐者傾向於採用功利主義方法分析問題，因此：

假設 3：公共關係專業學生在做倫理決策時傾向於採取功利主義方法，而非義務原則。

一些分析往往會忽視功利主義和義務論可以並行不悖的可能性。然而，Pratt (1993)認為「真正的情景主義者」必須要從義務論等哲學思維角度來考慮問題，因此：

研究問題 1：功利主義和義務論這兩種思想到底呈正相關、負相關還是毫無關聯？如果存在關聯，那麼兩者之間的關聯程度如何？

上文提到義務論和情景主義思想可以互補，這表明對這種倫理原則具相對較高接受程度的人傾向於具有高尚的倫理傾

向。高尚倫理傾向指在不同的情況下都不接受並且會避免採取欺騙性的、不公正的或操縱性的行為。這表明：

假設 4：越能接受功利主義和義務論這兩種思想的人傾向於具有高尚的倫理傾向。

在倫理傾向研究中，跨文化比較尤為重要。本研究之所以選擇中國內地、香港和美國作為觀察對象，是因為這三地具跨文化研究的意義。美國是一個高度發達的資本主義國家，在文化上崇尚個人主義。中國則是具有集體主義的傳統，長期以來高度尊重領導人並高度強調家國觀念（Hofstede, 2001），只是近期通過改革開放努力實行社會主義的市場經濟。而香港長期處於英國殖民統治之下，直到 1997 年才回歸中國，因而同時受到西方和東方哲學思想和倫理原則的影響。

當然，本研究所選取的五所大學並非能夠完全代表其所在地理區域和歷史文化環境，然而對他們進行探索性的比較也可能會產生重要的結論。

雖然美國商人傾向於接受基於共同短期利益而建立起的契約關係，但中國商人卻傾向於花費大量時間與商業夥伴建立互相信任、互相忠誠的長期關係。而中國商人的這種長期關係可能導致他們在做決策時更偏向自己的朋友和同事（Wong & Chan, 1999）。

對此，筆者幾乎找不到相關文獻預測中國、美國和香港這三地間對倫理原則取捨的差異。中國人深受家國、天下和威權的影響，因而他們可能更傾向於接受並遵守倫理準則。與此同時，他們看重個人關係和忠誠，這可能會減弱他們的高尚倫理傾向，並在日常生活中忽略這些倫理準則。因此：

研究問題 2：中國、美國和香港這三地的公關專業學生對功利主義、義務論的關注度，以及採取高尚倫理思想方面是否存在差異？如果有，這些差異表現在哪些方面？

在本次研究中，筆者首先給出一些特定環境下的公關活動案例，並要求學生判斷這些行為是對還是錯，以及在同樣情況下他們是否會採取同樣的行為。令人驚訝的是，大多數學生表示：「這種行為是錯誤的，但我可能也會這麼做。」這種近乎犬儒主義（Cynicism）的回答似乎值得研究。而且據筆者所知，目前尚未有學者對這種態度開展系統研究。

研究問題 3：在犬儒主義式的回答出現的頻率方面，中國、美國和香港這三個國家和地區的公關學生是否存在差異？如果有，有何差異？

## 四、研究方法

筆者於 2012 年秋天和冬天分別對中國、香港和美國三地的高等院校公關專業的在校學生展開問卷調查，並採用了 SPSS-PC+ 方法對收集到的數據進行分析。

本次研究所選取的五所高等院校的所在地區均具有一定的代表性，他們培養了大批的公關專業學生，這些畢業生在公關行業中扮演着重要的角色。另外，他們的公關教育模式和方法在世界範圍內也為公關教育者普遍認可。

在美國，筆者分別選取了俄亥俄大學（Ohio University）、南伊利諾大學卡本代爾分校（Southern Illinois University at Carbondale）和北卡大學夏洛特分校（University of North Carolina at Charlotte）。這三所學校均為大型的州立大學，其公關專業在所在州都名列前茅。另外，這三所院校都強調人文教育，確保公關專業學生能夠接受倫理、哲學領域的基礎教育。美國公共關係協會在這三所院校均設立了分會，公關從業人員常常受到邀請進行客座授課。他們還都很注重國際和比較公關的教學。

另一值得指出的特點是，這三所院校的公關專業所隸屬的學院也不相同。俄亥俄大學的公關專業隸屬於新聞學院；南伊

利諾大學卡本代爾分校的公關專業則隸屬於言語交際學院，主要開設新聞學及寫作、編輯和多媒體製作等相關課程；而北卡羅來納大學夏洛特分校的公關專業則隸屬於傳播學院，學生主要學習比較和國際公關的相關課程。

在中國，筆者選取了上海外國語大學，原因是上海外國語大學開設了第一個受政府認可的本科公關專業。與美國的三所高校一樣，作為外向型、國際化的上海外國語大學也十分重視人文教育。從 2007 年開始，該專業發展迅速。在過去的幾年裏，該校學生在全國性和地區性的比賽中獲得了許多獎項，畢業學生在中國經濟最發達的長三角地區的公關公司、企業和政府機構中也享有良好的聲譽。上海外國語大學的公關專業隸屬於工商管理學院，教學語言為英語。

在香港，作為八所公立大學之一的香港城市大學，公關專業則隸屬於傳播及媒體研究。由於香港國際大都市的地位，學生有較多海外學習的機會，得以與世界各地的頂尖公關人員、學者和專家進行交流。

這五所大學均提供公共關係的碩士學位課程，學習科目包含了哲學和道德倫理等基本課程。他們的課程計劃不僅注重了公關理論研究，還強調了比較與國際公關研究、公關實操訓練、大眾傳播與言語傳播，以及邏輯實證主義與批判修辭研究，而這些都是當今傳播學研究領域的焦點。

所有與調查的學生均至少修過一門公關科目，從而確保他們已掌握了公共關係的基本原則。另外，由於這些院校的公關課程均採用英語授課，因此筆者的調查問卷也採用了英語。

此次調查均得到了五所大學的相關院系教學評審委員會的批准，保證受訪者自願參與調查，並被承諾他們的真實姓名不會出現在研究結果中。每次調查約 30 分鐘左右，以確保不會對與調查者帶來任何風險或擔憂。

　　經過對課程計劃及相關科目內容的詳細分析,筆者發現這五個學校在課程設置上幾乎並不存在明顯的差異。不同學校的調查結果也趨於一致,研究生和本科生之間,以及公關專業與非公關專業之間也幾乎並無差別。

　　為了確保調查客觀和有效,本研究十分注重效果操作定義。在完成基本的人口統計學信息之後,筆者給出了目的論和功利主義的基本定義(見本章附錄 A)。此前在俄亥俄大學、香港城市大學和上海外國語大學的預測中所出現的一些模糊和爭議問題也得到了修正。

　　接着,本研究採用 4 分量表法衡量與調查學生對目的論和功利主義的依賴程度,其中1表示完全不依賴,4 表示幾乎完全依賴;採用 3 分量表法衡量與調查學生對目的論和功利主義的被迫依賴程度。受訪者需要在功利主義和目的論之間做出選擇。「兩者均等」這個選項相當於中間值。還採用了 4 分量表法衡量與調查者評估倫理決策可能產生的後果的信心程度,其中 1 表示完全沒信心,4 表示完全有信心。

　　筆者圍繞「判斷行為對錯的倫理準則可以普世通用」這一問題,採用 4 分量表法衡量與調查學生對倫理準則普世性的認同程度,其中 1 表示根本不可能,2 表示不大可能,3 表示相當可能,4 表示非常可能。筆者還針對「倫理準則會因為文化不同而產生差異」這一問題,採用 4 分量表法衡量倫理準則的普遍適用性,其中 1 表示非常同意,2 表示有點同意,3 表示有點不同意,4 表示非常不同意。

　　同時,筆者引用了一系列存在倫理問題的假設情景(見附錄 B),並要求與調查學生做出他們自己的決策,從而觀察他們的倫理信仰和行為。這些假設情景涉及不同的決策類型和目標群體,並且已經在Pratt (1991, 1993)之前的研究中得到驗證。在目標群體方面,Anne、Sam 和 Laura 的假設情景涉及與客戶相關的道德困境,John 和 Maureen 的假設情景則涉及外界公眾,Lisa 和 Frank 的

假設情景涉及競爭對手，而Joe的行為則影響了其所在組織的另外一名員工。在抉擇類型方面，John、Frank 和 Sam 都選擇隱藏信息，Laura、Anne 和 Maureen 則選擇提供虛假信息，而 Lisa 選擇選擇披露或使用機密信息，Joe的選擇則帶有性別歧視的意味。

為此，與調查學生需要採用 4 分量表法，以確定假設情景中公關人員行為和決定的錯誤程度。然後，筆者要求與調查學生採用同樣的標準評估他們在類似的情況下採取同樣行為和決定的可能性（具體場景描述，見本章附錄 B）。

因變量主要為倫理立場以及或高尚或卑劣倫理思想，這兩個應變量的衡量方式如下：

信念立場，指與調查者認為假設情景中的決定或行動是對還是錯。其中 4 表示絕對錯誤，3 表示可能錯誤，2 表示可能沒錯，1 表示絕對沒錯。隨後，筆者對不同場景的得分進行匯總，從而創建信念立場指數（系數 $\alpha = .74$）。

行為立場，指與調查學生在同樣假設情景下採取同樣決定和行為的可能性。其中 1 表示絕對會，2 表示可能會，3 表示可能不會，4 表示絕對不會。隨後，筆者對不同場景的得分進行匯總，從而創建行為立場指數（系數 $\alpha = .71$）。

綜合倫理立場，指與調查學生在這些假設情景下採取高尚倫理準則的傾向。筆者通過匯總每個情景的信任立場指數和行為立場指數最終得出對應場景的綜合倫理立場指數（系數 $\alpha = .72$）。

犬儒主義，指與調查學生認為假設情景中的決定和行為「是錯誤的，但我在類似的情況下可能會或者無論如何都會這麼做」。筆者要求與調查學生假設他們現在就處於這樣的情景中，並要求他們指出自己是否會這樣做。

所有測量的 $\alpha$ 系數都大於 .71，均具有可靠度。

# 五、研究結果

## 樣本描述

　　所選擇的三地與調查學生在基本人口統計數據上差別不大。在所有完成問卷的學生中，女性佔 78%，這與世界範圍內公關行業女性從業人員比例佔優的趨勢大致相同。63% 的與調查學生就讀於公關專業，22% 則就讀於傳播學專業。38% 為本科大四學生，20% 為碩士研究生，20% 為本科大三學生。這一比例分佈確保所有的與調查學生都至少修讀了一門公關理論課程。其中，164 名與調查學生來自美國的三所高校，103 名來自上海外國語大學，102 名來自香港城市大學。

## 針對研究問題與假設

　　假設 1 指出，如果一個人越相信這個世界存在普世性的倫理準則並可應用於不同時間、不同地點，那麼他／她就會越強調目的論。表 5.1 的數據表明，這一假設得到了印證。與調查學生對目的論的依賴程度與對普世性倫理準則的信任相關性為 .199（p<.01），與相信這些規則適用於不同時間地點的相關性為 .117（p<.05），而與這兩者的綜合相關性為 .192 (p<.01)。

　　假設 2 指出，一個人越相信自己能預測倫理抉擇的後果，他／她就越會接受功利主義思想。表 5.1 並不支援這一假設。另外，兩者之間的相關系數為負(r=−149，p<.05)，這與預期相反，功利主義分數越高，人們就越不願意接受目的論思想。

　　顯而易見，對普世倫理準則的相信程度與個人的倫理準則選取的相關性較高。如表 5.1 所示，與調查學生對義務論的依賴程度與普世倫理準則的相關性為−.122 (p<.05)，與普世原則的適用性相關性為−.150 (p<.01)，與這兩者相加的相關性為−.164 (p<.01)。

　　這些發現無疑表明，與調查者對是否存在普世倫理準則持懷疑態度。只有約 46% 的與調查學生認為普世倫理準則存在，而 88% 的與調查學生則認為倫理準則會隨着時間和空間變化而發

表5.1 倫理準則評估、對結果預測的自信度、義務論依賴程度和
功利主義依賴程度之間的乘積矩關聯[a]

| | 普世倫理準則 | 準則適用性 | 普世倫理準則+適用性 | 結果預測自信度 |
|---|---|---|---|---|
| 義務論依賴程度 | .199** | .117* | .192** | .128* |
| 功利主義依賴程度 | −.122* | −.150** | −.164** | .047 |
| 被迫選擇功利主義 | −.082 | .002 | −.144** | −.149** |

\* p <.05.
\*\* p <.01.

表5.2 均值──功利主義和義務論

| | 功利主義依賴程度 | 義務論依賴程度 | t | 被迫選擇功利主義 | 被迫選擇義務論 | t |
|---|---|---|---|---|---|---|
| 總樣本 (n=368) | 2.65 | 2.46 | 3.61** | 2.31 | 1.69 | 6.30** |
| 香港地區 (n=102) | 2.72 | 2.43 | 3.03** | 2.52 | 1.48 | 6.11** |
| 美國 (n=163) | 2.77 | 2.32 | 5.59** | 2.40 | 1.60 | 5.66** |
| 中國 (n=103) | 2.40 | 2.71 | -3.51** | 1.98 | 2.02 | <1.00 |

\*\* p <.01。

生變化。然而，令人驚訝的是，88% 的與調查學生認為他們自己能夠預測倫理抉擇的後果。

假設 3 指出，公共關係專業學生在制定倫理決策時傾向於採取功利主義方法，而非義務原則。如表 5.2 顯示，這一假設在美國和香港地區成立，但在中國內地卻並不成立。

首先，筆者分別採用 4 分量表法衡量與調查學生對功利主義和義務論的依賴程度。從總體樣本上來看，與調查學生的功利主義均值為 2.65，義務論均值為 2.46 (p<.001)。香港地區和美國的均值分別為 2.72 和 2.43 (p<.001)、2.77 和 2.32 (p<.001)。

筆者還採用3分量表法要求學生在功利主義和目的論中做出選擇。從總體樣本來看，與調查學生偏好功利主義與義務論的均值分別為 2.31 和 1.69 (p<.001)；香港地區為 2.52 和 1.48 (p<.001)，美國為 2.40 和 1.60 (p<.001)。

中國的與調查學生則略有差異。在與調查者對義務論和功利主義的依賴程度方面，它們的均值分別為2.71和2.40（p<.001）。而在被迫選擇功利主義和義務論方面，兩者的均值分別為1.98和2.02，並不存在實質的差異。筆者只能對這一差異的原因進行大致推測，或許是在中國這個具長期威權傳統以致權力間距離較大的國家裏，中國民眾已經習慣了毫不懷疑地接受並應用國家領導、上級機構或長輩所提出的倫理要求和制定的行為規則。

研究問題 1 旨在探討功利主義和義務論這兩種思想是否互相關聯。從整體樣本和香港地區的樣本來看，兩者有一定相關性（r=−.201; p<.02）；美國和中國內地的相關性分別是−.14（p=.06）−.110（p=.21）。因此，只有整體樣本和香港地區的樣本具有顯著的統計學意義（p<.05）。顯而易見，絕大多數與調查學生要麼非常重視義務論或功利主義這兩種倫理原則，要麼非常不重視這兩種倫理原則，他們似乎並不一定會從兩者中選擇一種。因此，公關專業學生會被迫選擇義務論或功利主義這一假設並未得到驗證。

假設 4 指出，越能接受功利主義和義務論者，越傾向於具有高尚的倫理傾向。表 5.3 基本印證了這一假設。

表5.3　均值──在自由選擇功利主義和義務論的評分中，與調查學生的平均倫理立場得分高於與低於中間值[a]

| | 強功利主義，強義務論 | 強功利主義，低義務論 | 低功利主義，強義務論 | 低功利主義，低義務論 |
|---|---|---|---|---|
| 信念立場 | 2.97 (n=67) | 2.87 (n=141) | 2.88 (n=89) | 2.80 (n=51) |
| 行為立場 | 2.90 (n=64) | 2.82 (n=143) | 2.71 (n=86) | 2.71 (n=58) |
| 綜合倫理立場[b] | 5.88 (n=64) | 5.69 (n=142) | 5.56 (n= 86) | 5.54 (n=58) |

a　假設 4 認為強功利主義者和強義務論者在每一立場的得分都會高於其他三組。這與行為立場 (t=2.02, p=.04) 和綜合道德立場 (t=2.19, p<.05) 一致，與信念立場差異顯著 (t=1.80, p=.07)。

b　綜合道德立場是綜合七個情景的行為立場和信念立場得分，再除以7。

數據的結果顯示，信仰立場的均值為 2.97，行為立場的均值為 2.90，整體道德立場的均值為 5.88，均超過功利主義和義務論對比的 2×2 表格。當因變量為整體倫理立場（p<.05）和行為立場（p=.04）時，這一差異十分顯著，當自變量為信念立場（p=.07）時，則與預期結果略有偏差。因此，總體而言，越能接受功利主義和義務論這兩種思想者，越傾向於具有高尚的倫理傾向。

根據未在表5.3中全部展示的調查數據顯示，強功利主義和強義務論兩者之間的差異大多源於 Laura 和 Lisa 這兩個假設情景（見附錄 B）。這兩個場景都涉及在高度競爭的商業環境中企業或機構傳播錯誤信息、隱瞞或不正當地使用機密信息等行為，且針對競爭對手或同事，而不是外部公眾或利益相關者。這表明，公關專業學生認為，在商界，公關是一種配合企業或機構進行零和競爭的手段。

在零階相關性方面，自由選擇功利主義與綜合道德立場的相關性為 .141（p<.01），與行為立場的相關性為 .139（p<.01）。而這兩個立場與對義務論的依賴程度均無明顯相關。顯而易見，高尚的倫理思想可能源自於這兩種哲學觀點的結合，而不僅僅是簡單的認真遵守規則和履行職責。

研究問題 2 主要探討中國內地、美國和香港三地的公關專業學生在採用高尚倫理思想方面是否存在差異。表 5.4 表明，從信念和行為兩方面來看，總體而言，相較於中國內地和香港地區的學生，美國學生的倫理傾向會更強。

表5.4　均值[a]——中國、美國和香港地區倫理立場

| | 中國 | 香港地區 | 美國 | F | p |
|---|---|---|---|---|---|
| 信念立場 | 2.74 (n=102) | 2.74 (n=98) | 3.05 (n=159) | 21.07 | <.001 |
| 行為立場 | 2.66 (n=102) | 2.64 (n=96) | 2.97 (n=153) | 18.06 | <.001 |
| 綜合倫理立場 | 5.41 (n=102) | 5.40 (n=95) | 6.00 (n=153) | 21.42 | <.001 |

a　這些均值由信念立場和行為立場相加再除以7。

　　研究問題 3 主要探討中國內地、美國和香港三地使用犬儒主義式的回應的頻率是否存在差異。研究結果似乎值得特別關注。從總體樣本上看，大約 17% 的與調查學生認為「這種做法是錯誤的，但是在同樣的情況下我可能也會這麼做」。與倫理立場一樣，美國學生在這方面的表現略優於中國內地學生。美國學生的犬儒主義式回應比例約為 13%，香港地區和中國內地學生分別為 21% 和 18%。這些數據具有顯著的統計學意義（$\chi^2$=20.07, df=2, p<.01）。然而，從另一個角度來看，這一結果並不那麼令人洩氣。在這 369 與調查學生中，只有 20 人是極端的犬儒主義者。在這 7 個假設情景中，他們的犬儒主義式的回答超過 3 個。

　　在一項補充分析中，那些在義務論依賴程度上得分高於平均值、但在功利主義依賴程度上低於平均值的學生，比那些在功利主義上得分高但在義務論上得分低的學生，在更多的假設情景中（M=1.471）中表現出犬儒主義（M=0.951, p<.05）。因此，在某些情況下，對普世倫理準則的依賴可能會帶來某種程度的犬儒主義。


# 六、初步結論

　　西方哲學家在處理對錯問題時通常會採用兩種思維模式，一種是義務論，另外一種為功利主義。前者強調普世倫理準則和責任，而後者則基於評估哪種行為可以為相關人員和組織帶來最大快樂和最小的傷害。

　　基於文獻綜述，筆者假定公關專業的學生更傾向於功利主義思想而不是義務論。這一假設在美國和香港地區的公關專業學生身上得到了印證。令筆者稍感驚訝的是，中國內地學生更傾向於義務論。

　　調查結果還顯示，絕大多數與調查學生要麼非常重視這兩種倫理原則，要麼非常不重視這兩種倫理原則。研究表明，與調

查者對這兩種倫理原則的依賴程度呈輕微負相關，但中國內地和美國的數據顯得缺乏統計學意義。

Cornelius Pratt (1993) 和 Shannon Bowen (2004) 等學者指出，「真正的情景主義者或功利主義者」必定會關注包括義務論在內的倫理立場。因此，筆者假設在相關七種不同的倫理情景中，對兩種倫理原則依賴程度均高於中間值的學生往往會做出更加高尚的選擇。無論因變量為倫理信念或結合信念和行為的綜合指數，這一假設均得到了調查數據的印證。

調查結果進一步表明，相信存在普世性倫理準則的與調查者也，也傾向於相信其有效性會增強人們對義務論的依賴程度，但會降低對功利主義的依賴程度。

堅信「某一行為是錯誤的，但在同樣的條件下，我也會這麼做」這樣的犬儒主義思想，仍然廣泛存在於與調查者中，但這種思想模式在中國內地和香港地區的與調查者中表現得更為明顯。總體而言，在倫理思想方面，美國公關專業學生普遍比中國內地學生更傾向於選擇「高尚」的倫理原則。

此外，調查的結果對公共關係教育具啟示意義。近年來，James Grunig、Larissa Grunig 和 David Dozier 等人在國際商業傳播者協會支持下開展的「卓越研究」指出，雙向對稱傳播對組織的整體卓越溝通來說至關重要。然而事實上，對稱式傳播和不對稱式傳播往往並存。

正如這些學者所描述的那樣，非對稱式傳播具有功利主義色彩，因為其試圖說服公眾並主要以服務客戶組織利益的方式去行事和思考。而對稱式傳播則恰恰相反，它強調：(1)通過調查、焦點小組和媒體報導分析，從而認真聽取公眾和利益相關者的意見；(2)提高公眾對客戶機構和/或其產品的接受度和認可度；(3)改變客戶機構的信念和行為，從而更有利於滿足公眾的需求。對稱式傳播同時關注客戶和公眾的利益，試圖達到雙贏的效果，從而說明客戶組織和公眾之間建立良好的關係。對稱

式傳播超越了以自我為中心的視野，着眼於更廣泛的全社會甚至全球的影響。而這個觀點似乎與 Kohlberg 的「成熟道德發展」相一致(Kohlberg, 1981)。

　　對稱性在本質上是一個關係概念，它暗指對稱式溝通必須要關注掌控互動的職責、規範、規則和價值。反過來，這也意味着對稱式溝通需要關注對結果的實用評估，另外也要關注猶太教和基督教的「十誠」及其他被廣泛接受認可的、康德稱之為「絕對命令」的原則。在實踐層面來看，這就表明公關專業學生需要接受更多倫理道德方面的教育和研究。若他們要想在未來公關實務中了解公眾需求，就必須仔細分析：

(1)　不同公眾的意見；

(2)　客戶的社會、政治、經濟和文化背景(Culbertson et al., 1993)；

(3)　與倫理學相關的基本原則和問題(Culbertson & Chen, 2003; Grunig, 2014)；

(4)　不同社會中不同類型的公關方式(Sriramesh & Vercic, 2009)。

(5)　對不同觀點持開放和包容的態度，溝通時須具備廣闊的視野，保持對公眾和新問題的敏感度(Culbertson, 1989, 1991)；

(6)　對不同的文化、社會進程和宗教信仰的形態、內核和產生的原因及人文意義也須持開放和包容的態度，因為其有助於塑造公關專業學生價值觀的多樣性，並指引他們的公關活動，從而盡可能避免與現代社會價值觀的淪落而隨波逐流。關於世界宗教的研究也指出了各個宗教之間原則的互通和相異之處以及公關的溝通作用(Spaulding & Formentin, 2017; Wallis, 2010)。

　　此次研究結果表明，義務論和功利主義均能對公關從業人員的倫理考慮和選擇發揮建設性作用。因此，作為未來公關從業者的公關專業學生要想增強其公關技能和形成健康的價值

觀，成為一個自責自律的公關人，就必須掌握哲學、倫理學和社會學的相關知識。要實現上述要求，公關專業的課程體系和內容必須超越社會科學的範疇，並需要對人文領域進行一定深度的整合學習。這與 Neil（2017）提出的多用「整合方法」（Integrated approach）的觀點相吻合。

幾乎同樣重要的的是，隨着經濟全球化的不斷深入，公共關係也已逐步擴散至世界的各個角落，並與本土實踐的互動中衍生出新的概念、理念、模式甚或理論，公關的國際融合（Global transformaiton）過程與結果不僅給公關的國際運作造成壓力（Gallicano & Matthews, 2016），也為公共關係的倫理教育帶來了新的挑戰。因此，Rajul Jain（2019）建議，為了培養一個理想的自責、自律及倫理高尚的公關人，公關教育和倫理教學必須強化國際和跨文化研習。

## 附錄 A：向與調查者解釋義務論和功利主義

功利主義方法主要是基於每一個具體的案例做出決策。功利主義者會評估每個決定或行動的可能結果，然後從中選出傷害最少、收益最多的方案。John Stuart Mill 認為只要結果能使大多數人受益，那麼其採用的手段也就不會不正當。

而義務論則關注於廣泛接受的規則。這些規則包括猶太教和基督教的「十誡」。如果人們普遍認為「不能說謊」、「不能偷竊」，義務論者就不會說謊，不會偷竊。堅持這種方法的人認為每一個決定都有對與錯。

請想像，你是一個公共關係從業人員，我們想讓你分別了解上面兩種方法，這兩種方法可能在現實場景中都被採用或都不被採用。

在對功利主義和義務論的依賴程度這兩個問題上，你可以從完全依賴、相當依賴、有點依賴、完全不依賴這四個選項中分別做出選擇。

### 附錄 B：John、Laura 和 Frank 案例

在 Cornelius Pratt 的允許下，本研究使用了他在之前研究中所用到的 John、Laura 和 Frank 的案例。具體假設場景如下：

John 是一名公關從業人員，他目前負責一個低窪住宅區開發項目的宣傳，而這個住宅區最近才被洪水淹沒過。雖然John的公司採取了一些措施以減少洪水的危害，但是如果發生洪水，部分房屋仍然可能出現庭院積水。對此隱患，該公司並沒有相應的解決方案。John 在他的宣傳方案中沒有提及任何有關洪水風險的信息和提醒。

Laura 在一家業內領先的廣告公司裏擔任公關部門高級客戶經理一職。幾個月前，她的公司簽了一個大客戶。最近，該客戶打電話催促廣告公司繼續推進其委託的專案。Laura 告訴客戶，由於生產部門的機器設備出現故障，因此這個專案有些延遲了。但真實情況是廣告公司正在優先處理另外一個利潤更高的專案，而先前的專案已經被暫時擱置了。Laura 認為，如果把真相告訴客戶，那麼和先前客戶的關係可能會變得很糟糕，甚至可能會影響兩者之間未來的合作。

高級公關經理 Frank 因公出差，他在酒店大堂的酒吧裏喝酒時，發現身邊坐着競爭對手公司的公關經理。而那位經理恰巧也喝了點酒，興致高昂地拉着 Frank 聊天。他聊到了自己的客戶，並向 Frank 洩露了該機構的機密信息，而Frank那時恰好在負責其競爭對手客戶的公關活動。聊天中，Frank 沒有透露自己的身份，又請那位客戶經理多喝了幾杯。Frank 認為酒後洩密是那位經理自己的問題。因此，Frank 就獲悉了這家競爭公司最新的廣告活動、行銷策略和其他寶貴的機密信息，這些信息可以有效的説明他的客戶機構賺取更多利潤。

Anne 在香港（或上海和紐約，根據調查地點而定）一家公關公司工作。她説明一位客戶製作了一段視頻和一份宣傳冊，費用分別為 12.5 萬港元（或 1.6 萬美元，10.92 萬人民幣）和 5 萬港幣（或 6,330 美元，4.37 萬人民幣）。不過，Anne 的客戶要求在報價

單和發票上僅寫上「公司視頻——175,000 港幣（或 2,233 萬美元，15.29 萬人民幣）」，因為該公司老闆只願意支付視頻製作的費用，而不願意支付宣傳冊的費用。（筆者註：根據調查時的匯率進行換算，三地資金數額相等。）

Sam 在香港（或上海、紐約）的一家公關公司工作，手機製造商 A 是他其中一個客戶，但 Sam 受邀為手機製造商 B 制定宣傳方案，而製造商 B 是製造商 A 的直接競爭對手，於是客戶 B 要求 Sam 簽署一份保密協議，聲明他不會告訴任何人，B 公司正在邀請他代理該公司開展宣傳活動。Sam 同意了這個邀請，並在聲明上簽字，儘管這意味着他不能通知客戶 A。（Sam 非常清楚，如果他答應為公司 B 制定宣傳方案，他就不得不辭掉 A 公司的公關工作，以避免利益衝突。）

Joe 是一家中型公關公司的合夥人，他有一個聰明能幹的年輕女員工 Jane。Jane 已經 28 歲，但看起來比實際年齡要小。她在這家公關公司工作了三年多，能力很強，最近才榮升為客戶主管，並受命與一個大客戶的管理層頻繁聯繫。在她第一次與客戶見面後，客戶公司的總裁打來電話說：「Jane 這個年輕女員工挺不錯，但我們需要一個比她年長的男性人員來處理相關業務。」Joe 害怕失去這個客戶，所以不願意開罪他們，於是他就答應了客戶的要求，更換了專案主管。

Lisa 是一家大型工業製造公司人力資源辦公室主任，她正好要招聘一名新員工。其中一名應聘者在過去 7 年一直在競爭公司 XYZ 的公關部門工作，他在面試中一直在批評 XYZ 公司，並告訴了 Lisa 該公司的人事方案。此外，他還拿出了一份詳細介紹 XYZ 公司附加福利的小冊子，以及 XYZ 公司公關部門向公司管理層展示的幾份報告。他對 Lisa 說：「我覺得你應該會對這些數據感興趣，不過你用完後記得要還給我」。考慮到應聘者的個人資歷和對 XYZ 公司的熟悉程度，Lisa 決定僱用他。

Maureen 在一家國際公關公司裏擔任客戶經理，其客戶之一為一家大型跨國零售商。該客戶公司非常關心自己的形象和聲譽。

因此，Maureen 決定讓一男一女假扮成一對普通夫婦自駕環遊世界。他們每天更新博客，講述自己在不同零售商店與那些快樂的員工和滿意的顧客閒聊的故事。他們的博客有成千上萬的讀者，從而說明其客戶提升了公司形象。

然而事實上，這一男一女並非夫婦。他們其實相當於是受僱於 Maureen 所在公司，均具有高超的寫作和拍照技術。他們還宣稱自己的旅行經費由一家草根組織贊助。Maureen 所在公司的員工認為讓一對假夫婦撰寫博客是一種有效的宣傳策略。一方面，博客通常被普通受眾看作是一種「業餘」傳播行為，不需要像專業記者那樣一定要確保寫作內容真實準確；另一方面虛構一個草根組織已經成為當今社會的普遍做法。因此，人們可能會忽視這一方法所存在的倫理問題。

## 參考文獻

何錫蓉（2016）。《哲學理論前沿》，第四章。上海：上海社會科學院出版社。

高兆明（2013）。《倫理學理論與方法（修訂本）》。北京：人民出版社。

龔群（2002）。《當代西方道義論與功利主義研究》。北京：中國人民大學出版社。

Back, M. D., Schmukle, S. C., & Egloff, B. (2009). Predicting actual behavior from the explicit and implicit self-concept of personality. *Journal of Personality and Social Psychology, 97*: 533–548.

Boje, D. J., Rosile, G., Dennehy, A. R., & Summers, D. J. (1997). Restoring reengineering: Some deconstructions and postmodern alternatives. *Communication Research, 24*: 631–668.

Bok, S. (1979). *Lying: Moral Choice in Public and Private Life*. New York, NY: Vintage Books.

Bortree, D. (2019). Ethics education in public relations: State of student preparation and agency training in ethical decision-making. *JPRE Special Issue, 5*(3). First published online November 20, 2019. https://aejmc.us/jpre/2019/11/20/ethics-education-in-public-relations-state-of-student-preparation-and-agency-training-in-ethical-decision-making/

Bowen, S. A. (2004). Expansion of ethics as the tenth generic principle of public relations excellence: A Kantian theory and model for managing ethical issues. *Journal of Public Relations Research, 16*: 65–92.

Brenkert, G. G. (2009). ISCT, hypernorms, and business: A reinterpretation. *Journal of Business Ethics, 88*: 645–658.

Chen, N., & Culbertson, H. M. (2009). Public relations in mainland China: An adolescent with growing pains. In K. Sriramesh & D. Vercic (Eds.). *The Global Public Relations Handbook: Theory, Research, and Practice* (pp. 175–197). New York, NY: Routledge.

Craig, W. (2000). Human rights and business ethics: Fashioning a new social contract. *Journal of Business Ethics, 27*: 205–214.

Culbertson, H. M. (1989). Breadth of perspective: An important concept for public relations. *Public Relations Research Annual, 1*: 3–25.

Culbertson, H. M. (1991). Role taking and sensitivity: Keys to playing and making public relations roles. *Public Relations Research Annual, 3*: 37–65.

Culbertson, H. M., & Chen, N. (with Shi, L.). (2003). Public relations ethics: Some foundations (Ohio Journalism Monograph Series No. 7). Athens: E.W. Scripps School of Journalism, Ohio University.

Culbertson, H. M., Jeffers, D. S., Stone, D. B., & Terrell, M. (1993). *Social, Political, and Economic Contexts in Public Relations: Theory and Cases.* Hillsdale, NJ: Lawrence Erlbaum.

Dozier, M., Grunig, L., & Grunig, J. (1995). *Manager's Guide to Excellence in Public Relations and Communication Management.* Hillsdale, NJ: Lawrence Erlbaum.

French, W., & Weiss, A. (2000). An ethics of care or an ethics of justice. *Journal of Business Ethics, 27*: 125–136.

Gallicano, T. D., & Matthews, K. (2016). Hope for the future: Millennial PR agency practitioners' discussion of ethical issues. In B. Brunner (Ed.), *The Moral Compass of Public Relations* (pp. 91–109). New York, NY: Routledge.

Giles, B. (2011). The value of the nieman fellows' experience. *Nieman Reports, 65*(1): 3.

Grunig, J. E. (Ed.). (1992). *Excellence in Public Relations and Communication Management.* Hillsdale, NJ: Lawrence Erlbaum.

Grunig, J. E. (2014). Ethics problems and theories in public relations. *Revue International Communication Social & Public, 11:* 15–28.

Grunig, L. A., Grunig, J. E., & Dozier, D. M. (2002). *Excellent Public Relations and Effective Organizations: A Study of Communication Management in Three Countries.* Mahwah, NJ: Lawrence Erlbaum.

Habermas, J. (1989). *The Structural Transformation of the Public Sphere.* Cambridge, MA: MIT Press.

第一部分 西方公關理論與中國公關認知演進

Hofstede, G. (2001). *Cultural Consequences: Comparing Values, Behaviors, Institutions, and Organizations.* Beverly Hills, CA: SAGE.

Hulst, M. (2009). Jesus: Loving neighbors. In C. G. Christians & J. C. Merrill (Eds.), *Ethical Communication: Moral Stances in Human Dialogue* (pp. 18–24). Columbia: University of Missouri Press.

Jacksona, J. J., Wood, D., Boggc, T., Walton, K. E., Harms, P. D. & Brent W. Roberts. B. W. (2010). What do conscientious people do? Development and validation of the Behavioral Indicators of Conscientiousness (BIC). *Journal of Research in Personality, 44*(4): 501–511. doi: 10.1016/j.jrp.2010.06.005

Jain, R. (2019). Preparing students for the global workplace: Current practices and future directions in international public relations education. *JPRE*, https://aejmc. us/jpre/tag/international-public-relations-education/

Karakas, F. (2010). Spirituality and performance in organizations: A literature review. *Journal of Business Ethics, 94*: 89–106.

Kim, S. (2011). Transferring effects of CSR strategy on consumer responses: The synergistic model of corporate communication strategy. *Journal of Public Relations Research, 23*: 218–241.

Kohlberg, L. E. (1981). *The Philosophy of moral development: Moral Stages and the Idea of Justice.* New York, NY: Harper & Row.

Lee, S. T., & Cheng, I. H. (2012). Ethics management in public relations: Practitioner conceptualizations of ethical leadership, knowledge, training and compliance. *Journal of Mass Media Ethics, 27*(2), 80–96. doi: 10.1080/08900523.2012.694317

Neill, M. S. (2017). Ethics education in public relations: Differences between stand-alone ethics courses and an integrated approach. *Journal of Media Ethics, 32*(2), 118–131.

Neill, M. S., & Weaver, N. (2017). Silent & unprepared: Most millennial practitioners have not embraced role as ethical conscience. *Public Relations Review, 43*(2): 337–344.

Olver, J. M., & Mooradian, T.A. (2003). Personality traits and personal values: a conceptual and empirical investigation. *Personality and Individual Differences, 35*: 109–25.

Pearson, R. (1989). Albert J. Sullivan's theory of public relations ethics. *Public Relations Review, 15*(2): 52–62.

Peck, L. A. (2009). Immanuel Kant: Importance of duty. In C. J. Christians & J. C. Merrill (Eds.), *Ethical Communication: Moral Stances in Human Dialogue* (pp. 145–150). Columbia: University of Missouri Press.

Pratt, C. B. (1991). Public relations: The empirical research on practitioner Ethics. *Journal of Business Ethics, 10*: 229–236.

Pratt, C. B. (1993). Critique of the classical theory of situational ethics in U.S. public relations. *Public Relations Review, 19*: 219–234.

Schmidt D. W., & Ryan, K. (1993). A meta-analytic review of attitudinal and dispositional predictors of organizational citizenship behavior. *Personnel Psychology, 48*(4): 775–802.

Sharma, D., Borna, S., & Stearns, J. M. (2009). An investigation of the effects of corporate ethical values on employee commitment and performance: Examining the moderating role of perceived fairness. *Journal of Business Ethics, 89:* 251–260.

Souder, L. (2010). A free-market model for media ethics: Adam Smith's looking glass. *Journal of Mass Media Ethics, 25*: 53–67.

Spaulding, C., & Formentin, M (2017). Building a religious brand: Exploring the foundations of the church of scientology through public relations. *Journal of Public Relations Research, 29*(1): 38–50.

Sriramesh, K., & Vercic, D. (Eds.). (2009). *The Global Public Relations Handbook: Theory, Research, and Practice.* New York, NY: Routledge.

Stern, R. J. (2008). Stakeholder theory and media management: Ethical framework for news company executives. *Journal of Mass Media Ethics, 23*: 51–65.

Sullivan, A. J. (1965). Values of public relations. In O. Lerbinger & A. J. Sullivan (Eds.), *Information, Influence & Communication: A Reader in Public Relations* (pp. 412–437). New York, NY: Basic Books.

Silverman, D., & Gower, K.K. (2017). Assessing the state of public relations ethics education. *Public Relations Journal, 8*(4). https://prjournal.instituteforpr.org/wp-content/uploads/2014SilvermanGowerNekmat.pdf.

Wallis, J. (2010). *Rediscovering Values: On Wall Street, Nain Street, and Your Street.* New York, NY: Howard Books.

Whitehouse, V. (2009). Confucius: Ethics of character. In C. G. Christians & J. C. Merrill (Eds.), *Ethical Communication: Moral Stances in Human Dialogue* (pp. 167–172). Columbia: University of Missouri Press.

Wong, Y. H., & Chan, R. Y. (1999). Relationship marketing in China: Guanxi, favouritism and adaptation. *Journal of Business Ethics, 22*: 107–118.

Yeh, Q. J., & Xu, X. (2010). The effect of Confucian work ethics on learning about science and technology knowledge and morality. *Journal of Business Ethics, 95*: 111–128.

Zyglidopoulos, S., Fleming, P. J., & Rothenberg, S. (2009). Rationalization, overcompensation and the escalation of corruption in organizations. *Journal of Business Ethics, 84*: 65–73.

# 西方公關理論與中國企業公關實踐調和

# 6.
# 卓越理論與中國內地
# 企業內部溝通

　　上個世紀九十年代初，由美國著名公共關係學者James Grunig
團隊推出的關於卓越公關的系列成果，形成了主導了此後公關
理論研究的卓越理論（黃懿慧、呂琛，2017）。其中一個重要的「卓
越」原則則是：企業或組織內部的溝通（Internal Communication）
必須建立在對等溝通的基礎上及受到對等溝通機制的支持
（Grunig, 2009, 2013）。就此議題的研究表明，作為管理工具，卓越
的內部溝通有助於確立、建立、維護及優化組織管理層和員工
之間的關係（Bartoo & Sias, 2004）；對等的內部/員工溝通有助於
構建企業或機構和員工之間的良性互動關係，從而加強公共關
係原則指導下的內部溝通在組織整體戰略管理上的價值（Kim,
2005; L. A. Grunig, J. E. Grunig, & Dozier, 2002）；而管理者的對等溝
通意願和能力與企業盈利能力呈正相關（Gray, 2005）。

　　中國內地一直在適應現代商業運營規範，特別是為應對加入
世貿組織所帶來的企業轉型挑戰，中國內地的各類企業一直在
轉型和變革（厲以寧，2013；Heath, 2006）。公開、直接、誠實、平等

---

\* 本章部分內容引自筆者的文章：Chen, Ni (2008). Internal/employee
communication and organizational effectiveness: A study of the Chinese
corporations in transition. *Journal of Contemporary China, 17*(54):167–89

地向員工傳達變革訊息已成為中國企業面臨的一項艱巨任務。那麼，中國企業在轉型過程中，內部/員工溝通的性質和範圍是什麼呢？西方卓越內部/員工溝通的原則和假設是否在中國的實踐中得到驗證？為了解析上述問題，筆者首先研究了中國企業內部/員工溝通的現狀、結構，其次探討了內部/員工溝通與組織有效性影響之間的相互關係。據此，筆者希望能夠進一步明確中國內地企業負責和從事內部溝通的人員在公司決策過程中所扮演的角色，從而將真正的決策者和單純的溝通戰略師或溝通管理人員區分開來，並通過描述溝通管理人員在制定企業溝通策略以外的決策制定中所能發揮的作用，分析其可能對內部溝通的整體有效性所產生的影響。

## 一、文獻綜述與研究假設

縱觀西方關於企業或組織內部溝通的發展歷程，不難發現，內部/員工之間的溝通主要為單向的和非對稱的溝通。歐洲社會學家馬克斯・韋伯（Max Weber）依照「官僚主義」的概念和分析框架，描述了一種理想的組織型態。韋伯認為，只有當企業或機構內的員工認真遵守自上而下的規則和程序，這樣才能確保企業或機構最為有效地運作（Camic, Gorski & Trubek, 2005）。

美國社會心理學家道格拉斯・麥格雷戈（Douglas McGregor）也提出了相似的觀點，特別是他的「X理論」。這一理論認為人本性懶惰，因此管理者應該採用威脅懲罰及金錢利益等誘因激發人們的工作動力。「X理論」還認為，組織理所應當與員工簽訂合同，因為員工往往並不值得信任，「企業應該控制員工，並明確的告訴他們每一步應該做什麼，不應該做什麼，從而確切掌握他們的工作情況。」（Indireson, 2004; Lawter, Kopelman, & Prottas, 2015）時至今日，這一理論仍然被西方國家的企業或機構普遍採用。

然而，隨着網絡技術、人工智能（AI）等高科技領域的快速發展，「Y理論」應運而生，逐步在西方企業或機構內部管理中發

揮日益重要的作用，並且在很大程度上展現出取代「X理論」的趨勢（Aithal & Kumar, 2016）。Argyris（2004）、Peters 和 Austin（1985）等管理學學者認為，信息時代的員工，當他們能夠自己決定其工作目標和程序時，他們的工作才能更加靈活有效。與「X理論」相反，「Y理論」認為人性本善，他們喜歡工作，願意承擔責任。即使是在經濟較為落後的發展中國家，「Y理論」也能夠更加有效地激勵員工有效地開展工作（Frank & Kuminiak, 2000）。因此，企業或機構需要通過改革鼓勵、獎勵員工並賦予員工責任和權力，而不只是因為部分員工未能完成預期目標就對員工進行懲罰（Indireson, 2004）。受此理論支撐的「企業再造運動」（Re-engineering Movement）也強調權力下放和賦予員工自主權的重要意義（AbdEllatif, Farhan & Shehata, 2018; Kazoleas & Wright, 2001）。

隨後，威廉·大內（William Ouchi）借鑒「X理論」和「Y理論」提出了代表日本式管理的「Z理論」。該理論的原出發點是試圖將「Y理論」的優點與現代日本管理需求有機結合。在實驗的過程中，他發現，日本企業的員工對團隊合作和組織具有強烈的忠誠度和責任感，因此企業或機構應給予員工自由和信任。如果說「X理論」和「Y理論」主要是從管理者和組織的角度來研究管理活動和激勵措施，而「Z理論」則從員工的角度出發，着重強調了員工態度和責任與工作績效的相關性（Aithal & Kumar, 2016）。

毋庸置疑，上述理論演變在一定程度上推動了西方企業或機構內部/員工溝通的實踐與變革。Dover（1964）認為，美國企業的內部/員工溝通至少經歷了三個階段的演變：（1）二十世紀四十年代的「取悅員工」；（2）二十世紀五十年代的「告知員工」；（3）二十世紀六十年代的「說服員工」。此後，公共關係學者Grunig & Hunt（1984）將新聞宣傳、公共信息、雙向不對稱和雙向對稱四種公關關係模式的演變歷程與企業或機構內部/員工溝通的演變歷程進行對比，發現：新聞宣傳等同於取悅員工，公共信息等同於告知員工，而雙向不對稱式公共關係等同於說服員工。新聞宣傳和公共信息屬於單向的溝通模式，而雙向不對稱式公共關係屬於雙向的溝通模式。他們還認為二十世紀七八十年代美國企

業內部/員工溝通進入雙向對稱式溝通時代 (Grunig, 1992, 2013)，也帶動了西方其他發達國家企業和機構的內部/員工溝通一步步由單向溝通轉向雙向溝通。

隨着改革開放進程的不斷深化，中國企業和機構很快就接受了西方公共關係的理論和實踐，但仍然很難開展「開放對稱式」的溝通。有研究顯示，中國人傳統上習慣於需要服從上級命令，同時「上級」也負有照顧普通員工利益的責任。而這一上級既可能是其所服務企業或機構內的頂頭上司及領導，也可能是資歷較高、年齡較大的長輩 (Chen, 2013; Hung, 2004)。上層領導制定決策，而下級人員協助執行，一般無權參與決策制定。而在這種管理結構和體制下，上下級的傳播或溝通體系一定會產生不平衡和不對等的效果。無疑，雖然中國內地已經或正在發生一系列體制機制的變革，但根深蒂固的傳統文化觀念和管理理念必然會對企業或機構內部溝通活動產生重大影響。

美國公關學者 Culbertson 教授在與北京首都鋼鐵公司一位負責內部溝通的高管會面時問到「你如何確保員工的投訴和建議到達最高管理層」時，這位高管似乎對此問題有些困惑，只是泛泛地說：「管理者在制定目標和安排工作時會考慮員工的利益。」她還表示，大型國企的員工抱怨工作待遇這種行為十分不可思議 (Interview, 1996)。這充分表明在中國企業內部，管理層並不注重與員工開展雙向對稱式溝通。

因此，中國企業內部/員工溝通往往是自上而下的單向溝通模式。基於這一想法，筆者提出如下四個研究假設：

假設 1：中國企業管理層很少讓員工參與重大決策制定；

假設 2：中國企業負責內部溝通的管理者往往傾向於自上而下地向員工傳達信息，而不關注於從員工那裏尋求回饋；

假設 3：中國企業與員工開展溝通是為了提高生產力，而非在管理層和員工之間建立互惠關係，以致預期的溝通目的將比其他方式更加不平衡；於是，

假設 4：中國企業與員工溝通模式呈現出以下順序：自上而下的單向溝通＞雙向不對稱式溝通＞雙向對稱式溝通。

卓越理論體系裏的公關四種模式也強調了對稱對於企業或機構的內部／員工溝通的重要性（Grunig, 1992）。不過，也有學者認為雙向對稱式模式並不總是可行（Coombs & Holladay, 2012; Stokes & Rubin, 2010; Vasquez & Taylor, 2001）。在實踐中，結合雙向不對稱和雙向對稱式溝通的混合模式才是最常使用的溝通模式，因為溝通者既要對口企業或機構也要對口戰略性公眾（Dozier, Grunig, & Grunig, 1995）。一項關於同化—適調連續統一體的研究表明，人們的溝通活動往往並不完全是雙向不對稱式或雙向對稱式的，反而大多是兩者混合的。這種混合模式蘊含着真正的對稱性，因為它試圖在單方面向公眾進行宣傳及單方面因公眾觀點適調企業決策兩者之間尋求一種妥協和平衡，從而達到雙贏的目的（Dozier, Grunig, & Grunig, 1995）。

為了檢驗該模式是否適用於中國企業，本研究進一步假設：

假設 5：中國企業比其他企業更常採用混合溝通模式。

在進一步研究中國企業內部／員工的溝通模式時，還需探討企業或機構內部／員工溝通所採用的溝通管道是單向還是雙向的。於是，

假設 6a：中國企業溝通往往採用單向溝通管道；

假設 6b：中國企業內部／員工溝通管道受企業溝通模式的影響，採用雙向溝通模式的企業更傾向於採用雙向溝通管道；

假設 7：中國企業內部很少建立機制確保員工意見直達高層領導。

中國企業內部溝通往往採取自管理層到內部員工的單向溝通模式，與西方發達國家企業的內部溝通大相徑庭。例如在美國企業和機構中，所設置的員工刊物、股東年度報告、公告板和企業電視節目等有助於向員工傳達企業的管理策略及指令安排

及相關緣由；同時，公司也採取了意見箱、員工大會等措施來獲取員工的意見和回饋。目前，愈來愈多的美國企業和機構的管理部門開展了關於內部溝通的研究，例如進行溝通稽查，確保內部股東在政策制定時聽取員工意見，進行政策調整(Hargie, Tourish, & Wilson, 2002)。但是，即便在一些跨國企業中，這些措施也只是零碎而不完整的(Walden, Jung, & Westerman, 2017)。

西方企業和機構的實踐表明：雖然意見箱和員工大會被視為進行員工溝通的兩大主要平台和管道，但這兩種收集員工回饋的方式均需要根據企業或機構運作有效性的目標予以重新考慮、改進甚至完全拋棄(Guiniven, 2000; Verčič, & Vokič, 2017)。這是因為，意見箱和員工大會往往只是用來展示參與式的管理風格，而不是為了與員工進行公開、坦率、真誠和對等的對話。即便如此，Guiniven (2000) 指出，一些因素會影響這兩種溝通措施的有效性：(1)相比以往幾代人，如今的員工受過更好的教育。(2)企業兼併、裁員和轉型讓員工感覺不滿，增加了他們與企業的疏離感。(3)負責公司員工溝通的部門自身也面臨裁員壓力，缺乏溝通人員開展有效的溝通工作。此觀點也受到近期研究的支持(Walden, Jung, & Westerman, 2017)。

因此，雖然絕大多數中國企業(86%)也嘗試通過意見箱和員工大會與內部員工開展溝通，但這往往只是為了照搬西方企業的「參與式」管理風格，徒有其表，未能加強組織的有效性。事實上，一位國企的公共關係部經理在一次採訪中表示，一些中國企業設置意見箱和召開員工大會「僅僅只是一個假像，」並非是為了有效地開展內部溝通。她還指出，高層管理者只有在向媒體或政府部門彙報「企業文化」和「領導風格」的時候才會提及意見箱和員工大會。高層領導只會關注通過意見箱收集到的回饋數量及員工大會的參會人員數量，而不會關注員工溝通的實際效果(訪談，2003)。據此，

假設 8：由於意見箱和員工大會等雙向溝通管道並不等同於雙向溝通模式，故難以確保中國企業管理層和員工之間的開放溝通和信任。

　　現有研究還表明，企業或機構的規模和類型可能是影響內部/員工溝通活動的一個重要因素（Hung, 2005; Loch, 1995）。側重於組織行為學的研究認為，組織的規模越大，可用的資源就越多，管理部門就越有可能將資源配置到內部員工溝通上（Cardwell, Sean & Pyle, 2017）。在組織類型上，不同屬性的企業或機構對內部溝通的重視度存在差異。就中國內地而言，企業和機構愈來愈趨於多元化。大部分原來的純國有企業相繼轉變為股份制有限公司。在這一轉變過程中，企業更傾向於開展雙向溝通，管理層不僅會選擇將信息傳達給員工，還會積極尋求員工的回饋，從而幫助實現組織目標。同時，中國內地也出現了愈來愈多的民營企業，其中大多數是家族企業。他們的內部/員工溝通很可能局限於家庭成員、親戚、朋友這一狹義的網絡，而不太關心與其他非親非友員工的溝通（頡茂華，2017；謝振蓮、和麗芬，2015）。對於那些已經完成了從國有企業到股份制有限公司轉型的企業而言，由於管理層通常認為轉型完成後即不再需要繼續開展雙向交流，因而雙向交流的頻率會降低。以組織規模和類型為自變量，可提出以下兩個假設：

　　假設 9：企業/機構規模越大，就越有可能採用雙向溝通模式開展內部/員工溝通。

　　假設 10：不同類型的企業/機構開展雙向溝通的程度不同，其中轉型中的企業＞股份制有限公司＞民營企業＞國有企業。

　　有研究揭示，企業或機構的文化往往影響着內部/員工溝通。企業文化通常指企業內部長期形成的、能夠維繫員工關係的一套共通的價值觀、信念、符號、設想和期望（McNamara, 1999; Murphy, 1991; Verhezen, 2010）。文化和溝通緊密地聯繫在一起，溝通創造文化，文化塑造交流（Dozier, Grunig & Grunig, 1995）。組織文化通常包含參與型和專制型兩種基本類型，前者致力於「培養有機的組織結構、對等的溝通系統，從而實現組織溝通的卓越性和有效性」，而後者會導致「組織結構機械、溝通系統不對稱，從而使得組織溝通效果不佳」（Grunig, 2013）。早期的一項研究表明，參與型文化和卓越溝通之間存在關聯性，但這種關聯不是

很強(Lauzen & Dozier, 1994),這可能是因為參與型文化並不能確保企業的溝通管理者具備傑出的溝通能力,也不能確保他們可以參與到企業的權力中心,而這兩者是實現卓越公關的先決條件。然而,大量的中國企業正在從國有制轉型為股份制,轉型中的企業文化與內部/員工溝通之間錯綜複雜的關係尤其值得探究。在這樣的轉型過程中,企業面臨着威脅和機遇,必然需要員工的參與。據此:

假設11a:轉型中的企業比相對穩定的企業更傾向於接受參與型文化。

假設11b:轉型企業高層領導會比其他類型的組織更重視改善內部/員工溝通,管理層和員工之間的信息交流也會更加頻繁。

假設12:具有參與型文化的企業比其他類型的企業更注重員工溝通的雙向對等程度;反之,專制型文化企業更有可能採用單向溝通模式。

假設13:參與型文化可以提高管理者和員工之間的信任和開放程度,員工的工作滿意度也會更高。

要想在員工和管理層之間建立並保持互利和和諧的關係,企業必須要「打造高品質的雙向對稱式溝通過程」(Grunig, 2001; Kang & Park, 2017)。另外,雙向溝通模式,尤其是雙向對稱式溝通模式能確保更高的員工工作滿意度、更高的企業地位、更高的股價以及管理層和員工之間更高的信任和公開程度,而這一切都是衡量組織有效性的指標。

假設14:與其他三種溝通模式相比,堅持雙向對稱式溝通模式的企業,其管理層與員工之間的信任程度和開放程度更高,員工的工作滿意度也更高。

假設15:使用雙向溝通模式更有助於提高管理層和員工之間的信任和開放程度,提高員工的工作滿意度。

除上述因素外,本研究還考察了負責企業溝通的工作人員所扮演的角色類型。大量的研究表明這些角色可以分為兩類:溝

通管理人員和溝通技術人員（Chen, 2013; Dozier & Grunig, 1992）。溝通管理人員確定並指導溝通活動，而溝通技術人員僅從事包括撰寫、編輯和媒體關係在內的技術工作（Grunig, 2013）。國際商業傳播者協會（International Association of Business Communication, IABC）主導的相關研究表明，要想使企業公共關係活動更加有效，公共關係必須包含高層次的管理職能，因而溝通管理人員也應該盡可能參與到企業和機構的高層決策中去。企業高層領導往往掌控企業管理活動，處於企業的權力中心，而溝通管理人員應該有權成為企業權力中心的一員（Berger, 2005; Grunig, 2006; Holtzhausen & Voto, 2002; Neill & Jiang, 2017）。然而在實踐中，即便一些企業和機構內部負責企業溝通的管理人員名義上參與了權力中心的決策，他們在決策過程中的角色不外乎只是一名傳達者，即負責向企業高層管理人員傳達公眾的觀點以及說明相關決策可能造成的後果和影響。因此，要成為權力中心有責有權的成員以便更加有效地發揮溝通管理作用，溝通專家或管理者應通過與戰略支持者建立穩定、開放和信任的關係來協助管理，因為這些關係的品質是溝通專家對組織有效性長期貢獻的關鍵指標。

研究發現，中國企業負責內部溝通的工作人員所扮演的角色與企業決策幾乎沒有關係。筆者早期的研究發現，中國內地公共關係從業者幾乎沒有可能參與到企業權力中心（Chen, 2013）。這是因為他們的公關角色不僅取決於公共關係從業人員對每個管理角色和技術角色的重視程度，而且還取決於其服務的組織結構（Kim, 2005; Zheng, Yang & McLean, 2010），尤其是在國有企業中更是如此。

大多數中國企業的溝通管理人員實際上游離於權力中心之外。他們通常只是對高層領導制定的方案提出建議，而無法從傳播管理的角度協助高層領導制定政策方案。他們充其量只負責評估公眾對所制定方案的反應及其性質和影響，而不是負責明確方案的法律後果、對勞動管理及公司財務方面的影響（Chen, 2013）。

基於上述觀察，筆者提出了如下假設。

假設16：在中國企業中，溝通人員往往扮演溝通技術人員角色，而非溝通管理人員角色。

基於上述假設，本研究所探討的議題主要包括：那些認為自己扮演溝通管理角色的溝通人員是否只是制定溝通相關的決策？他們是否能真正參與機構的決策制定？這是否會影響內部/員工溝通的整體有效性？

## 二、研究方法

本研究採用了定量研究和定性研究相結合的方法，對中國內地經濟活躍的大都市上海的大中型企業開展了抽樣調查，並對部分內部員工進行了深度訪談和小組座談。

首先，採用了分層抽樣的方法對總部位於上海的中國大中型企業展開了調查。這些企業大多為製造業和服務業，但不包括外資企業和合資企業。上海市人民政府的對外經濟貿易委員會為了展示其對這項研究的興趣和支援，向筆者提供了一份完整的企業名單，包括企業地址、電話號碼和網站。

筆者從這份名單中隨機選取100家中國企業作為主要研究對象。首先通過網絡選定了企業的傳播部門和傳播負責人員，然後根據企業官網提供的信息研究了這些受訪者的背景，並隨機選取了20名負責或參與企業傳播的人員，其中17名(85%)最終表示願意參與深度訪談。一部分企業傳播人員對此次研究表現出極大的興趣，並希望能夠獲得此次研究的最終結果。每次深度訪談持續時間不超過兩個小時，訪談地點主要在受訪人員的辦公室或辦公室附近的茶園和咖啡館。

此外，筆者對企業或機構員工開展了小組座談。從選定企業中確定了四組小組座談，分別代表處於轉型期的企業、股份制有限公司、民營企業、國有企業。每組座談會由8到12個員工代表出席。出席小組座談的代表均是在筆者與其所在公司領導和工

會領導召開協商會議後選出來的。儘管需要向出席小組座談的人員解釋研究及所提問題的性質，但並未事先或在會議上向他們提供問題清單。每個小組安排一場座談會，平均時長為一個半小時。在得到受訪者的許可後，筆者對小組座談進行全程錄音，並根據錄音進行轉寫以便後續分析。

除深度訪談和小組座談外，筆者還採用郵寄問卷的方式開展了樣本調查。將預測試過的問卷郵寄給選定的 100 家企業中負責內部員工溝通的人員。為了使更多符合資格的企業參與此次調查，共寄出問卷 100 份，回收 92 份，應答率高達 92%。

筆者也開展了縱向研究。此次研究歷時三年多。期間，筆者一直追蹤了所選公司在內部/員工溝通的結構和運作（溝通使用管道）、推動雙向對稱溝通的措施以及企業溝通管理人員參與企業決策的程度等方面的變化。

在分析中國企業內部/員工溝通的結構和運作時，筆者試圖從七個方面進行操作性測量：(1)內部/員工溝通模式；(2)溝通管道（單向或雙向）；(3)傳達信息和尋求回饋各自佔用的時間；(4)預期的溝通目的；(5)組織的規模和類型；(6)組織文化；(7)企業溝通人員所扮演的角色。為了確保測量盡可能準確，筆者實施了如下操作定義步驟：

第一，向受訪者簡單解釋了 Grunig & Hunt 的四種公共關係模式，並要求受訪者選出他們常用的溝通模式。筆者將主要採用新聞宣傳或公共信息模式進行內部/員工溝通的溝通人員歸為單向模式，而主要採用雙向不對稱或雙向對稱模式進行內部/員工溝通的溝通人員歸為雙向模式或混合模式。

第二，要求受訪者指出企業高層管理是通過單向還是雙向管道與內部/員工進行溝通。單向管道包括企業/部門會議、辦公室備忘錄/信件/通告、企業廣播、內部刊物、閉路電視節目和企業網站。雙向管道包括面對面談話、通話、公告欄、員工大會、意見箱、非正式/社交聚會、開放論壇和調查。統計結果顯示內部一致性信度極高，單向管道的阿爾法系數為0.91，雙向管道為0.89。

第三，要求受訪者估算他們在向員工傳達信息及尋求回饋上所花費時間的比例。

第四，要求受訪者描述企業內部／員工溝通的目的。為了幫助受訪者確定企業內部／員工溝通的目的，筆者引入了三個與「關係」相關的變量和兩個與「生產力」相關的變量。三個關係變量為：(a)管理層與員工之間的相互理解與信任；(b)提高僱員的工作滿意度；(c)幫助管理層更好地為員工服務。兩個「生產力」變量是：(a)獲得員工對企業領導人及其決策的支援；(b)提高生產力。

第五，要求受訪者指出企業的規模和類型。本研究將企業的規模分為中型(80到200名僱員)和大型(201名及以上僱員)。將企業類型分為：(a)國有企業；(b)處於轉型期的企業(從國有企業轉型為股份制有限公司)；(c)股份制有限公司；(d)民營企業。

第六，在組織文化方面，筆者首先對專制型、參與型或混合型這三種組織文化進行簡要說明，並要求受訪者從中選出所在公司的組織文化類型。其中專制型組織文化指企業高層領導主導決策制定，而其他人不參與或很難參與到決策制定中來。高層管理明確指出員工要做什麼，並會對那些不遵循指示的員工給予處罰。他們認為員工是實現目標的關鍵，但通常並不太關注員工的需求和與員工的關係。參與型組織文化強調員工要參與到企業決策制定過程。該類型組織文化認為員工的參與度越高，其創造力就會更強，對目標的支援將更加廣泛，從而有助於解決問題並形成良好的人際關係。參與型組織文化重視人力資源、有機的企業結構、創新以及雙向對稱溝通。混合型組織文化則包含了以上兩種文化的特點。

第七，要求與調查者指出他們在溝通工作中是扮演溝通技術人員角色還是溝通管理人員角色。溝通技術人員角色包括：撰寫溝通材料並就重要問題向組織提供信息；處理傳播材料製作的技術問題；製作小冊子、宣傳單及其他刊物；撰寫和製作傳播材料。溝通管理人員角色包括：進行溝通決策制定；策劃溝通

方案；解決溝通問題；負責溝通活動；發現溝通問題；進行非正式和正式的調查評估溝通活動；向組織內其他成員通報媒體報導；為高層管理搭建平台，聽取內部和外部公眾意見；作為聯絡人，促進雙向溝通；在向管理者傳達溝通問題時提出可能的解決方法；扮演問題解決過程中的促進者角色，幫助管理層明確問題；系統制定溝通目的和方案。

此次研究首次使用了「名副其實的管理者」這一角色概念。該角色有兩種衡量方法：第一，受訪者認為自己是否為權力中心的一員；其次，受訪者明確他們是否只參與與溝通相關的決策制定，還是參與整體的組織決策制定。統計結果顯示，這兩者之間的內部一致性信度非常高，阿爾法系數為 0.98。

在衡量內部/員工溝通的有效性時，本研究採用了組織有效性的三個關鍵指標，即：員工工作滿意度，信任程度和管理層與員工之間的開放程度。採用 5 分量表法對相關指標進行測量，其中 1 為非常低，5 為非常高。

# 三、結果和討論

## 內部/員工溝通現狀

早期研究指出，內部/員工溝通活動通常是企業或機構公共關係職能的重要組成部分(Shatshat, 1980)。例如Grunig（1992, 2009）曾明確指出「員工幾乎是所有組織的戰略性公眾」，因而與員工的溝通應該成為組織整體溝通戰略中的一份子。

然而，此次調查的數據分析結果顯示，大多數中國企業卻並非如此：

在參與此次調查的企業中，近九成的企業(n=82, 89%)是由人力資源部門主管機構內部/員工溝通活動，並未專門成立部門主管企業內部溝通。多數受訪者(n=80, 87%)表示他們無法就內部/

員工溝通的策略、方案或活動與高層領導直接溝通,也幾乎無法參與公司的重大決策制定。他們往往游離於組織的權力中心之外,只是執行高層領導的決(訪談,2003c;小組座談,2003)定。

約 92% 的受訪者(n=85)表示從未開展過針對內部/員工溝通效果的調查或評估。

調查結果表明,以下五個方面的平均值較低(五分制):(a)高層領導對內部員工溝通的關注度和重視度較低(m=1.25);(b)高層領導在改進溝通效果方面的努力較低(m=1.5);(c)諸如市場部等其他部門的管理者對組織內部/員工溝通活動的支持力度較低(m=1.33);(d)高層領導和其他部門管理者對內部/員工溝通角色和功能的理解程度較低(m=1.78)。

在過去的三年裏,少數企業(n=15, 16%)增加了專門預算用於開展內部/員工溝通活動。

許多受訪者表示,由於公共關係在中國企業界還是一個相對較新的概念,高層領導尚未充分認識到公共關係在企業決策及管理層面的作用,因而很難給予內部/員工溝通足夠的重視(訪談,2003a;2003b;2003d)。

## 從心理、哲學和實踐等方面構建和開展內部/員工溝通活動

在分析中國企業內部/員工溝通活動的結構和運作時,本研究聚焦考察了(a)企業內部/員工溝通模式;(b)企業內部/員工溝通管道(單向或雙向);(c)組織的規模和類型;(d)組織文化;(e)企業溝通人員所扮演的角色,調查結果如下:

假設 1 認為,管理層很少讓員工參與重大決策制定過程。這一假設得到了充分印證。高達 82% 的受訪者(n=75)認為員工基本上沒有許可權參與任何類型的決策制定。在採用五分量表評估員工參與對組織決策可能產生的影響時,發現只有 5 名受訪者(5.4%)認為員工回饋會對組織決策產生重大影響;51 名受訪者(55%)認為員工回饋即使能對組織決策產生影響,這種影響也微

乎其微。其他受訪者的回答則介乎兩者之間(n=36, 39%)。因此，假設 1 得到了印證。

假設2也得到了印證。中國企業負責內部/員工溝通的人員確實花費了大量時間向員工傳達信息，卻很少從員工那裏尋求回饋。受訪者花費平均約花費三分之一時間向員工尋求回饋(m=59.43, sd=26.678)，而剩餘的三分之二時間全都用來向員工傳達信息(m=29.41, sd=19.036)。

統計分析結果表明，傳達信息所佔用的時間與自上而下的單向溝通模式(r=0.58, p<0.001)以及雙向不對稱的溝通模式(r=0.45, p<0.001)呈高度正相關，這也印證了假設 6b。

假設3也得到了充分印證。數據結果表明，對於大部分中國企業(n=86, 93%)而言，內部/員工溝通的預期目的是為了提高生產力 $X^2$(3, n=91) n=9.05, p<0.01，而非建立管理層與員工的互信互利關係(n=6.7%)。因此，內部/員工溝通的預期目的是不平衡且不對稱的。

在深度訪談和小組座談中，受訪者一致同意，管理層進行內部/員工溝通主要是為了提升生產力。一位受訪者表示：「對於CEO來説，其首要任務就是找到提高生產力的辦法。他們可以採取各種措施與員工建立關係，但這一切都只是為了提高生產力。」這位受訪者還表示：「中國企業領導層普遍具有這種思維模式」(訪談，2004d)。

假設4指出，在中國企業內部/員工溝通模式中，自上而下的單向模式＞雙向不對稱模式＞雙向對稱模式。這一假設只是得到部分印證。雙向不對稱模式(n=31,34%)是中國企業最常採用的溝通模式，其次為自上而下的單向模式(n=29, 32%)，然後是混合模式(n=22, 24%)，最後是雙向對稱模式(n=10, 11%)。

儘管調查數據結果沒有反映這四種溝通模式發生任何變化，但訪談和小組座談表明中國企業管理層的思維和行為似乎發生了微妙的變化。研究結果表明雙向不對稱式溝通模式已被

中國企業廣泛採用，但大多對這一結論卻並不甚了解。過去，國有企業高層領導往往主導企業決策制定，他們認為員工只是他們的下屬，應該不加質疑的執行他們的命令，員工回饋對於決策制定毫無意義。因此，企業內部/員工溝通往往採用自上而下的單向模式，其目的只是為了說服員工。然而，隨着管理層的思維逐漸發生轉變，他們意識到有必要尋求員工回饋來幫助決策制定，從而使員工更加有效地執行企業決策（訪談，2003a，2003c，2004a）。在這種情況下，企業傾向於採用雙向的溝通模式。但這種雙向溝涌模式依然是不對稱、不平衡的，其核心目的仍然是為了實現企業目標。一位參與小組座談的員工表示：「高層管埋與我們開展溝通是為了實現他們的目的，並不是真的關心我們的福祉」（小組座談，2004a）。而這一觀點得到了其他幾位小組座談的參與者一致的認同（小組座談，2003a，2004b，2005）。

假設 5 指出在與內部/員工溝通時，中國企業中最常採用混合模式。這一假設並未得到調查數據的印證。研究結果表明，在中國企業內部/員工溝通模式中，雙向不對稱溝通模式（n=31，34%）＞自上而下的單向溝通模式（n=29, 32%）＞混合溝通模式（n=22, 24%）＞雙向對稱溝通模式（n=10, 11%）。

綜上所述，中國企業內部/員工溝通本質上仍然是單向的溝通模式，儘管也存在雙向不對稱的溝通模式，但此模式並未產生目的平衡的效果。

為了進一步驗證上述發現，筆者還對中國企業內部/員工溝通管道（單向與雙向）這一特定議題進行了聚焦分析。

分析結果印證了假設6a。數據表明，中國企業內部/員工溝通往往採用單向溝通管道。單向溝通管道使用頻率為30%（n=1710），高於雙向溝通管道（n=569）。最常使用的三種單向管道分別為（a）企業會議（全體員工聽取CEO報告）；（b）企業廣播；（c）辦公室備忘錄。最常使用的三個雙向管道分別為（a）意見箱；（b）面對面非正式交談；（c）員工大會。顯而易見，中國企業仍然傾向於使用傳

統的線下溝通管道。隨着通訊與傳播技術的快速發展，愈來愈多的西方發達國家企業投入大量資金，引進先進技術改善或建立新的內部/員工溝通系統，以確保及時、準確地與員工開展溝通，其成功經驗似乎值得中國企業借鑒。

假設 6b 也得到了印證。數據表明，中國企業內部/員工溝通管道與溝通模式之間存在顯著的相關性。雙向溝通管道與雙向溝通模式之間呈高度正相關（r=0.66, p<0.001），單向溝通管道與單向溝通模式之間也呈高度正相關（r=72, p<0.001）。傾向於採用雙向溝通模式的企業往往採用雙向溝通模式，而傾向於採用單向溝通模式的企業往往採用單向溝通管道。

假設 8 指出，意見箱和員工大會等雙向溝通管道並不等同於雙向溝通模式，因為這些措施往往只是為了呈現參與式的管理風格。也就是說，這只是為了呈現出一種「公司管理不錯，員工都挺滿意」的表像。然而，與調查者表示意見箱和員工大會卻是他們最常採用的雙向溝通管道。此外，研究結果表明，意見箱和員工大會等雙向溝通管道與雙向溝通模式呈高度正相關（r =0.47, r=0.35, p<0.001），這表明意見箱和舉辦員工大會等措施有助於確保中國企業開展雙向溝通。而這一結論與預期結果相反，假設 8 並不成立。

但應當注意的是，這種雙向溝通模式的效果往往並不平衡。在多個訪談中，幾乎所有參與者都承認曾採用過意見箱和員工大會這兩種溝通管道，並表示這些措施甚至可以追溯到改革開放以前的高度計劃經濟時代。時至今日，管理層和員工都認為類似措施只是用來「裝門面」，從而彰顯管理層的「民主作風」和「關愛之情」。然而，許多溝通管理人員認為這類措施簡單、有效，有助於促進內部/員工溝通。與座談者也表示他們常常採用這些措施。一些受訪者表示：「作為中國組織文化的一部分，管理層和員工都已習慣了『上書』和『面見』等傳統做法，而意見箱和員工大會則很好地契合了這種組織文化」（小組座談，2004a）。

假設 7 指出中國企業內部很少建立機制確保員工意見直達高層領導，這一假設得到了充分印證。71 名(77%)受訪者表示他們的機構內並未設立專門機構或安排專門人員負責企業溝通和內部/員工溝通。當有需要時，企業將委派工會主席、婦聯負責人、總經理助理或人事部副主任等中層管理人員開展內部/員工溝通活動。此外，多達 80 名受訪者(87%)表示所在機構從來沒有開展過系統的調查來收集員工的意見和回饋。此外，絕大多數受訪者(n=87, 95%)表示從未聽過、也從未開展過內部/員工溝通稽查。在一場小組座談會上，有受訪者指出：「據我們所知，員工溝通從未形成制度，因為高層領導根本就不關注員工溝通。只有當管理層和員工之間發生爭執並可能引發危機時，員工溝通才會引起高層領導的重視」(小組座談，2004a，2005)。大多數受訪者認同，員工溝通更多的是一種應對突發事件的隨機活動，而不是企業管理的一個組成部分(小組座談，2005)。這一發現明確表明中國企業的溝通結構是自上而下的單向模式，而其溝通活動也嚴重依賴單向溝通管道。

在重點探討了中國企業的溝通模式和溝通管道後，筆者將重點分析影響中國企業內部/員工溝通活動的相關因素，尤其是組織規模、組織類型以及組織文化。

在組織規模方面，假設 9 指出公司規模越大，就越有可能採用雙向溝通模式開展內部/員工溝通。然而，這一假設只得到部分印證。雖然數據表明企業大小和雙向溝通模式之間有顯著關聯($r=0.126$, $p<0.05$)，但這也只能說明大型企業(n=79.2%)比較傾向於採用雙向溝通模式，而中小型企業(n=34.1%)則更傾向於採用單向傳播模式($X^2=2.908$, $df=1$, $p>0.05$)。

在組織類型方面，假設 10 指出，不同類型的組織開展雙向溝通的程度不同，其中轉型中企業＞股份制有限公司＞民營企業＞國有企業。儘管數據表明，與民營企業(n=20.9%)、轉型中企業(n=18.2%)和國有企業(n=16.3%)相比，股份制有限公司更傾向於採用雙向溝通模式($X^2=1.65$, $df=2$, $p>0.05$)，但這一假設並未得到印證。

表6.1　平均值—信息交換的重視程度、努力程度和數量
（按組織類型劃分）

| | 轉型中企業 (n=31) | 股份制有限公司 (n=33) | 國有企業 (n=17) | 民營企業 (n=11) | F |
|---|---|---|---|---|---|
| 重視程度 | 1.3540* | 2.7831* | 2.4923 | 1.0367 | 3.3789 (df=3,168; p<0.01) |
| 努力程度 | 1.1873 | 1.4689 | 1.3746 | 1.2548 | 4.1574 (df=3,172; p>0.05) |
| 數量 | 9.3974 | 11.4857 | 10.9436 | 10.0437 | 2.4916 (df=3,278; p>0.05) |

註：*平均值在 Scheffe 檢驗上顯著不同。

　　在組織文化方面，假設11a 提出，轉型中的企業比相對穩定的企業更傾向於接受參與型文化。數據結果否定了這一假設。研究結果表明，參與型文化似乎更多的存在於股份制有限公司（n=57.1%），而不是在國有企業（n=12%）、轉型中企業（n=10.9%）或民營企業（n=9.5%）（$X^2$=5.606, df=3 p>0.05）。此外，數據表明，國有企業文化更趨向於混合文化（n=59.6%），而非單一的專制型文化（n=25%）或參與型文化（n=15.2%），這一差異具有顯著的統計學意義（$X^2$=0.42, df=3, p>0.05）。

　　假設 11b 指出轉型企業高層領導會比其他類型的組織更重視改善內部/員工溝通，管理層和員工之間的信息交流也會更加頻繁。這一假設並未得到印證（見表 6.1）。

　　在管理層對內部/員工溝通的重視程度方面，股份制有限公司＞國有企業＞轉型中企業＞民營企業。然而方差分析和Scheffe檢驗表明，只是在股份制有限公司和轉型中企業兩者之間存在顯著差異。

　　至於管理層在改善內部/員工溝通上所付出的努力以及管理層與員工之間的信息交流數量方面，數據結果表明，股份制有限公司＞國有企業＞民營企業＞轉型中企業。

上述兩個假設之所以並未得到印證，可能是由於中國企業轉型僅局限於所有權和管理結構的變化。中國企業從國有企業到股份制有限公司的轉型過程中出現了一種奇怪的現象，即：中國企業結構──尤其是高層管理結構──在轉型過程中獲得重新調整，但企業文化卻似乎沒有發生任何變化。一名小組訪談受訪者指出：「問題主要出在管理層身上」，因為管理層只關心「企業轉型完成後他們能夠擁有或控制公司多少股份」（小組座談，2004b）。這些企業的管理層往往會通過操縱、歪曲甚至捏造有關所有權和管理層變動過程的信息進行「暗箱」操作，他們很難關注內部溝通。在很多情況下，大多數員工只被告知企業的最終決定。而少數高層管理私吞國家財產的新聞報導常有所聞，往往十分駭人。事實上，那些原本富強的人變得更加富強，而弱勢群體則進一步被削弱和邊緣化。毫無疑問，這也使得愈來愈多的受害員工公開抱怨，無奈中訴諸於示威、甚至罷工等激烈行為。

假設12指出具有參與型文化的企業比起其他類型的企業更注重員工溝通的雙向對稱程度。相反，專制型文化企業更有可能堅持單向模式。這一假設得到了充分印證。

數據表明，相較於專制型文化企業（n=36%），參與型文化企業（n=61.4%）會更多採取雙向溝通模式（$X^2$=23.597, df=1, p<0.01）。

然而，在參與型文化企業中，雙向對稱模式並非最常採用的雙向溝通模式（n=20%），其使用頻率低於雙向混合溝通模式（n=42.9%）和雙向不對稱式溝通模式（n=30%）。

數據還表明，專制型文化企業的內部/員工溝通更傾向於採用單向模式（n=64%）而非雙向模式（n=36%），這一數據差異具有顯著的統計學意義（$X^2$=52.224, df=3, p<0.01）。

數據分析表明，中國企業的組織文化與溝通模式之間存在明顯的相關性。也就是說，組織文化是影響企業內部/員工溝通的重要因素。

## 在管理層與員工之間的信任和開放程度及工作滿意度上體現的溝通效果

在討論了內部/員工溝通的結構和運作之後，筆者還試圖衡量中國企業內部/員工溝通的實際效果。通過企業文化、溝通模式和溝通管道等變量，本研究檢測了組織有效性的三個關鍵指標，即：員工工作滿意度、管理層與員工之間的開放程度和信任程度。

假設 13 指出參與型文化能提高管理層與員工之間的信任和開放程度，也能提高員工的工作滿意度。假設 14 指出，與其他三種溝通模式相比，堅持雙向對稱式溝通模式的企業，其管理層與員工之間的信任程度和開放程度更高，員工的工作滿意度也更高。本研究的調查和訪談結果充分印證這兩個假設（見表 6.2a 和 6.2b）。

表 6.2a　平均值——信任程度、開放程度和工作滿意度
（以企業文化劃分）

|  | 參與型文化<br>(n=21) | 專制型文化<br>(n=37) | F |
|---|---|---|---|
| 信任程度 | 4.0271* | 2.1352* | 6.357 (df=2,439) |
| 開放程度 | 4.236* | 2.081* | 5.632 (df=2,019) |
| 工作滿意度 | 3.982* | 2.003* | 5.149 (df=2,086) |

表 6.2b　平均值——信任程度、開放程度和工作滿意度
（以溝通模式劃分）

|  | 雙向對稱<br>(n=10) | 非雙向對稱（不包括<br>混合模式 (n=37)） | F |
|---|---|---|---|
| 信任程度 | 4.252* | 3.091* | 7.263 (df=2,238) |
| 開放程度 | 4.736* | 2.485* | 6.544 (df=2,145) |
| 工作滿意度 | 4.079* | 3.085* | 4.621 (df=2,392) |

假設15指出使用雙向溝通模式更有助於提高管理層和員工之間的信任和開放程度，提高員工的工作滿意度。調查數據表明，相比採用非雙向溝通的企業（n=22, m=2.64, sd=0.790），那些採用了雙向溝通管道的企業（n=151, m=2.95, sd=0.733）在管理層與員工之間的溝通上有着更高的開放性，儘管統計數據並不顯著（t［1.366］=1.878, p>0.05）。為了進一步驗證這些發現，本研究還通過使用單向與雙向管道分別測量了信任程度、開放程度和工作滿意度。

數據表明（p<0.001），與使用單向溝通管道的企業相比，使用雙向溝通管道的企業其管理層與員工的信任程度（3.787/3.616）、開放程度（6.996/6.151）和員工的工作滿意度（4.741/4.715）均相對較高。

與假設16的猜想一致，中國企業溝通人員扮演的角色更傾向於溝通技術人員（n=156, 82%）而非溝通管理人員（n=34, 18%）。絕大多數受訪者表示他們的工作職責主要是設計和執行特別活動，有時還要負責撰寫通訊稿等溝通材料。高層管理很少在進行組織決策制定時向他們徵求意見。

綜上所述，通過評估管理層與員工之間的信任程度和開放程度，以及員工的工作滿意度，筆者發現以下因素將有助於促進內部/員工溝通更加有效：(a)建立參與型企業文化；(b)採用雙向對稱式溝通模式；(c)採用雙向溝通管道；(d)內部/員工溝通的目標應為建立員工與管理層之間的關係。

如果測量中增加一個新的變量，那麼，這些數據結果是否會發生變化？對此，筆者認為，只有當溝通專家處於企業權力中心內並有機會參與公司重大決策制定時，這四個因素才能提高管理層和員工之間的信任程度和開放程度，才能提高員工的工作滿意度。

數據分析表明（見表 6.3）：(1)參與型文化的企業在信任程度、開放程度和工作滿意度上得分較高，但只有在企業溝通專

表6.3　信任程度、開放程度和工作滿意度的平均水平（以企業文化、溝通模式/管道/目的及企業溝通專家的組織地位劃分）

| 自變量 | | 因變量 | | |
| --- | --- | --- | --- | --- |
| | | 信任程度 | 開放程度 | 工作滿意度 |
| 參與型文化 | CS-DC | 3.95 | 4.12 | 2.68 |
| | CS-NOT-DC | 1.83 | 2.01 | 1.79 |
| | f 值 | 23.11* | 26.30* | 20.25* |
| 雙向對稱模式 | CS-DC | 3.21 | 2.65 | 4.31 |
| | CS-NOT-DC | 3.06 | 2.27 | 3.48 |
| | f 值 | 12.46 | 10.35 | 15.87* |
| 雙向管道 | CS-DC | 2.89 | 4.51 | 3.22 |
| | CS-NOT-DC | 2.71 | 3.93 | 3.16 |
| | f 值 | 40.43 | 51.90 | 62.27 |
| 以建立關係為目標 | CS-DC | 4.81 | 2.77 | 4.36 |
| | CS-NOT-DC | 2.01 | 1.83 | 3.05 |
| | f 值 | 8.75* | 6.17 | 9.82* |

註：* $p < 0.001$

　　CS-DC=企業溝通專家在權力中心之內。

　　CS-NOT-DC=企業溝通專家在權力中心之外。

家處於權力中心之內並有權參與公司重大決策制定時，統計數據才有顯著意義。(2)雙向對稱式溝通有助於提高管理層和員工之間的信任和開放程度，也有助於提高員工的工作滿意度。(3)與負責內部/員工溝通人員不在企業中擔任溝通管理人員的企業相比，溝通人員在企業內擔任溝通管理人員的企業更能產生更好的溝通效果，儘管差異並不十分顯著($p<0.01$)。因此，企業負責內部/員工溝通專家是否處於企業決策中心似乎是決定溝通效果的重要因素。

　　筆者將深度訪談所收集到的數據用於再驗證，試圖進一步明確那些認為自己是溝通管理者的溝通人員是否只參與與溝通相關的決策，還是他們實際上能夠在組織決策制定過程中發揮重要作用，從而使自己成為名副其實的管理者。研究發現，那些認為自己是溝通管理者的溝通人員也大多只是參與與溝通相關

的決策制定，他們仍然是游離於權力中心之外的中下層管理者。不少的受訪者表示：「我們被『邊緣化』，從來沒有成為組織的『主流』。如果我們只是被看作溝通技術人員，那我們又怎麼能發揮管理作用呢？」（訪談，2004b，2004c，2005）。不到一半的受訪者（n=22）認為自己是位於組織權力中心之內的真正管理者。

## 四、意義和啟示

雖然本次研究試圖從心理學、哲學及實踐等視角，探究企業或機構內部/員工溝通與組織有效性之間的關聯性，但由於充分考慮了處於體制轉型背景下中國企業內部溝通的發展進程，故重點測試了Grunig「卓越公關理論」的有效性。本研究也具體探討了內部/員工溝通對整體組織有效性的潛在影響，並找出了若干影響中國內地企業內部溝通效果的關鍵因素。

作為現代公關實踐和研究最具影響力的「卓越公關理論」指出，負責對內對外傳播管理和溝通的專家應該位於組織權力中心之內，成為核心管理團隊——即 Grunig 等學者所稱之為「權力聯盟」的一員，並有責有權地參與決策及發揮實質性作用。延用於內部/員工溝通，該理論認為，雙向對稱溝通模式比其他任何模式都更有助於提高組織內部溝通的有效性，從而更有助於提高員工的滿意度（Grunig et al., 2002）。對此，Kim (2005) 後來的實證研究還發現，組織公正性是雙向對稱溝通和組織/員工關係之間的關鍵仲介變量。

本研究的結果表明，中國內地企業的內部/員工溝通與企業有效性之間的正相關關係遠比現有針對西方國家企業的相關研究成果和文獻所呈現的更為顯著。通過考察中國內地企業的內部/員工溝通結構和運作，發現將內部/員工溝通融入到企業管理結構和活動中是中國內地企業實現卓越溝通和組織有效性的重要途徑之一。這一發現的理論和實踐意義反映在以下四方面：

第一，在中國內地企業中，內部/員工溝通往往是自上而下的單向模式。負責內部/員工溝通的溝通人員往往花費大量的時間向員工傳達信息，卻很少從員工那裏尋求回饋。這主要是由於企業高層領導並不重視開展開放的雙向對稱溝通活動。然而，隨着改革開放催生了中國企業實施體制機制轉型，高層領導和管理者的思維模式開始發生了轉變，一些股份制有限公司甚至國有企業的管理者，開始意識到內部員工的回饋有助於組織決策制定，並確保相關決策能夠更好的被員工接受和執行，從而更有效地實現組織目標。但由於這種雙向溝通往往只是為了實現組織目標，因而仍會產生不對稱和不平衡的效果。因此，中國企業內部/員工溝通本質上仍然是單向的溝通模式，充其量是雙向不對稱的溝通模式，難免會產生不平衡的效果。

第二，中國企業內部/員工溝通傾向於使用傳統的線下溝通管道。現有西方的相關研究指出，許多西方企業投入大量資源，引進先進的傳播和通訊技術，改善或建立新的內部溝通系統，以確保與員工及時、準確地開展溝通(Levinson, 2010; O' Donovan, 1998)。如果中國企業，尤其是處於轉型期的企業，想要從根本上優化內部/員工溝通機制，似可借鑑西方企業的成功經驗。實際上，愈來愈多的中國企業已在充分利用互聯網技術或社交媒體強化內部/員工溝通。

第三，中國企業負責內部/員工溝通的管理人員很少能發揮真正決策者的作用，他們充其量只是溝通戰略師或公關技術人員。此次研究發現了一個與西方相關研究有差異的現象，即：處於權力中心的真正決策者和單純的溝通戰略師或溝通管理人員之間，在中國內地的企業中存在明顯差異。此外還發現，這兩者之間的差異似乎是影響溝通效果的決定因素。

第四，本次研究大致確立了內部/員工溝通與組織有效性之間的關聯性。通過測量管理層與員工之間的信任和開放程度以及員工的工作滿意度，發現了如下幾個因素之間存在聯繫：(a)建立參與型企業文化；(b)採用雙向對稱式溝通模式；(c)採用雙向溝通管道；(d)內部/員工溝通的目標應為建立員工與管理層之間

的關係；(e)企業溝通人員成為位於組織權力中心的名副其實的
管理者。研究結果表明，只有當企業溝通人員成為位於組織權力
中心的真正管理者，這四個因素才能使內部/企業員工溝通更加
有效，從而促進組織整體有效性。要想成為真正的決策團隊中
的一員，企業溝通人員首先要成為卓越的戰略溝通師，擅長於制
定和執行溝通策略和整體政策。

Grunig (2006)指出，大多數組織或企業，尤其是處於轉型期
的組織或企業，應該將公共關係的戰略管理職能納入其日常
運營中。本次研究也驗證了這一作為卓越理論核心觀點的合理
性。因此，筆者建議，中國企業要想確保可持續發展並成為全球
化經濟社會的重要成員，似可嘗試運用卓越理論的原則作為指
導，努力構建符合中國內地特徵的雙相溝通機制，以充分重視並
改善企業內部/員工溝通及優化企業文化。

## 參考文獻

小組座談(2003)。12月11日，上海。

小組座談(2004a)。4月8日，上海。

小組座談(2004b)。6月8日，上海。

小組座談(2005)。12月20日，上海。

訪談(2003a)。與某大型國企公共關係部經理，8月8日，上海。

訪談(2003b)。與某大型國企公共事務部主任，8月8日，上海。

訪談(2003c)。與某大型國企總經理辦公室負責內部溝通副主任，12月10日，
　　　上海。

訪談(2003d)。與某大型國企總經理辦公室主任，12月10日，上海。

訪談(2004a)。與某央企負責公共事務副總裁，12月26日，上海。

訪談(2004b)。與某央企負責公共事務部主管，12月27日，上海。

訪談(2004c)。與某央企負責公共事務部副主任，12月28日，上海。

訪談（2004d）。與某央企負責公共事務部主任，12月29日，上海。

訪談（2005）。與某國企公共關係部經理，12月22日，上海。

黃懿慧、呂琛（2017）。〈卓越公共關係理論研究三十年回顧與展望國際新聞界〉，《國際新聞界》，第 5 期，129–154頁。

厲以寧（2013）。《中國經濟雙重轉型之路》，第二章。北京：中國人民大學出版社。

頡茂華（2017）。《企業內部控制制度典型案例研究》。北京：中國財經出版社。

謝振蓮、和麗芬（2015）。《民營企業內部控制構建研究》。台北：元華文創。

AbdEllatif, M., Farhan, M. S., & Shehata, N. S. (2018). Overcoming business process reengineering obstacles using ontology-based knowledge map methodology. *Future Computing and Informatics Journal, 3*(1): 7–28.

Aithal, P. S. & Kumar, P. M. (2016). Comparative analysis of Theory X, Theory Y, Theory Z and Theory A for managing people and performance. *International Journal of Scientific Research and Modern Education* (IJSRME), ISSN (Online): *1*(1): 803–812, https://ssrn.com/abstract=2822997

Argyris, C. (2004). *Reasons and Rationalizations: The Limits to Organizational Knowledge*. Oxford University Press. On Demand.

Bartoo, H., & Sias, P. M. (2004). When enough is too much: Communication apprehension and employee information experiences. *Communication Quarterly*, *52*(1): 15–26.

Berger, B. K. (2005). Power over, power with, and power to relations: Critical reflections on public relations, the dominant coalition, and activism. *Journal of Public Relations Research, 17*(1): 5–28.

Camic, C., Gorski, P. S., & Trubek, D. M. (2005). *Max Weber's Economy and Society: A Critical Companion*. Stanford University Press.

Cardwell, L. A., Williams, S., & Pyle, A. (2017). Corporate public relations dynamics: Internal vs. external stakeholders and the role of the practitioner. *Public Relations Review, 43*(1): 52–162.

Chen, N. (2013). Public relations in China: The introduction and development of an occupational field. In H. Culbertson and Ni Chen (Eds.), *International Public Relations* (pp. 131–164). Routledge.

Coombs, W. T., & Holladay, S. J. (2012). Fringe public relations: How activism moves critical PR toward the mainstream. *Public Relations Review, 38*(5): 880–887.

Dover C. J. (1964). Three eras of management communication. In W. C. Redding (Ed.), *Business and Industrial Communication: A Source Book*. New York: Harper & Row.

Dozier, D., & Grunig L. (1992). The organization of the public relations function. In J. E. Grunig (Ed.), *Excellence in Public Relations and Communication Management* (pp. 395–417). New York: Routledge.

Dozier, D., Grunig, L., & Grunig, J. (1995). *Manager's Guide to Excellence in Public Relations and Communication Management*. USA: Lawrence Erlbaum Associates.

Frank, R., & Kuminiak, F. (2000). Primitive asymmetric c-command derives X-theory. In *Proceedings of the 30th Annual Meeting of the North East Linguistics Society,* Vol. 1 (pp. 203–217).

Gray, R. (2005). What CEOs should do to improve communication and how you can help. *The CW Asia Pacific Supplement*, (January–February): 15.

Grunig, J. E. (1992). Symmetrical systems of internal communication. In J. E. Grunig (Ed.), *Excellence in Public Relations and Communication Management* (pp. 531–576). New York: Routledge.

Grunig, J. E. (2001). Two-way symmetrical public relations: Past, present, and future. In Heath, R. L. (Ed.), *Handbook of Public Relations (*pp. 11–30). SAGE Publications, Inc.

Grunig, J. E. (2006). Furnishing the edifice: Ongoing research on public relations as a strategic management function. *Journal of Public Relations Research, 18*(2): 151–176.

Grunig, J. E. (2009). Paradigms of global public relations in an age of digitalisation. *PRism, 6*(2): 1–19.

Grunig, J. E. (2013). *Excellence in Public Relations and Communication Management.* New York, NY: Routledge (eBook).

Grunig, J. E., & Hunt, T. T. (1984). *Managing Public Relations.* Cengage Learning.

Grunig, L. A., Grunig, J. E., & Dozier, D. M. (2002). *Excellent Public Relations and Effective Organizations: A Study of Communication Management in Three Countries.* Hillsdale, NJ: Lawrence Erlbaum Associates.

Guiniven, J. (2000). Suggestion boxes and town hall meetings: fix 'em or forget 'em', *Public Relations Tactics*, 22.

Hargie, O., Tourish, D., & Wilson, N. (2002). Communication audits and the effects of increased information: A follow-up study. *The Journal of Business Communication*, 18–19.

Heath, R. L. (2006). Onward into the Moe fog: thoughts on public relations research directions. *Journal of Public Relations Research, 18*: 95.

Holtzhausen, D. R., & Voto, R. (2002). Resistance from the margins: The postmodern public relations practitioner as organizational activist. *Journal of Public Relations Research, 14*(1): 57–84.

Hung, C. J. (2004). Cultural influence on relationship cultivation strategies: Multinational companies in China. *Journal of Communication Management, 8*(3): 264–281.

Hung, C. J. (2005). Exploring types of organization–public relationships and their implications for relationship management in public relations. *Journal of Public Relations Research, 17*(4): 393–426.

Indiresan, P. V. (2004). Can contract appointments enliven bureaucracy? *Business Line* (Internet edition), (4 October). www.blonnet.com/2004/10/04/sto ries/20041004

Interview with Hugh Culbertson (1996). 15 June, Athens, Ohio, USA

Kang, Minjeong & Young Eun Park (2017). Exploring trust and distrust as conceptually and empirically distinct constructs: Association with symmetrical communication and public engagement across four pairings of trust and distrust. *Journal of Public Relations Research, 29*(2–3): 114–135.

Kazoleas, D., & Wright, A. (2001). Improving corporate and organizational communications: A new look at developing and implementing the communication audit. In Heath, R. L. (Ed.), *Handbook of Public Relations* (pp. 471–478). SAGE Publications, Inc.

Kim, H. S. (2005). Organizational structure and internal communication as antecedents of employee-organization relationships in the context of organizational justice: A multilevel analysis (Doctoral dissertation).

Lauzen, M. M., & Dozier, D. M. (1994). Issues management mediation of linkages between environmental complexity and management of the public relations function. *Journal of Public Relations Research, 6*(3): 163–184.

Lawter, L., Kopelman, R. E., & Prottas, D. J. (2015). McGregor's theory X/Y and job performance: A multilevel, multi-source analysis. *Journal of Managerial Issues, 27*(1–4): 84-101.

Levinson, N. S. (2010). Technology and development in internal communication. DOI: 1093/acrefore/9780190846626.013.318

Loch, C. (1995). Collaboration, motivation, and the size of organizations. Working Paper from Xerox Research Park. https://econpapers.repec.org/paper/wopxeroxp/_5f005.htm

McNamara, C. (1999). *Organizational Culture*, available at: www.mapnp.org/library/org_thry/culture.

Murphy, P. (1991). The limits of symmetry: A game theory approach to symmetric and asymmetric public relations. *Journal of Public Relations Research, 3*(1–4): 115–131.

Neill, M. S., & Jiang, H. (2017). Functional silos, integration & encroachment in internal communication. *Public Relations Review, 43*(4): 850-862.

第二部分　西方公關理論與中國企業公關實踐調和

O'Donovan, T. (1998). The impact of information technology on internal communication. *Education and Information Technologies, 3*: 3–26 doi: 10.1023/A:1009618920604

Ouchi, W. (1981). *Theory Z: How American Management can Meet the Japanese Challenge*. Reading, MA: Addison-Wesley, 2–18.

Peters, T. J., & Austin, N. (1985). *A Passion for Excellence: The Leadership Difference*. New York: Warner Books.

Shatshat, H. M. (1980). A comparative study of the present and ideal roles of communication directors in selected business organizations. *The Journal of Business Communication* (1973), 17(3), 51–63.

Stokes, A. Q., & Rubin, D. (2010). Activism and the limits of symmetry: The public relations battle between Colorado GASP and Philip Morris. *Journal of Public Relations Research, 22*(1): 26–48.

Vasquez G. M., & Taylor, M. (2001). Research perspectives on "the publics". In Heath, R. L. (Ed.), *Handbook on Public Relations* (pp. 127–138). SAGE Publications, Inc.

Verčič, A. T., & Vokić, N. P. (2017). Engaging employees through internal communication. *Public Relations Review, 43*(5): 885–893. doi.org/10.1016/j.pubrev.2017.04.005

Verhezen, P. (2010). From a Culture of Compliance to a Culture of Integrity. *Journal of Business Ethics, 96*(2): 187–206.

Walden, J., Jung, E. H., & Westerman, C. Y. K. (2017). Employee communication, job engagement, and organizational commitment: A study of members of the millennial generation. *Journal of Public Relations Research, 29*(2–3): 73–89.

Zheng, W., Yang, B. & McLean, G. N. (2010). Linking organizational culture, structure, strategy, and organizational effectiveness: Mediating role of knowledge management, *Journal of Business Research, 63*(7): 763–771.

# 7.
# 角色理論與中國內地
# 女性公關從業者

## 一、概述

　　作為卓越公關體系中的一個「中層理論」,角色理論(Role Theory)被廣泛運用於公關研究中。Broom & Smith (1979) 最初將角色的概念引入公關理論研究的後,Broom & Dozier (1986) 以角色認知——對自身地位的相互確認——和角色期待——對相關職位的作用期待——為研究的兩個維度,考察了美國公關從業人員的相關職位、日常工作及活動內容,提出公關人員的專業角色大致可分為四個,即:公關指導專家、溝通服務協助者、問題解決協助者及溝通實施操作者。但此後的研究確進一步指出,公關從業者的專業角色在一定的時空中通常只是兩個的其中之一,即:或者是「公關傳播管理者」(Communication Managers),或者是「公關傳播實操者」(Communication Technicians)(Chen & Culbertson, 1996; Rhee, 2002; Sriramesh, 2003),而管理者的角色大致涵蓋了 Broom 與 Dozier提出的前三個角色,在社交媒體盛行的公關時代更是如此(Luo, Jiang & Kulemeka, 2015)。

　　值得注意的是,公共關係行業是一個女性數量上佔多數甚至「集聚」的行業。中國公共關係協會2010年度公關報告中指

出，中國內地公關行業從業者中女性佔 61.5%（岳岑，2013）。而在美國，公關從業者的 60% 為女性，美國公關學生協會90%的會員顯示為女性（張大師，2007）。於是針對此一特性，西方公關學者開始聚焦：女性公關從業者通常扮演怎樣的專業角色？性別是否是影響專業角色的一個有分析意義的因素？對前者，有研究發現，儘管多數女性從業者仍為公關實操者，但愈來愈多的女性公關從業者參與了公關實務指導，甚至加入管理決策層（Dozier, 1988），逐步在滿足卓越公關的要求。對後者，也有研究發現，公關角色中的性別（Gender）如同種族（Race）一樣（Waymer, 2012），始終是一個難以逾越的門檻，即：女性公關從業人員無論是職位還是薪酬並未獲得和男性同等的地位，加薪和晉升等待遇較之她們的男性同事也落差較大（Bernstein, 1986; Choi & Hon, 2002; Hon, Grunig & Dozier, 1992; Pompper & Jonathan, 2006; Sabharwal, Levine, & D'Agostino, 2017; Tam, Dozier, Lauzen & Real, 1995; Tsetsura, 2010; Wright, 1991）。個中原因，特別在「女權主義」的視角裏，主要是男性相對女性的「權力差別」在作祟（Aldoory & Toth, 2004; Heather & Yaxley, 2013; O'Neil, 2003; Place, 2012, 2015）。

西方的研究應該對中國內地的女性公關從業人員的職業發展狀況有借鑒意義。為此，本章首先考察了中國女性公關從業人員在人事僱用、職業晉升及薪資報酬方面相比男性同事的情況；其次探討了女性公關從業人員在公關活動中所扮演的角色，並將她們的角色與西方女性公關角色進行對比；最後分析了中國公眾對客戶應酬或「公關小姐」這一角色的刻板印象以及對公關行業發展所帶來的制約。


## 二、文獻綜述與研究假設

在中國內地，公關是一門相對較新的行業。隨着二十世紀八十年代被引入中國這個世界人口最多的國家以來，包括許多女性在內的成千上萬人投身到這一行業，而與之相關的性別問題在中國就顯得十分重要（陳沈玲，2009；岳岑，2013）。大致的原因如下：

首先，中國文化在傳統中更加看重女性在取悅和吸引男性方面所扮演的角色。自古以來，美麗都是中國女性在由男性主導的社會中認知和定位自我的一個重要因素。例如，起源於古代北宋的女性纏足或裹腳，作為中國女性美和吸引男性的物理象徵，雖近代屢遭批判甚至明令禁止，但直至中國共產黨領導下成立新中國後才不再流行。中華人民共和國倡導男女平等，規範男女同工同酬，雖歷經周折，但在女性接受教育和職業發展方面取得一些進展（Wu, 1995; Zeng, Pang, Zhang, Medina & Rozelle, 2014）。儘管如此，根據聯合國婦女署近期的委託研究（劉伯紅等，2015），中國女性由於諸如歷史、社會、經濟、家庭等因素所造成的對男性的心理、經濟與家庭依附傾向依然存在。

其次，在中國的日常生活中，建立良好的個人關係一向極為重要。小到購買緊缺商品，大到職業晉升，這些事情都離不開人際關係的幫助，於是「搞關係」成為一種潛規則。搞關係即人與人之間建立聯繫，在關係互動中確定責任和好感，最終通過關係享受特權（Zhang & Wang, 2018）。於是，關係成為一種能夠實現價值的社會資本，或「關係資本」（Relationship Capitals）（邊燕傑，2011；Chen, 1992）。

中國傳統對人際關係的認知，無疑會傳導到公共關係中。實際上，當介紹兩個陌生人認識時，中國的禮節習慣常常借助於一個與兩人都相識的中間人，特別是盛行數百年的「做媒」或今天仍然存在的「介紹對象」中，中間人的角色不可或缺。有研究表明，在公共關係引入初期，中國公眾傾向以傳統的中間人角色去理解或描述公關從業者的職業角色（Chen & Culbertson, 1992）。

女權主義者認為，世界範圍內的女性在建立和維護人際關係方面，比男性更具天然的優勢，往往表現更好（Aldoory, 2005; Golombisky, 2015），此判斷應該同樣適用於中國。因此，考慮到中國社會習慣期待女性在建立和維護人際關係上扮演獨特角色，應由女性在中國公關實務中扮演重要角色似乎也成為了一種潛規則。事實上，有研究表明（江薇薇，2019），中國內地曾一度十分流行的「公關小姐」（即在企業或機構中負責接待、招待和服務

的年輕漂亮女性），部分地反映了社會對從事公關工作女性的誤解甚至玷污。

先前關於西方發達國家的研究（Choi & Hon, 2002; Beatty, 2013; Pompper & Jonathan, 2006; Sabharwal, Levine, & D'Agostino, 2017）表明，在工作經驗與職責大致相同的情況下，西方女性公關從業人員比男性收入要低。為了探究這一結論是否適用於中國內地，本研究提出了如下假設：

假設1：女性公關從業人員認為她們薪酬低、尋找工作時機會少、在工作職責大致相同情況下與她們的男性同事相比更不易獲得晉升。

Hon, Gruning 和 Dozier（1992）假定女性在組織內受到的限制致使她們明顯缺乏行政或管理權力。他們發現，由於大多年長的男性不願意與女性分享他們的特權，女性在一定程度上受到了非正式的「機構潛規則」的困擾（Kantner, 1989; Moore, 1986; Tsetsura, 2010; Marsh, 2014）。筆者之前關於中國公關從業人員的研究發現，公關從業人員在組織或機構中的地位決定其在機構內的自主權和權力（Chen, 1992）。儘管年齡也是一個影響因素，但它的影響力仍取決於公關從業人員在機構中所處的地位。換言之，只有地位和年齡均具資深的人員才會經常獲得晉升，才可以獲得實質性的影響力。

結合中國傳統社會男性為尊的特色及先前的一些研究發現（Chen, 1992），本文提出下面兩個假設：

假設2：中國女性公關從業人員幾乎無法擔任高層管理職務。

假設3：中國女性公關從業人員在組織或機構中所處的地位與其感知的個人自主權和決策權呈正相關。

大量研究表明，公關從業人員往往扮演兩個截然不同的角色：公關管理人員，或公關技術實操人員（Broom, 1982; Broom & Dozier, 1993; Chen, 1992; Ekachai & Komolsevin, 1996; Grunig, Toth &

Hon, 2000; Stone, 1990）。Dozier（1992）甚至認為女性公關從業人員只有通過扮演管理角色而進入組織或機構的決策層面和重要管理部門，才能實質性地提高她們的地位。據此，本文提出下面一個假設：

假設 4：與從事管理角色的人員相比，從事公關技術工作的中國女性公關從業人員認為她們獲得晉升的機會更少。

Hon, Grunig 和 Dozier（1992）的研究發現，美國絕大多數女性在擔任公關技術人員，被廣泛引用的"Velvet Ghetto"研究報告（Cline, Masel-Walters, Toth, Turk, Smith, & Johnson, 1986; Golombisky, 2015）稱美國女性公關從業人員出於微妙的社會化過程及自我認知等原因，傾向於選擇這一角色而自認受到「社會不公平」待遇。Sriramesh（1986）和筆者（1992）也分別指出，屬於技術性活動的客戶應酬角色也主要由女性公關從業人員擔任，此角色無疑與戰略管理無關（有關於客戶應酬角色的內容將於本文後面進行討論）。據此，本文提出了如下假設：

假設 5：中國女性公關從業人員主要擔任公關技術人員，尤其是負責與客戶應酬相關的工作。

西方公關學界對有關公關角色的定義經歷了一系列的變化，似乎總在修正之中。由於本研究也試圖延伸公關角色的定義，故需再次回顧公關角色的發展歷程，看看究竟有多少種公關角色，哪些名副其實。

Broom（1982）及 Dozier（1992）等學者確定了至少四種公關從業人員所被期望扮演的角色：一是專家診斷者。扮演這一角色的公關從業人員通常被高層管理人員看作是解決公關問題的權威，具備明確與研究公關問題、策劃並開展公關活動的專業能力和資質。二是公關促進者。扮演這一角色的公關從業人員通常在組織和公眾之間發揮聯絡、解釋和調節的作用，從而保持兩者之間雙向溝通的暢通，因此其主要職責是消除信息交流的障礙並保持溝通管道暢通。三是問題解決過程中的促進者。扮演這一

角色的公關從業人員的工作重點是將管理層及機構引導入一個合理解決問題的過程，促進管理層參與公關活動的執行之中。四是公關技術人員。扮演這一角色的公關從業人員的主要職責是撰寫、編輯公關信息並與媒體打交道。這類公關從業人員需要具備相應的傳播和新聞工作技能。

由於前三個角色通常聚集為一體，人們在強調其中之一時，事實上也在強調另外兩個。於是，Dozier（1992）基於美國的相關研究結果，將公關從業人員角色簡單地分為兩大類，一類是公關管理人員，另一類是公關技術人員。筆者對中國公關從業人員的研究（Chen, 1992）、Ekachai 和 Komolsevin（1996）以及 Heather 和 Yaxley（2013）的研究發現針對泰國公關從業人員的研究也都印證了這一結論。

然而，先前關於公關從業人員角色的研究僅揭示了同屬或相近公關管理角色的聚集性，卻幾乎沒有分析它們之間的區別。同時，隨着一些子角色的出現，公關技術人員也出現了一些更細的分類。

在研究美國的公關教育者對公關行業的認知時，Culbertson（1985）發現了「純生產技術人員」和「公關策劃師」這兩個角色。前者側重於除撰寫及編輯之外的幾乎所有公關材料的技術生產，後者側重於公關出版物製作及媒介技術應用。

在此基礎上，Dozier（1992）從美國的公關從業人員身上又提煉出了另外兩個他認為屬於公關技術人員的子角色：一個是媒介關係專家。這類人員的工資待遇和行政地位與公關技術人員相似，但他們專門負責組織或機構與外部媒體的關係，而非內部的傳播生產活動；另一個是公關聯絡人。這類人員的工資待遇和行政地位與管理層相似，但卻並不能參與管理決策，僅負責管理層與公眾之間的聯繫。

Ekachai 和 Komolsevin（1996）基於對泰國公關從業人員的研究，發現了媒介關係專家這一角色，這與Dozier的發現相似。而另

外一組泰國公關技術人員被稱作圖表技術人員，他們主要從事於諸如製作印刷品、攝影和公關材料設計等公關技術工作。

　　筆者早期在研究中國內地的公關從業人員時也發現了聯絡人這一子角色，同Dozier的發現類似。與此同時，也提出了另外一個子角色——外部聯絡人，其工作重心在於開展宣傳工作和招待客人。特別是在中國，那些受教育程度較低的女性公關從業人員尤其需要把工作重心放到客戶應酬上去，這也反映了與調查者所提出的公關小姐這一問題 (Chen, 1992)。

　　針對印度的一些相關研究也發現，該國的公關從業人員大都將工作重心放在「個人影響」——即：通過個人技巧或魅力影響人際或機構間關係——這一角色上，而這一角色也包括了客戶應酬 (Sriramesh, 1986)。

　　綜上所述，這些針對不同國家公關從業人員角色的研究表明，由於文化及傳播技術的影響，儘管公關技術人員在不同的地方從事着各自似乎不同的公關工作，但他們工作的領域不外乎媒介關係、圖表設計、撰寫、編輯、人際關係的總體規劃與管理。

　　公共關係引入中國內地之初，市場化進程加劇了企業間的競爭，為此，一些中國企業——特別是民營企業——將公關和聘用年輕貌美的女性接待和招待客戶的工作等同起來，使得應酬客戶一度成為十分盛行的公關技術工作的角色 (陳沈玲，2009)。然而，隨着中國企業參與國際競爭不斷深化，即便負責應酬客戶的公關技術人員，也需要跨文化的知識和跨文化溝通的能力以便更有效地幫助企業和客戶、甚至客戶與公眾關係的建立和維護。近期關於中國內地大型與跨國公司公關傳播的研究還發現，專責公關和傳播的人員傾向於發揮「領導者」的角色 (Luo & Jiang, 2014; Luo, Meng, Yan & Hung-Baesecke, 2016; Men, Chen & Ji, 2018)，甚至在一些機構中直接進入了決策權力聯盟之中，即：將公關變成了戰略管理的一個不可或缺的部分 (Jiang & Kulemeka, 2015)。儘管對此現象研究仍需進一步驗證，但至少顯示出中國公關走向卓越的希望。

客戶應酬初看似乎更側重於公關技術層面的安排，主要目的在於通過良好的款待和溝通服務，贏取實際的或潛在的客戶。為此，負責客戶應酬的人員通常須花費大量時間在看似無關緊要的事情上，如在機場恭候客戶、陪同客戶用餐或參觀等。由於這些工作被認為有助於建立並維持客戶關係，使得高層管理者十分看重，逐步委派給公關從業人員擔負。然而，良好的客戶應酬需要公關從業者擁有豐富的溝通技巧，並要求她們能夠洞察客戶的想法，甚至是一些策略性的思考或傾向。如果負責客戶應酬的公關人員能夠深入觀察、做出判斷並及時提供給高層管理者，這便體現了對稱性溝通的相關原則。畢竟，雙向對稱式公共關係的核心目標就在於建立關係(Grunig, Grunig & Ehling, 1992)。

為了考察客戶應酬和其他公關角色之間的關係，有必要進一步釐清這兩者之間的區別。

首先，在不同角色上所花費的時間，及對不同專門工作的關注度可能存在差異。大多數公關學者研究公關從業人員角色時，主要側重於公關人員對某一特定類型活動或工作的關注度，諸如幫助公關決策、開發公關材料、推動管理決策制定等(Broom & Dozier, 1986; Chen, 1992; Culbertson, 1985)。Stone (1990) 和筆者 (1992) 的先前研究也不同程度地評估了公關人員在開展公關活動時針對不同角色所花費的時間。

關注度似乎是一種心理或認知的過程。儘管公關人員可能將某些活動看得很重要，但在缺乏自主性和資源支援的情況下幾乎不可能主動關注並認真完成。另外，即便公關從業人員對某些角色給予高度關注和主動參與，但一般的工作分配卻要求他們只能在這些角色上花費很少時間。筆者發現，中國內地許多年輕公關從業人員都會面臨這種情況，他們需要做各種不同的事情，有些是他們高度關注的，但並無法在任何一項活動上花費太多時間。

迄今，公關學術界針對公關從業人員心理上對公關角色的關注，與在該角色上所投入時間之間關係的研究尚不多見。為了試圖填補這一領域的空白，本研究提出下面這一研究問題：

問題 1：在女性公關從業人員中，專家診斷者、問題解決過程中的促進者和公關促進者這三個管理性的角色是否相互關聯？具體而言，這種關聯性是否與人們心理上對公關角色的關注與所花費時間相一致？

如本章前述，客戶應酬角色或所謂的「公關小姐」在公關活動中所從事的大都是技術層面的活動，但若需要其從事如與客戶跨文化溝通和對客戶進行深度觀察的有關公關活動、而這又通常被認為是管理角色中的公關聯絡人所應具備的能力時，對此類公關從業人員的角色又需要從兩個或多個角度進行深入理解，需要更深程度的分析。因此，有必要提出下面這一研究問題：

問題 2：如果對公關活動的關注度與管理活動及公關技術活動的關注度相關，它們是如何相互關聯的？如果從時間花費角度而不是心理參與來定義關注度時，三者之間的關聯是否會有所不同？

其次，在對角色的制約及制約程度上可能存在差異。如果女性公關從業人員在機制內受到一定的約束，可能是組織或機構期望她們在扮演某項指定的角色及完成這一角色時，應該比她們自己預期投入的時間和精力更少，而這也與公關技術人員地位較低這一假定一致，而管理類型的角色則非如此。據此，本研究提出下面兩個假設：

假設 6：把管理角色放在公關工作首位的從業人員會比其他人在相關管理角色上花費更多的時間，並在心理上給予更高的關注度。

假設 7：把公關技術工作放在公關工作首位的從業人員不會比其他人在相關技術工作上花費更多時間。

再次，既定的刻板印象對相關公關角色的影響可能存在差異。如果諸如客戶應酬類的公關技術工作在職場上被定性為地位較低的工種，再加上前面所提到的管理層對其確定的角色限

制,來自管理者和其他同事的這種刻板印象,可能會影響到女性公關從業人員的職業發展,大概會出現以下幾種可能:

如果假定年輕女性通常比年長女性更具姿色和吸引力,那麼:

假設 8:對客戶應酬這一角色的關注度與僱主在招聘時對女性公關從業人員外在魅力的關注度呈正相關,而與她們的年齡呈負相關。

為進一步調查刻板印象的不同影響和影響程度,筆者要求與調查者指出是否感覺到自身的工作及角色的受關注度,受到男性同事持有的一些刻板印象的影響。例如,男性同事是否認為她們總是將家庭放在首位,一般缺乏技術能力,通常對競爭缺乏熱情。假若這些刻板印象會限制女性公關從業人員在機構內的權力地位及管理活動參與度,那麼:

假設9:來自男性同事的刻板印象的程度與女性公關從業人員對在機構內地位及權力的感知呈負相關;

假設10:來自男性同事的刻板印象的程度與女性公關從業人員對管理角色的關注度呈負相關;

假設11:來自男性同事的刻板印象的程度與女性公關從業人員對包括客戶應酬在內的公關技術活動的關注度呈正相關。


## 三、研究方法

### 抽樣

本研究從中國內地四個城市(北京、上海、南京、無錫)公關協會的會員名單中隨機選取抽樣起點,採用等間隔抽樣法選取了共 100 名女性公關從業人員。筆者及研究助手於1994 年 6 月上旬將寫好發信人姓名地址並付足郵資的調查問卷郵寄給所有選定的樣本人員,最後回收了 43 份可用問卷,回覆率 43%。

　　所選取的四個城市在中國極具代表性。北京是首都及全國政治、經濟和文化中心，在北方城市群中的影響和地位首屈一指。而上海位於東南沿海，是中國對外開放程度最高的現代化都市，對於國際經貿和投資具有較大的吸引力。兩地由於地域差異和發展重點不同表現出各具特色的亞文化。筆者先前的研究也表明，同許多其他現代化思想與實踐在中國內地的傳播一樣，公關也是先興起於東南沿海地區，然後發展到內地和北方（Chen, 1992）。作為大中城市的南京和無錫，則具有中國內地城市的鮮明特徵。近些年，兩地的發展不斷提速，對中國社會經濟的變革起着重要的推動作用。

　　在回收的43份樣本中，9 份來自北京，上海和南京各佔11份，無錫 12 份。

## 調查流程

　　本次調查的問卷大致基於筆者1992年調研時所採用的問卷，但根據中國公關發展的現時狀況增加了一些問題。

　　除去對與調查者進行人口信息的統計外，本研究還調查了在工作職責、經歷和任職資歷相似的情況下，女性公關從業人員是否與她們男性同事的薪酬大致相同，以及在尋找工作及職業晉升方面，她們是否與男性同事獲得同等機會。為了評估她們在機構內的地位，每一位與調查者被要求回答以下問題：

（1）　職務是什麼？選項包括公關經理，部門主管，總監助理，職員；

（2）　工作級別是什麼？選項包括高層管理，中層管理，基層管理，職員；

（3）　在目標制定、專案規劃、方案實施及資源配置四個領域各有多少權力？選項包括1–7，其中1為非常低，7 為非常高；

（4）　在有關方案制定和執行的決策權方面有多少自主權？選項包括1–7。

　　藉上述問卷調查，本研究試圖主要從以下三個方面評估與調查者對其公關角色的關注度。

　　第一，與調查者被要求估算她們在專家診斷者、公關促進者、解決問題過程中的作為促進者、公關技術人員以及其他這五種角色上所花時間的比例。除了「其他」這一角色外，問卷對每一種角色均給出了簡單定義。

　　而對於「其他」這一角色，與調查者被要求指出她們自己對這一角色的定義，並估算在其上面花費的時間比例。有趣的是，所有與調查者都毫無例外地表示，她們需要參與客戶應酬。因此，「其他」就可以理解為她們在客戶應酬這一角色上所花費的時間佔比。

　　有一些與調查者所填寫的時間比例總和超過了100。為了表示相對的整體性，筆者將百分比乘以一個不變的十進位小數從而保證最終的總數仍為100。

　　與調查者被要求列出上述角色中哪四種是她們工作中的主要或重要任務。結果，並沒有與調查者把「其他」列入其中。因此這裏的主要和重要任務變量並不適用於分析客戶應酬的角色。

　　Broom & Dozier (1986) 在之前的研究中運用了里克特量表，共包含24條陳述性問題。本次研究也採用了同樣的方法來了解與調查者心理上對公關角色的關注度，並額外增加了兩條有關客戶應酬的問題。具體方法如下所示：「請你指出你對執行每個任務及承擔每項責任的關注度。」選項包括1–7，其中 1 為完全不關注，7為非常關注。筆者之前對中國內地女性公關從業人員的研究中也運用了相同的問題(Chen, 1992)，並採用四元素軸分析法和方差最大旋轉法得到了相關心理關注度指數。

　　本研究還設計，在同時滿足如下三個條件時，給定專案則可以用來測量特定因數。第一，該因數應與筆者1992年的研究具有同樣的因數載荷。第二，當前研究的因數載荷應至少達到.60。第三，給定專案在當前研究中的第二高負荷應不超過.40。

本次研究首次採用了「我招待客戶」和「其他」（由與調查者確定並給出解釋）這兩項。結果發現這兩者之間的相關度非常高（r=.66，p<.001），因此本研究將兩者結合起來以衡量客戶應酬關注度。

其他因數定義如下：

**專家診斷者**——制定公關決策；主管專案；擅長解決問題；善於發現公關問題；開展正式和非正式的調研以評估專案進展。

**公關技術人員**——撰寫材料並提供對組織至關重要的信息；處理材料製作時的技術性問題；開發宣傳冊和其他出版物；專門從事公關材料製作。

**公關促進者**——使組織或機構內所有人了解媒體對於機構的看法及其他重要事宜；為管理層創造機會以聽取內部和外部公眾的意見；充當聯絡者，促進管理層和公眾的雙向溝通；尋求機會，了解與時俱進的觀念、方法和實踐。

**問題解決過程中的促進者**——在與管理層的會議中，指明遵循系統的規劃過程的重要性；當與管理層合作處理公關問題時，提供解決問題的備選方法；充當問題解決過程中的促進者，幫助管理層明確問題、設定目標並系統地制定計劃。

調查中初步研究發現，這些因數內部的一致性系數非常高，其中專家診斷者角色克隆巴赫 α 系數高達 .95，公關技術人員達 .94，公關促進者達 .80，問題解決過程中的促進者達 .78，客戶應酬達 .71。

為了獲得女性公關從業人員受到刻板印象方面影響的指數，與調查者被要求從列舉的九種感知到的刻板印象中選出所有她們曾遭遇過的負面影響。而這九種刻板印象可以是來自於她們的男性同事，也可能是她們在工作過程中遇到的。列出的選項包括性別、缺乏教育和培訓、缺乏競爭緊迫感、缺乏專業能力、缺乏自信、缺乏管理動機、將孩子和其他家庭責任放在首位、健康問

題(如懷孕)、工作表現差。與調查者的刻板印象得分取決於選中的列表中的項目數。調查表明內部一致性系數非常高,高達 .95.

## 四、調查結果及分析

### 相關描述性信息

參與調查的女性公關從業人員年齡大都為30多歲(平均32)。她們從事公關行業的時間均已超過4年(平均4.6年),月薪平均600元人民幣,其中一半持有人文、社會科學或其他學科領域的學士學位,只有極少數(5%)接受過正規和系統的公關教育。

大約一半(51%)女性公關從業人員從事於服務行業,19%從事於輕工業,19%從事於重工業,餘下的18%從事於其他領域。31%的女性公關從業人員在中外合資公司工作,這些公司較易接受諸如公關等源自西方的思想、方法和實踐,這與筆者早前的調查結果基本一致(Chen, 1992)。

當被詢問到她們獲得當前工作的原因時,與調查者給出了一些有趣的答案。58%的與調查者表示主要歸功於她們的外在吸引力,這也大致印證了上文提到的女性的美麗和魅力在客戶應酬角色中十分重要這一觀點。大約 88% 的與調查者表示交際和溝通技巧是她們獲得僱用的主要原因,但其餘的原因包括:過往工作經歷(51%)、教育背景(50%)、管理經驗(26%)、年齡(28%)等。

同樣,70% 的女性公關從業人員表示,她們在工作中高度或者極度重視建立人際關係網,這顯然符合了客戶應酬角色的功能定義。

有趣的是,61% 的與調查者表示,她們在較年輕的時候得到過職位晉升,然而,83% 的與調查者感覺在職業晉升方面並未被與男性公平對待。

　　而在刻板印象的影響方面，63%的與調查者感覺老闆或男性同事認為她們由於是女性便一定會把家庭義務置於工作之上。其他的刻板印象包括缺乏管理動機（53%）、缺乏競爭緊迫感（51%）、缺乏教育和培訓（42%）、缺乏專業能力（21%）、缺乏信心（19%）等。

## 假設驗證

　　假設 1 提出，在工作職責和能力大致相同情況下，中國內地女性公關從業人員認為她們的薪酬比男性同事低。調查結果卻出人意料。所有 43 名與調查者表明，她們與男性同事之間並無薪酬差別。但是，83%的與調查者感覺在職位晉升方面她們沒能得到與男性同事平等的對待。大約同樣數量的女性公關從業人員表示在求職時，她們感覺自己與同一職位的男性求職者競聘並未受到平等對待。

　　在薪酬方面，調查結論與假設不一致的原因，可能是本研究採用了一個仍值得進一步推敲的假設，即：男性和女性任職資歷相似的前提下，男女薪酬有別。很明顯，女性和男性公關從業人員在任職資歷方面是存在差異的，諸如魅力、外表甚至社交經驗等，女性有優勢，而這些在客戶應酬中都相當重要。

　　假設 2 提出，女性幾乎不可能獲得高層管理職位。對這一假設，調查收集到的數據予以驗證。只有 7%的與調查者表明她們居於高層管理職位，14%居於中層管理職位，37%居於低層管理職位，餘下的 42%仍為一般職員。

　　假設 3 指出，女性公關從業人員在機構中所處的地位與其感知的個人自主權和決策權呈正相關。調查結果驗證了假設。正如預測的那樣，職位與決策自主權（r=.72）、目標設定權（r=.74）、專案規劃權（r=.76）等密切相關（p<.001）。專案開展中組織層面權力之間的可比關係為 .33，可比性適中但仍然明顯（p<.05）。這種相對較低的關聯度並不令人感到詫異，因為在專案開展過程中可能更需要技術性的活動而不是高層次的戰略思考與規劃。

假設 4 提出，從事公關管理角色的公關從業人員更易獲得晉升，而公關技術人員相比較而言則不然。調查收集到的數據也驗證了這一假設：

(1) 大約 70% 未從事技術性工作的與調查者表示，她們的職位得到了晉升。儘管這種差別很大，但由於樣本數量較少，因此與嚴格意義上的顯著性水準仍有差距（$X^2$=2.48，df=1，p=.06，單側檢驗）。

(2) 在公關活動中扮演專家診斷者和問題解決過程中的促進者角色的公關從業人員，往往比非扮演這些角色的人更易獲得晉升。就專家診斷者這一角色而言，79% 的與調查者表示她們獲得了職位晉升，而未從事這一角色的公關從業人員中，只有 27% 獲得了晉升（$X^2$=11.01，df=1，p<.01）。而問題解決過程中的促進者的可比差異為 76%/29%（$X^2$=8.83, df=1, p<.01）。

(3) 對公關促進者的關注度與職業晉升並無關係。這一發現也與後面的證據相吻合，即：單純從心理關注度而不是這項工作所花費的時間來看，公關促進活動應被看作為管理角色。

假設 5 指出，中國內地女性公關從業人員主要從事於公關技術工作。調查所收集到的數據——尤其是客戶應酬方面的數據——驗證了這一假設。公關技術工作諸如撰寫、編輯、圖表設計、媒體關係和活動組織等平均佔用了與調查者 33.3% 的時間。其他活動（主要指客戶應酬）佔用了與調查者 41.2% 的時間，管理促進活動佔用了 11.3% 的時間，而其餘的管理工作總共僅僅佔到 14.2%。

本研究的第一個研究問題旨在探討上述三種管理角色是否相關。如表 7.1 和表 7.2 所示，研究結果表明三者之間高度相關：

(1) Broom & Dozier（1986）所提出的關注度一項中，表 7.1 表明它們之間的相關度非常高。專家診斷者角色與問題解決過程中的促進者角色之間的相關度達到 .94。另

表7.1　公關角色心理關注度皮爾森積矩相關系數

| | 專家<br>診斷者 | 公關<br>技術人員 | 公關<br>促進者 | 問題解決過<br>程中的促進者 | 客戶<br>應酬 |
|---|---|---|---|---|---|
| 專家診斷者 | — | -.26* | .71*** | .94*** | -.73*** |
| 公關技術人員 | | — | .06 | -.27* | -.08 |
| 公關促進者 | | | — | .77*** | -.80*** |
| 問題解決過程<br>中的促進者 | | | | — | -.77*** |
| 客戶應酬 | | | | | — |

\*\*\*　p<.001
\*　　 p<.05

表7.2　公關角色時間投入皮爾森積矩相關系數

| | 專家<br>診斷者 | 公關<br>技術人員 | 公關<br>促進者 | 問題解決過<br>程中的促進者 | 客戶<br>應酬 |
|---|---|---|---|---|---|
| 專家診斷者 | — | -.37** | .006 | .44** | -.19 |
| 公關技術人員 | | — | .39** | -.23 | .58*** |
| 公關促進者 | | | — | .22 | .56*** |
| 問題解決過程<br>中的促進者 | | | | — | -.30* |
| 客戶應酬 | | | | | — |

\*\*\*　p<.001
\*\*　 p<.01
\*　　 p<.05

外，公關促進者角色與問題解決過程中的促進者角色之間的相關度達 .77，與專家診斷者角色之間的相關度達 .71。所有這些相關度具有顯著統計意義（p<.001）。

（2）表 7.2 中有關在每個角色上所花費的時間的數據表明，問題解決過程中的促進者與專家診斷者之間的相關度達 .44（p=.002）。然而，公關促進者與其他角色相關度並不高，其中與專家診斷者這一角色的皮爾森相關系數為.006，與問題解決過程中的促進者的系數為 .22（p=.08）。

　　由於與調查者預估時間的總和應為100%，這在一定程度上會降低與預估時間的相關性，但這並不能否定其整體的趨勢。從心理關注角度來看，這三種管理角色高度趨同；但就花費的時間來言，更關注管理促進者的公關從業人員趨於形成單獨的小組，她們往往並不在專家診斷者和問題解決過程中的促進者這兩個角色上花費過多時間。

　　本研究的第二個研究問題旨在探討公關從業人員對客戶應酬角色的關注度與管理角色和公關技術活動之間關聯關係。對此，調查得出的結果較為複雜。

(1)　在客戶應酬上花費時間的公關從業人員往往高度關注公關技術活動（r=.58，p<.001，表7.2）。然而在表7.1有關心理關注度的相關數據中，這種關係反而並不存在（r=-.08, p=.30）。

(2)　在表7.2中，客戶應酬與公關促進者相關性極高且呈正相關（r=.56, p<.001）。然而在表7.1所列舉的Broom Dozier提出的關注度一項中，關注度很高但與公關促進者角色呈負相關（r=-.80, p<.002）。

(3)　表7.1中的心理關注度還顯示，客戶應酬與三個密切相關的管理角色高度相關且呈負相關，相關度從 -.73 變化到-.78。

(4)　如表7.1所示，公關技術角色與專家診斷者角色（r=-.26, p=.047）和問題解決過程中的促進者角色（r=-.27, p=.04）呈負相關，但相關性不太顯著。如表7.2所示，公關技術活動與公關專家活動呈負相關（r=-.37, p<.01），與問題解決過程中的促進者活動相關性不顯著（r=-.23, p=.07），與公關促進活動呈正相關（r=.39, p<.01）。

　　綜上所述，可以得出如下兩個結論：

　　第一，中國內地女性公關從業人員在扮演客戶應酬角色時，看似充當了管理人員但實際上仍然是公關技術人員。這一結論

表7.3　對公關角色的個人優先性與執行該角色的
　　　　兩種關注度衡量方法的點二列相關系數

| 關注度衡量方法 | 專家診斷者 | 公關技術人員 | 公關促進者 | 問題解決過程中的促進者 |
|---|---|---|---|---|
| 時間花費比例 | .35** | -.12 | -.16 | .27* |
| Broom-Dozier 關注度系數 | .52*** | -.26* | .19 | .37* |

*** p<.001
** p<.01
* p<.05

具有一定的合理性。諸如擔任導遊、安排會議、照管客戶等系列
的工作仍屬技術性。當然正如前文所討論的,良好的客戶關係同
樣也需要嫻熟的語言和跨文化溝通素養以及敏銳的觀察能力,
而這又通常與管理活動相關。因此,除了常規技術性工作外,女
性公關從業人員把這些看作是客戶關係中最重要和最具挑戰性
的因素也就不足為奇了。

第二,對於女性公關從業人員而言,公關促進者這一角色在
理論上的要求與她們的實際工作有差異。如果以 Broom-Dozier 的
公關角色關注度來衡量,公關促進者似乎應該是管理角色;然
而,若以她們在各個角色上花費的時間來衡量,公關促進者這一
角色與技術性活動和客戶應酬活動卻呈正相關,與管理角色則
相關度不高。

假設 6 指出,將管理角色放在公關工作首位的中國內地女性
公關從業人員,會在相關管理角色上比其他人花費更多的時間,
並在心理上給予更高的關注度。表 7.3 所反映的調查數據表明,
在滿足某些條件的情況下,這一假設基本得到驗證。具體如下:

(1) 正如假設的那樣,與其他人相比,把公關促進者角色
看作工作重點的中國內地女性公關從業人員往往在這
一角色上花費更多的時間(rpb=.35, p<.001)。與 Broom-
Dozier 公關角色關注專案的相關可比性為 .52 (p<.001)。

第二部分　西方公關理論與中國企業公關實踐調和

(2) 與其他人相比，把問題解決過程中的促進者角色看作工作重點的中國內地女性公關從業人員，往往在這一角色上花費更多的時間（rpb=.27, p=.03）。與Broom-Dozier公關角色關注專案的相關可比性為 .37（p<.01）。

(3) 與假設相反的是，中國內地女性公關從業人員工作中感知到的工作重心與她們在其上花費的時間（rpb=-.16, p=.32）或與Broom和Dozier（1986）提出的角色關注度（rpb=.19, p=.21）之間的相關性均不明顯。如上文所討論，由於中國內地女性公關從業人員從事公關促進活動有可能受到限制，因此她們心中關注的工作重點在大多情況下並不能轉化為實際工作中的重點。

假設 7 認為，將公關技術角色看作工作重點的中國內地女性公關從業人員，從心理或行動上也不會比其他人在相關技術工作上花費更多時間。正如預測的一樣，對公關技術活動的關注度與在其上花費的時間（rpb=-.12, p=.65）和 Broom-Dozier 指數預測的心理關注度（rpb=-.26, p<.05）呈負相關。

至此，調查所得數據表明，與公關技術活動相比，管理活動受到的限制較少。對於管理活動來說，中國內地女性公關從業人員內心的關注度與她們在相關工作上花費的時間和個人的工作優先順序相關聯，而公關技術活動則不然。

針對刻板印象這一項，正如假設 8 所指出，調查結果顯示中國內地女性公關從業人員在客戶應酬角色上花費的時間與她們感知到的僱主在僱用時對她們外在魅力（r=.59, p<.001）和年齡（r=.40, p<.01）的關注度呈正相關。

如果因變量強調的是客戶應酬而不是在這一角色上花費的時間，那麼它與外在魅力的關聯度則下降至 .35（p<.05），與在僱用時感知到的僱主對年齡的關注度的關聯度降至無關緊要的 .18。這些下降的結果與下文提到的觀點是一致的，即：中國內地女性公關從業人員並不總是有機會如她們預期的那樣在自己優先看重的工作上投入時間和精力。

表7.4　對Broom-Dozier角色關注專案刻板印象指數和
權力/職位指數皮爾森積矩相關系數

| 權力/職位指數 | |
|---|---|
| 職務 | –.29* |
| 工作級別 | –.41** |
| 目標制定權 | –.29* |
| 專案規劃權 | –.21 |
| 方案實施權 | –.25* |
| 資源配置權 | –.31* |
| **Broom-Dozier角色關注專案** | |
| 專家診斷者 | –.39** |
| 公關促進者 | –.26* |
| 問題解決過程中的促進者 | –.36** |
| 公關技術人員 | .11 |
| 客戶應酬 | .27* |

** 　p<.01
* 　p<.05

　　假設 9 得到了調查數據的強力支援。如表 7.4 所示，男性同事對女性公關從業人員的刻板印象數量與她們的職務（經理、主管、助理、職員）相關性為–.29 (p<.05)，與她們的工作級別（高層管理、中層管理、基層管理、職員）相關性為–.41 (p<.01)。此外，刻板印象與女性公關從業人員工作中的目標制定權（r=–.29, p<.05）、專案規劃權（r=–.21, p=.09）、方案實施權（r=–.25, p=.05）及資源配置權（r=–.31, p<.03）呈負相關。

　　假設10也得到了調查數據的驗證。刻板印象所得分數與Broom-Dozier在專家診斷者（r=–.39, p<.01）、問題解決過程中的促進者（r=–.36, p<.01）與公關促進者（r=–.26, p<.05）的關注度分數呈負相關。

　　假設11得到了調查數據的部分驗證。客戶應酬角色關注度與刻板印象呈正相關（r=.27, p<.05）。然而，對公關技術角色關注度與刻板印象得分並無顯著相關性（r=.11, p=.24），這與最初的預期正好相反。

　　總而言之，中國內地女性公關從業人員工作職位和權力，以及對公關管理角色的關注度受到來自男性同事對她們刻板印象的影響。但是，一個有趣的發現是，中國內地女性公關從業人員工作中遇到的刻板印象，似乎並不會特別影響她們對某些特定角色的時間投入及關注度。

## 五、結論與意義

　　本研究通過初步的調查，得出了一些關於中國內地女性公關從業人員對公關角色認知的有意義發現。

　　在職場上，中國內地女性公關從業者似乎受到了職位定義和男性同事刻板印象的雙重限制，這與西方的同類研究結果大致一樣（如：Tsetsura, 2010）。對於年輕的女性公關從業人員來說，與其他角色相比，客戶應酬角色，無論是在心理關注度上，還是在實際操作方面，都佔據了比她們扮演其他角色更多的時間。

　　從實際操作上看，儘管客戶應酬似乎需要中國內地女性公關從業者從事大量的公關技術性活動，如接待、安排餐飲、會議、住宿、旅行這些看似是瑣碎及平淡無奇的工作，但她們認為這些技術性的工作卻並不簡單。從心理關注度上看，她們傾向於關注客戶應酬角色與公關促進者這一管理角色之間的共通之處，如中外文（通常是中英）翻譯及構建和維護客戶關係等公關工作所必備的人際交往和跨文化溝通的技巧和素養，以及能夠深度觀察客戶的策略性思考、觀點及特徵的敏感性和將其觀察形成系統分析，並向管理層提出關係管理建議的能動性。遺憾是的，中國內地女性公關從業者這一特徵尚未在西方的研究中得到印證。

　　就中國內地女性公關從業人員而言，由於公共關係是一個近期從西方發達國家引進的行業，其發展難免受到傳統文化及價值觀、社會與經濟開放度、傳媒體制和組織和機構的轉型成長陣痛以及公共關係研究和教育的滯後等結構性的制約，以致

她們入職後面臨着巨大的挑戰，也導致她們對自身角色的認知產生心理和實際之間的落差。儘管大都在初入行時注重的是諸如客戶應酬等技術性工作，她們通過持續學習和不斷實踐而更多從事管理性公關活動的意願是強烈的，潛在能力是明顯的，角色轉型的可能也是較大的，而且根據近期的研究，她們當中的少數優秀者已經成為企業或機構的戰略管理團隊的一員（Jiang & Kulemeka, 2015; Luo & Jiang, 2014; Luo, Meng, Yan & Hung-Baesecke, 2016; Men, Chen & Ji, 2018）。

本研究的發現表明，公共關係學界仍然需要開展大量關於公關角色的研究和探討，從而更全面了解公關角色在全球化和跨文化背景中的發展、改變和優化的動態過程。特別是對於了解角色動態變化的建議，具有突破既有研究範疇的意義，因為迄今國內外公關學者在通常情況下，仍將公關從業人員的工作角色看作為一系列靜態的、公關從業人員已經適應了的行為預期和趨勢（Culbertson, 1991）。例如，在中國內地出現的關於公關從業人員「跨界角色」的研究（侯向平，2014），頗具開創意義。

筆者基於本研究的發現還建議，未來聚焦女性公關從業人員的角色研究，尤其應深入探討來自企業或機構管理層和男性從業者對他們的女性同事的刻板印象和既定的工作要求，在限制女性公關從業者考慮和安排優先工作順序方面所起的負面作用。這一觀點與西方──特別是美國──對破除性別在專業角色轉變方面限制的呼籲，以及在公共關係職場上確保社會公平和正義等價值的實現是相吻合的（Golombisky, 2015; Marsh, 2014）。

# 參考文獻

江薇薇(2019)。〈社會性別建構與責任放棄——中國公關污名化的思想和行為根源〉，1月12日，人民網研究院。見http://media.people.com.cn/n1/2019/0112/c424559-30524132.html

岳岑(2013)。〈中國公共關係女性從業者職業現狀以及原因分析〉，《今日中國論壇》，17頁。

侯向平(2014)。〈新媒體環境下的公關傳播者跨界角色研究〉，《國際公關》雜誌，2014年第4期，見http://www.cnki.com.cn/Article/CJFDTotal-GGGJ201404048.htm

陳沈玲(2009)。〈後女權主義視角下的女性公關地位〉，《青年記者》，第29期，24頁。

張大師(2007)。〈美國公關行業的女性化問題〉，《公關世界》上半月，第9期，56–56頁。

劉伯紅、李玲、楊春雨(2015)。〈中國經濟轉型中的性別平等〉，《山東女子學院學報》，第2期，20–36頁。

邊燕傑、費爾德曼、林南(2011)。《關係社會學：理論與研究》。社會科學文獻出版社。

Aldoory, L. (2005). A (Re)conceived feminist paradigm for public relations: A case for substantial improvement. *Journal of Communication, 55*(4): 668–684.

Aldoory, L., & Toth, E. (2004). Leadership and gender in public relations: Perceived effectiveness of transformational and transactional leadership styles. *Journal of Public Relations Research, 16*(2): 157–183, DOI: 10.1207/s1532754xjprr1602_2.

Beatty, T. U. (2013). A historical and analytical study of feminization in the field of public relations. Selected Honors Theses. Paper 24. https://firescholars.seu.edu/cgi/viewcontent.cgi?article=1023&context=honors

Bernstein, J. (1986). Is PR field being hurt by too many women? *Advertising Age, 57* (Jan. 27): 66–67.

Brodey, J. L. (1984). The Philadelphia-area survey highlights jobs, perceptions, preparation. *Public Relation Journals 40* (May): 40.

Broom, G. M. (1982). A comparison of sex roles in public relations. *Public Relations Review, 8* (Fall): 17–22.

Broom, G. M., & Dozier, D. M. (1986). Advancement for public relations role models. *Public Relations Review, 7*(Spring): 37–56.

Broom, G. M., & Dozier, D. M. (1993). Evolution of the managerial role in public relations practice. Paper presented to the Public Relations Division, Association for Education in Journalism and Mass Communication, Kansas City, MO (August).

Chen, N. (1992). Public relations in China: The introduction and development of an occupational field. Dissertation. School of Journalism, Ohio University, Athens, Ohio.

Chen, N., & Culbertson, H. M. (1992). Two contrasting approaches of government public relations in mainland China. *Public Relations Quarterly, 37*(Fall): 36-42.

Choi, Y., & Hon, L. C. (2002). The Influence of gender composition in powerful positions on public relations practitioners' gender-related perceptions. *Journal of Public Relations Research, 14*(3): 229–263. DOI: 10.1207/S1532754XJPRR1403_4

Cline, C. G., Masel-Walters, L., Toth, E. L., Turk, J.V., Smith, H. T., & Johnson, N. (1986). *The Velvet Ghetto: The Impact of the Increasing Percentage of Women in Public Relations and Organizational Communication.* San Francisco: IABC Foundation.

Culbertson, H. M. (1985). Practitioner roles: Their meaning for educators. *Public Relations Review, 11*(Winter): 5–21.

Culbertson, H. M. (1991). Role taking and sensitivity: Keys to playing and making public relations roles. In Larissa A. Grunig and James E. Grunig (Eds.), *Public Relations Research Annual*, Vol. 3. (pp. 54–55). Hillsdale, NJ: Lawrence Erlbaum Associates, Inc.

Dozier, D. M. (1988). Breaking public relations' glass ceiling. *Public Relations Review, 14* (Fall): 6–14.

Dozier, D. M. (1992). The organizational roles of communication and public relations practitioners. In James E. Grunig (Ed.), *Excellence in Public Relations and Communication Management* (pp. 327–355). Hillsdale, NJ: Lawrence Erlbaum Associates, Inc.

Ekachai, D., & Komolsevin, R. (1996). Public relations in Thailand: Its functions and practitioners' roles. In H. M. Culbertson & N. Chen (Eds.), *International Public Relations: A Comparative Analysis* (pp. 155–170). Mahwah, NJ: Lawrence Erlbaum Associates, Inc.

Golombisky, K. (2015). Renwing the commitments of feminist public relations theory from velvet gheto to social justic. *Journal of Public Relations Research, 27*(5): 389–415.

Grunig, L. A., Toth, E. L., & Hon, L. C. (2000). Feminist values in public relations. *Journal of Public Relations Research, 12*(1): 49–68. DOI: 10.1207/S1532754XJPRR1201_4 Crossref

Grunig, L. A., Grunig, J. E., & Ehling, W. P. (1992). What is an effective organization? In J. E. Grunig (Ed.), *Excellence in Public Relations and Communication Management* (pp. 65–90). Hillsdale, NJ: Lawrence Erlbaum Associates, Inc.

Heather, M., & Yaxley, L. (2013). Career experiences of women in British public relations (1970–1989). *Public Relations Review, 39*(2): 156–165.

Hon, L. C., Grunig, L. A., & Dozier, D. M. (1992). Women in public relations: Problems and opportunities. In J. E. Grunig (Ed.). *Excellence in Public Relations and Communication Management* (pp. 419–438). Hillsdale, NJ: Lawrence Erlbaum Associates.

Kanmer, R. M. (1986). Mastering change: The skills we need. In L. L. Moore (Ed.), *Not As Far As You Think* (pp. 181–194). Lexington, MA: Lexington Press.

Luo, Y., & Jiang, H. (2014). Effective public relations leadership in organizational change: A study of multinationals in mainland China. *Journal of Public Relations Research, 26*(2): 134–160.

Luo, Y., Jiang, H., & Kulemeka, O. (2015). Strategic social media management and public relations leadership: Insights from industry leaders. *International Journal of Strategic Communication, 9*(3): 167–196.

Marsh, C. (2014). Public relations as a quest for justice: Resources dependency, reputation, and the philosophy of David Hume. *Journal of Mass Media Ethics, 29*(4): 210–224.

Men, L. R., Chen, Z. F., & Ji, Y. G. (2018). Walking the talk: An exploratory examination of executive leadership communication at startups in China. *Journal of Public Relations Research, 30*(1–2): 35–56.

Meng, J., Jin, Y., & Hung-Baesecke, C. J. F. (2016). The role of leadership development in issues management: An online survey of communication practitioners in the Greater China area. *International Journal of Strategic Communication, 10*(5): 410–425.

Moore, L. L. (1986). Introduction. In L. L. Moore (Ed.), *Not As Far As You Think* (pp. 1–12). Lexington, MA: Lexington Press.

O'Neil, J. (2003). An investigation of the sources of influence of corporate public relations practitioners. *Public Relations Review, 29*(2): 159–169.

Place, K. R. (2012). Power-control or empowerment? How women public relations practitioners make meaning of power. *Journal of Public Relations Research, 24*(5): 435–450.

Place, K. R. (2015). Binaries, continuums, and intersections: Women public relations professionals' understandings of gender. *Public Relations Inquiry, 4*(1): 61–78.

Pompper, D., & Adams, J. (2006). Under the microscope: Gender and mentor–protégé relationships. *Public Relations Review, 32*(3): 309–315.

Sabharwal, M., Levine, H., & D'Agostino, M. J. (2017). Gender differences in the leadership styles of MPA directors. *Journal of Public Affairs Education, 23*(3): 869–884.

Sriramesh, K. (1996). Power distance and public relations: An ethnographic study of southern Indian organizations. In H. M. Culbertson & N. Chen (Eds.), *International Public Relations: A Comparative Analysis* (pp. 186–187). Mahwah, NJ: Lawrence Erlbaum Associates.

Stone, D. B. (1990). The value of veracity in public relations. Dissertation. School of Journalism, Ohio University, Athens, OH, (pp. 104–107).

Tam, S. Y., Dozier, D. M., Lauzen, M. M., & Real, M. R. (1995). The impact of superior-subordinate gender on the career advancement of public relations practitioners. *Journal of Public Relations Research, 7*(4): 259–272. DOI: 10.1207/s1532754xjprr0704_02

Tsetsura, K. (2010). Is public relations a real job? How female practitioners construct the profession. *Journal of Public Relations Research, 23*(1): 1–23.

Waymer, D. (2012). Each one, reach one: An autobiographic account of a Black PR professor's mentor–mentee relationships with Black graduate students. *Public Relations Inquiry, 1*(3): 403–419.

Wright, D. K. (1991). PRSA research study: Gender gap narrowing. *Public Relations Journal, 47*(June): 22–25.

Wu, N. (1995). Employment and Chinese women. *Beijing Review 38*(May 6–12), 8–12.

Zeng, J., Pang, X., Zhang, L., Medina, A., & Rozelle, S. (2014). Gender inequality in education in China: A meta-regression. *Contemporary Economic Policy, 32*(2): 474–491. DOI: 10.1111/coep.12006

Zhang, L., & Wang, J. (2018). Research on the relationship between relational capital and relational rent, *Cogent Economics & Finance*, 6:1. DOI: 10.1080/23322039.2018.1431091

# 8.
# 企業社會責任傳播與
# 華為和中華電力比較

## 一、簡介

　　企業社會責任(Corporate Social Responsibility，簡稱 CSR)成為管理學科的學術研究議題由來已久。一些中外知名企業醜聞迭出（如安然、泰科、世界電信、三鹿毒奶粉及長生假疫苗）更令此議題備受工業界和學術界矚目。一旦出現危害社會及公共利益的企業醜聞，公共輿論不僅對企業大加鞭撻，也會再次強烈要求企業在經營中不僅要關心自身利益，還要關心企業的利益相關者的利益以及企業的社會影響。在如此背景下，愈來愈多的企業與機構認識到了成為一個「對社會負責任的企業公民」的重要性（中國社工協會企業公民委員會，2014；Sahut, Peris-Ortiz & Teulon, 2019），因而也促使公關學界將CRS理論與實踐引入公共關係的探討。特別是對中國企業而言，如何及為什麼要進行社會

---

\* 本章部分內容引自筆者的文章：Chen, Ni (2010). Corporate social responsibility and institutionalization of public relations: A case study of China Light Limited in Hong Kong. *Journal of International Communication.* 11: 22–6.

責任傳播，尚屬中國公共關係理論和實踐的一個前沿課題。為此，本章試圖通過討論CSR的理論假設，並在此基礎上比較分析中國內地華為投資控股有限公司(以下簡稱華為)與香港中華電力控股有限公司(以下簡稱中華電力) CSR傳播的案例，以此探討企業CSR傳播的動因、特徵和模式。

## 二、企業社會責任傳播分析假設

學術界與企業對 CSR 的理解，常常由於機構和個人的差異而形成各自不同的定義，以至迄今尚未形成一個被廣泛接受的定義。然而，CSR 泛指的是，企業具有社會功能，也應扮演社會角色和承擔以公平、正義等價值為核心的社會責任。在現代化發展不斷深入的今天，企業和機構的這一基本定位已經得到普遍認同。因此，CSR 議題的核心應側重於探討企業行為與社會間的雙向互動關係，繼而也應成為企業和機構的一個不可或缺的戰略管理理念和機制指引(Epstein & Rejc-Buhovac, 2014)。

隨着 CSR 成為一個重要的戰略管理理念，這與卓越理論對公共關係的原則要求十分契合(Grunig, 1992)，於是公共關係通過傳播對引領和指導 CSR 戰略考慮、設計和實施的重要作用愈來愈受到重視。為了解析公關與社會責任的關聯性，首先需要依據組織溝通與傳播的屬性定義 CSR，並將這些概念與公關的職能相匹配。

被譽為企業社會責任研究之父的 Howard R. Bowen 認為，組織的運作應該與社會價值和目標相一致。企業應該思考財務與法律責任以外的道德責任。為此，他建議，企業除了考慮主要投資者及企業利益相關者的利益外，必須關注企業行為的社會影響(Aras, Aybars & Kutlu, 2010; Baird, Geylani & Roberts, 2012; Becchetti & Trovato, 2011; Carroll, 1999; Galant & Cadez, 2017; Shahzad, Mousa & Sharfman, 2016)。為此，CSR 要求企業和機構更要關注社會與公共事務(Cadez & Czerny, 2016; Erhemjamts & Venkateswaran, 2013; Husted

& Salazar, 2006）。然而，這些「建議性」定義仍較寬泛，大都停留在理想假設階段。

近期有研究指出，對 CSR 的定義擬可集中在企業和機構的運作是如何影響社會的公共關注和關懷層面，如包括貧困、環境污染、弱勢團體、人權、勞工待遇、疾病防治等。在這些層面上，企業或機構應尋求成為社會的「純貢獻者」（鍾宏武、孫孝文、張蒽、張唐檳，2010；陳佳貴、黃群慧、彭華崗、鍾宏武，2011；Hedblom, Hickman & List, 2019; Werther & Chandler, 2006），即：讓 CSR 變成通過企業承擔社會責任來推進社會進步的一種運作（中國社工協會企業公民委員會，2014；Hedblom, Hickman & List, 2019），其操作性定義為：CSR 作為組織的一種管理行為，旨在對社會產生正面或積極的作用。

由於社會關注點和關注度的不同，CSR 戰略化為行動時，可採取多種形式。正如「公共關係和傳播管理全球聯盟」所指出的，CSR 從宏觀上抓住了商業和社會、經濟、環境在全球範圍內相互影響的關係（Alliance, 2004; Coombs & Holladay, 2008）。由於社會要求企業和機構履行相應義務的壓力不斷增長，社會責任的要求已經迫使企業和機構迅速地從關注其外部形象轉移到全面改變其商業行為，進而成為企業和機構戰略管理的一個核心內容。

於是，企業戰略管理該如何通過管理的槓桿作用以改善、建構、與創新企業的社會責任行為便上升成一個傳播學問題，即：傳播在企業社會責任行為形成的整個過程中該如何準確地定位其管理角色（Coombs & Holladay, 2008）。對於傳播學和公共關係學者而言，這是一個尚未得到學術界足夠重視的研究議題。

「聯合國全球契約」曾將有效的 CSR 雙向傳播溝通定義為成功的「最基本的、實質性的關鍵」（程多生，2013）。由於該定義與公共關係的卓越理論的定義幾乎如出一轍，應可成為公關和企業社會責任的一個連接點。

公關理論研究的卓越假設強調雙向溝通是傳播的一個有效模式。對此，Coombs & Holladay（2007）最近提出，雙向溝通和公共

關係都涉及到一個相互影響的問題：只有通過聆聽外部意見，企業或機構才能做出適應其利益相關者變化的反應。據此，有理由認為，雙向溝通的模式也確定了溝通在社會建設中的作用。

雙向溝通模式的一個重要環節在於傾聽，要求公關實務人員了解和理解關鍵性的社會成員及其所關注的事情或議題，而這種理解是建立在認真、仔細地聽取他們所關注的問題或議題，以及研究他們的價值觀和願望之上的。因此，當管理層在決定企業或機構應該對它的社會成員肩負起某種社會責任時，以及企業或機構應該採取何種行動以滿足這些成員的需求時，公關即自然地成為一種管理資產。

正如 Moloney（2006）指出的，儘管企業或機構開展公關活動主要是出於對自身的利益最大化的追求，但以吸引和滿足社會成員期望的方式來宣傳企業社會責任，也會給企業帶來相應的利益。其他學者的研究也清楚地指出，CSR 也只有在社會成員了解其行為的成果時，才能給企業帶來所期待的利益（Borges, Anholon, Ordoñez, Quelhas, Santa-Eulalia & Filho, 2018; Gallardo-Vázquez & Sanchez-Hernandez, 2014; Maignan & Ferrell, 2004）。因此，一個有效的公關活動，不僅能使社會成員了解該企業或機構在做什麼，還能使他們預期企業或機構將會對整個社會產生怎樣的積極影響和貢獻。如果公關活動能夠清晰地闡明企業社會責任、組織的使命和價值之間的相關性，企業社會責任行為成果的公共可信度將會大大提升。

CSR 和傳播似乎都基於一個同樣的假設，即：如果社會成員無法知道企業的社會責任行為成果，那麼企業的 CSR 行為將無法影響社會對該企業的認知，繼而也無法影響企業進一步深化其 CSR 管理（Coombs & Holladay, 2007, 2008）。這是因為，社會成員或傳播受眾必須真切地相信企業 CSR 的成果是真實存在的，而非人為製造的表像。對此，公關傳播即可發揮重要作用：公關可以通過對涉及 CSR 成果的信息進行實事求是的傳播，從而使社會成員或傳播受眾更多地認識到並接受 CSR 成果（Coombs &

Holladay, 2008）。當然，學者和企業管理者對在實際操作中如何結合 CSR 和公共關係的做法，始終存在疑問。即使是主張公關對 CSR 有決定性作用的人也強調，只有當企業採取的行為是從更廣泛的角度出發並賦予更長的時間要求，企業才能夠有效地將公關應用於 CSR 成果的對外傳播中，繼而使公關能夠引領企業社會責任（Artiach, Lee, Nelson & Walker, 2010）。

反對 CSR 與公共關係結合的主要依據是兩者均被認為具有「自旋」功能，即兩者均以操控手法來形成或改變社會公眾對企業的看法（Coombs & Holladay, 2007; Pleumarom, 2006）。對此，一個常用的表述為所謂的「漂」。如指某企業在「漂綠」或「漂藍」，以此顏色的符號來反映該企業標榜自己回應與支持環境保護，並願意承擔此類社會責任。當然，缺乏實質的CSR公關活動自然會引發此類的批評，造成公眾對CSR動機的懷疑及道德層面上的指責。事實上，確有企業通過公關宣傳以期起到漂洗——如從黑（污染企業）變成綠或藍（環保企業）——的效果，以至反對者通過這些例子認為公關對CSR產生負作用，CSR於是變成一種對公共關係的應用或者公關的噱頭（Pleumarom, 2006）。認為公關缺乏關注其行為的倫理意義的批評（Coombs & Holladay, 2007），由於一些企業的醜聞而被任意放大；實際上，如安然、泰科、世界電信及長生疫苗等公司的非法行為，已經大大超出了公關與 CSR 討論的範疇。

但是，如果企業或機構的管理層將 CSR 和公共關係硬性剝離開來，無疑會對企業或機構的社會責任行為的建構產生負面影響。如前所述，CSR 必須依靠雙向溝通才能奏效，特別是當企業或機構要做出負責任的行為時，與其社會成員之間的溝通將促進相互間的理解和彼此接受。這些意識和影響才是 CSR 的基石。如果摒棄公關與 CSR 之間的天然聯結，而將引領 CSR 的責任交給企業或機構的其他部門，結果只能產生所謂「蠶食效應」，即：和 CSR 有關的傳播溝通將由不擅長雙向交流傳播的其他部門來執行，也就是Lauzen（1991）所指出的「讓非公關人員來管理公關職能」的一個錯位。

關於公關應是引領 CSR 的最佳選擇的觀點，本研究至少提出一個基本的假設，即：只有通過公共關係，企業的社會責任行為才能被社會廣大公眾所理解和接受。為此，公共關係必須成為企業或機構高層管理的一部分，能夠參與企業或機構的戰略決策，並被看作是一種重要的管理職能。當然，公共關係對推進 CSR 的合理性必須被組織的全體成員認可，並融入整體戰略規劃。這便反映了公關必須作為管理行為的一部分進而被「制度化」的觀點。

## 三、研究方法

圍繞着上述假設，本研究採取了質性的比較分析方法，即：通過對公開文獻的文本分析，加之針對公關管理人員的深度訪談，描述和比較所選擇案例的社會責任傳播動因、策略和方法。

筆者選擇了中國內地的華為和香港的中華電力作為案例分析對象。華為成立於 1987 年，主營通信設備，經過三十餘年的發展，成為中國內地最大的、全球領先的 ICT（信息與通信）基礎設施和智慧終端機提供商。目前華為有 18.8 萬員工，業務遍及170 多個國家和地區，服務 30 多億人口（Huawei, 2018 Report）。作為一家民營科技公司，華為從原始資本二萬元發展到目前年銷售額達到數千億元的大型企業集團，其生產的電信網絡設備、IT 設備以及解決方案、智慧終端機在全球範圍內得到了應用。對於發展如此迅速的中國內地新興科技企業，其社會責任意識和 CSR 傳播應在中國內地的國際化私營企業中具一定的代表性。

香港中華電力自 1901 年在香港成立以來，由一家本地公司發展成為亞太區電力行業具領導地位的投資者及營運商。作為一家老牌、傳統的能源服務企業，該公司在香港業界和社會中均享有很高的聲譽，多次被評為「最具社會責任感」的企業。該公司對 CSR 傳播的推崇和運用，應是中外文化交融的經濟、政治和社會背景中的一個典型。

為了取得華為和中電 CSR 方面的第一手數據，筆者首先參閱了兩家公司官網呈現的相關文獻和公開數據，還於 2009 年 11 月至 2011 年 5 月間共五次以面談和電話交流的形式深度採訪了華為和中電負責公共關係的負責人及公關人員，每次訪談用時約45分鐘。採訪的問題大致圍繞着公司 CSR 傳播運用，如對 CSR 的認知、CSR 傳播的策略及方法、CSR 傳播效果調查、成功及不成功案例等。

## 四、華為與中華電力 CSR 傳播比較

華為的業務是在通信網絡、IT、智慧終端機和雲服務等領域，為客戶提供有競爭力、安全可信賴的產品、解決方案與服務。作為一家跨國的大型科技企業，華為所確定的願景和使命，顯現出清晰的企業社會責任感，即：「華為致力於把數字世界帶給每個人、每個家庭、每個組織，構建萬物互聯的智慧世界；讓無處不在的連接，成為人人平等的權利；讓無所不及的智慧，驅動新商業文明；所有的行業和組織，因強大的數字平台，而變得敏捷、高效、生機勃勃；個性化的定制體驗不再是少數人的專屬特權，每個人與生俱來的個性得到尊重，潛能得到充分的發揮和釋放」（Huawei, 2008 Report）。為此，華為的 CSR 傳播表現出如下四個特徵。

（一）公共關係進入了戰略管理層面並將 CSR 作為傳播戰略。作為一個超大型、跨國跨地區企業，華為的戰略管理機制頗具特色。公司董事會及董事會常務委員會由輪值董事長主持，輪值董事長在當值期間是公司最高領袖，對公司運營擁有最終決策權。華為獨有的領導人企業文化，也造就了一個獨特的公共關係管理模式，即：公關團隊的每一次決策行動，無不隱射華為創始人、總裁任正非的個人思想與行為風格。（訪談，2011a）

如此的管理文化決定了公共關係部門在公司中的戰略管理地位。例如，現任負責公司公關的公共與政府事務部總裁陳黎芳，出生於1971年，畢業於中國西北大學，1995年加入華為，歷任

公司北京代表處首席代表、國際行銷部副總裁、國內行銷管理辦公室副主任。她除了擔任華為公共及政府事務部總裁外,還是公司董事會成員及公司高級副總裁。如此的安排,部分地保證了「公關在公司戰略管理中舉足輕重的地位,也使得公關傳播成為公司運營和發展戰略的一個不可或缺的重要部分」(訪談,2011a)

根據《華為公共與政府事務部2010年五年規劃》,華為公關工作的目即是為公司「在全球獲得公平參與的機會」。為此,《規劃》要求公關活動要特別聚焦「身份的證明」,策略如:平衡市場「霸主形象」;允許正面評價和負面評價同時存在,保證主航道正面評價有60–70%;拓展傳播管道,從媒體的報導擴張到微博、微信大 V 等。針對這個工作重點,《規劃》要求在促進網絡安全、隱私保護和貿易便利化的同時,建立數個區域性的基礎平台,預防貿易風險,解決國際爭端問題,建立靈活的協作反應機制,關心國際問題及提升對世界的洞察與認知能力。《規劃》還將公關的責任範圍界定為:社區公關(所有華為運營點所住地社區關係);科技公關(投資實驗室等);市場活動融入公司價值觀;公司高層的公關關係等(訪談,2011c)。

**(二)堅持將可持續發展作為CSR傳播的主旋律。**自 2008 年起,華為每年向社會用中英文同時發佈《可持續發展報告》以披露華為的可持續發展理念和實踐,促進華為與利益相關方以及社會公眾之間的了解、溝通與互動,實現企業的可持續發展。該報告參照了全球報告倡議組織(Global Reporting Initiative, GRI)《GRI Standards》核心「符合」方案進行編寫。同時為了保證報告的可靠、公正和透明,公司聘請了外部審驗機構BV對報告進行審驗並出具獨立的審驗報告(劉嶸,2019)。筆者在搜尋相關數據資料時,發現十餘年來能像華為這樣堅持如此的規範、透明地披露數據和信息的公司,在中國內地目前實不多見。

華為主動通過年度《可持續發展報告》向社會公眾通報公司的發展狀況,實際上是讓全社會了解華為的企業社會責任理念

和措施,並持續關注和監督華為的可持續發展工作。從這個意義上看,華為的年度可持續發展報告是公司的 CSR 傳播主平台之一。關於為何將「可持續發展」作為 CSR 傳播的核心,一位擔任華為公共與政府事務部的主管解釋,「由於華為堅持國際化的理念和標準,公司高層認識到作為挑戰全世界的可持續發展議題是對公司社會責任的最大約束和指導。對華為而言,堅持了可持續發展,就是成功地擔負了企業社會責任」(訪談,2011a)

**(三)強化了環境層面的企業社會責任。**在環境保護方面,華為從綠色產品、綠色辦公、綠色經營到綠色夥伴選擇等方面堅持採取了一系列措施也取得了成效,並在每年的可持續發展報告中予以報告。例如 2013 年報告(Huawei, 2013 Report)指出,華為在綠色產品方面,堅持採取產品生態設計(Eco-design),通過一系列創新的產品架構和解決方案,如 Blade RRU、AAU、AtomCell、LampSite、LTEHaul 等,顯著降低了基站的能源消耗和排放,使無線接入設備能效得到有效改善,每戶功耗由 2010 年的 22W/Sub 下降到 2013 年的 12W/Sub,能耗改善效果明顯,為全社會的環境安全作出了有益的貢獻(學術堂,2016)。華為還嚴控材料管理,每年上報禁用物質數量一直處於穩定增長狀態,有效保證了原材料的健康、環保,同時還積極探索使用對環境友好新型環保材料,最大限度地減少對環境的影響。華為同時在包裝上制定了綠色包裝6R1D戰略,即堅持適度包裝(Right Packaging)、減量化包裝(Reduce)、可反覆周轉的包裝(Returnable)以及重複使用包裝(Reuse)、材料循環再生包裝(Recycle)、能量回收利用包裝(Recovery),從而減少了二氧化碳排量(學術堂,2016;劉嶸,2019)。據 2018 年報告,華為的產品和解決方案使得耗能降低了10-15%(Huawei, 2013 Report; 2018 Report)。

在推進綠色辦公方面,華為的措施包括:組織開展節能減排宣傳教育,制定了倡導綠色辦公踐行低碳生活意見,同時不斷地充分利用網絡和電子資源以深化無紙化辦公;結合網點裝修改造,安裝和更換綠色節能燈具,努力減少耗電量;通過精簡會議、壓縮文件、減少材料印發和現場會議召開等具體行動,實現

無紙化辦公。華為還根據自身運營特點和需求，自主開發了電能管理系統軟體，如在深圳阪田基地、東莞基地和北京環保園基地進行試點建設，以實現對用電數據的即時監控、能耗分析和精細化管理（學術堂，2016）。據報告，2018 年華為用電總量中有9億3千2百萬 kWh 為清潔能源，實現減排 45 萬噸（Huawei, 2018 Report）。

華為還推進循環經濟實踐，確保廢棄資源利用。在設計階段，華為便要求以消除廢棄物為目標，通過平台化、模組化設計，在滿足技術進步、網絡演進目標前提下，盡可能延長在網設備使用壽命。同時提供網站利舊解決方案，既減輕了客戶投資壓力，也減少網站基礎設施報廢造成的資源浪費和環境污染。華為與廢品服務供應商建立全球報廢品處理平台和可持續發展監督機制，對於不能再利用的電信設備進行一站式的拆解和處理，使電子廢棄物能夠得到環保的處理及資源循環再生，最大程度地減少填埋率（劉嶸，2019；融智，2016）。2018 年，華為報廢品中有 82.3% 得到重新利用（Huawei, 2018 Report）。華為向社會展示，公司通過開展「搖籃到搖籃」的循環經濟實踐，為資源的可持續利用擔負了社會責任。

**（四）積極履行社會層面的社會責任**。華為的一個願景即是消除數字鴻溝，確保不同地區的人們能便捷地接入語音通信（訪談，2011c）。為此，華為在當地通過聯合教學的方式，對相關人員進行專業培訓，提供客戶化的ICT應用解決方案，使不同區域、不同需求的人們及不同企業使用信息技術提升經濟水平、生活品質、生產效率和競爭力（劉嶸，2019）。截止到 2018 年12月底，華為在 60 個國家建立了 557 個全球培訓中心，共超過 4,700 名來自 108 個國家和地區的學院學生參加了華為的「未來的種子」項目，該項目也已運行了 10個年頭（Huawei, 2018 Report）。

華為還通過開展社會公益，為經營所在社區的福利、教育、環保、健康以及賑災等方面做出貢獻，積極融入當地社區，為社區創造價值，促進社區繁榮及運營所在地的可持續發展。例如，華為於 1998 年進入南非市場，一直致力於為當地客戶提供

端到端通信解決方案，並累計為當地創造了數千個就業崗位。自 2016 年起連續三年被協力廠商機構評為南非「最佳僱主」。在華為進入南非市場 20 周年的 2018 年 12 月，包括格林美音樂獎提名藝術家在內的南非知名音樂人為華為製作了歌曲《聯接凝聚你我》。這首歌以通信信息技術帶來的聯接促進團結、實現發展為主題，講述了在南非這個多元文化共依共存、不同膚色國民和諧相處的「彩虹之國」裏，一個小女孩通過聯接帶來的機會，成功從農村走向城市實現發展的故事。在活動現場，當來自南非的藝術家演唱了這首歌曲，引起當地觀眾的熱烈反響（人民網，2018）。

筆者基於有限的第一手數據，僅提煉出上述華為 CSR 傳播的一些動因、策略和措施。那麼，位於香港的中華電力 CSR 傳播的動因、策略和措施又是如何？

香港是一個高度發達的商業化社會。從上世紀九十年代開始，香港公眾開始呼喚企業或機構必須對社會負責任，並對社會做出良好的貢獻。例如，香港行政會議成員夏佳理於 2006 年提出了企業需要「投資社會」的口號。他認為，「政府可帶頭讓商界明白，實踐企業社會責任並非提供『免費午餐』，而是對和諧穩定社會的投資，讓他們享有可持續發展的營商環境。」仲良集團董事長蔣麗芸（2006）也認為，如今的企業家和實業家應該明白「取諸社會，用諸社會」的道理。

香港促進公民教育委員會 2006 年的一份報告稱，儘管香港公眾對企業公民身份和責任的認知度並不高，但大多數企業是支持這些 CSR 原則的（Frost, 2007）。有調查顯示，23% 的受訪企業管理者知道「企業公民」這一概念，9% 的受訪者確認其所服務的企業設立了制度化的部門專責實施、檢測以及評估企業的「企業公民計劃」。

在香港如此的社會文化環境中，中華電力（CLP）在建構與傳播其企業社會責任方面顯現了自身的特點。作為一家傳統的能源企業，中電在企業公民方面似乎享有良好的聲譽。根

據 2005 年 3 月由香港《社會、經濟和環境》進行的一項調查，中華電力和香港地鐵、國泰航空、滙豐銀行、恒生銀行共同被評為香港最具企業道德和社會責任的企業。中電還於 2005 年被十所大專院校的學生選為全港五大「良心機構」之一（中電集團，2008）。

為了對中電的 CSR 傳播進行深度案例分析，本研究設計了如下兩個相關的研究問題：一是在決策與管理層面上，企業社會責任的概念是如何被植入企業文化與價值體系中，並據此是如何制定有關企業社會責任的決策的；二是在操作層面上，有關企業社會責任的活動是由誰負責，及如何策劃、實施、評估和宣傳的。

## 決策與管理層面分析

首先，中華電力的高層管理似乎充分認識到中電成為企業公民的重要性。中電總裁及時任執行官包立賢在中華電力網站的獻詞中稱，中電雖然要持續為股東創優增值，恪守企業管治原則，但對於社會及環境亦責無旁貸，履行應有的企業公民責任，從不懈怠；為此，中電支持及舉辦的社區活動與日俱增，為社會上的貧困人士送上關懷（訪談，2009）。

其次，公司目標和使命聲明也反映了公司對社會責任的高度重視。其公示的使命為：成為亞太區電力行業中具領導地位的投資者和營運者。而目標是：為股東創優增值；為客戶提供世界級品質的產品和服務；為員工提供安全、健康及理想的工作環境；為業務所在地區的經濟及社會發展做出貢獻；以負責任的態度管理集團所有業務和工程項目對環境造成的影響。

再次，公司「價值體系」也建立於合法合規理財、誠實審慎經營和擔負社會責任等核心價值之上。據此，公司明確承諾要：以人為本；關心社群（如為用戶提供安全和可靠的能源服務，支援業務所在地區的經濟和社會發展）；做一個良好企業公民；愛護環境；重視表現；循章守法（如奉行高水平的企業管治、誠信

及透明度標準，並願意為捍衛標準而放棄業務發展機會或利益）；以及重視知識創新（訪談，2010）。

值得強調的是，公司對其利益相關者（包括員工、客戶、社群、股東、業務夥伴、供應商、政府和監管機構等）做出的承諾，也體現了公司的社會責任價值取向。例如，對社群的承諾包括（但不限於）：支持業務所在社區的發展，為制訂妥善的公共政策和法例做出貢獻，以平衡各業務所在地區的社會、經濟及環境需要，參與有關能源事宜的公共教育，積極參與社區活動，以及竭盡企業公民的責任（訪談，2009；2010）。

中電有關傳播溝通的承諾顯得特色鮮明。這項承諾強調，要建立開放和透明的傳播管道，細心聆聽包括客戶、專家、學者、社會活動、政府官員等有關人士的意見，並定期考慮及討論這些意見，及時回應他們關心的問題。為此，公司明確規定定期就以下事項和有關公眾進行充分的交流：(1)可能對員工、客戶、投資者、合作夥伴、環境、社群或其他有關人士構成影響的業務發展；(2)公司業務對經濟、社會和環境已經或可能造成的影響；(3)業務開展的目標、策略和進展。比如，在和公司股東——公司的擁有者——溝通時，公司採取主動和開放的態度，定期或不定期地公開公司在企業社會責任上的策略、行動和結果，以直接尋求股東的回饋意見。據中電的公佈，2004年5月就接待了約2,200名股東的來訪。中電還通過公司年報公開與 CSR 相關的信息。這份承諾和中電與股東溝通的態度與做法，充分表明了其重視雙向傳播交流在 CSR 中所起的重要作用。

對此，中華電力常務董事阮蘇少湄(2005)解釋：「作為香港主要的公用事業機構，中電是市民公認的良好企業公民。在過去的一百多年以來，中電都秉承這一系列的企業價值觀，作為我們服務香港的基本原則。」同時，她還說：「我們深明自己的社會責任。在營運的每一個環節，中電都秉持極高的環保要求。」

顯然，CSR 已然成為中電企業文化的一個重要組成部分，不僅得到了公司領導的有力支援，也被企業員工普遍認同，成為一

種集體行為。在此過程中，雙向傳播溝通模式的確立和有效運作也為中電 CSR 的實施奠定了堅實的基礎，起到了良好的績效保障作用。

有證據顯示，中電負責溝通的公共事務處在公司社會責任戰略中發揮了舉足輕重的作用。該處在中電內實際上承擔了公關部的職能，如負責傳播溝通、企業社會責任、企業公民方面的事務。中電之所以用「公共事務」來取代「公共關係」，是因為除了和社會公眾、傳媒及內部人員溝通外，中電另一個最重要的溝通對象是政府行政部門。作為一個受政府監管的電力公司，它必須保持和政府間的信息傳遞和雙向交流，以確保及時將公司的信息傳至政府，同時將政府的有關回應、規定、措施等在第一時間內回饋給公司高層。另外值得指出的是，中電逐步用企業公民（Corporate Citizen）取代了企業社會責任。對此，公共事務經理李凌君向筆者解釋，「CSR 範疇過於廣泛，以至難以代表企業行為的最終目的，而只是一種達到目的的方法，所以用企業公民更為準確」（訪談，2009）。

無疑，中電的公共事務處是該公司社會公民責任的主要推動者。該部門對內負責制定有關政策、方針及策略，策劃、實施及評估相關活動，同時動員和組織管理層和職工積極參與；對外，公共事務處擔負了將公司的企業公民設想、規劃和實施結果公佈於眾的責任。此外，該部門還負責搜集最佳企業公民案例，以此作為公司企業公民活動的基準參照，以便衡量公司在這方面所做的努力和成就。當被問及公共事務處在公司管理鏈條上的地位時，事務處主管劉玉燕肯定地說：「作為部門主管，我是公司高層管理人員之一，直接向 CEO 彙報，並參與公司重大決策和政策的制定過程」（訪談，2009）。

## 操作層面分析

如何有效地實施 CSR 核心價值和策略的關鍵之一是操作。對此，中電表現出積極開展社會責任傳播活動的價值取向。在其

公共事務處的領導下，該公司開展了一系列社會責任傳播活動，並希望通過這些活動表達，CSR 對中電而言不僅是一種管理理念，更重要的是一種管理實踐。為此，僅 2008 年一年間，公司就在香港組織了 300 多項公益活動（可持續發展報告，2008）。其中包括：

(1) **社會活動**——中電 2005 年簽署了《香港企業社會責任約章》，承諾在未來為市民及社會帶來更積極和更正面的影響。在關心社群方面，中電向政府和相關非政府機構提供資金、實物及人力，協助其舉辦關懷弱勢社群為主旨的公益慈善活動。例如，中電曾與香港社會服務聯會（社聯）合辦「健康滿載、耆樂融融」活動，旨在幫助香港的老人認知健康生活。在「腦有所為」行動中，公司舉辦了 160 多次不同形式的宣傳活動，把健康訊息傳給近 2 萬名老人，並成功募捐了逾百萬港幣的善款，為五千多名老人提供免費健康測試。另外，公司也鼓勵員工以個人身份參與社區義務工作。該公司的義工隊於 1994 年成立，現在成員已經超過 600 人，是香港規模最大的企業義工隊伍之一，在香港社區中受到普遍讚譽。

與此同時，中電將協助政府、非政府機構和社會團體進行青少年教育，作為其 CSR 的一項長期重點工作。其中，「中電新力量」已經成為一個品牌項目。該計劃自 1999 年推出後，吸引了共有 1,000 名青少年學生參與。培訓計劃不僅幫助參與者學習領導技巧，也通過加入適當的 CSR 內容和活動培養了他們的社會責任感，如安排參與者考察相關環保設施，加深他們對可持續發展重要性的了解和認知。該計劃還通過校內展覽和網上活動，使得數萬名學生對該計劃所傳遞的 CSR 信息和知識取得認知（中電新聞稿，2009）。中電的另一個品牌計劃是「希望小學」計劃。該計劃始於 2001 年，目的是幫助中國內地偏遠地區的兒童有機會上學接受基礎教育。迄今，中電共捐助九所希望小學，先後落成啟用。

第二部分 西方公關理論與中國企業公關實踐調和

中電的社會公益活動還包括了資助大眾藝術文化生活。2007年,中電曾獨家贊助由法國駐港領事館舉辦的一年一度的「法國五月藝術節」音樂會。公司還與「香港小童群益會」結盟,每年幫助五十名來自低收入家庭的青少年接觸並學習欣賞古典音樂,以提升藝術修養。

(2) **環保活動**——作為一家傳統的能源公司,中電將「可持續發展」作為公司的 CSR 核心價值。對此,公共事務處時任主管劉玉燕強調,公司組織的企業公民和 CSR 的活動對增強公民的環保意識取得了較明顯的社會效果(訪談,2010)。中電環保工作的主要目標包括:推遲氣候轉變,分享環保知識和經驗,推廣清潔能源效益。具體策略為推廣液化天然氣,減少煤燃燒產生的排放物,發展可再生資源,推廣節能,並通過社會和環境報告主動公開公司在環保方面的舉措和業績。

中電的研發也着力貫徹了社會責任指導下的環保節能原則。其對可再生能源(包括水能、生物質能、風能等)的研究已形成公司研發的主體,特別是對海上風力利用研究,在香港獨領風騷。其研發的結果也得以較快地融入新能源的開發與使用,如:1996 年率先引入天然氣發電。此外,公司還為客戶安裝脫硫除氮裝置,減少空氣污染。

顯然,中華電力社會責任戰略的實施,在操作層面上已經形成一個相對穩定的整合體。跨部門的有機配合為戰略、策略、計劃的實施提供了一個長效機制。企業公民和 CSR 活動在公共事務處的領導下有序、有制、有效開展,並取得了一定的成績,為中華電力的可持續發展打下了良好的基礎。

## 五、結語

企業社會責任理論的一個重要假設是,可持續發展的社會環境能夠幫助企業的興旺和發展,並使客戶受益;而可持續發展

的社會環境必須靠企業與社會共同的努力方可成為現實(劉嶸，2019)。據此，社會環境和企業發展可謂「唇齒相依」。華為之所以在短期內得以迅速發展，部分地得益於其以可持續發展為企業社會責任的戰略指引；中華電力能夠在香港百年不衰是因為公司將企業的社會責任放在了戰略管理的高度。

華為和中華電力的案例還表明，任何一個以社會責任為己任的企業，都應將成為良好的「企業公民」作為公司的長期發展戰略，而有效實施這一戰略就必須將企業社會責任傳播作為公共關係的一個戰略性與操作性功能。為此，企業社會責任傳播不僅應該在與利益相關者溝通的過程中採用開放透明和雙向對等的模式，也應將對更廣泛意義上的利益相關者的關注納入體現其社會責任戰略的社會與公益活動中，並通過互動和交流，形成朝着企業管理的最高標準邁進的合力。無疑，要想實現這一理想結果則離不開服務於 CSR 戰略的公關制度化(Coombs & Holladay, 2008; Frandsen & Johansen, 2013; Moreno, Verhoeven, Tench & Zerfass, 2010; Wakefield, Plowman & Curry, 2013)。對此，本文通過對華為和中電的案例分析提出了如下四點啟示。

首先，一個長期的 CSR 戰略必須建立在企業與社會的價值觀同步的核心價值和基本原則的基礎上，並充分融入企業文化中，得到上至管理層、下至普通員工的「集體認同」。唯此，才能產生自覺的「集體行動」。在這方面，華為和中華電力特色鮮明，但殊途同歸：兩個公司均始終強化了可持續發展的價值取向。

其次，公關在引領 CSR 戰略形成與實施方面具有獨特的作用。除其傳統上公認的傳播功能外，公關必須被認可具備推動社會責任戰略的重要的、獨特的、戰略性決策和管理功能。鑒於公關和 CSR 之間的自然契合性，公關無疑是引領企業 CSR 的一種最佳選擇。例如，華為十多年中堅持通過可持續發展報告發佈公司在履行生態保護和社會層面的社會責任負面的數據，不僅鼓勵了社會和利益相關者對公司的監督，也有效地成為公司實行 CSR 戰略的對標，使得企業社會責任傳播實現了對內對外的雙向溝通。

再次，一個能夠有效引領企業社會責任長效行為的公關，應是「制度化」的公關機制(Coombs & Holladay, 2008)。如華為和中華電力所示，公關在 CSR 傳播以及 CSR 戰略的決策與實施上，已然呈現了制度化的趨勢。具體表現為：(1)公司公共關係部門在企業社會責任和企業公民方面起着主導和引領的作用，並擔負着決策方面的管理職能和實施、評估、宣傳方面的職能；(2)公關部門的主管已成為企業高層管理職員之一，參與公司主要決策的制定過程；(3)公司在由公關人員設計並表述的企業目標、使命聲明中，均將企業公民列為主要內容、提出相應的要求和程序，並將這些表述正式納入企業文化、價值體系之中，從而使企業公民和CSR的實踐「合法化」，從而在體制上奠定了 CSR 傳播「制度化」的基礎；(4)公司社會責任傳播的制度化賦予了公關部門較高的自主權力，以確保其發揮真正意義上的戰略傳播作用。

最後，即便如華為和中電如此成功地實施了社會責任戰略和傳播的企業，也必須不斷地加強與不斷變化需求的社會或利益相關者之間的互動。儘管 CSR 傳播的制度化具有制度轉型的意義，但誠如時任中華電力公共事務處主任劉玉燕所擔心的：由於企業公民和 CSR 的實踐是一個充滿生機和不斷變化着的過程，企業社會責任傳播的「過度制度化」易使 CSR 實踐失去活力和創新。據此，一個值得強調的原則是：企業社會責任傳播溝通應是一個具備活力的「專業過程」，必須避免成為一種僵化的「機制職能」。

必須指出的是，在中國內地企業社會責任的傳播目前仍然處於初始階段。除了傳統的公關功能需要在戰略與操作層面得以足夠重視外，當涉及到 CSR 傳播時，還存在另一常常令企業管理層困惑的問題，即：在何種程度上公眾可期待企業在滿足其自身經濟利益的同時惠及社會？對此，筆者期待出現更多、更加深入和客觀的研究。

# 參考文獻

人民網（2018）。〈華為進入南非市場20周年〉，12月7日。見http://world. people.com.cn/n1/2018/1208/c1002-30451210.html。

中國社工協會企業公民委員會（2014）。《從邊緣到主流：2014中國企業社會 責任從業者職業狀況報告》。北京，中國社工協會企業工委員會。

中電集團（2008）。《可持續發展報告——精要》。見www.clpgroup.com/tc/ sustainability/sustainability-reports?year=2008。

阮蘇少湄。〈中華電力在營運的不同層面都貫徹執行企業的價值觀——以人 為本、關心社群、愛護環境、重視表現、守法循章以及重視創意和知 識〉，見www.caringcompany.net. 2005.

夏佳理（2008）。《投資和諧穩定的社會》，見www.caringcompany.net。

訪談（2009）。與中華電力公關部主管，11月23日，香港。

訪談（2010）。與中華電力公關部項目主任，7月5日，香港。

訪談（2011a）。與華為公共與政府事務部主管，1月12日，深圳。

訪談（2011b）。與華為公共與政府事務部專案經理，1月13日，深圳。

訪談（2011c）。與華為公共與政府事務部公關人員，3月22日，香港。

陳佳貴、黃群慧、彭華崗、鍾宏武等著（2011）。《中國企業社會責任研究報 告》，中國社會科學院經濟學部企業社會責任研究中心。北京：社會科 學文獻出版社。

程多生（2013）。聯合國全球契約是企業社會責任的重要國際平台。全球契 約中國網絡。「全球契約」是1999年初聯合國秘書長安南倡議的。次 年，聯合國全球契約（UNGC）活動正式啟動，要求企業承擔起社會責 任。迄今，全球已有約2,500家企業、商會、非政府組織成為其成員。見 www.gcchina.org.cn/view.php?id=1837

劉嶸（2019）。〈華為可持續供應鏈發展歷程及啟示〉，《財會月刊》第17期， 143–149頁。見DOI: 10.19641/j.cnki.42-1290/f.2019.17.022。

蔣麗芸（2006）。〈友善鼓勵、多作表揚〉。見http://www.caringcompany.net。

學術堂（2016）。《華為公司社會責任履行現狀》，第 3 章，華為公司基於 社會責任的品牌建設現狀分析，11月21日。見www.lunwenstudy.com/ yyshehui/117313.html。

融智（2016）。〈北京融智企業社會責任研究所所長王曉光博士對華為 的責任採購模式點評〉，3月30日，見www.weibo.com/ttarticle/p/ show?id=2309403958697805096634。

鍾宏武、孫孝文、張蕙、張唐檳著（2010）。《中國企業社會責任報告編寫指南 （CASS-CSR1.0）》。北京：經濟管理出版社。

Alliance, G. (2004). Global Alliance for public relations and communications management position statement on corporate social responsibility. Retrieved March 10, 2008.

Aras, G., Aybars, A., & Kutlu, O. (2010). Investigating the relationship between corporate social responsibility and financial performance in emerging markets. *Managing corporate performance, 59*: 229–254. DOI:10.1108/17410401011023573

Artiach, T., Lee, D., Nelson, D., & Walker, J. (2010). The determinants of corporate sustainability performance. *Accounting and Finance, 50*: 31–51. DOI:10.1111/j.1467-629X.2009.00315.x

Baird, P. L., Geylani, P. C., & Roberts, J. A. (2012). Corporate social and financial performance re-examined: Industry effects in a linear mixed model analysis. *Journal of Business Ethics, 109*: 367–388. DOI:10.1007/s10551-011-1135-z

Becchetti, L., & Trovato, G. (2011). Corporate social responsibility and firm efficiency: A latent class stochastic frontier analysis. *Journal of Productivity Analysis, 36*: 231–246. DOI:10.1007/s11123-011-0207-5

Borges, M. L., R. Anholon, R. E. Cooper Ordoñez, O. L. G. Quelhas, L.A Santa-Eulalia & W. Leal Filho (2018). Corporate social responsibility (CSR) practices developed by Brazilian companies: An exploratory study. *International Journal of Sustainable Development & World Ecology, 25*(6): 509–517. DOI: 10.1080/13504509.2017.1416700

Cadez, S., & Czerny, A. (2016). Climate change mitigation strategies in carbon intensive firms. *Journal of Cleaner Production, 112*: 4132–4143. DOI: 10.1016/j.jclepro.2015.07.099

Carroll, A. B. (1999). Corporate social responsibility: Evolution of a definitional construct. *Business & Society, 38*(3): 268–295.

Coombs, W. T. & Holladay, S. J. (2008). Corporate social responsibility: Missed opportunity for institutionalizing public relations? Paper presented at the Euprera 2008 Congress, 16–18 October, Milan, Italy.

Coombs, W. T., & Holladay, S. J. (2007). *It's not just PR: Public Relations in Society* (pp. 37–45). Malden, MA: Blackwell Publishing.

Epstein, M. J., & Rejc-Buhovac, A. (2014). *Making Sustainability Work, Best Practices in Managing and Measuring Corporate Social, Environmental, and Economic Impacts*. Sheffield, UK: Greenleaf Publishing Limited.

Erhemjamts, O., Li, Q., & Venkateswaran, A. (2013). Corporate social responsibility and its impact on firms' investment policy, organizational structure, and performance. *Journal of Business Ethics, 118*: 395–412. DOI:10.1007/s10551-012-1594-x

Frandsen, F., & Johansen, W. (2013). Public relations and the new institutionalism: In search of a theoretical framework. *Public Relations Inquiry, 2*(2) 205–221. DOI: 10.1177/2046147X13485353

Frost, S., (2007). Hong Kong companies support corporate citizenship under Hong Kong Governance. CSP.

Galant, A., & Cadez, S. (2017). Corporate social responsibility and financial performance relationship: A review of measurement approaches, *Economic Research-Ekonomska Istraživanja, 30*(1): 676–693. DOI: 10.1080/1331677X.2017.1313122

Gallardo-Vázquez, D., & Sanchez-Hernandez, M. I. (2014). Measuring corporate social responsibility for competitive success at a regional level. *Journal of Cleaner Production, 72:* 14–22. DOI: 10.1016/j.jclepro.2014.02.051

Grunig, J. E. (1992). Communication, public relations, and effective organizations: An overview of the book. In Grunig J. E. (Ed.), *Excellence in Public Relations and Communication Management* (pp. 1–30). Hillsdale, NJ: Lawrence Erlbaum Associates.

Hedblom, D., Hickman, B. R., & List, J. A. (2019).Toward an understanding of corporate social responsibility: Theory and field experimental evidence. NBER Working Paper No. 26222. DOI: 10.3386/w26222

Huawei (2008–2018). *Sustainability Report.* www.huawei.com/en/about-huawei/sustainability/sustainability-report.

Husted, B. W., & Salazar, J. D. J. (2006). Taking Friedman seriously: Maximizing profits and social performance. *Journal of Management Studies, 43*(1): 75–91.

Lauzen, M. M. (1991). Imperialism and encroachment in public relations. *Public Relations Review, 17*(3): 245–255.

Maignan, I., & Ferrell, O. C. (2004). Corporate social responsibility and marketing: An integrative framework. *Journal of the Academy of Marketing Science, 32*(1): 3–19.

McWilliams, A., Siegel, D. S., & Wright, P. M. (2006). Corporate social responsibility: Strategic implications. *Journal of Management Studies*, 43(1): 1–18.

Moloney, K. (2006). *Rethinking Public Relations: Pr Propaganda and Democracy* (pp. 5–9). New York, NY: Routledge.

Moreno, Angeles Piet Verhoeven, Ralph Tench, & Ansgar Zerfass (2010). European Communication Monitor 2009. An institutionalized view of how public relations and communication management professionals face the economic and media crises in Europe. *Public Relations Review, 36:* 97–104.

Pleumarom, A. (2006). What's wrong with corporate social responsibility? www.wild wilderness.org/content/view/197/60/

Sahut, J., Peris-Ortiz, M. & Teulon, F. (2019). Corporate social responsibility and governance. *Journal of Management of Governance, 23:* 901–912. DOI:10.1007/s10997-019-09472-2

Shahzad, A. M., Mousa, F. T., & Sharfman, M. P. (2016). The implications of slack heterogeneity for the slack-resources and corporate social performance relationship. *Journal of Business Research, 69*(12): 5964–5971.

Wakefield, R. I., Plowman, K. D., & Curry, A. (2013) Institutionalizing Public Relations: An International Multiple-Case Study, *Journal of Public Relations Research*, 25:3, 207–224. DOI: 10.1080/1062726X.2013.758584

Werther, W. B., & Chandler, D. (2006). *Strategic Corporate Social Responsibility: Stakeholders in a Global Environment*. Sage publications.

# 9.
# 訴訟公關與快速成長中的
# 中國內地企業

## 一、引言

　　近來，訴訟公關(Litigation Public Relations)正在成為公共關係理論與實務研究的一個熱門話題(Kishanthi, 2019)。部分的原因是司法訴訟的同時愈來愈多地受到大眾化的「輿論審判」，甚至在美國和大部分西方國家，儘管案件由陪審團作出判決，然而最終真正具有歷史影響意義的審判大多是由輿論界定奪的(Fitzpatrick, 1996; Parella, 2019; Yoshinobu, 2007)。箇中原因十分簡單，任何一個案件的審判都是媒體事件，媒體對審判的報導構建了其重要性。在中國內地，大型國營企業、民營企業甚至公益機構受到法律訴訟而導致公關危機的事例近期也頻頻發生，包括了但不限於反壟斷訴訟、企業併購欺詐訴訟、上市公司違規訴訟、環境公益訴訟，其中最令企業高層頭疼的當屬大量的行業競爭導致的惡意訴訟和專利訴訟(崔忠武、郭斌、李雲峰，2016)。無論法庭審判的結果如何，受到訴訟的企業或機構甚或領導人很難避免公眾的輿論審判，繼而必須面對企業或機構造成的形象及信用危機。有些訴訟當事人即便在法庭勝訴，在輿論中卻成了所謂「糟糕的贏家」(Bad Winner)。

為了保證在「輿論法庭」得到公正和有利的審判結果，訴訟公關便悄然成為一種「服務於訴訟的、實施專項危機傳播管理」的公關實踐 (Gauri & Brinks, 2008; Gibson & Padilla, 1999; Parella, 2019)。現代組織與企業的發展呼喚着訴訟公關，後者不僅為前者的健康成長提供有力的保障，也為現代社會遵循公開、公正和公平原則起到積極的作用。那麼，訴訟公關顯現了哪些基本原則和特徵？中國內地的企業和企業家又該如何對待訴訟公關？訴訟公關需要怎樣的學理探究？對這些議題，本章提出一些粗淺的觀察和分析。

## 二、訴訟公關的基本原則

訴訟公關是隨着公共關係實踐的不斷擴展應運而生的。正是由於企業和機構在受到法律訴訟時往往要面臨雙重審判，即：源於法庭內的司法審判和來自公共輿論場的輿論審判，公共關係便因而需要介入訴訟當事人的訴訟管理。Haggerty (2003)將如此的公關活動定義為「在司法訴訟中為了影響訴訟結果或訴訟當事人整體聲譽的傳播管理」。因此，公關學者和公關專家們也稱之為「訴訟傳播」(Litigation Communication)，並常常將其納入危機傳播和戰略公關範疇內考察和策劃。

儘管公關學界迄今尚未形成一個既有學理意義又能得到實踐支撐的定義，但對訴訟公關至少產生了以下五方面的初步共識：

第一，訴訟公關的行為主體不僅是公關與傳播專家，也包括參與訴訟的法律專家，關鍵是兩者的有機結合，而非各行其是。由於訴訟公關要求公關傳播與司法辯護兩種專業質素和技巧在同一平台上形成合力，其管理團隊就必須體現出高度的一體性、專業性和整合性(Beke, 2014)。

第二，訴訟公關的行為客體或工作對象是所謂的「隱性公訴人」。美國和西方國家的實踐表明，任何一個企業或機構甚或個

人，一旦涉嫌遭到甚至面臨起訴，除了要應對依照法律程序行使調查和檢控權利的「顯性公訴人」。即：除了檢察官外，被告同樣要面對影響着輿論的媒體，後者便成了另一個公訴人（The Other Prosecutor）。因此，訴訟公關活動的一個核心部分即媒體關係（Fitzpatrick, 1996）。

第三，訴訟公關所處的傳播環境或生態由於其獨特的專業要求而顯得特殊。媒體主導下針對被告的「輿論審判」，遵循的是與司法審判相悖的原則，如：司法審判強調「無罪推定」原則，輿論審判則依照「有罪推定」邏輯；如果説制約前者的是「法律面前人人平等」，而後者卻由於「輿論自由」而無所顧忌。如此審判程序上的錯位，確定了訴訟公關的客觀背景。無疑在如此背景中，「負面新聞」及隨之產生並伴隨着整個訴訟過程的「負面輿論」成為訴訟傳播的首要挑戰（Gibson, 1998; Welch & Teranishi, 2009）。

第四，訴訟公關的目標，原則上是在客戶涉及司法調查和訴訟的情況下，通過與媒體及利益相關者的互動，確保其能夠在「輿論法庭」中處於最有利和最具説服力的位置。具體而言，訴訟公關團隊應：(1)全力應對負面報導；(2)力爭向公眾全面表述客戶的立場和觀點；(3)力求媒體對原被告的報導趨於平衡；(4)幫助媒體和公眾理解複雜的司法問題；(5)淡化敵視氛圍和負面情緒；(6)協助解決爭端（Fitzpatrick，1996）。

第五，訴訟公關活動雖可包含多種多樣，但關鍵步驟似乎有三：第一步是在第一時間成為媒體的「消息來源」，以便與媒體從一開始便建立相互信任的關係。第二步是盡力控制其他可能向媒體傳送信息的訊息源，以保證媒體接受的信息不混亂。第三步是儘快形成能夠支援客戶辯護立場的陳述，並將其傳遞給媒體和公眾。（Fitzpatrick, 1996; Haggerty, 2003; Reber, Gower, & Robinson, 2006）

理論上講，現代法制社會中的任何一個企業、機構和個人都不同程度地存在着涉及訴訟的可能；同時，隨着大眾傳媒的迅

速發展，也存在着一旦涉及訴訟——特別是成為被告——就會形成「負面新聞」的可能。但是，訴訟公關成為嚴格意義上的一種公共關係實踐，卻得益於上個世紀末以來美國發生的具有全球新聞價值的訴訟，比如美國前總統克林頓的「拉鍊門」所引發的「干擾司法調查」訴訟、搖滾巨星傑克遜的涉嫌對未成年人非禮等。美國歷史上最受公眾關注的刑事審判案件是美國加利福尼亞州最高法院 1994 年對前美式橄欖球球星 O. J. 辛普森的刑事訴訟。作為美國家喻戶曉的名人，辛普森被指控謀殺其前妻妮克爾·辛普森及其好友羅納德·高曼。在經歷了創加州審判史紀錄的長達九個月的馬拉松式審判後，辛普森在法庭上被判無罪。此次審判期間及審判結束後，美國乃至全球的媒體以鋪天蓋地的方式報導了訴訟全過程(Beke, 2014, pp. 92-94)。所有這些具有轟動效應的訴訟，都不同程度地彰顯了訴訟公關的力度，並形成了一個初步共識：如果忽視媒體，即便在司法法庭取得無罪辯護成功，也會由於「輿論法庭」的有罪判決而損失慘重。

## 三、訴訟公關的學理意義

正因為如此，公關從業者和學者對方興未艾的訴訟公關予以極大的關注。儘管學界對此課題系統的研究剛剛展開，但現存的研究(大多基於美國和西方訴訟公關的案例)至少提出了如下七個關於訴訟公關內含學理意義的基本假設和觀察。

第一，飛速發展的傳播技術和商業化的娛樂文化構建了訴訟公關的特殊傳播生態。隨着傳統媒體愈來愈傾向於滿足大眾娛樂的胃口，更隨着社交媒體和「自媒體」的四面開花(Radhakant & Diskin, 2013)，任何企業和組織機構都無法忽視訴訟公關。有研究表明，在過去的十年中，工業發達國家(特別是美國)媒體對司法訴訟的即時和長時間的跟蹤報導，已經超過了歷史上的任何時期(Reber, Jennifer & Robinson, 2009)。所謂「另類公訴人」的身份愈來愈強悍，對「道德法庭」的議程確定作用也愈來愈強勢。大致四類訴訟(適合人們飯後茶餘談論的、極度兇殘或匪夷所思

的、名人受害的、名人涉嫌的)幾乎百分之百地受到媒體的青睞，涉訟者無一例外地不得不面對由媒體建構和主導的公共輿論法庭並接受其審判。

第二，訴訟公關仍屬大眾傳播範疇。訴訟公關的新聞性和社會性決定了傳統大眾傳播的目標設定、模式構建、戰略策劃、操作策略和績效評估等方面對其的高度適用性。訴訟公關的目標是構塑一個有利於涉訟者的形象和身份，其模式基本參照了傳播的「S-M-C-R」模式(Janse, 2018)。其中：

(1) **信息源 (S)**——包括公關和傳播管理人員、特定對外發言人、律師、訴訟當事人、記者、編輯以及其他「利益相關者」；

(2) **信息（M）**——指記者——往往是司法記者(Legal Correspondent)——和專家——往往是應司法記者之邀發表專業評論的司法或技術專家——就訴訟內容、形式、範圍甚至「內幕」在媒體發表的描述和分析；

(3) **傳播管道 (C)**——通常涵蓋了現代大眾傳媒如電視、廣播、報紙、雜誌、網絡、新聞發佈會、特別活動以及其他專業傳播活動；

(4) **目標接受群（R）**——主要限於參加司法審判者(在美國和其他西方國家主要是陪審團)、媒體的「把關者」、輿論領袖和一般公眾。

除此之外，訴訟公關在戰略制定和策略實施方面並沒有超出大眾傳播的原則要求(李，2015；賴2012)。

第三，訴訟公關體現了有別於一般傳播的特殊屬性和要求。其特殊性主要反映在三方面。其一，體現於其對常規性公關、危機傳播、媒體關係、社區關係、媒體法制以及傳播的規範、倫理和規則等的綜合與專業運用(Gibson, 1998)。一個有效的訴訟公關的起點必須是制定一個基於「全面、協調和整合」諸項原則的公關計劃，不可偏廢任何一方。例如，美國法律界傾向於接受電

子信息（如官方與個人網站、手機短信、電子郵件、社交媒體聊天、視頻、公共和個人攝像監測等）作為庭審證據陳列以及控辯雙方可進行「電子發現」（E-discovery），這就要求訴訟傳播管理者在管理和使用電子信息及防範惡意電子發現方面，與法律專家、機構管理者等協同應對，而任何由公關專家單打獨鬥的訴訟公關必遭挫折（Myers, 2017）。其二，體現於其對傳播管理者的特殊專業素質要求。訴訟公關有別於其他領域，所涉及的是一個司法訴訟的全過程。任何一種司法制度和法律實務難免複雜，專業性極強。有效的訴訟公關便要求公關專家通曉法律傳統、規範、條文、案例、程序，甚至熟悉案件調查和取證的方法，然在一般的公關從業人員中能勝任者寡（Luber, 2019）。其三，體現於其對傳播信息內容和管道的特殊要求。由於法律邏輯嚴謹、表述全面和語言格式化的特點，如果公關傳播照搬法律文書、照抄律師陳述詞，必定令大多不具專業知識的受眾難以理解，或者知其然而不知其所以然。鑒於法庭調查、控辯及判決等過程大多不對媒體開放或者部分開放，新聞記者（特別是司法記者）必定想方設法從各種管道獲得相關信息，這為訴訟公關的傳播人員建立和管理媒體關係提供了一個特別的有利條件。一個有效的訴訟傳播一定是能夠使用受眾最可理解的通俗文字和表述方式（如提供法庭素描系列）以及及時向司法記者提供相關信息（Welch & Teranishi, 2009）。

第四，訴訟公關在實踐中常常為了反擊來自「對手」公關的巨大壓力，大多採取雙向非對稱傳播模式。儘管大多數現存案例顯示，狹隘意義上的訴訟公關主要是涉訟當事人或原告方利用可利用的傳播平台和工具實施辯護傳播，以期對於訴訟結果產生實際的、可感受的及階段性的影響。但是，無論是檢控方還是傾向於報導負面新聞的媒體甚或利益相關者，均會形成針對原告的對手圈，並通過有計劃或無意識的公關活動製造輿論壓力，而且在「輿論法庭」中很快會形成了一個對峙的格局，同樣的傳播管道和手段可以為雙方為了不同的目的所使用（Haggerty, 2009）。這種「輿情對峙」在一般的公關活動中較為少見，訴訟公關就必須發揮其功能上的主動性：為了既定的目標或預期的結

果，既要「防禦」，更須「攻擊」，同時也必須在攻防間快速轉換。例如，儘管受到各種司法程序上的限制，政府（通常也包括調查部門）作為檢控方，為了起訴成功，往往採取向媒體「有意透露」的手法（在西方很多司法記者都與警方甚至公訴方保持了長期的聯繫，以便第一時間「獨家」披露引人注目的新聞，故而對「透露」的新聞源並不作吹毛求疵的驗證），引導輿論的方向，企圖在輿論法庭裏率先對涉嫌人進行形象詆毀、心理打擊和道德審判，以便佔有先機。作為辯方，可以同時也必須對同樣的媒體提供相反的信息，以回應控方操作的輿論攻擊（Watson, 2002; Kim, 2018）。

第五，訴訟公關似乎具有難以調和的社會不公正性。正如對公共關係在企業傳播管理中作用的批判一樣，訴訟公關也難免受到質疑和批評，其「非公正性」成為爭論的一大焦點。持此批判立場者起碼基於三個考慮。首先，涉訟人的經濟能力大小決定了其對訴訟公關利用的程度，當「金錢能夠說話」時，訴訟公關所具有的不公平性便無法避免：經濟實力雄厚的訴訟當事人便可因其在訴訟公關上的更大投入，更容易得到對其有利的司法和輿論訴訟結果（Gauri & Brinks, 2008）。其次，從另一方面看，由於媒體和公眾對「涉嫌犯罪」原生的偏見，使得旨在維護訴訟當事人——特別是被告——權利和利益的訴訟公關從一開始便在輿論法庭處於劣勢及面對「有罪推定」的結果，造成「有嘴難辨」的不公。就媒體而言，源於原告和檢控的材料和信息往往要比來自被告和辯方的否認和辯解更能吸引眼球，這些不利於被告方的報導常常引導公眾先入為主，忽視被告的辯護權利和利益（Haggerty, 2009）。最後，由於「輿論法庭」的判決往往要早於司法法庭的判決，前者所形成的「認知」難免會影響後者（在美國主要是陪審團甚至法官）的判斷，任何一個染有「先入知識」的司法審判者很難保證完全的公正斷案。也正是出於上述擔憂，西方（主要是美國）司法制度加強了對訴訟公關的規範，特別是對訴訟前的公開報導做出了限制（Myers, 2017）。

第六，訴訟公關的重點是媒體關係。任何一個訴訟公關計劃或者活動，其獲得傳播效果的一個基本要求就是保證將「與

事實相符」甚或「對我有利」的信息能夠通過大眾傳媒傳達到目標群體或者是一般公眾。與一般公共關係的操作方式相異，訴訟公關的效果或成敗更大程度地取決於傳統的所謂「媒體把關者」，取決於這些控制着大眾傳播管道「准入門檻」的人。因此，一個有效的訴訟公關管理必須得到一個長期和良性互動的媒體關係的支撐。在這個媒體關係中，除了要與傳統的平面和電信媒體中的新聞採訪和編輯人員互動，隨着互聯網和移動通訊技術的發展，也愈來愈需要應對社交媒體和自媒體的輿論領袖。特別是後者，Radhakant & Diskin (2013)的研究表明，社交媒體已經在「輿論法庭」發揮着愈來愈重要的作用，其中的輿論領袖人多為了「吸粉」或其他原因不僅充任「審判官」角色，還常常發動網上搜索（如人肉搜索）、驗證查證甚至組織公開抗議等活動，常有一呼百應的效果。如何與社交媒體建立和維護良好關係，對訴訟傳播人員挑戰尤大(Hoffmeister, 2014)。儘管公關人員也可利用社交媒體發佈和傳遞信息，甚至利用社交媒體的輿論領袖影響輿情，但如何切實有效地建立和發展與社交媒體的關係，在資源投入、技術開發、合法合規、專業倫理甚至操作指引和規範諸方面，均有待深入研究和實踐探索。

第七，訴訟公關愈來愈傾向於國際化。隨着經濟全球化的擴張，跨國企業和公司遭受跨國、跨境的訴訟層出不窮。更是鑒於各國的司法體系、制度和實踐五花八門，企業、機構或個人一旦成為訴訟當事人（無論是原告還是被告），不僅需要熟悉起訴國或地司法的法律專才，也必須啟用熟知當地媒體、文化、社會並能熟練運用適合當地訴訟傳播的公關專家。然而，由於國際與比較公共關係研究的相對滯後，更因為國際訴訟公關的特殊屬性，跨國企業或機構運用國際環境中訴訟公關的成功案例不多（美國迪士尼在上海運用訴訟公關一例近期被西方媒體津津樂道）(BBC, 2016)。箇中原因之一是能夠勝任跨國跨境訴訟公關的傳播管理專才在全球範圍內鳳毛麟角，可遇不可求。

# 四、訴訟公關對中國企業和企業家的挑戰

隨着法制和市民社會的不斷成熟和信息社會的迅猛發展，以及「走出去」戰略和「一帶一路」倡議的深入實施（賈逸鷗，2018），今天的中國企業和企業家很難避免涉訟（或作為原告、或作為被告），而一個成功的企業和企業家常常不得不在涉訟的風口浪尖上行走（崔忠武、郭斌、李雲峰，2016）。

歷經四十年的改革開放，中國內地的營商環境發生了巨大的變化，在企業與本國及外國/境外政府、企業和社會互動的過程中，涉訟的大概率已成為一個不爭的事實。特別是當部分媒體為了片面地追求所謂轟動效應而炒作所謂「曝光新聞」時，企業和企業家常常陷入難以自拔的困境，稍有不慎，組織和人文形象都會受到難以補救的負面影響，甚至一蹶不振。近期在中國內地，此類案例比比皆是。

據此，中國內地的企業和企業家在積極運用法律武器的同時，更必須慎待訴訟公關。對其至少在如下五個認知層面上應予以高度重視。

第一，涉及涉訟時不能心存僥倖。由於法制尚在不斷健全之中，部分媒體商業化及大眾消費娛樂化傾向，企業和企業家的涉訟具有愈來愈大的潛在風險，稍不留意，將會釀成災難性的後果。特別在面對一個尚未成熟的消費市場和商業文化，一旦涉訟，除了要承擔可能是高額的訴訟費用負擔外，企業和企業家的諸如形象、聲望、信譽、身份、品牌等「軟實力」將面臨更為嚴重、更為深遠的挑戰。贏了官司、輸了輿論，後患無窮。

第二，應對涉訟危機的理性選擇之一是及時並堅持運用訴訟公關。訴訟公關往往能夠在涉訟危機中起到防震減震和排憂解難的作用。企業和企業家一旦涉訟成為被告，特別是受到媒體、利害相關者、政府甚至一般大眾的關注時，危機就已然顯現。如果將其比作一次地震，那麼震中是企業的核心決策層，但震動波發散的軌跡一定呈放射形，即：由內核向邊緣，由上向下，

由內向外，由公向私，由企業向社會，由現時向未來。與應對和管理其他類別的危機一樣，訴訟公關是對企業和企業家在涉訟危機中排憂解難、化險為夷的一個重要支撐。因此，一旦涉訟，企業的高層決策者應當及時尋求於訴訟公關，並堅信訴訟公關能夠幫助企業渡過難關。

第三、訴訟公關提供的是特定的專業傳播服務。由於涉訟面對的是一個專業化要求甚高的司法體系和新聞媒體，特別是當訴訟正在進行當中時，公司應訴時所需要的專業傳播工作並非是一般公關專業人員所能完全勝任的。假若某公司的產品由於設計有誤而對使用者造成傷害，一般的公關原則要求公司在迅速「召回」產品的同時及時對「受害者」表示道歉，甚至賠償。然而一旦因此造成「傷害」而涉訟，「示歉」的態度即便會使公司在「輿論法庭」得分，卻有可能由於暗含「認錯」的法律意義而導致在司法法庭失分。這就要求訴訟公關專業人員不僅具有嫻熟的公關技巧，還要具有厚實的司法實踐知識，避免弄巧成拙。「讓專業人士做專業的事情」這一信條特別適用於訴訟公關。華為近期委託 BCW（由美國享有盛名的博雅公關 Burson-Marsteller 和凱維公關 Cohn & Wolfe 合併的 Burson Cohn & Wolfe 公關公司）協助應對美國政府的訴訟，即為一個值得稱道的例子（Cao, 2019）。

第四，訴訟公關與司法辯護相輔相成、同等重要。應該注意到，公關專業人士與辯護律師的關係是一個整合的協作關係，並非想當然中的前者對後者的隸屬關係。兩者隸屬不同的專業背景，有着各自不同的專業要求，因此彼此只能相互支撐，而非各自為政甚至相互排斥。再延伸上面的例子，關於「公開回應」和「無可奉告」都存在着涉訟公關和司法辯護上的「難處」：對前者，無可奉告在「輿論法庭」往往等同於「認罪」；對後者，貿然回應可能會導致司法法庭的「定罪」。只有雙方在一個平等的平台上通力合作，對具體情景進行具體分析和具體對待，才能使得訴訟公關和司法辯護雙雙勝出。西方現在愈來愈通行的做法是：委託律師/法律顧問聘請公關顧問，或者相反委託公關顧問聘請律師，而非涉訟者自己「分而聘之」。

第五，訴訟公關應納入企業的戰略管理機制。任何企業都應該將包括訴訟公關在內的公共關係作為企業管理的一個戰略部分，長期經營，以免臨時抓瞎、因小失大。特別是涉訟概率相對較高的企業更應該未雨綢繆。在今天的中國內地，此類企業包括：社會敏感型產業如製藥、房地產、玩具和家電等；勞力密集型如紡織品、建築業、餐飲業等；短時間內實現「超常規」增長或者企業家高頻「曝光」的如煙草、白酒等企業；以及擴張迅速的金融和高科技企業。企業高層領導應定期舉行有傳播和法律顧問參與的戰略管理諮詢會議，就公司發展計劃和行動的司法意義以及所需要的常規性公關、危機傳播、媒體關係、社區關係、議題管理等形成共識、制定實施計劃並予以經常性評估與檢測，真正做到有備無患，遇事不亂。

## 五、研究展望

訴訟公關的實踐在中國和全球方興未艾，但公共關係和大眾傳播學界的研究尚未與時俱進。這一愈來愈重要的研究領域需要更多的公關學者根據實踐予以學理探究，以便更有效地引導其健康發展。

依筆者的觀察，公關學者似可針對如下四個訴訟公關議題進行理論檢驗和實踐創新。

其一，訴訟公關的戰略地位。由於訴訟往往涉及了企業或機構近期和中長期的重大利益，對其管理必須是一種戰略性、決策性的管理過程，似乎只有賦予訴訟公關戰略決策和管理的地位，才能為訴訟保駕護航。那麼，如何才能真正地實現訴訟公關的戰略性地位？現存的戰略傳播的原則是否適用？

其二，訴訟公關的制度或機制化。儘管一個基於單一公關原則的訴訟傳播計劃可能會取得針對某個「細節」甚或一時一事的「正視聽」的效果，然而為了實現涉訟者在輿論法庭和司法法庭取得最有利的位置，一個全面、多方協調和資源整合的訴訟公關

至關重要。有鑒於訴訟和訴訟公關的高度專業性，訴訟公關應該也必須成為一種專業的制度或機制化。訴訟公關的制度或機制化與一般公關的制度或機制化又有何不同的要求和特徵？

其三，訴訟公關角色的特殊性。訴訟公關的角色具有鮮明的特殊要求（Beke, 2014, p. 91）。管理訴訟傳播的公關人員不僅要提供熟悉法律的內行決策建議，也須有賴法律知識管理媒體關係及策劃和實施手術傳播。如何描述和解析如此的多面角色和多重功能？公共關係人才培養和教育應為此做出怎樣的改革和優化？

其四，訴訟公關的比較和國際性。儘管世界近期受到單邊主義和貿易保護主義的嚴重挑戰，企業的全球化經營和競爭趨勢仍不可逆轉，以致跨國跨境訴訟公關隨之擴張。如何通過多案例的比較分析以描述並構建適用國際訴訟公關的理論原則和實務模式？

需要強調的是，上述關於企業或機構訴訟公關研究的假設和觀察，為筆者一孔之見，有待公共關係和大眾傳播學術界的進一步驗證和探究。充其量，它們只是為關注訴訟公關的專業人士和學者，對訴訟公關的學理內涵和外延做深入探討提供了一點線索。

# 參考文獻

李湘君（2015）。《策略公共關係：理論與實務》。台北：五南圖書公司。113–115頁。

崔忠武、郭斌、李雲峰（2016）。《企業智慧財產權戰略實務指南》。北京：法律出版社。

賈逸鷗（2018）。〈芻議涉外訴訟律師在「一帶一路」建設中的機遇與挑戰〉，見http://www.grandall.com.cn/guoji/gbflyj/180125095908.htm

賴金波（2012）。《公關策略：理論與實務運用》。台北：五南圖書公司，124頁。

BBC新聞（2016）。〈分析：迪士尼用公開訴訟敲打中國「競爭者」〉，6月22日。見www.bbc.com/zhongwen/trad/business/2016/06/160622_disney_ip_dispute_china

Cao, Martina（2019）譯，〈華為聘請BCW為其打理美國公共關係事務〉，《麥迪遜邦》。見https://www.madisonboom.com/article/huawei-hires-bcw-for-its-pr-business.html。

Beke, T. (2014). *Litigation Communication: Crisis and Reputation Management in the Legal Process*. NY: Springer.

Fitzpatrick, K. (1996). Practice management: The court of public opinion. *Texas Lawyer, 30*.

Gauri, V., & Brinks, D. M. (2008). *Courting Social Justice: Judicial Enforcement of Social and Economic Rights In the Developing World*. NY: Cambridge University Press.

Gibson, D. C. (1998). Litigation public relations: Fundamental assumption. *Public Relations Quarterly, 43*: 19–23.

Gibson, D. C., & Padilla, M. E. (1999). Litigation public relations problems and limits. *Public Relations Review. 25*(2): 215–233.

Haggerty, J. F. (2003). *In the Court of Public Opinion: Winning Your Case with Public Relations*. NJ: Wiley.

Haggerty, J. F. (2009). *In the Court of Public Opinion: Strategies for Litigation Communications*. 2nd Ed. American Bar Association.

Hoffmeister, T. A. (2014). *Social Media in the Courtroom: A New Era for Criminal Justice?* NY: Praeger.

Janse, B. (2018). Berlo's SMCR model of communication. https://www.toolshero.com/communication-skills/berlo's-smcr-model-of-communication/.

Kim, S. (2018). Winning in the court of public opinion: Exploring public relations-legal collaboration during organizational crisis. https://opus.lib.uts.edu.au/bitstream/10453/128071/3/OCC-126289_AM.pdf

Luber, M. (2019). Do you thrive in a crisis? PR jobs to do with a law degree. https://jdcareersoutthere.com/do-you-thrive-in-a-crisis-pr-jobs-to-do-with-a-law-degree.

Myers, C. (2017). E-Discovery and public relations practice: How digital communication affects litigation. *Public Relations Journal. 11*(1): 1–10.

Parella, K. (2019). Public relations litigation. *Vanderbilt Law Review, 72*(4), https://papers.ssrn.com/sol3/papers.cfm?abstract_id=3401488

Radhakant, A., & Diskin, M. (2013). How social media are transforming litigation. *Litigation, 39*(2): 17–22. http://coloradomentoring.org/wp-content/uploads/2013/09/Radhakant-A-Diskin-M-How-Social-Media-Are-Transforming-Litigation-Litigation-Vol.-39-No.-2-2013.pdf

Reber, B. H., Gower, K. K., & Robinson, J. A. (2006). The internet and litigation public relations. *Journal of Public Relations Research, 18*(1), 23–44.Published online 19 November, 2009. https://doi.org/10.1207/s1532754xjprr1801_2

Watson, J. C. (2002) Litigation public relations: The lawyers' duty to balance news coverage of their clients, *Communication Law and Policy, 7*:1, 77–103, DOI: 10.1207/S15326926CLP0701_04

Welch, B., & Teranishi, L. (2009). The message is the medium: Using litigation communications to your legal advantage. The Bar Association of San Francisco, 1–31. https://www.sfbar.org/forms/sfam/q22009/message_is_the_medium_q2_09.pdf

Zasu, Y. (2007). Sanctions by social norms and the law: Substitutes or complements? *Journal of Legal Studies, 36*: 379, 381–82.

# 西方公關理論與中國政府公關實踐調和

# 10.
# 對話理論與中國政府
# 性健康傳播

## 一、簡介

　　健康傳播（Health Communication）在西方社會獲得了公眾和學術界的廣泛關注，而在中國內地，關於健康傳播的研究剛剛起步（喻國明、路建楠，2011）。值得關注的是，中國內地的公共衛生與健康傳播面對了一個特殊的群體——進城務工人員（或稱之為農民工），即：來自貧困或落後地區、前往城市尋求高薪工作的中青年鄉鎮和農村居民。至 2015 年底，全國進城務工人員總人數達 2.775 億（國家統計局，2016）。針對這一龐大特殊群體的防病治病——特別是性病預防和治療——的健康傳播，成為各級政府的一項重大挑戰（薛玉書，2007；Wang, 2014），而這一重任具體由各級疾病預防控制中心及其工作人員承擔（喻國明、路建楠，2011）。在中國的傳統政治文化中，統治者對被統治者應負有「照管」責任，統治者須關注和照顧被統治者的利益。今天中國內地實行的社會主義制度則將政府為人民謀福利作為宗旨，因而，通過公

---

* 本章部分內容引自筆者的文章：Chen, N. (2019). Health communication with Chinese migrant workers: Dialogue as an analytical framework. *Review of Arts and Humanities*, 8(1):1–12..

共健康傳播幫助人民群眾防病治病更多的是被看作一種政府職能，如此的健康傳播無疑成為政府公共關係的一個重要部分。

針對社會特殊群體的公關傳播，近年創立及倡導對話理論（Dialogue Theory）的美國公共關係學者 Taylor & Kent（2014）指出，對話較之於此前的公關傳播模式（甚至包括卓越理論體系中的「雙向對等傳播」）更加看重互動者之間的分享及相互理解。他們的對話理論被看作是通過傳播建立符合倫理道德的、具人文關懷的、且公平公正的「組織─公眾關係」的有效方式。那麼，對話理論也應同樣適用於中國衛生體系政府官員與進城務工人員之間就性病防治的溝通與交流。因此，本次研究以 Kent & Taylor 對話理論模型為分析框架，考察中國衛生體系政府官員與進城務工人員的溝通和交流是否達到對話傳播的程度，依此探討可能會制約兩者間形成對話傳播的因素，並驗證 Kent & Taylor 的公關對話理論在中國政府公共關係實踐中的適用性。

## 二、文獻綜述和研究問題

近年來，對話這一概念得到了公共關係學者和專業人士的廣泛認可（Theunissen & Noordin, 2012）。當應用於公關活動中時，對話並非將公關定位為嚴謹的、科學的傳播管理（McAllister-Spooner, 2009），而是將其看作在組織─公眾之間構建的一種建設性的、具人文關懷關係的工具。如此對話條件下的關係是建立在人際交流的基礎之上，是一種相互滿足的關係，而不應是受人操縱的或者滿足既定目標甚或私利的關係（Kent, 2017）。

Kent & Taylor（2002）運用了信任、無條件尊重他人、移情和同情等人道主義原則，提出了對話傳播的五個原則：

(1)  **相互性**──承認組織或機構與公眾之間存在着緊密的聯繫；

(2) **接近性**──指公眾在物理空間或身體上以及心理和情感上都能接近組織或機構；

(3) **移情性**──要求組織或機構負責溝通的人意識到公眾意見的重要性，無論它們有多麼難以接受；

(4) **風險性**──承認並理解「對他人的陌生感」，並意識到各組織或機構與公眾之間存在差異，即使這種陌生感和差異具有不確定性，但雙方仍然應該並可以開展對話；

(5) **承諾性**──堅持開展真正、真實的對話，並且願意理解對方的立場，讓對方從質疑中受益。

　　這五個對話溝通原則似乎也適用於中國衛生體系政府官員和進城務工人員之間，就疾病防治發生的溝通和交流。以往的研究表明，無論是從生理上還是從心理上來看，進城務工人員和健康問題之間都存在着緊密的聯繫（聶偉、風笑天，2013；Li & Rose, 2017）。由於中國內地的社會經濟發展不均衡，貧困或落後地區的中青年農村居民傾向於前往城市務工，以謀求更好的生活；但在城市中，他們將會遭遇生活困難、社會歧視，難以獲取衛生、教育等方面的公共服務。

　　中國歷史悠久、幅員遼闊，各地區文化、語言及生活方式仍存在顯著差異，因而外來務工人員勢必要努力適應在異地、在城市的工作生活。此外，受中國內地戶口和戶籍管理制度的影響，各地政府提供的公共服務通常僅限於具有本地戶籍的居民，而難以獲取本地戶籍的進城務工人員在就業、醫療、教育、住房等社會福利方面均受到限制（北京青年報，2016）。除去現實和理想之間的巨大差異以及家庭分離之苦，他們還必須克服語言（方言）障礙、價值觀衝突、社會歧視及缺乏社會支持等一系列因素所引起的文化適應壓力（Chen, 2011; Fong & Dawes, 2013; Gui, Berry, & Zheng, 2012; Mou, Griffiths, Li & Rose, 2017; Nazroo & Iley, 2011）。近期有研究表明，由於受到一系列社會經濟因素的影響，絕大多數進城務工人員不同程度地受到了城市居民的社會排斥和文化歧視（Li & Rose, 2017）。

　　中國內地進城務工人員的社會地位和遭遇似乎符合西方社會學提出的「邊緣化」(Marginalization) 假設所描述的狀況 (Vasas, 2005)。由於受到社會排斥,被邊緣化的人或群體的正當需求常常被忽視,在公共社會中沒有發言權,難以獲得社會認同,導致社會地位低下 (Hansen, 2012; Schleicher, 2014)。進城務工人員在直接或間接與城市居民打交道的過程中,他們意識到自己不如「城裏人」重要;與城市居民相比,他們享有更少的社會權利;他們從事的多是城市居民不屑從事的薪酬偏低的勞動密集型工作,住宿及工作條件極差,無法獲取工作保障,缺乏受教育或培訓的機會,更為嚴重的是,他們甚至無法獲取最低的社會保障和醫療保障。中國進城務工人員似乎也是被社會邊緣化的群體。

　　由於受到工作、社交和生活方式的影響,被邊緣化的中國內地進城務工人員在面對性傳播疾病等公共衛生問題時顯得特別脆弱。大多數進城務工人員與其配偶和家庭 (父母、子女) 分離,因此,性壓抑是他們普遍遭受的困擾。他們的教育和收入水平較低,因而對性傳播疾病的知識水平和了解程度不高,感染性病的概率較大 (Li, Lin & Chen, 2016)。由於這一群體的流動性較大 (往往需要經常在不同的城市找工作),他們既可能是傳染病的受害者,也同樣可能是傳播媒介。有研究表明,進城務工人員更容易感染急性呼吸道感染、腹瀉、寄生蟲病、結核病及性病等傳染性疾病 (王飛,2014)。更確切的來說,進城務工人員更容易感染並傳播愛滋病的假設已經得到了證實 (薛玉書,2012;Yang, 2014;Yang, Gao, Wang, Yang, Liu, Shen & Zhu, 2017)。這是因為進城務工人員更容易因為缺乏防疫性病和性安全知識和措施,使得性行為風險較大,感染性傳播疾病及愛滋病的機率相對其他群體較高 (He & Cao, 2014)。與此同時,他們基本上被排除在包括公共衛生和健康的城市服務之外。截至 2015 年底,只有 16.9% 的進城務工人員享有有限的醫療保險 (姜海珊,2016)。

　　研究問題1:中國內地進城務工人員是否認為自己處於社會邊緣,是否覺得自己更易於感染性傳播疾病?

中國內地進城務工人員遭受社會、生理及心理的多重壓力，他們也必然會對性傳播疾病感到擔憂，他們渴望獲取來自權威機構的相關健康信息和說明（國家工商行政管理總局，2009）。然而，中國傳統觀念中仍然將性傳播疾病視為一種「骯髒」的疾病，現今仍存在將性傳播疾病患者視為犯通姦罪、嫖娼罪及開展「不負責任的性行為」人的傾向（薛玉書，2012；He & Cao, 2014）。

由於通常將政府視為人民的「父母」，中國內地進城務工人員無疑會嘗試向政府尋求援助，希望衛生體系的政府官員可以提供性病相關的信息及說明。然而，有報導稱，他們往往對工作地的政府機構、公立醫院和社會團體一些成員對待他們的方式不滿（中國發展門戶網，2012），這種不滿可能與城市居民對他們懷有複雜的感知似乎有關。一方面，他們需要進城務工人員從事城市居民不願從事的工作；另一方面，他們又將進城務工人員視作擾亂城市生活的外來人口。在二十一世紀的中國內地，性病已經成為城市公眾關注的焦點問題，而進城務工人員就被列入最主要的性病傳染源之一，自然成為性病預防的重點目標群體（聶偉、風笑天，2013）。為此，似乎有此成見的政府衛生部門和疾病控制中心的政府官員，以保護城市社區的名義對外來務工群體採取了一系列的措施，包括強制進城務工人員參加官方舉辦的性病健康教育活動，出其不意地訪問外來務工人員住所及工作場所，開展不顧私密的社區監督，在某些極端情況下甚至強制要求外來務工人員進行血液檢查（國家工商行政管理總局，2009）。

毫無疑問，由於被有偏見地看作為性病的主要傳染源，外來務工人員感覺他們受到了不公正對待。在他們看來，這一切都是因為作為城市居民的衛生體系政府官員和醫護人員歧視他們（王飛，2014；聶偉、風笑天，2013）。因此，

研究問題2：中國內地進城務工人員是否希望得到衛生體系政府官員的公正對待，是否渴望衛生體系政府官員以公平、尊重、對等、開放的方式地向他們傳達性病領域的相關信息？

第三部分　西方公關理論與中國政府公關實踐調和

近些年來，政府官員與包括進城務工人員弱勢群體之間的不信任狀況出現了一些令人欣慰的變化。中國政府立志解決改革開放和工業化的快速發展而帶來的社會問題，倡導平等、公正的社會主義核心價值及人文關懷，呼籲人與人之間互相尊重、互相關愛。中國政府倡導「執政為民」，要求各級政府部門特別關注社會邊緣群體和經濟弱勢群體，確保他們也能共用中國經濟發展的成果(國務院，2014)。在此感召之下，各級政府官員不得不着手糾正他們對於進城務工人員的不當措施。據報導稱，在針對進城務工人員的性病健康教育領域，衛生體系政府官員已在檢討過去的方式方法，重新制定相關健康傳播方案(于文軍，2013；重慶市疾病預防控制中心，2016；國務院，2014)。

值得注意的是，政府衛生部門制定了明確的行動指引，要求衛生體系政府官員及公立醫院醫生與進城務工人員交流時應表現出尊重和同情，要耐心地傾聽他們的要求，儘量自然地開展交流並提供援助，而不應該把他們當作「陌生人」或「麻煩製造者」(重慶市疾病預防控制中心，2016；Lu，2017)。此類指引中甚至包括了如何接近感染性病的進城務工人員，並與其開展溝通交流的細則，如明確規定：「讓城市的基本公共服務更多惠及廣大農民工，這是各級政府應當承擔的責任，也是建設和諧社會的要求」(北京市，2016；新華社，2014)。這些新舉措無疑將有助於衛生體系政府官員和醫務人員對待進城務工人員態度的轉變。

更值得關注的是，政府層面的這些轉變似乎符合了對話溝通的原則，至少表明政府有意願改變人們對於進城務工人員的認知和態度，而這必然有助於推動衛生體系政府官員和進城務工人員之間實現有意義的對話交流。因此，

研究問題3：中國內地衛生體系政府官員是否有意願與進城務工人員進行對話交流，並堅持公開性、移情性及承諾性原則，以求增進互相理解、信任和尊重？

現有針對組織—公眾關係的研究發現了一系列影響兩者之間開展真正對話的因素。Pearson（1989a, 1989b）提出了對話互動的六條原則：

(1) 控制互動的整個過程；
(2) 控制議題或問題與答案之間的時間間隔長度；
(3) 掌控提出話題及轉變話題的時機；
(4) 決定是否或何時將答案視為有效的答案；
(5) 掌控溝通管道的選擇；
(6) 討論或修改對話互動規則。

如今，已經有國家將對話原則應用於政府和公眾，以及政府和特殊群體的健康傳播中。Lavis, Boyko & Gauvin（2014）評估了加拿大公眾對於國家健康公共政策合作中心開展的健康對話傳播活動的看法，發現對話協商作為一種政府—公眾關係戰略，往往有助於、基於明確證據的公衛政策的制定。為了考察莫桑比克如何通過社區對話促進人們的行為變化以降低愛滋病傳播風險的狀況，Figueroa, Carrasco, Pinho, Massingue, Tanque & Kwizera（2016）對 Tchova Tchova 社區 2009–2010 年的所有對話專案展開了研究，發現基於對話原則的健康傳播促進了參與者之間的公開互動，並且推動他們在性別態度、性別角色，以及對愛滋病的歧視等方面都產生了結構性的變化。參與者的行為層面也產生了一些改變，他們開始主動獲取愛滋病預防知識，與性伴侶討論性病風險並且開始避免有多個性伴侶。

當然，一些對對話理論持懷疑態度的公關學者批評對話傳播過於理想化，可能無法付諸實踐（Lane & Bartlett, 2016; Stoker & Tusinski, 2006）。面對這一質疑，學者一直致力於研究如何開展真正意義上的對話，從而建立更加持久可靠的組織——公眾關係。然而，研究卻一直沒有取得重大的進展，只是發現了一些可能限制對話有效建立和實施的因素。

通過考察澳洲政府公關專業人員的對話實踐，Lane（2014）發現，政府往往會對公關專業人員施加壓力，要求他們與利益相關方和公眾儘快建立聯繫，但卻未能給予他們充分的對話理論或實踐方面的培訓。Bentley（2012）發現現有的公關教育課程和計劃中明顯缺乏對話的相關內容。據此，他表示公關教育工作者應該學習了解對話領域的知識，並進行相關課題的學術研究。為了讓未來的公關專業人員具備對話交流的理論知識和實踐技能，Bentley 呼籲將 Kent & Taylor 的對話理論納入公關課程。

Huang & Yang（2015）在探尋阻礙組織與公眾開展對話溝通的原因時發現，對話結果的不可預測性及感知中的高風險性可能影響人們對對話傳播的接受程度。Anderson, Swenson & Gilerson（2016）發現，缺乏相關對話溝通技巧培訓是限制對話在實踐中有效運用的因素。據此，他們提出了一種合作創造模式說明公關專業人士建立對話關係，還就一些互動寫作技巧訓練提出了建議，以期幫助提升公關專業人士的對話傳播能力。

Kent & Taylor 於 2002 年也開展了一項開創性的研究，結果發現快速發展的社交媒體並不適合開展對話傳播（Kent & Taylor, 2002）。這一結論讓很多人頗感失望，因為很多人一直對社交媒體抱有很高的期望，希望通過社交媒體實現真正的對話傳播（Taylor & Perry, 2005）。雖然 Theunissen（2015）認為對話和說服是相互交織，也有研究認為社交媒體能使健康傳播變得更加對話化（Smith, 2013），但最近的一項針對歐洲網上公關從業人員的研究也表明，數字媒體對對話傳播的支持不大（Moreno, Navarro, Tench & Zerfass, 2015）。

Theunissen & Wan Noordin（2012）認為人們將對話等同於雙向對稱性傳播活動可能是錯誤的，至少需要對其可能性進行實證性檢驗。Anderson, Swenson & Gilerson（2016）則指出，諸如啟動關係、回應和互動等有可能成為對話或定期互動的建設性要素。也有學者試圖將組織──公眾對話關係的原則放在不同文化和背景中檢驗（Macnamara, 2014; Men & Tsai, 2012）。

鑒於中國內地衛生體系政府官員有意願與進城務工人員開展平等、公平、以及互相尊重的溝通交流，也鑒於進城務工人員對性病相關信息有迫切需求和對以平等、公平、互相尊重為基礎的溝通交流的強烈渴求，有理由相信衛生體系政府官員及進城務工人員兩者之間存在開展對話傳播的潛在可能。

研究問題 4：中國內地衛生體系政府官員及進城務工人員之間是否有可能開展對話傳播？哪些會是影響因素？

## 三、研究方法

本次研究採用了定性和定量相結合的方法，包括但不限於對上海、無錫、南京等長三角地區及廣州、深圳、珠海及中山等珠三角地區舉行的小組座談、個人訪談以及問卷調查。鑒於這兩個經濟活躍地區的城市吸引了大多數來自全國各地的進城務工人員，因而基於這些地區抽樣調查所得出的研究結果具有學術意義。具體包括了如下步驟。

首先，筆者通過閱覽新聞報導(中央和地方媒體)和衛生部門官網上的相關信息(中央及地方政府衛生健康防疫管理部門)，力求全面了解與進城務工人員健康相關的背景，以助於確定研究問題，並指導調查問卷的制定及調查規模的界定。

其次，筆者通過電話招募了 16 名進城務工人員志願者，並於 2018 年 7 月召開了兩次小組座談。每次座談會 8 人，分別包括上述所有選定地區，每次座談會持續約兩個半小時。筆者向每位受訪者保證座談內容將全部保密，並向每位與調查者提供了一點補助，用以補償他們的交通及誤工費用。

再次，2018 年 8 月，筆者與 6 名衛生體系政府官員開展了電話訪談，每次訪談時長約 30 分鐘。受訪者均為疾病預防控制中心的工作人員，負責相關健康信息的傳播以及進城務工人員健康教育及健康問題等活動的策劃及開展。其中三名受訪者來自珠三

角地區，三名來自長三角地區。筆者向受訪者承諾訪談內容將全部保密，並鼓勵他們暢所欲言。

小組座談以及個人訪談有助於了解進城務工人員，以及衛生體系政府官員在性病領域溝通交流中感知到的問題及難題。

最後，筆者在研究助手的幫助下開展了問卷調查。在開展正式的問卷調查之前，先進行了預調查，以檢驗調查問卷的有效性以及測量方法的可靠性，並確定問卷措辭是否恰當。最後，根據預調查的情況對問卷進行修訂並確定了最終的調查問卷。

2018年8月，筆者通過中國線上研究平台 Sojump 進行樣本篩選及信息收集，最終篩選出符合調查要求的 200 名與調查者，獲得有效問卷 180 份，其中 102 人參與調查時在長三角地區工作，其餘 78 名在珠三角地區工作。信息處理及分析均通過 SPSS 22.0 進行。

為了避免與調查者在理解問卷時產生歧義，筆者將一些抽象的概念轉變成具體而通俗的表述，並提供操作性定義。

筆者列出 49 個有關性病的知識欄目（Cronbach 系數=.905），用以評估與調查者對性傳播疾病健康知識的知曉情況；其中 16 個欄目涉及性病的典型症狀，23 個欄目涉及性病的傳播管道，10 個欄目涉及性病的預防措施。每一個知識欄目分值為 1 分，最終得分越高，則表明與調查者對性病健康知識知曉越高。

邊緣化是指與調查者對自身不被社會關注、保障或平等對待的感知情況。為了測量這一變量，列舉了 5 條陳述，如「我幾乎無法獲得社會福利、城市服務、醫療保健、養老金或保險等方面的服務或保障」、「我經常被貼上『鄉下人』的標籤」等，並要求與調查者採用李克特五分量表法對每一條陳述進行評估，其中1分表示非常不同意，5 分表示非常同意。

另外，採用五分量表法衡量與調查者對自身感染性病的風險感知，即要求與調查者對其感染性病的風險程度進行評級，其中 1 分表示風險極低，5 分表示風險極高。

筆者還採用五分量表法衡量與調查者對性病相關信息的需求感知，其中 1 分表示極度不需要，5 分表示極度需要。

此後，設計了一些旨在了解與調查者對對話溝通需求及感受的欄目。筆者對對話溝通進行了詳細的解釋，然後要求與調查者採用五分量表法評估他們對對話溝通的需求程度，其中 1 分表示完全不需要，5 分表示極度需要。

針對與調查者的感受，筆者列舉出一系列陳述衡量與調查者對對話溝通的偏好，如：「我希望與我們溝通的人能尊重我們」、「我希望與我們溝通的人能夠理解我們，知道我們究竟需要什麼」等，並要求與調查者採用李克特五分量表法對每一條陳述進行評估，其中 1 分表示非常不同意，5 分表示非常同意。

筆者還通過「政府官員對我們有偏見」、「我無法理解他們給予我們的信息」、「他們並不是真正想幫我們」這三條陳述衡量對話溝通的障礙，並要求與調查者採用五分量表法評估他們對於上述陳述的感知程度，其中1分表示非常不同意，5 分表示非常同意。

筆者基於內部一致性信度計算出上述六個指標的阿爾法系數，最終數值均高於 0.78。

## 四、結果與討論

根據電話訪談、小組座談和問卷調查的信息，經過整合分析所得出的結果基本解析了本研究所提出的研究問題，有些信息結果對理解對話型組織—公共關係具有分析意義。

從參與小組座談和問卷調查的進城務工人員的基本情況看，與調查者的人口結構與 2016 年國家統計局公佈的信息大體一致。80% 的與調查者年齡居於 20–49 歲之間，其中男性 124 人（68.8%），女性 56 人（31.2%），男性約高出女性三分

之一。73 名與調查者（40.6%）處於離婚或單身狀態，107 名
（59.4%）處於已婚狀態。一半以上（58名）已婚與調查者處於
與配偶和/或孩子兩地分居狀態。與調查者的平均月收入約
為 4,100 元人民幣（約等於 621 美元）。

針對本研究的研究問題 1，調查結果表明，中國內地進城務
工人員確實感覺自己處於中國社會邊緣，具體體現如下：

(1) **就業及工作/居住條件**——與調查者強烈表示，除了應
聘及從事城市居民不願從事的最苦最累最髒最危險
的工作之外，他們別無選擇（M=4.53）；他們的工作條件
（M=4.32）和居住條件極差（M=4.88）。

(2) **公共服務及福利**——與調查者表示他們無法獲取社會
保障及醫療保障（M=4.22）。事實上，17% 的與調查者表
示他們享有基本的醫療保障，但卻只能覆蓋部分醫療
費用，且僅限於其戶籍所在地。

(3) **社會地位**——與調查者感覺他們受到城市居民的歧視
（M=4.89），城市居民認為他們干擾到其正常生活。

(4) **經濟狀況**——與城鎮居民相比，他們的工資非常低
（M=4.51）。

小組座談的信息也印證了上述調查的結果。與調查者在接受
訪談時表現得非常敏感，甚至情緒化。一名受訪者表示：「我們
為城市的發展做出了貢獻，但卻無法得到人們的認可。我們需要
付出大量的時間工作，但收入卻很低，因而我們也沒有充足的時
間和金錢去享受城市生活」（小組座談，2018a）。與調查者表示，
在城市人眼中，他們成了「鄉下人」、「懶漢」、「不文明」、「野
蠻」的代名詞。一名受訪者在小組座談中憤怒地說：「我們實在
受夠了這些歧視性的詞語，但最困擾我們的是我們在工作中沒
有一點安全感，我們無法得到安全保障。我們的一些同伴遭受
到老闆以及主管人員的性騷擾。一旦在工作中受傷，我們通常會
被遣送回家，無法得到及時的治療和適當的賠償。我們是被社
會孤立、邊緣化的一群人。」（小組座談，2018b）

　　研究結果還表明，邊緣化對中國內地進城務工人員的身心都產生了負面的影響。超過一半的與調查者(n=122, 68%)表示他們對城市居民對待他們的方式和態度感到憤怒，但又孤立無助；他們害怕在工作中生病或受傷；受社會和心理壓力的影響，他們不太願意與城市居民交往，更喜歡住在城市的周邊或城鄉接合處；他們基本不願參加政府主辦的活動或社會活動。

　　針對研究問題1的後半部分，與調查者的反應相對比較複雜。一方面，調查結果表明，與調查者對自身感染性病的風險感知較低（M=2.13）；另一方面，小組訪談的結果卻又有所不同。一些受訪者承認他們感染性病的風險較高。一名受訪者表示：「說實話，我們絕大多數人一年中僅在春節期間回家一次，這對於像我這樣精力、性慾處於比較旺盛時期的男人而言是非常殘酷的。」（小組座談，2018b）因此，很多進城務工人員通常會與一兩個固定的性伴侶組成「臨時家庭」，而其他人則會通過嫖娼滿足自己的性需求。一名參與座談者承認，「我們也知道擁有多個性伴侶和嫖娼可能會導致我們感染性病。」（小組座談，2018b）

　　當被問及為什麼他們對於自身感染性病的風險感知較低時，一些受訪者表示，這是因為中國社會及文化價值觀並不認可人們與其配偶以外的人發生性行為。一名小組訪談的受訪者也表示，他之所以在這一欄打分較低，是考慮了這些社會輿論的影響，只有這樣才能表明他是一個「有自尊、負責任的人」（小組座談，2018a）。「正是因為進城務工人員拒絕公開承認他們感染性病的風險較高才使得他們更加易於感染性病，因而我們也自然把他們列入安全性教育的對象，」一名政府官員在接受訪談時如是解釋（訪談，2018b）。

　　對此，調查結果還表明，進城務工人員易於感染性病是因為他們對於性病的健康知識程度較低。在與調查者性病健康知識程度情況的調查中，他們的最終平均得分低至 15 分，這也就意味着在 49 道問題中，他們僅僅平均答對了 15 道。

　　問卷調查及小組座談的結果均印證了研究問題 2，中國內地進城務工人員渴望衛生體系政府官員以公平、尊重、對等、開放的方式向他們傳達性病領域的相關信息。

　　問卷調查的結果表明，進城務工人員迫切需要與性病相關的健康信息（M=4.15）。他們還強烈希望衛生體系政府官員能夠理解、同情他們，並能夠以一種友好、尊重、對等、開放的方式提供性病相關的信息（M=4.95）。

　　對此，問卷調查的信息與小組座談的結果在某些方面顯示了相互一致性。主要反映在如下四方面：

⑴　進城務工人員並不太認可衛生體系政府官員發放的相關性病信息，因為這些信息中包含太多他們無法理解的專業術語。一名受訪者表示：「我們的文化程度不高，並不能完全理解政府派發的宣傳信息中的內容。」當被問及他們希望收到怎樣的信息，一名受訪者建議：「如果這些宣傳材料中能包含更多漫畫、照片等視覺性的內容，我們可能會更感興趣，也會更加容易理解」（小組座談，2018a）。

⑵　進城務工人員更傾向於與衛生體系政府官員溝通交流時能更多地採用一對一或者小組座談的形式，希望可以有更多自由討論和互動的環節。兩名受訪者表示他們尤其討厭政府舉辦的大型公開活動，如宣講會，政府官員一直在台上講個不停，更有「訓話」之嫌（小組座談，2018b）。當政府官員有時甚至會強迫他們必須帶紅絲帶或黃絲帶時，他們非常反感。

⑶　進城務工人員希望能夠得到衛生體系政府官員的尊重，希望被平等對待，而不是把他們當作來自偏遠農村的鄉下人或者來自另一個星球的陌生人。

⑷　如果衛生體系政府官員能夠關心進城務工人員的生活狀況，尊重他們的生活方式，理解他們追求美好生活的願望，他們會更加願意與衛生體系政府官員溝通合作。

一位受訪者總結道:「每次他們來找我們時,總是帶着憐憫的目光和神情,一副救世主的樣子,這真的讓我們感到厭煩」(小組座談,2018a & 2018b)。受訪者還表示,如果衛生體系政府官員同意對對話內容進行保密並真正做到他們所說的無條件提供幫助,那麼雙方之間的交流將會更加順利有效(小組座談,2018b)。

研究問題 3 旨在了解衛生體系政府官員是否有意願向與進城務工人員以對話的方式開展溝通。所有受訪官員均表示非常願意開展對話溝通,希望真正能夠與進城務工人員互相尊重、互相理解,形成公開、公平、開放的溝通氛圍。

受訪官員均強烈地表現出與進城務工人員合作開展性病預防工作的緊迫感。受訪官員表示進城務工人員對安全性行為所知甚少,有的甚至一無所知。他們通常會有多個性伴侶,會選擇價格低廉的地下色情場所進行嫖娼,並且在感染性病後往往不願甚至拒絕就醫,因此,他們比較容易感染性病(訪談,2018b)。一名受訪官員強調:「只有讓他們看到性病的嚴重危害,他們才會做出改變。不然,他們被感染的幾率將會無限增加」(訪談,2018b)。

受訪官員還表現出幫助進城務工人員防治性病的強烈責任感,他們一致表示:「進城務工人員辛勤工作,但卻難以獲取城市居民所享受的公共服務,這的確很不公平。向他們開展性病健康教育是我們不可推卸的責任」(訪談,2018a,2018a,2018c,2018d,2018e,2018f)。他們還表示:「向進城務工人員傳播健康教育知識是我們的本職工作,因為對於他們來說,他們往往只相信政府公佈的性病防治方面的消息,也只願意接受政府提供的近乎免費的公衛服務」(訪談,2018a,2018b,2018c,2018d,2018e,2018f)。

衛生體系政府官員似乎也一直在嘗試改進與進城務工人員就性病防治工作的溝通方式。受訪官員也意識到,在進城務工人員住所處張貼相關性病信息、往他們工作場所發放宣傳信息、派

發帶有小禮物或代金券的宣傳冊子或傳單，以及舉辦健康教育宣講會等傳統的方式似乎「有些欠缺思量和考慮，未能顧及進城務工人員的感受，因而成效不大」（訪談，2018a，2018b，2018d，2018f）。受訪官員也表示他們現在正在嘗試採取一些新的方式。如：他們試圖通過非官方的途徑或方法與進城務工人員結識，儘量在進城務工人員休息的時間去拜訪他們，並且會提前徵求他們的許可，安排一些單獨的、較為私密的會面或者小組形式的座談。也有受訪官員表示，他們也在努力去理解同情進城務工人員，嘗試做一個耐心的傾聽者（訪談，2018a，2018c，2018f）。

儘管並不清楚對話是什麼或有些什麼要求，進城務工人員希望衛生體系政府官員採用對話傳播的方式與他們開展溝通交流，而衛生體系政府官員也有意願採用對話方式，因而兩者之間有開展對話傳播的潛在可能。

因此，研究問題4集中探討中國內地衛生體系政府官員及進城務工人員最終是否能夠開展對話傳播，以及影響雙方開展對話傳播的因素是什麼。訪談及小組座談的結果均表明，即使雙方存在開展對話傳播的意願和潛在可能，但兩者之間開展的嚴格意義上的對話卻極其有限。

受訪衛生體系的政府官員明確地表示他們願意尊重、理解、同情這些進城務工人員，而且也一直在嘗試以新的方式去接近他們，去了解他們（2018a，2018b，2018c，2018d，2018e，2018f）。政府官員舉例：他們會事先獲取進城務工人員的許可，然後在他們認為合適的時間和地點與他們見面，見面中會認真的傾聽他們的陳述；曾嘗試用簡單易懂的語言，甚至視頻影像來解釋性病的危害，並且在以進城務工人員樂意接受的方式提供說明；也在試圖通過諸如微信、微博、QQ等年輕進城務工人員習慣使用的社交媒體與他們建立非正式的聯繫。儘管如此，受訪衛生體系政府官員也表示過程和結果都不盡如人意。一名受訪官員表示：「小型或者單獨的會面對於他們來說很方便，但對於我們來講卻太耗時間了。」另外一名官員補充說：「無論我們怎麼努力，他們都還是固執己見，不聽勸告」（訪談，2018c，2018f）。

參與小組座談的 24 名進城務工人員(86%)承認衛生體系政府官員在改進溝通方式方面做出了一些努力,並對這些努力表示認可。他們也給出了一系列具體的例子,例如:衛生體系政府官員變得更加友好,更顯得平易近人;官員們現在較多地採用小型或者單獨的會面方式與他們接觸和交流;他們給進城務工人員有更多的機會用自己的語言表達對性病的擔憂;他們在教進城務工人員性病預防的實用措施時顯得更加耐心,而且參考材料的內容也沒以前那麼難懂了(小組座談,2018a & 2018b)。然而,仍有約一半的受訪者表示,他們尤其不喜歡衛生體系政府官員與他們開會的方式,也不滿意這些會議的結果。有些受訪者表示:「我們想學習一些識別性病症狀的知識以及了解我們可以到哪裏尋求醫療援助,但他們大都卻只關注於告訴我們性病的風險,甚至教我們如何進行安全的性行為,而我們並不習慣公開或者與外人討論這些內容。」也有受訪者感覺,「大多情況下這些政府官員似乎只是為了完成任務,於是他們主導了整個討論環節,讓我們表達感受和想法的機會不多」(小組座談,2018a)。

綜上所述,進城務工人員和衛生體系政府官員之間存在着開展對話溝通的需求及意向,但這似乎卻並不足以促使和保障雙方開展對話理論要求的對話。

那麼,影響進城務工人員及衛生體系政府官員開展真正對話的因素是什麼?這也是研究問題4的後半部分所關注的。

從調查所得的信息表明,至少有三個影響因素不同程度地限制了對話的開展:

(1) 與調查的進城務工人員(M=4.56)表示,衛生體系政府官員仍然對他們持有偏見,即便是願意幫助他們,也依然擺出一副居高臨下、施予恩惠的姿態。

(2) 進城務工人員(M=4.15)認為,之所以衛生體系政府官員發放的信息難以理解,是因為他們仍然對進城務工人員的生活狀態、工作環境、身心需求、教育程度、獲取信

息習慣等缺乏深入調查和深度理解，沒有用心去履行自己的職責。

(3) 進城務工人員(M=4.96)強烈質疑衛生體系政府官員與他們溝通交流的真實意圖，在他們看來，官員們並非出於對他們將心比心的理解與同情，而更多地是為了完成上級下達的任務。

相關定性研究所得的結果表明，至少有五方面的背景與結構性影響因素，負面地影響了進城務工人員及衛生體系政府官員開展對話。

第一，受政治及社會結構影響，中國內地缺乏對話理論所要求的環境及文化，因而很難開展官與民之間真正的對話傳播。儘管在改革開放方面取得巨大進步，但中國內地仍處於公民社會發展的起步階段。例如，政府對民眾日常生活的干預較為普遍，而民眾參與公共政策的討論、制定和優化尚未形成一種社會習慣。由於政府被賦予「照管」民眾的天然使命和職責，政府的衛生機構便責無旁貸地主管起公共健康傳播，而很少有其他諸如非政府組織或慈善組織等機構說明滿足進城務工人員關於性病信息方面的需求。儘管近年來中國政府一直在致力於提升進城務工人員的社會地位，但他們在公共領域尤其是公共衛生政策方面仍然難以為自己發聲。幾乎所有參與座談的進城務工人員都表達出一種強烈的被疏離感及無力感，他們認為很難讓政府聽到他們的聲音，也很難得到衛生體系政府官員的平等對待(小組座談，2018a，2018b)。

第二，中國人對性的傳統觀念及態度導致了社會長期對性病的封閉的態度文化偏見。因此，今天的中國公眾仍然很難做到公開、自由、無偏見的討論性病。幾乎所有參與調查或小組座談的進城務工人員均表示，他們不願意和陌生人討論性，更不願意討論性病防治方面的問題。一名女性進城務工人員強調說：「我甚至不願意和自己的丈夫談論性，我擔心他會把我看作壞女人」(小組座談，2018a)。另一名中年女性受訪者表示「衛生體系政府

官員竟然讓我們和朋友及家人討論性病預防方面的問題，這簡直讓人無法理解，無法接受」（小組座談，2018a）。該小組有三名受訪者指出，在政府舉辦的性病健康教育活動中戴紅絲帶或黃絲帶實在讓他們難以接受，因為這樣會讓別人錯誤的認為他們患有性病（小組座談，2018a）。有趣的是，衛生體系的政府官員也表達了同樣的顧慮。一名年輕的女性健康官員表示自己在與進城務工人員談論安全性行為時總會感覺很尷尬，常常羞於啟齒。另一名女性官員坦承，由於參與了對進城務工人員的性健康宣傳，導致她一直承受着來自男友和父母的雙重壓力，因為他們認為：「進城務工人員可能會對我產生壞的影響，和他們一起工作甚至可能會使我感染性病」（訪談，2018d）。

第三，雖然在中國內地得以飛速發展，但數字信息或數字傳播途徑似乎並沒有促進進城務工人員及衛生體系政府官員之間的即時、平等和個性化的互動。儘管進城務工人員已普遍使用手機，幾乎所有的外來務工人員都曾收到過政府衛生機構發送的數字信息，但通常是以短信的形式，而且大都是群發。作為被動的信息接收者，進城務工人員起初還對這些信息抱有興趣，但很快就發現它們就如常常接收到的短信廣告一樣令人厭煩、反感（小組座談，2018a & 2018b）。儘管後來隨着微博、微信的普及，政府衛生防疫機構開始利用社交媒體發放性病相關信息，但同樣沒有什麼效果。例如，微信是中國內地目前最受公眾歡迎的社交媒體軟體，具有即時的音訊視頻交流功能，人們可以通過微信進行一對一的短信、音視頻聊天或者群聊。衛生體系政府官員最初認為可以通過微信平台促進與進城務工人員的互動與溝通，從而與他們形成建設性的對話關係，但後來卻不得不放棄（訪談，2018a，2018c，2018d，2018e，2018f）。有五名參與小組座談的進城務工人員表示：「微信很便宜，也很方便，我們經常使用微信，但主要是用來跟朋友、孩子及家人聊天，因而我們並不想添加衛生體系政府官員為好友」（小組座談，2018b）。一名年輕的受訪者談到：「如果我的朋友或家人偶然發現我的朋友名單上有衛生官員，或者看到他們給我發送性病相關的信息，他們可能會懷疑我得了性病，甚至與我斷絕聯繫」（小組座談，2018b）。接受採

訪的兩名衛生體系的政府官員也一致表示，微信是相對私密的社交軟體，因而很難通過微信與進城務工人員開展性病方面的溝通交流（訪談，2018c，2018f）。

第四，中國內地衛生體系政府官員缺乏對話溝通方面的培訓及實踐經驗，這無疑也制約了他們與進城務工人員的對話傳播。所有接受採訪的衛生體系政府官員均表示他們只參加過兩三期溝通技巧方面的培訓，但是這些培訓大多是關於如何獲取進城務工人員的個人信息、如何確保回訪、如何讓他們帶家人或朋友來參加性病方面的宣講會、如何對男性和女性有區別地開展健康教育、如何運用簡單易懂的語言或者圖畫，甚至是簡單的卡通畫開展安全性行為教育。從他們的談話內容來看，這些培訓都不是基於對話原則。甚至一名衛生體系政府官員在接受採訪時問道：「你說的對話指的是什麼？我們與他們的交談難道不是對話嗎？」（訪談，2018a，2018b，2018c，2018d，2018e，2018f）

第五，來自城市居民的壓力也使得政府急於看到在性病預防領域的工作成效。這在一定程度上也減弱了衛生體系政府官員與進城務工人開展對話傳播的意願，他們不願承受意料之外的風險。所有受訪政府官員均表示一直在承受政府對性病預防成效方面的壓力（訪談，2018a，2018b，2018c，2018d，2018e，2018f）。一位受訪官員表示：「我們都知道政府高層一直高度重視性病預防工作，因為這事關政府信譽和社會穩定」（訪談，2018c）。在這種壓力下，他們覺得與進城務工人員開展對話溝通十分困難也太花時間，而宣傳和說服的手段則更為省時有效、風險可控。「進城務工人員對性病一無所知，」一名受訪官員表示，「我們的工作是為了讓他們明白性病不僅給他們的家庭帶來了巨大危害，而且會給整個社會帶來巨大危害」（訪談，2018f）。衛生體系政府官員的目的是通過他們的工作使進城務工人員了解性病，並最終使他們改變自己的性行為，因此他們很難做到與進城務工人員開展深入的溝通與對話交流。「如果我們下轄地區外來務工人員的性病發病率得不到有效控制，」一位來自珠三角城市的衛生防疫機構官員稱，「這將會給經濟發展、社會穩定帶來不可預測

的風險」(訪談,2018e)。這樣的目的、信念、態度和行為導致他們很難與進城務工人員開展真正的對話交流。

如上所述,制約進城務工人員與衛生體系政府官員開展對話溝通的因素與現有文獻中的許多發現一致,其中一些因素根植於中國的社會、文化和制度體系,一些因素則是由於雙方之間缺乏相互的理解、信任與尊重。

## 五、結論及意義

本次研究採用 Kent & Taylor 的公關對話理論為分析框架,探討了中國政府公共衛生官員與進城務工人員在性病防治傳播中是否遵循以及如何遵循對話的原則,同時也試圖檢驗該理論在中國內地健康傳播中的適用性。

本次調查得出三個有分析意義的發現:(1)被社會邊緣化的進城務工人員希望衛生體系政府官員採用對話傳播的方式與他們開展溝通交流,而衛生體系政府官員也有意願採用這一溝通方式,兩者之間存在開展對話傳播較高的意願、故較大的潛在可能;(2)由於受結構或行為上等一系列因素的制約,中國內地進城務工人員及政府官員之間的交流未能達到對話理論所要求的傳播;(3)結構上及行為上的制約因素,包括了(但不限於)公共生態、文化傳統、政策壓力、缺乏對話知識等,似可解釋中國政府公關運用對話的局限性,而這些因素尚需對話理論做進一步的完善。

本章所呈現的畢竟只是筆者有關中國政府公共關係中健康傳播研究的一個初步報告,有限的信息並不足以產生具較大學術和實踐意義的結論。在後續研究中,將繼續探討如何通過微信推動進城務工人員及衛生體系政府官員在性病領域的對話交流,希望可以產生切實可行的結果。

即便如此,為了提高對話模式在中國內地政府公關中的有效運用,筆者建議:(1)在社會中進一步推動平等或平權教育,以培

育人與人及群體間的對話文化；(2)在公共領域進一步推動政府的服務建設，鼓勵非政府的公益機構參與諸如公共健康方面的傳播；(3)對衛生體系政府官員及非政府組織的人員開展對話理論及實踐方面的培訓；(4)創新性地使用社交媒體。儘管在西方國家，社交媒體已被證實為一種效果較差的對話工具與平台，但處於快速更新狀態的微信具有一對一或群組即時互動及零成本的特性，或許可以發展成為中國內地進城務工人員及衛生體系政府官員開展對話傳播的平台，從而實現真正的對話。

## 參考文獻

于文軍（2013）。〈解決農民工「性饑渴」問題要現實〉，見www.fazhiyushehui. net/xiangqingxw.jsp?biaohao=20130407152050。

小組座談（2018a）。〈長三角進城務工人員〉，2018年7月2日，上海。

小組座談（2018b）。〈長三角進城務工人員〉，2018年7月18日，珠海。

中國發展門戶網（2012）。《中國農民工生存感受2012年度報告》。http:// cn.chinagate.cn/infocus/2012-05/18/content_25417467_3.htm。

王飛（2014）。〈論新生代農民工性問題〉，《中國青年政治學院學報》第2期，1–7頁。

北京市人民政府（2016）。〈北京市人民政府關於進一步做好為農民工服務工作的實施意見〉，《北京市人民政府公報》，2016年第34期，47–56頁。

北京青年報（2017）。〈「僅17%農民工有城鎮醫保」的警示〉，見www. xinhuanet.com/comments/201711/29/c_1122026863.htm。

姜海珊（2016）。〈流動人口的醫療保險與醫療服務利用狀況研究──基於全國流動人口動態監測信息〉，《調研世界》第7期，14–20頁。

重慶市疾病預防控制中心（2016）。「針對重點人群 注重宣傳效果」：重慶市江北區成功開展2016年農民工愛滋病防控健康知識巡講活動。

國家工商管理總局（2009）。〈農民工愛滋病防治健康教育及干預〉，見http:// home.saic.gov.cn/hd/ftzb/zxft/yfazb/。

國家統計局（2016）。《農民工監測調查報告》。見www.stats.gov.cn/tjsj/，2018年8月5日檢索。

國務院（2014）。〈國務院關於進一步做好為農民工服務工作的意見〉，見 www.gov.cn/zhengce/content/2014-09/30/content_9105.htm。

訪談（2018a）。與上海市疾病預防控制中心官員電話訪談，2018年8月9日，上海。

訪談（2018b）。與南京市疾病預防控制中心官員電話訪談，2018年8月9日，上海。

訪談（2018c）。與無錫市疾病預防控制中心官員電話訪談，2018年8月9日，上海。

訪談（2018d）。與珠海市疾病預防控制中心官員電話訪談，2018年8月21日，珠海。

訪談（2018e）。與中山市疾病預防控制中心官員電話訪談，2018年8月9日，上海。

訪談（2018f）。與廣州市疾病預防控制中心官員電話訪談，2018年8月9日，上海。

喻國明、路建楠（2011）。〈中國健康傳播的研究現狀、問題及走向〉，《2011年度中國健康傳播大會優秀論文集》。

黃祖輝、朋文歡（2016）。〈對「Easterlin悖論」的解讀——基於農民工的視角〉，《浙江大學學報》，人文社會科學版，2016年第4期，158–173頁。

新華社（2014）。〈服務農民工不能有「恩賜」思想〉。見www.gov.cn/xinwen/2014-09/30/content_2759507.htm。

薛玉書（2007）。〈農民工性傳播疾病感染情況分析〉，《中國性科學》，第16卷第1期，19頁。

聶偉、風笑天（2013）。〈農民工的城市融入與精神健康——基於珠三角外來農民工的實證調查〉，《南京農業大學學報》，社科版，第5期，32–40頁。

Anderson, S., Swenson, B., & Gilerson, N. (2016). Understanding dialogue and engagement through communication experts' use of interactive writing to build relationships. *International Journal of Communication, 10*: 4095–4118.

Bentley, J. M. (2012). Applying dialogic public relations theory to public relations education. *Teaching Journalism and Mass Communication, 2*(1): 1–11.

Chen, J. (2011). Internal migration and health: re-examining the healthy migrant phenomenon in China. *Social Science & Medicine, 72*(8): 1294–1301. http://www.cqcdc.org/html/content/16/07/1231.shtml

Figueroa, M. E., Poppe, M., Carrasco, M. D., Pinho, F., Massingue, M. T., & Kwizera, A. (2016). Effectiveness of community dialogue in changing gender and sexual norms for HIV prevention: Evaluation of the Tchova Tchova program in Mozambique. *Journal of Health Communication, 21*(5): 554–563.

Gui, Y., Berry, J. W., & Zheng, Y. (2012). Migrant worker acculturation in China. *International Journal of Intercultural Relations, 36*(4): 598–610.

Hansen, J. H. (2012). Limits to inclusion. *International Journal of Inclusive Education, 16*(1): 89–98.

He, W., & Cao, C.G. (2014). An analysis of the social phenomenon of "sex partners by convenience" among migrant workers. *Guangxi Social Sciences. 7*: 145–49.

Huang, J., & Yang, A. (2015). Implementing dialogic communication: A survey of IPR, PRSA, and IABC members. *Public Relations Review, 41*(3): 376–377.

Kent, M. L. (2017, January). Principles of dialogue and the history of dialogic theory in public relations. https://www.researchgate.net/publication/318509024_Principles_of_Dialogue_and_the_History_of_Dialogic_Theory_in_Public_Relations.

Kent, M. L., & Taylor, M. (2002). Toward a dialogic theory of public relations. *Public Relations Review, 28*: 21–37.

Kent, M. L., & Taylor, M. (2016). From homo economicus to homo dialogicus: Rethinking social media use in CSR communication. *Public Relation Review, 42*(1): 60–67.

Lane, A. (2014). Pragmatic two-way communication: A practitioner perspective on dialogue in public relations. Unpublished doctoral dissertation. Queensland University of Technology, Australia.

Lane, A., & Bartlett. J. (2016). Why dialogic principles don't make it in practice—and what we can do about it. *International Journal of Communication, 10*: 4074–4094.

Lavis, J. N., Boyko, J. A., & Francois-Pierre Gauvin (2014). Evaluating deliberative dialogues focused on healthy public policy. *BMC Public Health, 14*: 1287.

Li, J., & Rose, N. (2017). Urban social exclusion and mental health of China's rural-urban migrants—A review and call for research. *Health & Place, 48*: 20–30.

Li, Y., Lin, G. C., & Chen, N. (2016). Information communication of sexually disease-related issue among migrant workers: Applying the situational theory of problem solving. *Population & Development, 22*(2): 82–90.

Lu, Lei (2017, May 15). Recommendations on content and direction of introducing social work into services to migrant workers. Part 1, *Charity Times*, 15 May.

Macnamara, J. (2014). Emerging international standards for measurement and evaluation of public relations: A critical analysis. *Public Relations Inquiry, 3*(1): 7–29.

McAllister-Spooner, S. M. (2009). Fulfilling the dialogic promise: A ten-year reflective survey on dialogic Internet principles. *Public Relations Review, 35*(3): 320–322.

Men, L. R., & Tsai, W. H. S. (2012). How companies cultivate relationships with publics on social network sites: Evidence from China and the United States. *Public Relations Review, 38*(5): 723–730.

Moreno, A., Navarro, C., Tench, R., & Zerfass, A. (2015). Does social media usage matter? An analysis of online practices and digital media perceptions of communication practitioners in Europe. *Public Relations Review, 41*(2): 242–253.

Mou, J., Griffiths, S. M., Fong, H., & Dawes, M. G. (2013). Health of China's rural-urban migrants and their families: a review of literature from 2000 to 2012. *British Medical Bulletin, 106*: 19–43.

Nazaro, J., & Iley, K. (2011). Ethnicity, migration and mental health: the role of social and economic inequalities. *Migration and Mental Health*, 79–97.

Pearson, R. (1989a). A theory of public relations ethics. Unpublished doctoral dissertation. Ohio University, Athens.

Pearson, R. (1989b). Business ethics as communication ethics: Public relations practice and the idea of dialogue. In C. H. Botan & V. Hazleton, Jr. (Eds.), *Public Relations Theory* (pp. 111–131). Hillsdale, NJ: Lawrence Erlbaum Associates.

Schleicher, A. (2014). Equity, excellence and inclusiveness in education: Policy lessons from around the world. Background report for the 2014 International Summit of the Teaching Profession, OECD.

Smith, B.G. (2013). Exploring social media empowerment of public relations: A case study of health communication practitioner roles and the use of social media. In: N. Al-Deen, S. Hana, & J. A. Hendricks (Eds.), *Social Media and Strategic Communications*. London, UK: Palgrave Macmillan, London. https://doi.org/10.1057/9781137287052_6.

Stoker, K., & Tusinski, K. (2006). Reconsidering public relations' infatuation with dialogue: Why engagement can be more ethical than symmetry and reciprocity. *Journal of Mass Media Ethics, 21*(2 & 3): 156–176.

Taylor, M., & Kent, M. L. (2014). Dialogic engagement: Clarifying foundational concepts. *Journal of Public Relations, 26*(5): 384–398.

Taylor, M., & Danielle C. Perry (2005). Diffusion of traditional and new media tactics in crisis Communication. *Public Relations Review, 31*: 209–217

Theunissen, P. (2015). The quantum entanglement of dialogue and persuasion in social media: Introducing the per–di principle. *Atlantic Journal of Communication, 23*(1): 5–18.

Theunissen, P. & Wan Noordin, W. (2012). Revisiting the concept "dialogue" in public relations. *Public Relations Review, 38*(1): 5–13.

Vasas, E. B. (2005, July 14). The concept of marginalization: Analysis & development. http://counselingcenter.syr.edu/social-justice/impact-of-marginalization.html.

Yang, H., Gao, J., Wang, T., Yang, L., Liu, Y., Shen, Y., & Zhu, S. (2017). Association between adverse mental health and an unhealthy lifestyle in rural-to-urban migrant workers in Shanghai. *Journal of the Formosan Medical Association, 116*(2), 90–98.

Yang, X. (2014). Rural-urban migration and mental and sexual health: A case study in Southwestern China. *Health Psychology and Behavioral Medicine, 2*(1), 1–15.

# 11.
# 公關制度化與中國政府
# 新聞發言人制度

## 一、概述

　　在當今的信息社會中，對於政府而言，大眾傳播至關重要，尤其是當政府的形象和信譽受損，以及因此而導致政府合法性受到國內外的質疑時，更是如此。如何確保政府的公關傳播及時及有效？對此，卓越理論學者近期倡導的公關制度化（Institutionalization of Public Relations）提出來一個重要的思辨模式。借鑒組織行為學研究中備受人們關注的「制度化」概念和假設（Frandsen & Johansen, 2013; Grandien & Johansson, 2012; Moreno, Verhoeven, Tench, & Zerfass, 2010），卓越理論的奠基者 J. Grunig（2011）認為，公關制度化不失為一個重要的思辨模式。儘管當代公共關係愈來愈將全球交流、關係管理和責任分擔作為公關走向制度化的核心價值，他指出，但公關的制度化尚須跳出傳統的「符號解讀」（Symbolic-interpretive）邏輯，即：組織或

*　本章部分內容引自筆者的文章：Chen, Ni (2011). Evolving Chinese government spokesperson system. In Wang, J. (Ed.), *Soft Power in China: Public Diplomacy through Communication* (pp. 73–94). Palgrave Macmillan, St. Martin's Press.

機構仍將公關作為其向公眾施加影響、規避公共監督甚至掩蓋行為的社會後果的工具；而公關制度化的真諦是將公共關係從一種「傳達功能」(Messenging)活動轉型為「戰略管理」(Strategic Management)工作。於是，這一「有效的制度化是通過機制和制度構建將公共關係提升為戰略管理的領域的努力和結果」假設引發了更多公關學者的關注(Johansson, Grandien & Strandh, 2019; Lee & Boynton, 2017)。

自全面推行對內改革、對外開放以來，中國政府高度關注其國內信譽和國際形象，特別強調了利用政府公共關係以協調其與國內及國際利益相關者的關係。有研究表明(Chen, 2009; Hou & Zhu, 2012)，中國政府已將政府公關納入其日常工作中，中國的政府公關甚至已經出現制度化的跡象，而中國政府的新聞發言人制度似乎是中國政府公關走向制度化的一個重要標誌。那麼，中國政府新聞發言人制度是如何建立及發展起來？中國政府是如何形成政府新聞發言人的遴選、任命、培訓機制？中國政府新聞發言人制度又是通過怎樣的機制管理信息傳播和媒體關係？為此，本章以公關制度化為分析框架，聚焦中國政府新聞發言人制度的演變，解析中國政府公關趨於制度化的動因、進程和特徵，進而驗證卓越理論要求下的政府公關制度化在中國的可靠性和適用性。

## 二、文獻綜述及研究問題

制度化是指組織或機構的社會活動從特殊的、不固定的方式，向被普遍認可的相對固定及機制化模式的轉化過程，也是組織與機構規範化、有序化的變遷過程(Johansson, Grandien & Strandh, 2019)。而公共關係作為組織與公眾開展傳播活動的一種手段，由於其目的旨在與目標公眾建立相互信任關係，也就必然經歷一個不斷發展與成熟的過程。公共關係制度化建設是否已成為公共關係發展的一種必然趨勢？公共關係制度化建設

是否應該成為公共關係走向成熟的戰略方向？對此，學者們莫衷一是。

　　Grunig(2011)指出，學者在開展公共關係制度化研究時，首先應將公共關係看作一種戰略傳播和溝通手段，而並非僅僅將其看作具有符號意義的緩衝閥功能的日常活動(Yi, 2005)。儘管公共關係制度化建設的可行性及必要性仍受到質疑與爭論，但公共關係制度化建設始終備受公關學者和從業人員的關注。Coombs & Holladay (2008)通過對公共關係領域的相關文獻分析，發現大多研究都直接與間接地強調了公共關係制度化建設的必要性和迫切性。2008年，歐洲公共關係教育研究協會(European Public Relations Education & Research Association, EUPRERA)將公共關係制度化建設作為其年會主題(Invernizzi, 2008)。次年的歐洲傳播觀察也將公關制度化作為了一項重要內容(Moreno, Verhoeven, Tench, & Zerfass, 2010)。

　　Zucker (1987) 認為公共關係制度化是「一個將『類似規則』的價值觀和程序灌輸進組織、產業或社會的長期過程，以致它們不論在何種特殊形勢下，都能克服主要相關者個人價值觀的影響而長久存續下去」。在歐洲公共關係教育研究協會年會上，大部分學者認為公共關係制度化——如公共關係部門的負責人成為機構董事會的成員——表明公關對組織戰略決策的過程已產生了重要影響(Invernizzi, Falconi & Romenti, 2009)。

　　目前，關於公共關係制度化的研究呈現兩種傾向。一是將公共關係視為一種緩衝活動(Frandsen & Johansen, 2013; Grunig, 2011; Yi, 2005)，即組織開展公共關係活動從而使組織免受形勢變化的影響；二是將公共關係視為一種溝通橋梁活動，即組織開展公共關係活動構建其與利益相關者的關係，以促進自身發展。然而，所有的研究者似乎都在強調公共關係應該成為組織戰略管理結構的一部分，特別呼籲公共關係管理者或專業人員應該參與到機構決策中來(Endaltseva, 2015; Erzikova, Waters & Bocharsky, 2018; Grunig, 1992; Swerling, Thorson & Zerfass, 2014)。為此，公共關

係不僅要發揮其話語和溝通功能，還應被視為一個可以促進制度建構的核心部門(Eiró-Gomes, 2008; Kjeldsen, 2013)。因此，關於公共關係制度化的爭議主要集中在兩個議題上：(1)為何有必要將公共關係活動在企業或機構的管理架構和制度中進一步「合法化」；(3)為何有必要賦予公共關係專業人員參與戰略決策的角色。

有些學者(Endaltseva, 2015; Grunig, 2011; Johansson, Grandien & Strandh, 2019; Swerling, Thorson & Zerfass, 2014)認為制度化能夠促進公共關係活動進一步規範化。一旦公共關係活動被納入組織和機構的現行規範以及價值觀體系內並獲得內部認可，其制度化過程必然有助於公共關係至少在四方面得以健康發展：(1)使公共關係從業人員在組織內部得到授權，以便在戰略決策過程中扮演重要角色；(2)有助於降低人們對公共關係活動合法性的質疑；(3)使公共關係人員可以避免為獲取完成工作所需要的資源而進行「拔河戰」；(4)公共關係活動可以更加連貫一致，從而使公共關係活動獲得認可，推動公共關係的職業化發展，從而為機構發展做出貢獻。因此，Falconi (2008) 敦促公共關係從業人員們「理解並加速公共關係制度化的進程。」

同時，另外一些學者 (Grunig, 1992; Tench, Verhoeven & Zerfass, 2009; Wakefield, 2008)對公共關係制度化建設提出了質疑。Nielsen (2006) 深信，即便公共關係未能制度化，它也依然得以生存和發展，因為可以從「大家所相信的一系列應當擔負的責任，以及所認定的那些該做的重要事情的共用價值實現中受益」。還有些批評者甚至認為，公共關係制度化會導致公共關係機構和公關活動變得過分僵硬，其靈活性甚至創造力將會被削弱。對於他們而言，一旦公共關係從業人員被制度化，這就意味着「他們必須服從一個大規模的機構的規範」，而這「永遠都不會是一件好事」(Bailey, 2008)。

另外一些學者持中立立場，他們主要關注在哪些領域的公共關係活動應該被制度化，以及哪些領域不應該被制度化。普通理論 (General Theory)(Selznick, 1996) 主張，「制度化就是在完成

手頭工作技術要求之外促進相關價值觀的存續」；因此，如果企業或機構在價值觀層面而非在技術進程層面被制度化，它們將會比較易於接受和適應。Scott (1987) 也表示，一旦技術和程序被制度化，公共關係的創新力將受到不必要的限制。但是在價值觀和文化層面，公共關係活動不僅可以並且應當被制度化。Swerling, Thorson & Zerfass（2014）關於歐洲和美國公共關係制度化的評估也支持了這一立場。

對於公共關係如何被制度化，無疑也是一個見仁見智的議題。Macnamara (1992) 和 Noble (1999) 認為評估是一個關鍵因素，因為它可以幫助評估公共關係活動對實現組織目標所做出的貢獻，充分證明公共關係活動的有效性，從而有助於高層管理者了解公共關係活動的真實價值，並認可其戰略功能（Brønn, 2014; Grandien & Johansson, 2012; Grunig, Grunig, & Dozier, 2002）。Romenti（2008）的研究也支持了這一觀點。通過對318家意大利大型公司的線上調查，他發現評估有助於推動公共關係制度化進程，尤其是當公共關係被證明有助於實現組織長期目標並與組織的目標相聯繫起來時。

Coombs & Holladay（2008）、Sandhu（2009）以及 Sahut, Peris-Ortiz & Teulon（2019）主張，公共關係制度化建設可以與一些特定的組織目標相結合。比如，公共關係活動能夠有效引領企業社會責任（CSR）行為，這兩者的結合十分必要，也非常可行，但前提是，公共關係應該成為企業管理的一部分，以便參與到企業社會責任活動的制定和開展中。如果公共關係在引領企業社會責任方面能夠獲得企業或機構內部的廣泛認可，即須將公共關係納入企業整體戰略規劃之中。Schultz & Wehmeier（2008）也認為如此地開展企業社會責任制度化建設，有助於公關的制度化建設。

有研究表明，公共關係的制度化可以採取「企業戰略」（Enterprise Strategy）（Grandien & Johansson, 2012; Steyn & Niemann, 2008）。簡言之，為了在組織內部獲得可持續存在的比較優勢，公共關係制度化應重點關注如何使公共關係從業人員在機構中獲得高層管理地位並扮演重要的戰略角色。一旦形成這一地位，

公共關係便可被視為一種戰略資產，從而說明組織與利益相關者之間建立良好的信任關係（Romenti, 2008; Grandien & Johansson, 2012; Erzikova, Waters & Bocharsky, 2018）。

　　雖然公共關係制度化受到了社會各界的廣泛關注，但在實踐方面卻剛剛開始（Invernizzi, 2008）。Steyn（2008）發現，在歐洲，技術層面的公共關係制度化已或多或少實現，管理方面則部分地實現了制度化，但戰略層面的制度化幾乎尚未開始。部分公共關係從業人員僅有權參與涉及企業或機構傳播方面的決策制定，但大多數公共關係從業人員仍然游離於機構決策制定之外，無權參與機構戰略規劃。在一項覆蓋37個國家，回收1,524份有效問卷的「歐洲傳播監測2008」（European Communication Monitor 2008）調查中，學者得出了相近的結論（Zerfass, 2008）。Moreno, Verhoeven, Tench, & Zerfass 在「歐洲傳播監測 2009」關於公共關係制度化的研究發現再次驗證了這一結論（2010）。有趣的是，關於美國公共關係制度化的研究迄今相對較少，這似乎表明，雖作為公關發源地，但美國組織和機構的公共關係制度化建設仍任重道遠（Wakefield, 2008）。甚至有跡象顯示，在全球化大市場行銷的形勢下，公共關係活動似乎在逐漸喪失其溝通橋梁功能，公共關係被迫陷入了企業管理的配角。更有甚者，「首席執行官們可能更樂意於向首席公關官以外的人尋求建議，卻忽略了這本來應該是公共關係部門的職責」（Swerling, Thorson & Zerfass, 2014; Wakefield, 2008; Wakefield, Plowman & Curry, 2013）。

　　有研究表明，在中國的經濟社會轉型中，中國政府為了適應市場化、國際化的要求，在對內對外傳播中似乎已經放棄傳統的政治宣傳，轉而採取了公共關係慣用的方法開展信息溝通，以塑造政府形象及聲譽（Hou, 2016; Zhang & Zhang, 2008）。在此過程中，中國政府逐步將公共關係規範成為一種政府職能，在中央及各級地方政府設立「信息部門」，並撥出專門預算，政府公關形成機制，也進一步得以規範（Chen, 2004）。有理由認為，中國政府公共關係已取得其合法性地位。結合當前學術界在公共關係制度化的必要性及有效性方面的研究，本章以中國政府設立的新聞發言

人制度為觀察對象,提出如下研究問題,即:中國政府公關是否呈現制度化的趨勢?一個趨於制度化的政府公關是否有助於對內對外傳播和管理?其必要性和有效性具體體現在哪些方面?

## 三、透視中國政府新聞發言人制度

自改革開放以來,中國內地在經濟和社會制度等領域取得了巨大的變化,但在政治領域的變革似乎較為緩慢。儘管如此,中國政府一直致力於改變外界對其政治體制和政策的看法,從而重塑其國際形象,其中一項重要舉措即推動以「放鬆黨和政府對媒體控制」為特徵的媒體制度的改革(Luo, 2015)。

隨着媒體制度改革的推進,中國內地媒體生態發生了較大的變化,其中比較突出的是,媒體不再僅僅發揮黨或政府的「宣傳喉舌」作用,開始發揮有限的監督政府作用。為了提升訂閱人數,增加收視率,最大限度地提高廣告收入,大多國有媒體機構開始嘗試改變其形式及內容,增加出版物和節目。媒體大多開始採取市場化運營模式,部分媒體機構已發展成大型媒體集團,甚至擴展到其他類型商業(Chen, 2005; Luo, 2015; Shambaugh, 2007)。與此同時,新聞記者、編輯、製作人重新調整自身角色,在逐漸適應媒體體制變化的同時,不斷地增強其專業及社會責任意識,一改傳統的僅聽從政府宣傳口徑的做法,更有甚者,媒體對政府相關做法的批評聲愈來愈大。媒體行業的動態變化,使得中國政府開始借鑒許多國家在國內和國際事務中開展政府傳播的普遍做法。

通訊技術乃至社交媒體的迅速發展也使中國領導人愈來愈深刻地認識到及時直接地向公眾傳達信息的重要性。新生代政治領導和政府官員意識到傳統的政治宣傳已經無法滿足當今社會的需要,信息傳播和發佈的透明度有助於提高政府公信力,從而確保其政治合法性。他們也認識到,政府和公眾之間應該建立定期的溝通管道,以促進信息的有效傳播,從而確保公眾的知

情權(陳日濃，2010；Chen, 2004；Luo, 2015)。曾在中國對外交流最為頻繁和活躍的上海擔任高級官員、並擔任國務院新聞辦公室主任的趙啟正公開指出，「一個有效的信息發佈系統可以作為有效的溝通管道，有助於提高公共行政及政府政策的透明度，從而促進社會穩定，推動經濟發展」(趙啟正，2005，2018)。

正是在如此的政治和媒體變革的大背景影響下，中國政府新聞發言人制度應運而生。1991年1月，雖與中共中央對外宣傳公室仍為同一機構，國務院新聞辦公室正式對外掛牌，其使命是代表中國政府對外發佈信息，負責中國政府的對內對外傳播，因而成為中國政府新聞發言人制度的正式執行機構(國務院新聞辦公室，2006；張豔紅，2010)。

國務院新聞辦公室是國務院的正部級行政機構，主要職責包括(但不限於)如下範疇：

(1) 及時、準確地向國內外媒體提供有關中國經濟社會發展狀況和重大突發事件的相關信息及中國的歷史和中國科技、教育、文化等發展情況。

(2) 組織編寫並發表中國政府白皮書，全面、系統、客觀地闡明中國政府對重大問題的原則立場和基本政策。

(3) 協助外國記者在中國的採訪，推動海外媒體客觀、準確地報導中國。

(4) 加強與各國政府新聞和外國媒體的交流與合作。

(5) 組織大型文化交流活動，組織製作對外介紹中國情況的圖書、音像、影視出版物。

(6) 推動互聯網健康發展，加強信息技術領域的國際交流與合作。

(7) 積極推動中國媒體對各國情況和國際問題的報導，促進中國公眾及時了解世界經濟、科技、文化的發展進步情況。

無疑，國務院新聞辦公室的主要任務是向國內外媒體及時傳達來自中國政府的權威信息。為此，國務院新聞辦公室在機制安

排上的通常做法是召開例行新聞發佈會或特別新聞發佈會，並任命政府新聞發言人在發佈會上代表政府發佈信息，回答記者提問。隨着發佈會從不定期到定期，從專題到例行，從傳統媒體播發到多媒體（甚至融媒體）直播，國務院新聞辦公室的新聞發佈會和發言人制度逐步成為中國政府公關傳播不可或缺的一部分（陳開和，2008；程曼麗，2014；趙啟正，2005；蔡武，2006）。

在中華人民共和國成立之初，這種指定政府發言人的做法曾被偶爾採用（喬松都，2009），但政府層面對新聞發佈會和新聞發言人進行制度與機制性的安排，並予以長期堅持，是中國內地改革開放的成果。雖發展時間不長，但中國政府新聞發言人制度仍歷經三個發展階段，不斷地成為一種體系化的政府傳播，即：現今的中國政府新聞發言人制度不僅局限在國務院新聞辦公室的新聞發佈會，還遍佈國務院其他部委及中國各級政府，政府新聞發言人在一定程度上已成為中國社會的公眾人物。

## 第一階段：起步階段（1982–2003年）

中華人民共和國成立初期，中國共產黨領導下的中央人民政府沒有採用政府新聞發言人這一西方理念開展政府傳播。直至上個世紀七十年代末，中國內地開始實行改革開放，鄧小平領導下的中央領導集體開始嘗試通過政府新聞發佈會這一平台發佈信息，主要開展對外傳播。1982年2月，中共中央書記處和中央對外宣傳委員會聯合發佈了《關於建立新聞發言人制度和改進外國記者工作的指示》。在此次聯合發文中，中共中央首次正式認可了政府新聞發言人制度，並明確指出政府新聞發言人制度有利於重塑國際媒體對於中國的報導（謝柯靈，2009）。1983年2月，中共中央宣傳部、中共中央對外宣傳領導小組又聯合發文《關於實施〈設立新聞發言人制度〉和加強對外國記者工作的意見》，要求外交部和對外交往較多的國務院各部門建立新聞發言人制度，定期或不定期地發佈中國政府涉外政策的信息（程曼麗，2014）。

此時中國的政府傳播似乎僅針對外國和境外（港澳台）媒體。1982年3月24日，蘇聯領導人勃列日涅夫（Leonid Brezhnev）在塔什干發表講話，表示了改善中蘇關係的意願。3月26日，中國外交部召開其首場新聞發佈會，對此做出回應。時任外交部新聞司司長、後任外交部部長錢其琛擔任此次新聞發佈會的發言人，他向在場的中外記者發佈了一個只有三句話的簡短聲明，但遺憾的是，他沒有回答任何中外記者提問。此次新聞發佈會迅速獲得國際媒體的關注。儘管錢其琛的聲明極其簡短，但卻開啟了中國新聞發言人制度的先河（沈志華，2007；陳日濃，2010）。

1983年3月1日，外交部召開新聞發佈會，時任外交部新聞司司長、後任外交部副部長齊懷遠在會議上宣佈外交部今後將定期舉行新聞發佈會，向國內外媒體發佈政府相關信息。齊懷遠被正式任命為第一任外交部新聞發言人。1983年4月23日，經中共宣傳部批准，中國記者協會召開新聞發佈會，首次向中外記者介紹國家統計局、國務院台灣事務辦公室等中央政府機構的新聞發言人，正式宣佈中國政府建立新聞發言人制度（陳開和，2008；程曼麗，2014）。為了促進中國政府新聞發言人制度的規範化操作，1983年11月，中央對外宣傳領導小組制定並下發了《新聞發言人工作暫行條例》，重申新聞發言人制度旨在正確引導外國記者對於中國的新聞報導，以此增進國際社會對中國的了解和支持（陳日濃，2010；程曼麗，2014）。

然而，處於起步階段的政府新聞發佈會在很大程度上仍然遵循傳統的對外宣傳模式，發佈會的內容大多集中於原則性地宣講中國相關的對外政策。新聞發言人只是照本宣科，不接受記者的提問，不設立互動環節。雖然政府定期安排召開新聞發佈會，但仍然數量有限，形式大都為單向和非對稱的傳播。政府新聞發言人通常顯得刻板僵硬，說話緩慢，很少與聽眾進行眼神交流，拒絕對記者提問做出回答。每當外國記者要求他們對問題進行澄清時，「無可奉告」或「無進一步信息」成為他們的一貫回應。因此，這一階段的政府新聞發言人通常被看作政府的「發聲器」（紀海霞，2008；程曼麗，2014；嚴功軍，2008）。

　　1991年，國務院新聞辦公室正式掛牌，雖與中共中央對外宣傳辦公室仍同屬一個機構，但至少在名義上將中央政府新聞發佈會的領導與監督工作從黨轉移到政府（Anne-Marie, 2008; Luo, 2015）。1997年，在香港回歸、中國加入世界貿易組織、北京申辦2008年夏季奧運會等一系列大型涉外事件的推動下（陳開和，2008；程曼麗，2014），國務院新聞辦公室開始頻繁地舉行新聞發佈會，以滿足境內外新聞界和公眾對於相關信息的需求。無疑，此時的中國新聞發言人面臨着極大的挑戰，他們在新聞發佈會上不僅要應對外國記者，還要響應國內、海峽兩岸及港澳的社會輿論。

　　中國政府新聞發佈遭受較多批評的是發言人所發佈的信息品質不高，新聞發言人的傳播效果頗差。由於新聞發佈會未能及時、定期舉行，且發言人在新聞發佈會上往往只是宣讀準備好的講話稿，極少回答記者提問，因此新聞發言人的可信度遭到質疑。新聞發佈會往往只是邀請少數經過仔細篩選的中外記者出席，很少對發佈會現場進行現場直播或電視轉播，而且信息發佈往往採取自上而下的單向傳播模式，因此境外記者便將中國的政府新聞發言人制度看作為另外一種形式的政府宣傳（王彩平，2015；雷橡榮，2005）。2003年，非典疫情席捲中國內地，政府新聞發言人制度驟然間面臨巨大的挑戰，由此開始引起政府高層的關注及重視。

## 第二階段：成長階段（2003–2007）

　　2003年春季爆發的非典疫情，迅速由突發事件演變成社會危機，但從某種意義上看，非典成為中國政府新聞發言人制度快速發展和完善的關鍵性助推器。非典期間，官方信息缺乏致使謠言和恐慌滋生（王彩平，2015；陳開和，2008）。由於缺乏可靠的信息管道，公眾對疫情更加害怕，公眾對政府的信任急劇下降，繼而威脅到中國內地的社會穩定。此次疫情使中國領導人意識到，在危機形勢下，及時向公眾提供公開、快速、方便、可信的信息

至關重要，故亟需建設一個更加開放、透明、能夠有效解決危機的政府傳播平台和制度。

考慮到中國政府的國內信譽和國際形象，以胡錦濤為總書記、溫家寶為總理的中央領導集體決定在信息發佈方面做出重大改變，並指定國務院新聞辦公室代表黨和國家從 4 月20日起向公眾及時、系統、客觀、科學地發佈非典疫情的相關信息（程曼麗，2014）。據此，國務院新聞辦公室率先對政府新聞發言人制度進行了一系列改革。

第一，在中央政府授權下，國務院新聞辦公室接管了與非典相關的政府傳播工作，以更好地管理危機傳播。它將原由衛生部及北京市等其他政府機構發佈的信息納入自己的新聞發佈會中，從而使國務院新聞辦公室的新聞發佈會成為非典疫情唯一、統一、最權威的信息發佈平台。

第二，隨着非典疫情的加重，新聞發佈會的數量也在隨之增加。2002年，國務院新聞辦公室全年舉行了 9 場新聞發佈會。2003 年，新聞發佈會的數量增加至 41 場，2004 年則激增至160場。新聞發佈會基本上已經成為國務院新聞辦公室的例行活動，特別是非典嚴重氾濫時期，幾乎每日必開，接近即時發佈。

第三，國務院新聞辦公室開始採用國際通用的新聞發佈會準則，將通報時間從50分鐘縮短到 5 分鐘，並延長了問答環節，以滿足媒體對信息的特殊需求。國務院新聞辦公室還邀請了更多的境外記者出席新聞發佈會（陳開和，2008；蔡武，2006）。

第四，國務院新聞辦公室將新媒體技術應用到新聞發佈會中，以方便媒體及公眾獲取政府信息，增強公眾與政府新聞發言人的互動。此外，新聞發佈會內容即時向公眾開放，開始將腳本和視頻全部公佈在官方網站上。

第五，國務院新聞辦公室定期邀請政府高級官員和資深專家擔任新聞發佈會的特邀嘉賓或者顧問，這不僅提高了信息發佈

的準確性、專業性和權威性,而且還有助於推動其他政府機構舉行自己的新聞發佈會,任命自己的新聞發言人。

非典疫情作為一種社會危機使中國政府認識到健全的新聞發言人制度及行之有效的新聞發佈會有助於緩解社會恐慌,維護社會穩定,協助政府處理危機;政府新聞發言人制度的確立也有助於推動政府與公眾之間的互動交流,確保媒體與公眾可以獲取更多全面、權威的政府信息(程曼麗,2014;趙啟正,2018)。2003年6月3日,上海市政府決定任命自己的政府新聞發言人,成為中國內地第一個設置政府新聞發言人的地方政府。

非典疫情推動了中國政府信息公開領域的改革。2004年3月,溫家寶總理在第十屆全國人民代表大會第二次會議上所作的政府工作報告中,強調要「進一步提升政府透明度和公信力」。這與胡錦濤主席「以人為本,構建社會主義和諧社會」的主張是一致的。此後,中共中央下發決議,要求新聞媒體充分發揮其對政府的「新聞監督」作用,進一步完善政府新聞發佈制度,從而推動中國政府問責制的建立與完善(陳開和,2008;程曼麗,2014)。

在中央政府領導下,新聞發佈會制度及政府新聞發言人制度開始進入蓬勃發展時期。2005年,時任國務院新聞辦公室主任蔡武表示:「國務院近70個部門,包括部委,包括直屬的國家局,建立了新聞發佈和發言人制度。31個省區市中,除了山西、江西、陝西、新疆維吾爾自治區等4個省區還沒有正式建立新聞發佈和發言人制度以外,27個省區市已建立了此項制度。」(蔡武,2006)

此後,中央及各省級政府常規性舉行新聞發佈會。2004年,國務院新聞辦公室、中央各部委及各省級政府共舉行了900場新聞發佈會。2005年,這一數字激增至1,088場(陳開和,2008)。愈來愈多的政府官員和資深專家受邀出席政府新聞發佈會,並對相關問題甚至是敏感性較強的政策議題當場做出應答。政府新聞發佈會及新聞發言人所提供的政府信息逐步獲得了愈來愈多國外記者和中國公眾的信任。

　　政府機構也開始採用不同管道及時發佈相關政府信息。國務院新聞辦公室開通了 24 小時電話查詢熱線和政府官網。國務院新聞辦公室還上傳了英文版本的新聞發言稿，安排了中英翻譯協助外國記者獲取所需信息。

　　與此同時，中國政府負責對外傳播的領導人清楚地認識到，雖然政府新聞發佈會的數量在逐步增長，但其品質仍待提升。2006 年 2 月，國務院新聞辦公室主任蔡武在新聞發言人制度建設進展彙報中指出，國務院新聞辦公室應在提升各級新聞發言人能力方面發揮積極作用。為此，2005 年，國務院新聞辦公室舉辦了40期新聞發言人培訓班以提升他們的溝通技巧，參訓人員達3,000 人次。新聞發言人在發佈信息及應對提問時現得更加自信、老道，而且他們開始重視同中外記者建立友好、專業的關係（蔡武，2008）。

　　尤其值得注意的是，中國政府發言人制度的快速發展也進一步推動了中國行政領域的改革。2007 年 1 月，國務院通過了第一個《中華人民共和國政府信息公開條例》，並於 2008 年初開始實施。雖然該條例旨在規範中國信息發佈制度，但它卻是基於公開、透明等理念制定，進一步增強了新聞發言人制度的合法性（Luo, 2015; Zheng, 2007）。


## 第三階段：成熟階段（2008年起）

　　2008 年，中國汶川特大地震及北京奧運會兩件大事引起了國內外的高度關注，中國成為全球媒體矚目的焦點。中國政府成功地將汶川地震這場危機轉化為向世界展現中國應對自然災害能力的機遇，同時抓住奧運會這次契機，向世界展現中國經濟發展水平和社會文化魅力。有理由認為，政府發言人制度在主導這兩次事件的政府傳播中均發揮了至關重要的作用。

　　汶川地震發生後，中國政府迅速展開救援活動，並及時、權威地發佈地震相關信息，因為領導人深知，如果應對不當，這將

直接影響到政府的合法性及公信力（程曼麗，2014；Chen, 2009），尤其是在民眾對於地方政府於 2003 年對非典疫情應對不力仍記憶猶新之時。地震發生後短短幾個小時內，國務院新聞辦公室迅速着手就救援工作開展危機傳播。在整個抗震救災過程中，國務院新聞辦公室頻繁舉行新聞發佈會，及時發佈相關信息（國務院新聞辦公室，2008）。每場新聞發佈會持續約一個半小時，約一半時間用於官方信息發佈，一半時間用於回答記者提問。在新聞發佈會上，發言人提供了詳盡的死亡人數、受傷和失蹤人數、已經獲救並轉移到安全地帶的人數，以及救援行動進展情況等官方信息。早期發佈的信息主要集中於災害性質、破壞範圍及程度、可供選擇的處理辦法以及政府的實際應對措施。通過每日的信息更新、簡報和新聞發佈會，國務院新聞辦公室展示了中國政府以公開透明的方式應對危機的意願，塑造了以人為本的政府形象。

這些措施似乎卓有成效。記者察覺到與 2003 年相比，中國政府變得更加願意向國內外公眾公佈信息。尤其是在中國政府因對西藏和新疆的騷亂做出強硬反應而面臨國際輿論批評之際，能否獲取和強化公眾對於政府的信賴更顯重要。例如，中國外交部發言人秦鋼在新聞發佈會上，指出中國政府之所以全力以赴開展地震救援工作，完全是出於「以人為本」，旨在保護作為基本人權的公眾人身安全。這就蘊含地將中國政府應對地震與其人權問題結合起來，引導境外媒體在人權問題上應關注中國政府的積極做法（國務院新聞發佈會，2008）。

政府新聞發言人制度在北京 2008 年奧運會的成功申辦中也發揮了突出作用。儘管奧運會是一項國際性的體育賽事，但西方一些勢力卻借此向中國政府施加壓力，以中國政府對西藏社會治安管控和對蘇丹達爾富爾地區衝突介入為議題，炒作中國的人權問題和在非洲的「擴張」，一度甚囂塵上。無疑，中國政府必須面對挑戰，以期通過有效的公共外交和政府傳播化解國際輿論壓力，抓住奧運會這一良好契機向世界展現中國文化魅力及經濟實力（趙啟正，2018）。

在北京奧運會申辦過程中，國家新聞辦公室向國際專家尋求專業協助，與國際知名公關公司 Hill & Knowlton 進行了密切合作。在 Hill & Knowlton 的建議下，中國政府並未就人權問題在對外傳播中採取慣常的「自我辯解」策略，而是將申辦奧運會相對中國的意義定位為一個讓中國進一步參與國際社會，推動中國實現更多變革，從而走向「和平崛起」的契機。為此，國務院新聞辦公室及其他政府機構的新聞發佈會則廣泛傳遞了四個基本信息：(1)中國確實具備舉辦奧運會所必備的通信技術和基礎設施；(2)中國在環境方面取得了媲美西方國家的巨大進步；(3)奧運會旨在鼓勵世界人民開展體育運動；(4)舉辦奧運會無疑將改善中國人權狀況（林濤，2008；程曼麗，2014）。

在北京奧運會準備階段，國家新聞辦公室將政府新聞發言人直面境外媒體和記者當成了傳播工作的重中之重。從 2005 年 10 月開始，北京奧運會組委會開始每周舉行例行新聞發佈會。每當境外媒體對安保、售票、環保、交通或建設等奧運會相關事宜提出疑問，組委會都會及時安排特別新聞發佈會，予以針對性的解釋。相關新聞發言人均持續接受培訓，學習如何應對記者提問。2008 年 7 月 8 日，北京奧運會組委會開設三個媒體中心，每天各派一名新聞發言人與媒體見面（林濤，2008）。

北京奧運會前夕，國家新聞辦公室還特別安排了國家領導人直接參與政府對外傳播。開幕前一周，國家主席胡錦濤在北京人民大會堂會見了 25 家外國媒體機構的記者。在發表簡短講話後，胡錦濤直接回答了記者的提問，他甚至在一些挑剔性的問題上也顯得十分坦率。在回答半島電視台記者關於中國是否擔心奧運會會在國際上強化「中國威脅」形象時，胡錦濤表示：「北京奧運會將向世界人民展示中國人民熱愛和平的形象和決心。」他還表示：「奧運會後中國將繼續深化包括政治體制改革在內的全面改革，繼續擴大社會主義民主。」（人民網，2008）

汶川地震和北京奧運會期間政府對外傳播的成功使中國領導人深信，通過政府新聞發言人制度「及時、準確、公開、透明」

地發佈信息，有助於中國政府充分利用其文化軟實力在國際社會建構一個正面的國家形象。自 2008 年起，中國政府繼續完善政府新聞發言人制度，並開展了進一步的專業培訓。

與此同時，中共中央職能部門和機構也開始正式建立新聞發言人制度，進一步推動了中國政府傳播的發展。在 2009 年12月29日的年度最後一次新聞發佈會上，國務院新聞辦公室主任王晨表示：「中國共產黨第十七屆四中全會《關於加強黨的建設若干重大問題的決定》中也提出，各級黨委要建立發言人的制度，我們也在為此積極的進行探索，來加強黨務信息的公開，及時回應國際輿論和社會公眾關注的問題。」王晨還指出：「中央紀委以及長沙、貴陽、深圳等地黨委已經積極開展了新聞發佈工作，有的也建立了新聞發言人，受到了公眾和媒體的歡迎。」(王晨，2009)

隨着互聯網技術及新媒體的快速發展及廣泛應用，中國政府傳播面臨了新的機遇與挑戰。特別是政府新聞發言人所面臨的媒體生態，無論是從信息傳播內容、管道、主體三方面，都呈現出新的變化 (楊詩雨，2016)。此後，中國政府積極探索如何通過網絡管道行之有效地向公眾傳達政府信息，多地政府相繼設立政府網絡新聞發言人。2013年 8 月，國家主席習近平出席全國宣傳思想會議，並指出：「要精心做好對外宣傳工作，創新對外宣傳方式；着力打造融通中外的新概念、新範疇、新表述，講好中國故事，傳播好中國聲音」(習近平，2013)。2013 年10月，國務院辦公廳發佈《關於進一步加強政府信息公開響應社會關切提升政府公信力的意見》，明確指出：「各地區各部門應積極探索利用政務微博、微信等新媒體，及時發佈各類權威政務信息，並充分利用新媒體的互動功能，以及時、便捷的方式與公眾進行互動交流」(國務院辦公廳，2013)。2016 年 2 月17日，中共中央辦公廳、國務院辦公廳印發實施《關於全面推進政務公開工作的意見》，要求：「各級政府應強化政府門戶網站信息公開的第一平台作用，充分運用新媒體，將政府網站打造成更加全面的信息公開平台、更加權威的政策發佈解讀和輿論引導平台、更加及

時的回應關切和便民服務平台」（國務院辦公廳，2016）。2016年
12月25日，國務院新聞辦公室「國新發佈」移動用戶端和「網上
新聞發佈廳」開始上線試運行。新聞發佈會也由於效果明顯（張
力、楊衛娜，2017），迄今已成為中央和地方政府的一項重要制
度安排。

綜上所述，中國政府長期所依賴的政治宣傳開始從體制機
制上轉型為具有現代意義的政府傳播，其中，政府新聞發言人
制度的作用尤顯突出。當然，如何確保政府傳播得以「及時、準
確、公開、透明」，仍然是中國政府及政府新聞發言人制度所面
臨的嚴峻挑戰。

# 四、考察中國政府新聞發言人機制

政府傳播的效果在很大程度上取決於新聞發言人本身，因
此，中國政府也希望建立專業化的政府新聞發言人機制。那麼中
國政府如何遴選新聞發言人？中國政府新聞發言人需接受哪些
領域的專業培訓？中國政府新聞發言人擁有多大的自主權？這一
系列問題無疑與中國政府公關傳播走向制度化具有相關性。

## 質素特徵

在西方國家，政府新聞發言人往往顯得口齒伶俐、反應迅
速，對所面對的問題準備充分（張豔紅，2010；Lee, 2000；Seitel,
2001）。而這些標準質素則往往取決於公眾對於信源可信度的要
求，以及對於新聞發言人專業性、真誠、魅力等方面的要求（Seitel,
2001; Wilcox, Ault & Agee, 1998）。對政府新聞發言人的這些要求
不僅適用於民營企業，同樣也適用於公共部門。根據筆者不完全
觀察，中國政府新聞發言人的風格特徵至少應包括以下幾點。

首先，中國政府新聞發言人多來自外事部門，具有一定的與
外國記者打交道應有的經驗。自上個世紀七十年代末改革開放

以來，愈來愈多的外國新聞機構派遣記者入駐中國。中國政府已經逐步放寬了對外國記者在旅遊、聯絡及採訪方面的限制。愈來愈多的境外記者得以應邀參加政府新聞發佈會，並有較大的向新聞發言人當場提問的機會。然而，前外交部新聞發言人吳建民曾直言，中國的政府新聞發言人經驗不足，常常準備不充分。他於2005年4月指出：「包括宣傳官員在內的中國政府官員在與記者打交道時，總會有些磕磕巴巴，尤其是在毫無準備的情況下應對外國記者時。」因而，他們在應對外國記者提問時，總顯得有些缺乏技巧和經驗（雷橡榮，2005）。因此，準備充分且遊刃有餘地應對外國記者成為政府新聞發言人的首要要求。值得注意的是，中國外交部和國務院新聞辦公室的新聞發言人通常從從事外事工作的資深官員中挑選出來，他們對西方發達國家的政府如何應對媒體較為熟悉，往往更加擅長應對外國媒體。遺憾的是，他們擁有豐富的涉外工作經歷，但似乎卻缺少傳播的專業經驗。

其次，中國政府在新聞發言人遴選過程中似乎會關注其個人魅力。在人們的一般印象中，中國政府官員通常較為死板，在發表公開演講時往往缺乏激情，且不願與公眾進行互動。中國政府新聞發言人刻板僵硬的形象，在一定程度上降低了政府發佈信息的可信度。為此，外交部率先任命女性政府新聞發言人，以重塑中國政府新聞發言人的形象。二十世紀九十年代初期，中國湧現出數位女性政府新聞發言人，包括前駐紐西蘭大使李金華、前駐愛爾蘭大使范慧娟、中國常駐聯合國代表團公使章啟月。在長期的駐外工作中，她們的個人魅力甚至給最為挑剔的外國媒體留下了深刻的印象，她們堅毅果敢，卻又開放、直接、自信、熱情、迷人。她們西式的演講、流利的英語、自信的微笑增加了公眾對於她們的信賴（周瑾，2004；程曼麗，2014；董鑫、邢穎，2018）。

再次，中國政府在遴選政府新聞發言人時開始看重其專業知識。對於公眾來說，新聞發言人是否具備其所發佈信息領域的相關知識將決定其發言的可信度。當然，任何政府新聞發言人不可能具備所有領域的專業知識，但他們至少應該願意與相關領域的專家合作。例如，外交部的每一場新聞發佈會的籌備工作都

彰顯出對獲取待解決問題方面專業知識的重要性的強調（周瑾，2004；程曼麗，2014；劉笑盈，2016）。據筆者早前非正式了解，他們在籌備新聞發佈會時往往會開展小組研究，並與機構內外相關領域的專家進行協商。在需要時，他們也會直接邀請相關專家出席新聞發佈會，向聽眾介紹情況，回答記者提問。特邀專家在回答記者提問時，政府新聞發言人則充當新聞發佈會的主持人及協調者，主要由特邀專家發表講話。這種做法旨在增強新聞發佈會的專業性，以獲取公眾信任（Chen, 2009）。

最後，中國政府新聞發言人所處政府機構的地位及職位似乎也成為一個重要的遴選因素。時至今日，中國政府內部的決策制定並不完全透明，尤其是在外交政策方面。一份政策聲明能否吸引外國記者的注意往往取決於發表聲明的政府新聞發言人本身。如果新聞發言人自身在政府中身處要職，或者在決策方面享有較高的威望，那麼他的可信度就會相對較高（程曼麗，2014；雷橡榮，2005）。國務院新聞辦公室就是一個典型的案例。1998年4月，趙啟正被任命為國務院新聞辦公室主任。在此之前，趙啟正曾擔任中共中央對外宣傳辦公室副主任，與時任中共中央總書記江澤民和國家總理朱鎔基關係密切。在其任職期間，趙啟正不僅出席國務院新聞辦公室的新聞發佈會，還作為特邀嘉賓在各國知名國際論壇上發表演講，他甚至被譽為中國的「白宮發言人」（中國網，2005；趙啟正，2005）。其繼任者蔡武同樣在政府機構中身居高位，曾任中國共青團中央委員會高層領導、中共中央對外聯絡部副部長。作為曾參與決策層的圈內人，蔡武的上任提升了國務院新聞辦公室的新聞發佈會的權威性。在任三年多來，他所出席的國務院新聞辦公室新聞發佈會，吸引了最多的受眾。2008年卸任時，他曾公開主張應賦予政府新聞發言人更大的臨場自由處置權（王彩平，2015）。

分佈架構

自2004年開始，國務院新聞辦公室連續十四年每年對外公佈政府新聞發言人名單。政府新聞發言人從2004年的75名激增

至 2018 年的 244 名，人數壯大了三倍之多（董鑫、邢穎，2018）。回顧近年公佈的政府新聞發言人名單或許有助於深入了解中國政府如何遴選新聞發言人。為提高政府信息透明度，2009 年 12 月 29 日，中國政府公佈了三份政府新聞發言人名單，共計 161 名。其中中共中央各部門中有 5 個部門設有政府新聞發言人，共計 6 名；國務院下轄各部委中 76 家機構設有政府新聞發言人，共計 101 名；31 個省、自治區、直轄市設有政府新聞發言人，共計 54 人（人民網，2009）。

根據這些公佈的信息，中國政府新聞發言人分佈顯得並不均衡，一些中央政府機構或省級政府機構比其他部門和機構設有更多的政府新聞發言人。在中共中央五個部門中，中共中央台灣工作辦公室設有 2 個新聞發言人，其他各部門各設 1 名新聞發言人。但中共中央宣傳部及中共中央組織部這兩個關鍵部門卻並未設立新聞發言人。而某些國務院下轄機構則設立有多名新聞發言人，如：民政部設立 4 名新聞發言人，外交部、文化部及國家新聞出版總署各設立 3 名新聞發言人，國防部、工業和信息化部、國家民族事務委員會、衛生部、國家人口和計劃生育委員會、國家統計局、國家旅遊局、中國銀行業監督管理委員會、中國民用航空局等部門各設有 2 名新聞發言人。

在已設立政府新聞發言人的 31 個省、自治區、直轄市中，16 個省市人民政府設立多位政府新聞發言人。其中，新疆自治區和黑龍江省位居首位，各設立 4 名政府新聞發言人；廣西、廣東、山東三省各設立 3 名；西藏自治區、甘肅、雲南、重慶、海南、湖北、福建、安徽、遼寧和山西各設有 2 名；但經濟較為發達的上海、江蘇、浙江、北京、天津等地卻各設立 1 名。

新聞發言人員數量分佈的差異似乎表明了政府在一個特定的時間段對某些議題的特別關注。對於中央政府來說，台灣問題仍然備受關注，故需要加強新聞發言人機制安排，以應對可能發生的台海危機。而國務院則更希望境內外媒體關注其在社會福利、民族事務、公共衛生、經濟發展、文化事業、銀行監管和外交事務等方面的政策。或許，在政府領導看來，與教育和公共安

表 11.1　國務院各部委新聞發言人構成

| 數量 | 來源 | 百分比 |
|---|---|---|
| 35 | 秘書處 | 34.5% |
| 22 | 行政部門 | 21.8% |
| 13 | 政策分析部門 | 12.9% |
| 9 | 新聞辦公室 | 8.9% |
| 8 | 宣傳辦公室 | 7.9% |
| 3 | 外事辦公室 | 2.9% |
| 11 | 其他部門 | 10.9% |

全等問題相比，這些議題更能為政府帶來積極的影響。而在各省、自治區、直轄市中，新疆自治區由於反恐問題突出，持續引起外國媒體關注。與經濟發達地區相比，經濟欠發達地區似乎更急於塑造一種開放的政府形象。如是考慮似乎部分地解釋了為何這些地區擁有強大的政府新聞發言人隊伍。

　　根據公佈的政府新聞發佈人信息，政府新聞發言人儘管分別選自不同的政府部門，但主要來自秘書處和行政辦公室。中共中央各部門 6 名新聞發言人則全部來自於秘書處、新聞處及研究室。國務院下轄各部委 101 名新聞發言人具體來源部門也無較明顯的出入（見表 11.1）。

　　在 54 名各省、自治區、直轄市政府新聞發言人中，其中 30 名（55.6%）來自於秘書處，18 名（33.3%）來自於新聞辦公室，6 名（11.1%）來自於宣傳部。

　　國務院各部委及各地方政府還傾向於選擇其自身工作人員作為新聞發言人。在中國的行政系統中，秘書處和行政辦公室的工作人員最有機會接觸機構高層決策者。他們常常協助高層領導撰稿報告、分析政策、協調政策執行等，或許應該是最了解政府政策的人。多達 70 名（69.3%）國務院各部委新聞發言人及 30 名（55.6%）省級政府新聞發言人均具有秘書及行政辦公室的工作背景，這反映了這一工作經歷在政府新聞發言人遴選中的重要性。值得注意的是，具有新聞傳播經驗卻並未有太多機會接觸最高

領導層或決策層的新聞發言人不佔多數，只有 2 名中共中央部門的政府新聞發言人來自於新聞處，17名（16.9%）國務院各部位新聞發言人來自於新聞處及宣傳辦公室，18 名地方政府新聞發言人來自於新聞辦公室。

政府新聞發言人往往也在政府機構中身居要職。在中共中央的6名政府新聞發言人中，4 名新聞發言人在其所屬機構中任主任，另外 2 名為副主任。國務院下轄各部委161名新聞發言人中，8名（7.9%）新聞發言人在其所屬機構任副部長，64名（63.4%）任部門主任，29名（29.7%）任部門副主任。各省、自治區、直轄市政府新聞發言人情況也相似，29名（53.7%）新聞發言人在其所屬機構中任主任，18名（33.3%）任副主任。

在中國的體制中，政府官員的職務高低至關重要。依此傳統，中國政府似乎希望媒體和民眾將具有較高職位的新聞發言人所發出的「聲音」視為權威。副部長級別的政府官員擔任新聞發言人並出席新聞發佈會，他們的講話自然更有分量。而與副部長級的政府新聞發言人相比，部門主任的分量當然會輕一點，儘管他們傳達出同樣的信息，他們的講話也代表了部門的整體意見。值得注意的是，儘管2008年汶川地震期間，眾多省份的省長或副省長均受邀參加國務院舉行的新聞發佈會，但各省級政府新聞發言人中沒有一位同時擔任省長或副省長職務（Chen, 2009）。

## 專業培訓

無論其背景或官階如何，政府新聞發言人都需要公開、直接地向媒體乃至公眾傳達政府信息，因而他們的溝通技巧和經驗往往會直接影響新聞發佈會的效果。尤其是在當今社會，新聞發佈會已成為政府部門的例行活動，並會通過電視和網絡進行直播，且往往會即時從中文翻譯成英文（王彩平，2015；劉笑盈，2016）。因此，對政府新聞發言人進行專業培訓已日益成為政府發言人制度的重要組成部分。2006 年 8 月，時任國務院新聞辦公室

主任蔡武在接受《北京週報》採訪時強調:「國務院將進一步加強對各級政府新聞發言人的專業培訓。」(唐元愷,2006)

事實上,中國政府持續開展旨在提升政府新聞發言人能力的專業培訓。根據筆者尚不完全的調查,目前已形成了五種主要的培訓形式:(1) 國務院新聞辦公室舉辦多期全國新聞發言人培訓班。2003年9月,國務院新聞辦公室舉辦第一期全國新聞發言人培訓班。此後,國務院新聞辦公室幾乎每年都會定期舉辦為期兩到三天的培訓。(2) 國務院新聞辦公室與相關機構共同開展培訓課程,幫助相關機構遴選新聞發言人。此類培訓通常為期兩天,以研討會的方式進行,國務院新聞辦公室的相關人員擔任培訓師資。(3) 國務院新聞辦公室各下轄部門、各省市政府自行安排的培訓活動,目前這已成為主要的新聞發言人培訓形式(張晉升,2015)。2009 年,11 個省及 5 個市分別開展了培訓活動(國務院新聞辦公室,2009)。(4) 國家重點大學為政府新聞發言人開辦培訓課程並提供培訓證書,其中清華大學及中國傳媒大學的課程最受認可(清華大學,2008)。(5) 國務院新聞辦公室舉辦「中國新聞發言人論壇」。2016 年 11 月 5 日,國務院新聞辦公室舉辦了第一屆中國新聞發言人論壇,來自全國各地的 80 餘名政府部門和中央企業新聞發言人、專家學者、媒體負責人在上海齊聚一堂,圍繞新聞發佈制度的發展與創新進行了深入交流討論。

中國政府新聞發言人培訓注重操作實踐及經驗方面的培訓,具體體現在以下三個方面:(1) 培訓人員均是具有豐富經驗的傳播領域從業者,包括趙啟正、蔡武、吳建民等資深政府新聞發言人及香港鳳凰衛視主持人曹景行等知名衛視主持人等。此外,中國政府也邀請傳播領域及公關領域的相關專家擔任培訓人員。(2) 培訓通常採用類比及互動的方式進行。來自北京的政府新聞發言人鄧小紅回憶說,她在一次由世界衛生組織傳播專家開展的一次培訓上學到了最多。在此次培訓中,培訓人員安排了一場模擬新聞發佈會,她擔任政府新聞發言人,而培訓人員則充當外國記者(中國網,2004)。(3) 除了培訓以外,中國政府還組織政府新聞發言人赴國外考察學習。2009 年,來自 8 個中央政府機構及3個省級機構的 21 名政府新聞發言人訪問美國。他們前往

聯合國開展實地訪問，出席了聯合國秘書長發言人蜜雪兒・蒙塔斯（Michelle Montas）的現場新聞發佈並在會議結束後與其進行深入交流。

以上分析顯示，新聞發言人由於在人員遴選、部門分佈及專業培訓等方面日趨正規，已然成為中國政府新聞發佈制度的一項機制安排，為政府公關傳播的制度化起到重要的支撐作用。

## 六、觀察和意義

本章僅是對中國政府新聞發言人制度的一個描述性研究，目的是借此考察作為政府公關重要平台的新聞發言人制度建立和建設的背景及動因等因素，並驗證公關制度化假設在中國政府公關活動中的可靠性和適用性，得出了與此研究議題相關聯的幾點啟示：

第一，中國政府設立和建設新聞發言人制度的背景是中國內地的對內改革和對外開放，動因是中國領導人希望通過這一為西方國家接受的平台與外部世界進行交流，旨在正面引導國際媒體對於中國政府的報導。在中國領導人看來，正是由於一些國際媒體的不實和有偏見的報導才導致國際社會的「中國威脅」這一負面認知甚至形象。中國政府高層領導逐漸意識到，對外國的負面新聞報導，採取不聞不問或是實行自我辯白的防守態勢及消極態度，均於事無補，有時甚至會產生適得其反的效果，尤其是在危機發生及敏感政策出台期間。要扭轉這種頹勢，中國政府應學習西方發達國家的成功經驗，主動與外國媒體開展溝通和交流。經歷 2003 年非典疫情、2008 年汶川地震及申辦北京奧運會之後，中國政府吸取了足夠的經驗教訓，形成了堅持政府新聞發言人制度建設的意願，並將這項制度建設視為中國行政體制改革的一個重要方面。

第二，政治環境和媒體制度的變化是推動中國政府新聞發言人制度化發展的重要因素。新聞發言人制度設立初期，中國

政治體制改革滯後及新聞發言人授權有限的事實（蔡武，2008），使得媒體和公眾對中國政府新聞發言人制度大多持懷疑態度，仍視其為黨和政府「喉舌」，即在黨的主管部門（如中央書記處、中央宣傳部）的嚴格控制下，按照黨和政府的政治和政策要求傳達信息。然而隨着媒體制度的不斷變革以及中國行政體制改革的逐步推進，尤其是伴隨着數字媒體的崛起，政治透明、行政問責、信息自由、監督政府等西方理念愈來愈多地出現在公眾的話語中，中國政府即時地採納了其中的一些原則，並借鑒了西方政府公關的成功經驗（楊詩雨，2016；趙啟正，2018），使得政府新聞發言人制度的建設開始朝着「保持特色、接軌世界」的制度化方向發展。

第三，中國政府新聞發言人制度建設的經歷顯示，公共關係的制度化對中國政府公關而言，十分必要。中國政府公關傳播經過成長中的陣痛，特別是在重大事件中由於與外界信息不對稱所承受巨大境內外輿論壓力而又可能導致改革開放受阻之時，中國領導人逐漸認識到快速、真實的向公眾傳達信息，以及加強與公眾溝通不僅重要，也勢在必行。正是由於中國領導人對政府公關傳播必要性的認知和決策，政府公關才能在中國內地得以快速發展並不斷制度化。值得注意的是，儘管中國政府公關傳播最初的模式是以通過傳遞信息、說服媒體和公眾的單向非對稱為主軸，但新聞發言人在制度化的過程中也顯現出嘗試採取雙向對稱的溝通模式及策略與境內外媒體交流。為此，新聞發言人和其團隊認真制定新聞發佈議程，確定發佈議題，積極、主動地經營與媒體尤其是外國媒體的關係，以期重塑中國政府在國際社會中的正面形象及良好聲譽。

第四，在新聞發言人的遴選、任用及培訓等機制上，部分地反映了中國政府公關傳播關注戰略性管理的制度化建設特徵，使得公關制度化的適用性逐步顯現。儘管在一定程度上受中國傳統政治文化的影響，中國政府在遴選政府新聞發言人時往往會考慮候選人歷任和時任的行政職務和參與決策的經歷，以體現新聞發佈的官方權威性，這似乎與西方國家公關制度化原則的契合度較大。儘管中國政府在新聞發言人遴選過程中會關注

其候選人的人格魅力，但對其在政府決策方面的專業知識和素
養卻是更為看重，並逐步將通過在職培訓提升政府新聞發言人
專業能力，作為建立專業化的政府新聞發言人制度的常設機制，
正是政府公關傳播人員的專業化發展支持了政府公關制度化的
深入。有研究認為，經過三十多年的發展，中國政府新聞發言人
制度已經提升到「信息公開和輿論引導的戰略層面，成為新聞發
佈制度的關鍵環節和重要抓手」（劉笑盈，2016）。但是，若按照卓
越公關制度化的要求（Grunig, 2011），負責政府新聞發佈的中國傳
播專家或官員是否能夠直接參與政府的戰略策劃或決策管理，
仍需後續研究予以深入考察。

中國的政府新聞發言人制度仍然面臨着新的挑戰和發展機
遇。其中最為迫切的是如何在應對境內外媒體的政府傳播與針
對國內公眾的信息溝通之間取得平衡。受中國政府對外傳播活
動的鼓勵，中國公眾日益呼籲政府及時發佈信息，並以公開、真
誠、直接的方式與國內公眾開展溝通交流。面對這一壓力，中國
政府除了逐步將政府新聞發言人制度推廣到各黨政部門及各級
地方政府外，也在運用新媒體作為國內傳播管道，強化與公眾的
即時、準確和健康的信息交流。可以預見的是，公共關係制度化
的原則和要求將推動中國政府公關傳播的健康發展。

## 參考文獻

人民網（2006）。〈國新辦公佈國務院各有關部門新聞發言人名單及新聞發佈工
　　作機構電話〉，見http://politics.people.com.cn/GB/1027/10676375.html。

人民網（2008）。〈胡錦濤接受外國媒體聯合採訪〉，見http://politics.people.
　　com.cn/GB/1024/7599999.html。

中國網（2004）。〈北京市首批75位新聞發言人背後的故事〉，見http://sars.
　　china.com.cn/chinese/zhuanti/fyr/489768.htm。

中國網（2005）。〈趙啟正外交啟示錄〉，見www.china.com.cn/zhuanti2005/
　　txt/200507/29/content_5927542.htm。

中華人民共和國常駐聯合國代表團（2009）。〈中國政府新聞發言人研討交
　　流代表團訪問聯合國〉，見www.china-un.org/chn/czthd/t628338.htm。

王彩平（2015）。〈中國新聞發言人制度起源與發展〉，《人民公僕》，第6期，62–67頁。

王晨（2009）。〈國新辦就2009年各項工作進展情況舉行發佈會〉，見www.scio.gov.cn/xwfbh/xwbfbh/wqfbh/2009/1229/index.htm。

沈志華（2007）。《中蘇關係史綱：1917-1991年中蘇關係若干問題再探討》。北京：新華出版社。412頁。

周瑾, 王同（2004）。〈台前・幕後——專訪外交部發言人章啟月〉，《對外傳播》第7期，12–14頁。

林濤（2008）。〈塑造國家形象的團隊〉，8月4日，見https://blog.cyzone.cn/jincuodao/43079.aspx。

紀海霞（2008）。〈論我國政府新聞發言人制度的建立和完善〉，《東南傳播》，第9期，83–84頁。

唐元愷（2006）。〈國務院新聞辦公室主任蔡武：讓世界了解真實的中國〉，《北京週報》。8月21日，中國網，見http://www.china.com.cn/book/txt/2006-08/21/content_7093934.htm。

國務院新聞辦公室（2009）。〈2009年新聞發言人培訓〉，見www.scio.gov.cn/xwfbh/fyrpx。

國務院新聞辦公室（2009）。〈國務院新聞辦公室簡介〉，見www.scio.gov.cn/xwbjs/xwbjs/200905/t306817.htm。

國務院辦公廳（2013）。〈關於進一步加強政府信息公開響應社會關切提升政府公信力的意見〉，《中國政府網》，見www.gov.cn/xxgk/pub/govpublic/mrlm/201310/t20131018_66498.html。

國務院辦公廳（2016）。〈關於全面推進政務公開工作的意見〉，《中國政府網》，見www.gov.cn/xinwen/2016-11/15/content_5132853.htm。

張力、楊衛娜（2017）。〈部委新聞發佈會傳播效果評估研究——以2017年「兩會」前夕11場中央部委新聞發佈會為例〉，《對外傳播》，第9期，見www.cnki.com.cn/Article/CJFDTotal-DWDC201709017.htm。

張晉升（2015）。《新聞發言人手冊》。北京：經濟日報出版社。

張豔紅（2010）。〈中美新聞發言人制度之比較〉，《新聞記者》。見www.sino-cmcc.com/xueshujiaoliu/cmyj/2010-06-23/4714.html

清華大學（2008）。〈新聞發言人高級研究班〉，12月1日，見www.sce.tsinghua.edu.cn/culture/detailjp.jsp?seq=12184&boardid=385。

習近平（2013）。〈胸懷大局把握大勢著眼大事，努力把宣傳思想工作做得更好〉，《人民網》，見http://cpc.people.com.cn/n/2013/0821/c64094-22636876.html。

陳日濃（2010）。《中國對外傳播史略》。北京：外文出版社。

陳開和（2008）。〈走向「陽光時代」——從抗震救災回首中國新聞發言人制度〉，《世界知識》，第13期，53–56頁。

喬松都、龔澎（2009）。〈中國共產黨第一位新聞發言人〉，《新聞研究導刊》，第2期，49–50頁。

程曼麗（2014）。《十年：新聞發言人面對面》。北京：清華大學出版社。

楊詩雨（2016）。《Web2.0時代新聞發言人能力建設的對策研究》。桂林：廣西大學。

董鑫、邢穎（2018）。〈2018年244位中國政府新聞發言人〉，《北京青年報》，見www.xwpx.com/article/2017/1220/article_53713.html。

雷橡榮（2005）。〈外國記者如何看待中國政府新聞發言人的改變〉。見http://media.people.com.cn/GB/22114/41180/44244/3292547.html。

趙啟正（2005）。〈直播新聞會說明中國官員水平很高〉，《人民網》。見http://politics.people.com.cn/GB/1027/3281512.html。

趙啟正（2005）。《向世界說明中國（趙啟正演講談話錄)》。北京：新世界出版社。71–75頁。

趙啟正（2018）。《中國故事、國際表達——趙啟正新聞傳播案例》。上海：上海人民出版社。

劉笑盈（2016）。〈當前新聞發言人制度建設的進展與挑戰〉，《對外傳播》，第12期，9–12頁。

蔡武（2006）。〈2005年政府新聞發佈和發言人制度建設〉，《中國廣播網》，見www.scio.gov.cn/tp/Document/332328/332328.htm。

蔡武（2008）。〈給新聞發言人充分授權〉，《新華網》，見http://news.xinhuanet.com/politics/2008-01/14/content_7415087.htm。

錢其琛（2008）。《外交十記》。北京：世界知識出版社。頁53–56.

謝柯淩（2009）。〈改革開放以來我國新聞發言人制度的回顧與思考〉，《廣東行政學院學報》，第 21 期，25–28頁。

嚴功軍（2008）。〈我國新聞發言人制度完善的新趨勢〉，《新聞界》，第 1 期，46–48頁。

Bailey, R. (2008). What do we mean "institutionalization" of PR. Retrieved from http://euprera.ning.com.

Brady, Anne-Marie (2008). *Marketing Dictatorship: Propaganda and Thought Work in contemporary China*. Lanham, MD: Rowman and Littlefield.

Brønn, P. S. (2014). How others see us: Leaders' perceptions of communication and communication managers. *Journal of Communication Management, 18*(1): 58-79.

Chen, N. (2004). From propaganda to public relations: Evolutionary change in the Chinese government. *Asian Journal of Communication, 13*(12): 96–121.

Chen, N. (2005). Click away? Chinese college students' perception of and attitudes toward online advertising. *American Review of China Studies, 6*(2): 129–142.

Chen, N. (2009). Institutionalizing public relations: A case study of Chinese government crisis communication on the 2008 Sichuan earthquake. *Public Relations Review, 35*(3): 187–198.

Coombs, W. T., & Holladay, S. J. (2008). Corporate social responsibility: Missed opportunity for institutionalizing public relations? Paper presented at the Euprera 2008 Congress, 16–18 October, Milan, Italy.

Eiro-Gomes, M. (2008). Institutionalizing PR or the need to go beyond discourse [Power-Point slides]. http://www.euprera2008.com.

Endaltseva, A. (2015). The present state of integrated communication in Russia. *Public Relations Review, 41*(4): 533–540.

Erzikova, E., Waters R., & Bocharsky K. (2018). Media catching: A conceptual framework for understanding strategic mediatization in public relations? *International Journal of Strategic Communication, 12*(2): 145–159.

Falconi, T. M. (2008). To institutionalize public relations. Retrieved from http://www.prconversations.com

Frandsen, F., & Johansen W. (2013). Public relations and the new institutionalism: In search of a theoretical framework. *Public Relations Inquiry, 2*(2) 205–221, DOI: 10.1177/2046147X13485353.

Grandien, C., & Johansson C. (2012) Institutionalization of communication management. Corporate Communications: *An International Journal, 17*(2): 209–227.

Grunig, J. E. (2011). Public relations and strategic management: Institutionalizing organization–public relationships in contemporary society, *Central European Journal of Communication, 1*(6): 11–31. http://cejsh.icm.edu.pl/cejsh/element/bwmeta1.element.desklight-69a525a7-ea71-4b47-981d-31fa059ad02a.

Grunig, J. E., & Hunt T. (1984). *Managing Public Relation.* Austin, TX: Holt Rinehart and Winston. p. 149.

Grunig, L. A., Grunig, J. E., & Dozier, D. M. (2002). *Excellent Public Relations and Effective Organizations: The Study of Communication Management in Three Countries.* Mahwah, NJ: Lawrence Erlbaum Associates Publishers.

Grunig, L. A. (1992). Power in the public relations department. In J. Grunig (Ed.), *Excellence in Public Relations and Communication Management* (pp. 483–502). Mahwah, NJ: Lawrence Erlbaum Associates Publishers, .

Hou, J. Z. (2016). The emerging "field" of public relations in China: Multiple interplaying logics and evolving actors' inter-relations. *Public Relations Review, 42*(4): 627–640.

Hou, Z., & Zhu, Y. (2012). An institutional perspective of public relations practices in the Chinese cultural contexts. *Public Relations Review, 38*(5): 916–925.

Invernizzi, E. (2008). Towards the institutionalization of PRCC in Italy (1994–2008). http://www.euprera2008.com.

Invernizzi, E., Falconi, T. M. & Romenti, S. (2009). Institutionalizing public relations and corporate communication. *Proceedings of the Euprera 2008 Milan Congress* (Vol. 2). Retrieved from https://pure.au.dk/ws/files/12427/01_index.pdf.

Johansson, C., Grandien, C., & Strandh, K. (2019). Roadmap for a communication maturity index for organizations—Theorizing, analyzing and developing communication value. *Public Relations Review, 45*(4): 101–791.

Kjeldsen, A. K. (2013) Strategic communication institutionalized: A Scandinavian perspective. *Public Relations Inquiry, 2*(2): 223–242.

Lee, M. (2000). Reporters and bureaucrats: Public relations counter-strategies by public administrator in an era of media disinterest in government. *Public Relations Review, 25*(4): 451–468.

Lee, T. H., & Lois A. B. (2017). Conceptualizing transparency: Propositions for the integration of situational factors and stakeholders' perspectives. *Public Relations Inquiry, 6*(3): 233–251.

Luo, A. J. (2015). Media system in China: A Chinese perspective. *International Communication of Chinese Culture, 2*(1): 49–67.

Macnamara, J. (1992). Research in public relations: A review of the use of evaluation and formative research. *Asia-Pacific Public Relations Journal, 1*: 2.

Moreno, A., Verhoeven, P., Tench, R., & Zerfass A. (2010). European Communication Monitor 2009. An institutionalized view of how public relations and communication management professionals face the economic and media crises in Europe. *Public Relations Review, 36*: 97–104.

Nielsen, W. (2006). Corporate communication. Keynote speech delivered to the 10th Anniversary Global RI Conference, New York City, 2.

Noble, P. (1999). Towards an inclusive evaluation methodology. Corporate Communications: *An International Journal, 4*(1): 14–23.

Romenti, S. (2008). The institutionalization of public relations and Italian evaluation practices. Paper presented at the Euprera 2008 Congress, 16–18 October, Milan, Italy.

Sahut, J. M., Peris-Ortiz, M., & Teulon, F. (2019). Corporate social responsibility and governance. *Journal of Management of Governance, 23*, 901–912. DOI: 10.1007/s10997-019-09472-2.

Sandhu, Swaran (2009). Strategic communication: An institutional perspective. *International Journal of Strategic Communication, 3*(2):72–92.

Schultz, F., & Wehmeier, S. (2008). Institutionalization of corporate social responsibility within corporate communications: Triggers, strategies and pitfalls. Paper presented at the Euprera 2008 Congress, 16–18 October, Milan, Italy.

Scott, R. W. (1987). The adolescence of institutional theory. *Administrative Science Quarterly, 32*: 493–511.

Seitel, F. P. (2001). *The Practice of Public Relations* (8th ed.) Upper Saddle River, NJ: Pearson Prentice Hall. p. 235.

Selzbick, P. (1996). Institutionalism: 'Old' and 'New'. *Administrative Science Quarterly, 41*: 270–271.

Shambaugh, D. (2007). China's propaganda system: Institutions, processes and efficacy. *The China Journal, 57*: 25–58.

Steyn, B., & Niemann, L. (2008). Institutionalizing the strategic role of corporate communication/public relations through its contribution to enterprise strategy and enterprise governance. Paper presented at the Euprera 2008 Congress, 16–18 October, Milan, Italy.

Swerling, J. K. T., & Zerfass A. (2014). The role and status of communication practice in the USA and Europe. *Journal of Communication Management, 18*(1): 2–15.

Tench, R. P. V., & Zerfass A. (2009). Institutionalizing strategic communication in Europe—An ideal home or a mad house? Evidence from a survey in 37 countries. *International Journal of Strategic Communication, 3*(2): 147–164. DOI: 10.1080/15531180902806237.

Wakefield, R. (2008). Institutionalization of PR programs: Essential, irrelevant, or pure 'Pipe Dream'? Retrieved from http://www.euprera2008.com

Wakefield, R. I., Plowman, K. D., & Curry, A. (2013). Institutionalizing public relations: An international multiple-case study. *Journal of Public Relations Research, 25*(3): 207–224. DOI: 10.1080/1062726X.2013.758584.

Wilcox, D. L., Ault, P. H. & Agee, W. K. (1984). *Public relations: Strategies and tactics.* New York: Longman. p. 217.

Yi, H. (2005). The role of communication management in the institutionalization of corporate citizenship. Unpublished Master Thesis, University of Maryland, College Park, MD.

Zerfass, A. (2008). Challenges for the institutionalization of public relations. [PowerPoint slides]. Retrieved from http://www.euprera2008.com.

Zhang, D. & Zhang, J. (2008). Impacts of Chinese public relations: PR expertise, legitimacy, and news. Paper presented to International Communication Association, 3.

Zheng, L. (2007). Enacting and implementing open government information regulations in China: Motivations and barriers. *ACM International Conference Proceeding Series, 232*: 117–120.

Zucker, L. G. (1987). Institutional theories of organization. *Annual Review of Sociology, 13:* 443–464.

# 12.
# 危機公關與中國政府
# 汶川地震傳播

## 一、簡介

　　無論是政府或機構，還是企業或組織，運用公共關係進行危機傳播已成為應對和管理危機的一個戰略選擇和策略安排，其整合實施即稱之為危機公關（Crisis Communication of Public Relaitons）。西方國家關於危機公關的研究層出不窮，所提出的概念、理念、理論或模式可謂汗牛充棟（Avery, Lariscy, Kim, & Hocke, 2010），對中國政府通過已納入其日常實踐（Chen, 2004）的公共關係以應對和管理危機必有啟示和指導。據此，本章提出的基本議題是：中國政府公共關係如何開展危機傳播活動？中國政府在處理公共危機時是否採納了西方危機公關的原則和理論，是否借鑒了其成功經驗？為探討這些議題，本章以中國政府應對2008年發生在四川省汶川的特大地震的危機公關為例，試圖解析中國政府危機公關的背景、視角、議程、策略和方法，以期驗證危機公關的相關理論原則在中國政府公關實踐中適用性。

---

\* 本章部分內容引自筆者的文章：Chen, Ni (2009). Institutionalizing public relations: A case study of Chinese government crisis communication on 2008 Sichuan earthquake. *Public Relations Review, 35*(3): 187–98.

## 二、文獻綜述及研究問題

2008 年 5 月12日，四川省汶川縣發生特大地震，地震強度達里氏 7.8 級，震源深度為10–20千米，其破壞程度之大、影響範圍之廣震驚世界。此次地震波及了四川及周圍省份的 417 縣、4,656 鎮、47,789 村，受災群眾達 4,624 萬人，受災面積達 44 萬平方公里。此外，國家地震局共記錄到餘震 13,685 次，其中有 5 次餘震震級超過了里氏 6 級。截至 2008 年 6 月 24 日，官方預計遇難總人數將超過 8 萬人。除了人員傷亡，共計779萬房屋坍塌，2,459 萬房屋受到損壞。16 條國道、省道幹線公路和 6 條鐵路受損中斷，供電供水系統大面積癱瘓。與此同時，山體崩塌、滑坡和泥石流頻發，阻塞河道形成 35 處較大堰塞湖，威脅到成千上萬人的生命（國新辦新聞發佈會，2008）。

此次自然災害無疑具備了公共危機的典型特徵，即：突發性、高度不確定性和時間緊迫性（Lerbinger, 1997; Lu, 2017; Zhao, Falkheimer & Heide, 2017）。地震發生後，中國政府瞬間被推到國內外媒體及輿論的風口浪尖上，能否成功的開展抗震救災工作將直接影響到中國政府形象及其公信力。無疑，如何在抗震救災中及時、有效、客觀地披露信息並開展溝通，成為中國政府通過政府公關傳播塑造及維護其形象不得不面臨的一個迫切的問題。儘管公共關係引入中國內地的時間不長，但卻隨着中國改革開放的不斷深化得到蓬勃發展。在中國的經濟社會轉型中，中國政府為了適應市場化、國際化的要求，在對內對外傳播中似乎已經放棄傳統的政治宣傳，轉而採取了公共關係慣用的方法開展信息溝通，以塑造政府形象及聲譽。在此過程中，中國政府逐步將公共關係規範看作一種政府職能，在中央及各級地方政府設立「信息部門」，並撥出專門預算，政府公關形成機制，也逐步得以規範。據此，有理由認為，中國政府公共關係已取得其合法性地位（Chen, 2004; Zhang & Zhang, 2008）。於是，也有理由認為，中國政府在運用危機公關處理公共危機時，採納了西方關於危機公關的原則、模式和理論，也借鑒了其成功經驗。

西方國家關於危機公關的研究由來已久，成果甚多。相關學者(Coombs & Holladay, 2001; Fearn-Banks, 2007; Ma & Zhan, 2016; Park & Reber, 2011)將危機定義為能夠產生不良後果的、或者威脅組織聲譽的、為組織帶來經濟損失的、甚至危及組織生存的事件。

然而對於中國政府而言，由於受到對危機的傳統理解，公共危機的形勢既顯現了危險(Risk)也包含了機遇(Opportunity)。毋庸置疑，當危機發生時，政府形象必將受到威脅，因為這是考驗其危機管理能力的關鍵時刻(Benoit, 1997; Lee. 2019)。同時，如果政府能夠成功地應對危機，便可能產生積極結果。針對西方國家危機公關的研究也指出，組織或機構在應對危機時通過製造英雄、加速必要的變革、解決潛在問題、探討新戰略及開發新的發展機會等策略和方法，便極有可能轉危為機。如果政府在處理公共危機時能夠採取上述積極的措施，政府與其利益相關者的關係將會得到加強，公眾將會對政府產生更加正面的認知(Meyers, 1986; Utz, Schultz & Glocka, 2013)。混沌理論甚至認為危機可以幫助清除過時無用的成分，從而為組織或機構的發展創造新的機遇(Kim, Kang, Lee, & Yang, 2019; Seeger, 2002; Ulmer & Sellnow, 2002)。

研究問題1：在應對汶川地震危機時，中國政府是否努力通過有效的危機傳播成功地化危為機，從而維護並提升其形象和聲譽？中國政府在實施危機傳播時，是否採取了雙向對稱式公共關係模式？相關決策又是怎樣制定的？

根據西方危機公關和危機管理的要求，政府、組織或機構首先必須全面、深入、客觀和及時了解危機形勢，並據此選擇合適的或者最有效的應對戰略(Coombs, 1999; Sádaba, SanMiguel & Gargoles, 2019)。公共關係研究的卓越理論(Grunig, 1992; Repper, 1992)恰恰認為雙向對稱式傳播有助於組織或機構有效地理解和應對危機。雙向對稱式傳播一方面要求對利益相關者和媒體進行「公開誠實」的信息披露，有助於減輕危機所帶來的直接和間接危害(Fearn-Banks, 2007)；另一方面則要求高層領導必須

站出來直接參與危機傳播活動（Benoit, 1995; Coombs, 1999; Diers-Lawson & Pang, 2016; Dilenschneider & Hyde, 1985; Sádaba, SanMiguel & Gargoles, 2019）。危機發生時，高層領導應該在第一時間盡可能準確而清晰地與民眾開展溝通（Jin, Pang & Smith, 2018; LaGree, Wilbur & Cameron, 2019; Sellnow, 1993），因為不論在危機初還是危機後，高層領導與民眾的溝通將有助於確定危機的性質，建立溝通立場。

　　傳播內容和方式是危機處理必須關注的兩個關鍵。危機發生時，決策者必須頂住輿論和時間的雙重壓力，保持清醒的頭腦，堅持科學、客觀地評估和分析危機形勢，惟此方能制定出正確的傳播內容和有效的傳播方式（Jin, Pang & Smith, 2018; LaGree, Wilbur & Cameron, 2019; Rosenthal, Hart, & Kouzmin, 1991）。為此，西方政府的公共關係專家通常採用包括政治管理定性分析、「釋放管理」（Liberation Management）及以市場為導向的管理（Market-driven Management）等多種形式來應對危機（Ip, Liang & Feng, 2018; Terry, 1998）。那麼，中國政府公關專家是採用何種分析方法來制定危機傳播策略呢？

　　危機發生後的前幾小時通常被看作是危機傳播的「黃金時段」。每一次危機發生初期都會產生「信息鴻溝」，即危機的實際情況和公眾認知之間的巨大差異。若組織或機構能在危機發生初期及時公開信息以迅速填充這一信息鴻溝，它便能有效的引導新聞媒體對於危機做出客觀報導，並且有助於定義危機的性質以及構建危機評判的背景（Gerken, van der Land & van der Meer, 2016; Holly & Veil, 2016; Lagadec, 1993）。那麼，中國政府是否及時抓住危機傳播的「黃金時段」及時定義危機範圍及危機性質？

　　由於危機發生時人們對危險認知的不確定性較高（Heath, Bradshaw, & Lee, 2002），極易陷入恐慌之中，因而，人們傾向於即刻及多管道地搜索危機相關信息，從而減少這種不確定性（Driskill & Goldstein, 1986; Heath, Bradshaw, & Lee, 2002; Ulrika Sjöberg, 2016; Wu & Choy, 2018）。由於人們對危機是否或多大程度上受到掌控的理解和信心，一定會影響其認知危機的不確定性，Heath & Nathan（1991）進一步提出，幫助公眾獲得知識比提供信息

更加有效，因為後者在緩和公眾對風險的關注方面作用甚為有限。那麼，中國政府是否採取措施提高公眾對政府危機掌控度的信心，從而降低公眾的認知不確定性？

以互聯網為代表的新型傳播管道為危機傳播帶來了巨大便利，但同時也加劇了危機傳播的難度（Lu, 2017）。世界上任何角落的記者或社會活躍分子都能夠通過互聯網及時了解組織或機構的背景，並在短時間內找出組織或機構試圖隱藏的秘密（DiNardo, 2002; Park, Kim & Choi, 2018; Wu & Choy, 2018）。與此同時，也有研究表明，如果及時並有效地利用社交媒體進行危機傳播，會降低危機公關的發現，有時還會取得 意想不到的效果（Brummette & Sisco, 2015; Ip, Liang & Feng, 2018; Jiang, Luo & Kulemeka, 2016; Ryschka, Domke-Damonte, Keels & Nagel, 2016; Wu & Choy, 2018）。中國內地互聯網使用者的數量正在以超乎想像的速度增長，中國各級政府也已開始嘗試通過互聯網與公眾開展溝通（Chen, 2005; Zhao, Falkheimer & Heide, 2017）。於是，中國政府應對汶川地震中是否積極主動地使用互聯網與公眾開展危機傳播？

時至今日，幾乎每場公共危機都是涉及人的危機。如果危機未能得到妥善處理，就會削弱公眾與政府之間的互相信任（Braverman, 2003; Lee & Atkinson, 2019; Tao & Kim, 2017）。公共關係和傳播專家在開展危機傳播活動時，既要展現出應對災害和處理危機的能力，同時又要對受危機影響的民眾表現出人道關懷。符號聚合理論指出，處於危機中的人們傾向通過對話和關注他們所遇到的信息從而建立一個符號現實，為其行動設定相關的意義、情感和動機（Bormann, 1985; Park & Reber, 2011; Sommerfeldt & Kent, 2015; Utz, Schultz & Glocka, 2013）。通過互動，不同公眾成員可創造出共同的社會現實，作為主題和修辭幻象的平台（Brummette & Sisco, 2015; Cragan & Shields, 1992; Sommerfeldt & Kent, 2015）。此次汶川地震引起大量人員傷亡，公眾陷入極度恐慌之中。那麼，中國政府在開展危機傳播時是否同時展現出人道關懷和應對危機的能力，並構建一個為政府危機傳播活動提供意義、情感和動機的互動平台？

　　Heath（1997）指出，組織或機構危機傳播和危機管理的有效性，通常取決於其是否在平時與利益相關者建立互惠互利的良好關係。為此，他建議危機管理和傳播人員應該在日常工作中關注企業社會責任，滿足公眾期待。如果組織未能在平時與利益相關者建立良好關係，那麼危機發生時，組織將很難短期內獲取公眾支持，甚至會惡化危機所帶來的影響（Ma & Zhan, 2016; Park & Reber, 2011; Sommerfeldt & Kent, 2015; Ulmer, 2001）。因此，危機管理人員將建立和維護組織或機構與利益相關者的關係看作是公共關係活動的核心問題（Broom, Casey & Ritchey, 1997; Castellano & Khelladi, 2018; Eaddy & Jin, 2018; Tan, Pang & Kang, 2018; Zhao, Falkheimer & Heide, 2017）。當組織或機構與其利益相關者之間建立了良好關係時，危機所帶來的損害度將會大大降低，因為對組織或機構抱有好感的公眾群體可能會忽略危機的負面內容，且不會胡亂揣測危機發生原因，甚至會更易於接受組織對危機的闡釋。現今的中國政府正不遺餘力增進其與中國公眾的關係，並取得了一定效果。因此，筆者提出了第二個研究問題：

　　研究問題2：中國政府與民眾之間的良好關係是否有助於減輕汶川地震所帶來的傷害？


## 三、研究方法

　　本研究採取了定量與定性分析相結合的方法。其中包括了三部分：一是對中國政府負責危機傳播和處理的官員和專家進行電話訪談；二是對北京和成都的公眾進行隨機訪談；三是對與汶川地震相關的中央與四川省人民政府官網文本、新聞媒體報導及政府公開材料進行內容分析。

　　定性分析的一個主要方法是對中國國務院新聞辦公室（以下簡稱國新辦）在汶川地震期間舉行的新聞發佈會內容進行文本分析。作為國務院直屬部門，國新辦是由中央政府授權向國內外公眾發佈與汶川地震相關信息的唯一機構，代表中國政府專

責此次危機傳播。在 2008 年 5 月 13 日–7 月 8 日期間，國新辦幾乎每天下午都舉行新聞發佈會，發佈地震最新消息並回答記者提問。每場新聞發佈會約一個半小時，並通過電視與網絡進行現場直播。國新辦網站上的 30 場發佈會的文字內容，以及音訊、視頻、圖像和其他補充材料成了本次研究中文本分析的重要數據來源。

另外，2008 年 8 月，筆者還對三位中央政府官員進行了電話訪談，其中兩名受訪者在國新辦任職，另外一名受訪者在民政部救災司工作，三位官員均參與了汶川大地震的危機處理工作。與每位官員的電話訪談持續約 35 分鐘。應受訪者要求，對其個人情況保密。電話訪談全文記錄，並分類以備進一步分析。筆者還對一名地方媒體工作者及一名香港記者開展了訪談，了解他們對汶川地震中中國政府危機傳播的看法。

2008 年 7 月，筆者在北京和成都分別對 100 名中國內地公眾進行隨機訪問，以了解普通民眾對中國政府應對汶川地震的措施以及可信度、聲望和形象的看法，並重點比較和衡量公眾對於 2003 年 SARS 以及 2008 年汶川地震中政府危機公共關係傳播方法和效果的看法。北京是中國首都，而汶川地震發生在四川，成都是其省會城市，因而對比兩所城市民眾的看法具代表意義。為了確保樣本的代表性，筆者及研究助理分別在北京及成都火車站和機場候車/機區隨機各選取 50 名民眾進行訪問。此外，火車往往是位於社會經濟中底層地位的民眾常用的出行工具，而選擇飛機作為出行工具的民眾通常享有較高的社會經濟地位。而且前者通常收入較少，受教育程度較低。而收入水平及受教育程度又往往會影響民眾的生活方式及思維方式。因而，這兩類民眾之間存在顯著的人口特徵、心理特徵及信息特徵差異。

此次研究從2008年 5 月13日開始，於 7 月 8 日結束，基本涵蓋了此次中國政府危機傳播及管理的整個過程。

## 四、研究發現及討論

本研究旨在探討中國政府在應對汶川大地震的危機傳播中是否採納了西方國家危機公關的原則和理念，如果採納了，是如何進行的及效果如何。對這些研究議題，調查的結果顯示了一些有意義的發現：

發現1：汶川大地震發生後，中國政府公關傳播以史無前例的速度在最短時間內做出反應，迅速、有效地掌控了地震危機的信息發佈，確定了政府處理危機的核心地位。

危機出現時，中國政府領導人認識到，危機固然給政府的處理危機能力造成嚴峻挑戰，但也給中國政府帶來維護甚至提升政府的正面形象與聲譽的極好機會；據此，中國政府專責公共傳播的機構迅速做出應對，並在第一時間開展公開、及時和直接的危機傳播與公眾進行溝通。此次政府危機傳播之所以能夠即刻做出反應——而非如之前的非典反應遲緩——很大程度上是因為中國政府已將公關傳播機制納入其政府系統。

中國政府對汶川地震的應對可謂是從未有過的迅速。地震發生後，中國政府第一時間啟動突發事件應急預案（國新辦訪談，2008a，2018b）。來自國家民政部的官員在受訪時也表示，中國政府高層領導深知，為了維護政府的政治威信，他們需要在危機發生後迅速發佈相關信息，尤其是在民眾對於政府應對2003年SARS危機不力仍記憶猶新的情況下（民政部訪談，2008）。

在地震發生後幾小時內，中國政府最高行政機構國務院便明確指派國新辦，代表中央政府的救援指揮部統一進行危機傳播（國新辦訪談，2008b），並授權國新辦作為唯一的對外信息發佈機構，即刻舉行新聞發佈會向公眾及時提供盡可能完整的信息，新聞發佈會也必須全程現場直播。其他政府參與地震危機處理的中央及地方政府機構嚴格地執行了這一命令，及時向國新辦提供信息，並做到了由國新辦統一、獨家發佈與救災相關的任何信息（民政部訪談，2008）。

　　國新辦的新聞發佈會迅速成為汶川大地震信息的權威發佈者。國新辦舉行的每場新聞發佈會持續約一個半小時，信息發佈及回答記者提問幾乎各佔一半時間。2008 年 5 月13日，國新辦舉行地震後的首場新聞發佈會，國新辦新聞發言人郭衛民在開場白中承諾：「為給大家的採訪報導提供更好的服務，國務院新聞辦公室將會同有關部門通過各種形式發佈有關信息，提供各種說明」。「公開」、「直接」、「有用」等熱詞相繼頻繁地出現在國新辦新聞發言人的所有講話中。

　　自 5 月 19 日第 7 場新聞發佈會開始，國新辦新聞發言人持續地發佈了抗震救災最新進展情況，包括遇難人數、受傷人數、失蹤人數，以及成功獲救和被轉移至安全地帶的人數，發佈共計30 次。進展情況報告也包括了政府最新的救援行動。一位原在上海某地方媒體工作的記者回憶道：「這些信息其實十分有用，一方面政府公佈的數據非常詳細，另一方面這些數據來自不同的政府職能機構，便於我們對這些數據進行核對」（內地記者訪談，2008）。稍後，為了給問答環節留出更多的時間，國新辦決定不在新聞發佈會現場進行最新進展情況報告，而是將這些數據信息事先發給受邀記者，在發佈會上接受記者針對數據的提問，形成了發言人與記者的雙向互動。

　　國新辦公開、及時地向媒體發佈信息並與記者互動，發揮了危機媒體中心的關鍵作用。地震初發階段，政府發佈的信息主要聚焦於災害性質、受災範圍及程度、危機應對方案以及政府的救災措施等方面。一位原香港記者指出：「中央政府從來沒有如此迅速地將如此海量的信息（尤其是負面信息）向公眾進行披露」（香港記者訪談，2008）。另外，與非典危機傳播不同，政府傳播團隊也事先向媒體通報高層領導人的活動安排。例如，時任國家主席胡錦濤、國務院總理溫家寶等高層國家領導人飛赴地震現場與群眾見面。而相關媒體事先就了解他們的行程安排，並受邀對他們進行採訪。國新辦通過更新抗震救災最新進展情況、簡報及舉行新聞發佈會，試圖展示中國政府抗震救災遵循了公開、透明和規範的原則，以及中國領導人在危機處理中表現了關心、關注和親民的形象。

這些精心策劃的傳播活動似乎甚有成效，它們使民眾及媒體認識到與 2003 年的非典危機相比，中國政府更加願意公開、及時的向國內外民眾公佈信息，從而有助於改善政府在民眾心目中的形象。對民眾隨機調查的數據表明，51%（n=51）的受訪者表示，政府做到了及時披露地震信息，比非典時改進很多。

當談到「為什麼此次地震危機傳播取得了與 2003 年非典截然不同的效果」時，參與訪談的政府官員給出了如下四點原因：(1) 政府內部已經建立起危機傳播機制，制定了突發事件應急預案；(2) 政府傳播專家接受了危機傳播的相關培訓，並進行了預演；(3) 政府機構簡化了危機傳播程序，有助於決策的快速制定；(4) 危機傳播負責人可以隨時與高層領導者獲取聯繫，參與並提出決策意見（民政部訪談，2008；國新辦訪談，2008a；2008b）。

發現 2：中國政府選擇採取雙向非對稱式危機傳播與媒體和公眾開展溝通，從而在傳播議題確定和議程設置中發揮了主動、積極的作用。

中國政府官員十分重視媒體關係，他們已認識到與媒體建立良好關係及發揮媒體自身優勢的重要性。一名國新辦官員（國新辦訪談，2008b）指出，危機本身並不會對政府公信力造成威脅，而在危機時刻對媒體關係的無視則會影響政府公信力。他明確表示：「如果我們不知道該對媒體發佈什麼信息，如何發佈信息，那麼一件小事可能就會迅速升級成為危機。」在平常的危機傳播培訓中，政府危機傳播官員被要求考慮：「今天的頭條新聞應該是什麼？我們可以為媒體創造哪些「關鍵字」？我們如何控制傳播？我們的言論要與媒體報導保持一致還是媒體報導應與我們的言論保持一致？」

在此次地震中，中國政府在與媒體互動時似乎主要採用了如下六種策略，以引導媒體報導：

第一，國新辦試圖通過發佈官方聲明為媒體報導定調。例如地震發生後幾個小時，在媒體尚未對此次地震展開報導時，

國新辦便迅速發表聲明，認定汶川地震為「罕見的特大自然災害」，中國政府將全力以赴緊急部署抗震救災工作。

第二，政府危機傳播官員刻意將媒體注意力轉向關注政府制定的政策和方案方面。如國新辦在其新聞發佈會上多次着重介紹中國政府的災後重建工作。由於災後重建工作受到受災群眾的廣泛關注，從而順利成為媒體報導的重點。

第三，政府危機傳播官員試圖為媒體創造每日報導的關鍵字。危機期間，國新辦官員以及受邀專家每天舉行例會，其中一項議程便是討論如何為媒體設置「關鍵字」（國新辦訪談，2008a）。諸如「以人為本」、「科學救災」、「人道救助」等詞彙率先出現在國新辦舉行的新聞發佈會中，繼而在媒體的報導中頻繁出現，從而實現政府對議程設置的影響。

第四，政府危機傳播官員着重從形式上和內容上強調政府高層的有效領導力。國新辦認識到了危機期間由高層領導有效傳播「價值立場」的重要性，為此邀請多達86名政府官員出席政府新聞發佈會，與記者直接對話。受邀官員分別來自國務院下轄的二十四個機構、中國人民解放軍下屬五個部門及四川、陝西和甘肅三個重度受災省份。其中 6 人 (6.9%) 為部長級官員，17 人 (22.1%) 為副部長級，44 人 (51.1%) 為局長或副局長，以及 2 位將軍以及11位大校軍官。如此多的政府機構官員出席新聞發佈會，意在表明中國政府在齊心協力地開展抗震救災及災後重建工作。本研究還發現：(1) 這些官員是基於政府抗震救災工作的關鍵環節而精心挑選出來的（國新辦訪談，2018a）；(2) 在發表講話之前，國新辦則重點強調他們剛從救災一線回來，從而增加其言論的可信度；(3) 受邀官員在出席新聞發佈會時往往會帶上其危機傳播專家，隨時給與傳播諮詢。

第五，國新辦邀請公眾認可度較高的官員出席政府新聞發佈會並發表講話，以提升政府信息發佈的吸引力。例如，國新辦邀請衛生部部長高強出席政府新聞發佈會，部分地因為他對2003年非典危機的妥當處理獲得了全國民眾的認可。民政部救災救

濟司司長王振耀分別出席了第 1 場及第 3 場國務院新聞發佈會，而他在自然災害救援方面的專業能力在民眾間享有聲望。因在國有企業改革中關注下崗職工就業問題而獲得公眾認可的國務院國資委主任李榮融也受邀出席 5 月 21 日舉行的第九場國新辦政府新聞發佈會，介紹國有企業的抗震救災及災後重建工作。

第六，國新辦還邀請相關領域的專家出席新聞發佈會並回答記者提問，以增強信息的客觀性和可信度。國新辦邀請了地震預測專家張曉東解釋地震的成因，農業經濟學家張玉祥討論受災地區的食品供應事宜，電力工程師顧峻源彙報電力恢復方面的技術難題，地質調查局副總工殷躍平講述堰塞湖的形成原因和防止其決堤的可行方法，水資源發展處主任劉甯闡述確保受災地區水庫安全的科學措施。這些專家的發言有助於降低公眾在面對危機時的不確定性以及焦慮程度。

基於對國新辦新聞發佈會公開的文本的深入分析，本研究發現中國政府採取了多項策略引導媒體報導。

汶川地震期間，國新辦共舉行了 30 場新聞發佈會，160 名報紙、雜誌、廣播、電視和網絡記者受邀參加並進行提問。其中，76 名（47.5%）來自中國內地，29 名（18.2%）來自香港，55 名（34.4%）來自其他國家或地區。在這 55 名外國記者中，27 名（49%）來自美國，8 名（15%）來自英國，6 名（11%）來自土耳其，5 名（9%）來自法國，4 名（7%）來自新加坡，3 名（5%）來自巴基斯坦，2 名（3%）來自德國，2 名（3%）來自日本。記者在新聞發佈會上共提出 267 個問題，其中 132 個問題（49.4%）來自內地記者，89 個問題（33.3%）來自國外記者，46 個問題（17.2%）來自香港記者。

通過對記者提問的歸納分析，筆者發現下列 10 個議程／議題在記者提問中出現了 244 次（91%），根據出現頻率排序，其具體順序見表12.1。

如表12.1所示，內地和香港記者被允許提問的次數（n=164，67.2%）遠遠超過了國外記者（n=80，33%）。然而在第 1、5、9 類議題

### 表12.1　汶川地震期間記者提問議程分析

| 議程/議題 | 內地記者提問次數 | 香港記者提問次數 | 國外記者提問次數 | 提問總次數 |
|---|---|---|---|---|
| 1. 政府及時並持續開展救援活動 | 11% (n=13) | 19% (n=9) | 23% (n=18) | 16% (n=40) |
| 2. 政府災後重建工作方案及規劃 | 18% (n=21) | 26% (n=12) | 6% (n=5) | 16% (n=38) |
| 3. 政府對二次災害的關注度及應對策略 | 14% (n=16) | 15% (n=7) | 10% (n=8) | 13% (n=31) |
| 4. 政府對捐款物資的管理 | 17% (n=20) | 13% (n=6) | 6% (n=5) | 13% (n=31) |
| 5. 學校、醫院等建築物的大面積坍塌及潛在的腐敗問題 | 7% (n=8) | 9% (n=4) | 14% (n=11) | 9% (n=23) |
| 6. 受災人員物資供應 | 10% (n=12) | 4% (n=2) | 8% (n=6) | 8% (n=20) |
| 7. 災後疫情預防 | 7% (n=8) | 6% (n=3) | 8% (n=6) | 7% (n=17) |
| 8. 地震對中國經濟及通貨膨脹的影響 | 9% (n=11) | 2% (n=1) | 5% (n=4) | 7% (n=16) |
| 9. 國際救援 | 0.9% (n=1) | 2% (n=1) | 16% (n=13) | 6% (n=15) |
| 10. 災後環境問題 | 6% (n=7) | 4% (n=2) | 5% (n=4) | 5% (n=13) |
| 共計 | 100% (n=117) | 100% (n=47) | 100% (n=80) | 100% (n=244) |

備註：一些記者追問的問題並沒有計入統計。

上，國外記者的提問超過了內地和香港記者，這表明外國記者更關注中國政府如何在危機早期階段進行危機管理、防止腐敗問題以及處理國際援助等議題。

　　國新辦官員指出，在這十類議題中，大多數議題是中國政府提前確定的，而且「我們也在試圖規避其他問題」（國新辦訪談，2008b）。顯然，中國政府通過提前設定議題，通過對這些議題的關注和強調並選擇特定記者進行提問，從而卓有成效地影響了媒體報導內容及報導方式。

　　對政府新聞發佈會的內容分析表明，中國政府試圖採取了雙向非對稱式危機傳播與媒體進行溝通。中國政府一方面提前制定議題，另一方面也允許記者就對政府不利的問題進行提問並與其互動。儘管中國政府公關人員努力地了解媒體需求並盡力予以滿足，但中國政府危機公關仍具有隱含的引導性，導致政府與媒體的傳播關係顯然並非完全的雙向和對稱。

　　發現 3：在引導公眾認知方面，中國政府危機傳播官員試圖通過界定危機的範圍和性質，使公眾相信此次危機完全在政府掌控之內，這一舉措取得了一定的效果。

　　國新辦在地震發生後幾小時內的首場發佈會上便對危機性質做出界定。國新辦政府新聞發言人郭衛民在第 1 場新聞發佈會上便明確指出汶川地震是一次「意料之外的大規模自然災害」。同時，發言人分別在第 8 場、13 場及 27 場新聞發佈會上強調中國地處地震帶是導致災害頻發的客觀因素，因而超出了人類（政府）的控制範圍。國新辦政府新聞發言人在前三場新聞發佈會中共 6 次反覆說明，震中汶川位於龍門山地震帶上，受到地震的侵害在所難免。國新辦在危機初發階段不斷強調這些關鍵性概念，有助於界定此次危機的性質。對民眾隨機調查的數據表明，84%（n=84）的受訪者——特別是來自成都的受訪者（n=48, 96%）——相信汶川大地震是自然災害，認為只有依靠政府才能渡過難關。

　　國新辦在新聞發佈會上反覆強調中國政府抗震救災的決心及闡述救災措施和以往經驗，從而使民眾相信此次危機已在政府掌控之內。在第1場新聞發佈會上，民政部救災救濟司司長王振耀宣佈，對政府而言，「當務之急就是救人，政府將在接下來的24、48以及72小時內不計一切代價救人。」王振耀及出席新聞發佈會的其他政府官員也一直強調中國政府已安排了專業的救援隊伍開展救援工作，他們救援經驗豐富，已做好萬全準備並將全力開展救援工作。相關發言人在新聞發佈會上反覆強調中國政府的「救援經驗」，共被提及23次。在第 11 場及12場新聞發佈會上，發言人指出考慮到交通運輸方面的困難，所有救援人員都

被配備了必要的工具。國新辦在第3場及17場新聞發佈會上將重點放在醫療救援和防疫工作,公共衛生領域的相關專家出席新聞發佈會並詳細介紹了政府措施及下一步的工作安排,以確保傷患得到妥善安置,嚴防疫情發生。另外,相關發言人在第 2 場及8 場政府新聞發佈會上介紹了中國政府在恢復電力、通訊及交通方面的措施。

鑒於救援行動的重要性,國新辦自5月19日開始每日更新救援最新進展情況,説明公眾了解政府救援信息,旨在消除傳言和謠言。馬健少將及其同事在第 6 場新聞發佈會上介紹受災地區核設備的現狀,並澄清説有關兩名解放軍戰士在跳傘過程中犧牲的消息純屬無中生有。水利部副部長鄂竟平在國新辦第15場新聞發佈會上還詳細介紹了政府如何對唐家山的堰塞湖開展監控,以防次生災害的發生。

國新辦在其政府新聞發佈會上也反覆強調中國政府有能力掌控災情並開展災後重建工作。環境保護部的相關官員在第 13 場新聞發佈會上明確表示中國政府將確保受災地區核設施安全。商業部部長陳德銘在第 11 場政府新聞發佈會上向記者保證中國政府將確保食品和其他日常必需品正常供應。國家發展改革委員會副主任穆宏在第 18 場政府新聞發佈會上承諾政府將科學地開展災後重建工作。建設部副部長齊驥在第 23 場政府新聞發佈會上表示政府將及時制定災後房屋重建規劃,從而確保住房安全。

對民眾隨機調查的數據表明,多數(75%, n=75)的受訪者表示他們深信此次危機完全在政府掌控之內,故較少懷疑政府抗震救災的能力。

發現 4:由於大多政府危機傳播措施旨在增強與「利益相關者」——災民、參與救災者和聲援救災者——的關係,從而取得積極成果。

為了達到這一目的,中國政府通過多種方式塑造救災英雄。首先,中國政府塑造了部隊救援人員的英雄形象。國新辦於5月

18日和 6 月11日分別舉行兩場政府新聞發佈會報告部隊參與救災情況。總參作戰部副部長馬健少將及另外 4 名大校和 5 名上校軍官出席新聞發佈會並回答記者提問。他們介紹了救援部隊如何正在開展有力、有序、有效的救援行動。在這兩場新聞發佈會上，發言人着重講述了一線官兵的英雄舉動。在第 24 場政府新聞發佈會上，發言人生動地講述了救援官兵在失去親人的情況下仍然堅持救人的動人事蹟，強化中國人民解放軍的「人民子弟兵」形象。

國新辦新聞發佈會還特意強調中共黨員和幹部的模範作用。在 5 月26日的新聞發佈會上，中組部副部長歐陽松以及中共四川省委組織部副部長彭德秋報告了各級黨組織在抗震救災工作中的先頭模範作用，他們積極回應黨的號召，爭做「抗震救災的先鋒隊、人民的主心骨、受災群眾的貼心人」。他們指出，全國各級黨組織及廣大黨員廣泛開展了自願交納「特殊黨費」支持災區活動，截止發佈會當天中午，共收到「特殊黨費」17.73 億元。

同時，海外華人也被塑造成「心繫災區同胞」的英雄。在 6 月 2 日第 21 場新聞發佈會上，國務院僑務辦公室副主任馬儒沛及其同事表達了對所有海外華人「愛國行動」的最深敬意，並指出全世界中華兒女在災難面前萬眾一心、共克時艱。此外，馬儒沛指出：「國僑辦計劃在3−5 年內按照『兩個 100 所』的目標，由海外華人華僑捐贈資助建設 100 所僑愛學校和 100 所僑愛衛生院」，並向記者承諾將對抗震救災資金物資管理使用情況進行全方位監督。

一名受訪者表示，在危機形勢下「塑造」英雄是國新辦危機傳播的一項重要舉措(國新辦訪談，2008b)，從而喚起大眾的「積極意識」，建立對政府的信任。而這一做法是基於在危機前對人們開展的危機反應調查的結果。民眾隨機調查的數據也表示，大多數(86%)的受訪者為媒體報導的救災英雄而感動，表示希望像他們一樣投入抗震救災。

發現 5：中國政府只是有限地利用互聯網平台和社交媒體與國內外公眾進行危機傳播。

　　政府危機傳播官員似乎認識到網絡媒體在危機傳播中的作用。因此，國新辦將新聞發佈會進行了全程線上直播，並在新聞發佈會結束後幾小時內將每場發佈會的完整錄影、文字記錄及背景信息上傳到官網上，供公眾流覽下載。然而，中國政府利用互聯網平台開展危機傳播並不夠充分。例如，政府危機傳播官員並未設計相關的連結與公眾進行互動。此外，國新辦新聞發言人也並未在當時擁有最大量受眾的社交媒體微博上開通個人博客。國新辦也未在其官網上傳外文版本的新聞發佈會內容。互聯網使世界成為一個地球村，外國民眾也可能希望能夠在短時間內獲取其母語版本的相關信息，國新辦的危機公關未能充分利用這一機會。

　　本研究還表明，汶川地震期間政府危機傳播並未將製造「主體間性」作為傳播目的，也並未嘗試構建一個為政府危機傳播活動提供意義、情感和動機的互動平台。在對民眾隨機調查中，一部分來自成都(22%, n=22)的受訪者建議，如果政府信息部門能夠利用社交媒體，一定會更有效地與災區民眾溝通。

　　發現6：中國政府與人民之間建立的良好關係與中國政府處理汶川地震危機的有效性呈正相關。

　　胡錦濤總書記和溫家寶總理等中國政府高層領導始終強調與中國民眾建立良好的關係。他們秉承「執政為民」的理念，強調要與民眾開展對話，從而了解公眾需求，並制定相應的政策以滿足民眾需求。以至在形象塑造方面，「執政為民」成為了一種公共承諾。

　　中國政府通過汶川地震的危機傳播策略強化了中國領導執政為民的良好形象。新聞發言人在國新辦新聞發佈會中頻繁提及胡錦濤總書記及溫家寶總理始終在指導救援行動，並報告了最高領導人親自視察災區及看望災區倖存者尤其是孤兒等方面的活動，旨在塑造最高領導負責任、親民的正面形象。

　　中國政府危機公關還試圖表現，中國現任政府由於堅持了「以民為本」的執政理念，與民眾已經建立了良好關係，這一關

係將確保政府的抗震救災必定是全力以赴、一切以民眾的利益為重。如此的表述降低了汶川地震對政府形象及公信力的潛在影響。隨機訪談數據表明，絕大多數受訪者(93%)──成都受訪者為100%──表達了對中國政府抗震救災和災後重建工作的信心。他們最常使用的評論包括：(1)胡錦濤總書記和溫家寶總理的確堅持了「以人為本」的執政理念，他們真正關心我們，並把我們的利益放在第一位；(2)他們具備應對危機的能力，值得我們信任；(3)他們已竭盡全力幫助受災群眾，非常負責任。當被要求比較政府對於2008年地震和2003年SARS兩次危機的處理效果時，所有的受訪者都認為「這次危機應對比上次要強百倍」。

國際社會也對中國政府應對此次地震災害能夠遵循「以人為本」的原則表示讚賞，甚至一些常常批評中國的國際人權組織也對中國政府的抗震救災措施表示認可。中國人權執行主任Sharon Hom表示：「中國政府向世界展現出他們對民眾的尊重和關注」。當然，中國政府危機傳播官員迅速發現了這一有利宣傳點。外交部發言人秦剛在2008年5月27日的新聞發佈會中將「以人為本」的救援活動與人權聯繫起來，指出：「這充分表明中國政府尊重並保護人權」。

西方的危機公關研究表明(Eaddy, Louallen & Jin, 2018; Ma & Zhan, 2016)，如果組織或機構能在日常活動中向公眾展現承諾、忠誠及信任，那麼，組織或機構在面對困難及危機時，公眾也會選擇暫時相信它們。與利益相關者建立和維護良好的關係是公共關係的一個重要組成部分。良好關係如同在銀行裏的存款，一旦遇到突發情況，即可起到不可或缺的作用。對此，中國政府似乎有着清醒的認識，並在努力建立和維護與公眾的良好關係，這也部分地保障了其有效處理汶川地震危機。

發現7：中國政府通過危機傳播活動明確地向受災群眾表達同情、慰問及救災和災後重建的決心，從而進一步強化了政府有人情味和負責任的形象。

在地震發生之時，政府傳播團隊迅速確定危機傳播活動應強化「老天無情，人間有情」等「價值觀」，在抗震救災中將政

府和社會對災民的人道關懷加以濃墨渲染（國新辦訪談，2008a；
2008b）。

如此的策略在國新辦的新聞發佈會傳播的話語中得到充分
體現。例如，「救人是第一要務」（34次）、「以人為本」（23次）、「一
方有難、八方支持」（10次）等表述頻繁出現在政府新聞發佈會的
彙報環節及答記者問環節。此外，在國新辦5月15日舉行的第3
場新聞發佈會上，當被問及政府考慮在何時放棄救援埋在廢墟
底下的人時，衛生部副部長高強堅定地表示：「永遠不會放棄。」
民政部副部長姜力在第8場新聞發佈會上表示政府將採取措施
妥善安置孤兒、孤老和孤殘人員。此外，民政部副部長李波也表
示政府「將按照急事急辦、特事特辦的原則，使符合法定條件的
收養申請人可以依法收養災區孤兒。」

當被問及政府將如何妥善處置遇難者遺體時，民政部副部
長姜力詳細介紹了政府的處理措施，包括政府將建立「5.12」地
震遇難人員的身份識別DNA數據庫。此外，國新辦也邀請多位
女性政府官員出席了第8場和30場政府新聞發佈會，以期強化
「有情政府」的形象。

大多數（78%）參加民眾隨機調查的受訪者表示，政府對災民
和遇難者的人文關懷讓他們印象深刻。

在此次汶川地震中，中國政府的危機傳播無疑取得了一定成
效，但若按照危機公關的要求仍有不足之處：

第一，國新辦對某些公眾關心的議題的解釋未能完全地「統
一口徑」，不同政府機構的官員在關鍵事件上有時會出現意見不
一致的情況。在評估堰塞湖的潛在風險時，水利部副部長鄂平
在第15場政府新聞發佈會上表示這些堰塞湖並不存在潛在威
脅，而殷躍平則在第13場新聞發佈會上指出解決鬆軟地質上的
堰塞湖潛在風險迫在眉睫。

第二，中國政府危機傳播尚未做到清晰扼要。一些政府發言
人在講話中運用了大量專業用語，讓普通公眾難以理解。如農業

部獸醫局局長李金祥在第 5 場新聞發佈會上解釋如何預防人畜共患疫情方面的措施時，探討了禽流感、乙腦、狂犬病、炭疽、破傷風、豬鏈球菌感染等不同類型的傳染病，專業性過強，溝通效果差。

　　第三，國新辦邀請的官員和專家對負面問題仍顯得敏感，常常在嘗試進行自我辯護，降低了可信度。如：(1)在 5 月 13 日的第 1 場新聞發佈會上，當被問及政府是否預測到地震但卻隱瞞了這一信息時，中國地震台網中心副主任研究員張曉東立即斷然否認，並強調：「地震預測依然是一個世界性的難題」。(2)國新辦很晚才開始公佈地震傷亡人數。在 5 月 27 日舉行的第 17 場新聞發佈會上，國新辦發言人郭衛民仍然拒絕就這一問題回答記者提問。(3)出席新聞發佈會的政府官員往往對壞消息採取了回避的態度。當被問及「學校和醫院建築的大規模倒塌是否可能是由於腐敗原因引起的」以及「政府準備如何調查並解決這一問題」時，王振耀表示他從沒聽說過這樣的事情(第 1 場新聞發佈會)；住房和城鄉建設部部長姜偉新則表示「中國的抗震建設標準是按照 7 度烈度來設防的。」(第 4 場新聞發佈會)。(4)在第 1 場新聞發佈會上，當被問到政府官僚主義是否耽誤了國際救援行動時，郭衛民當場予以否認。而外交部發言人秦剛在第 22 次新聞發佈會上表示外交部從未試圖限制國際救援活動。

　　綜上所述，中國政府針對汶川大地震的公關危機雖可圈可點，但不足之處也隨處可在。畢竟中國政府的危機公關尚無成熟的經驗，負責公關傳播策劃和實施的官員似乎缺乏專業培訓，中國社會及文化環境對政府與媒體、政府與民眾等關係的影響而導致此次大地震危機公關中遺憾也是不可忽視的。然而，值得強調的是，國新辦受訪官員堅信，隨着中國社會文化、行政文化、媒體文化乃至政治生態的變化，政府的危機傳播必將進一步規範化和制度化，中國政府危機公關機制也將日益完善(國新辦訪談，2008a，2008b)。

# 五、結論與意義

本研究的調查結果表明，中國政府在應對 2008 年汶川大地震中強調了危機公關的核心地位，接納了西方國家危機傳播的一些理念和原則，實施了一系列西方國家行之有效的危機傳播措施，並通過其危機傳播策略及抗震救災公關活動有效地支持了中國政府的危機處理，繼而維護甚至提升了中國政府形象，從而轉「危」為「機」。

汶川地震期間，中國政府危機傳播的內容和方式呈現出正面而顯著的數個變化。第一，危機傳播採取了更為開放的溝通方式，並明顯增加了政府傳播者與境內外媒體雙向互動的權重。第二，危機傳播有意識聚焦了為公眾所普遍接受的價值理念，特別強調了「人」（包括生命、安危、情感、尊嚴等）高於一切。第三，國新辦的公關傳播專家能夠身居傳播一線，與媒體和公眾進行直接而公開的溝通和互動。第四，公共關係專家刻意通過設置事件議程和框架，引導境內外媒體對大地震危機的報導，間接地幫助中國政府在國內外提高其公信力、形象以及聲譽。第五，通過實踐「執政為民」和「科學發展」的理念，中國政府努力建立和維護與民眾的良好關係，這一努力在危機時似乎降低了負面風險，為政府化危為機創造了有利條件。第六，政府的危機傳播注意到互聯網和社交媒體在危機傳播中日益增長的影響力，並有針對性地予以利用，儘管重視度仍不夠高，運用的主動性也不充分。

另外需要強調的是，中國政府汶川大地震的危機傳播之所以取得可觀的成效，很大程度得益於中國的政府公關不斷規範和制度化的發展趨勢。首先，中央及多數地方政府已建立起較為完善的政府新聞發言人制度，成為政府對內對外溝通的主要——甚至是唯一——機制和平台。第二，中國政府危機傳播在預算安排、專業發展及運作制度等方面均得到了制度化的支援。第三，中國政府制定了完善的突發事件應急預案和準備，一旦危機發生，即可隨即啟動。第四，危機期間，政府危機傳播負責人可以

與高層領導直接接觸，從而參與到決策制定當中。第五，中國政府似乎已認可公共關係在協助危機處理上的有效性，並將其看作與利益相關者構建和維護良好關係的重要工具，逐步將公共關係的「關係建立和維護」職能通過相應措施制度化。第六，中國領導人似乎已認識到公共關係在危機管理中的戰略性角色，並將其作為政府核心職能不可或缺的部分。儘管政府公共關係規範化、制度化的進程大多仍體現在技術和程序層面，但至少政府公共關係專家已有權制定傳播政策和策略，並以此影響高層決策，有望在政府公共關係制度化進一步發展中成為「決策同盟」一員。

　　本章的研究僅初步探討了西方危機公關的概念、原則、理論及方法對中國政府針對汶川大地震危機傳播的影響，結果表明了中國政府的危機公關發生了一些積極而深刻的變化。至少在中國，公共關係活動的合法化地位得到了強化，公共關係活動在提高機構運作效能方面的戰略功能得到了肯定，政府的公共關係專家或官員似乎被賦予了較大的戰略管理權。值得指出的是，在中國內地公共關係領域的快速和積極進程中，中國公關關係──特別是政府公共關係──似乎從非對稱模式向同時包含雙向對稱和雙向非對稱兩種模式的混合模式公共關係的方向發展，並被驗證為可能是適合中國國情的一種最佳模式。

# 參考文獻

內地記者訪談（2008）。8月5日，上海。

民政部訪談（2008）。民政部救災司官員，8月30日，北京。

香港記者訪談（2008）。10月11日，香港。

國新辦（2008a）。〈溫家寶主持常務會議通過災後恢復重建條例（草案）〉，6月4日，見www.gov.cn/ldhd/2008-06/04/content_1005832.htm

國新辦（2008b）。四川汶川特大地震新聞發佈會，第1-30次，3月13日–7月8日，http://211.167.236.240/html/guofang/wenzizhibo/2008/

國新辦訪談（2008a）。國新辦官員，8月25，北京。

國新辦訪談（2008b）。國新辦官員，8月27日，北京。

Avery, E. J., Lariscy R. W., Kim S., & Hocke T. (2010). A quantitative review of crisis communication research in public relations from 1991 to 2009. *Public Relations Review 36*: 190–192.

Benoit, W. L. (1995). *Accounts, excuses, and apologies.* Albany NY: State University of New York Press.

Benoit, W. L. (1997). Image repair discourse and crisis communication. *Public Relations Review, 23*(2): 177–180.

Bormann, E. G. (1985). Symbolic convergence theory: A communication formulation. *Journal of Communication, 35*(4): 128–138.

Braverman, M. (2003). Managing the human impact of crisis. *Risk Management, 50*: 10–14.

Broom, G. M., Casey, S., & Ritchey, J. (1997). Toward a concept and theory of organization-public relationship. *Journal of Public Relations Research, 9*, 83–98.

Brummette, J., & Sisco H. F. (2015). Using Twitter as a means of coping with emotions and uncontrollable crises. *Public Relations Review, 41*(1): 89–96. DOI: 10.1016/j.pubrev.2014.10.009

Castellano, S., & Khelladi I. (2018). Play it like Beckham!: The influence of social networks on E-reputation—The case of sportspeople and their online fan base. *Sports Media, Marketing, and Management*, 62–81. DOI: 10.4018/978-1-5225-5475-2.ch004

Chen, N. (2004). From propaganda to public relations: Evolutionary change in the Chinese government. *Asian Journal of Communication. 13*(2): 96–121.

Chen, N. (2005). "Click away" Chinese college students' perception of and attitude toward online advertising. *American Review of China Studies, 6*(2): 129–142.

Coombs, W. T. (1999). *Ongoing Crisis Communication: Planning, Managing, and Responding.* Thousand Oaks, Cal.: Sage.

Coombs, W. T., & Holladay, S. J. (2001). An extended examination of the crisis situations: A fusion of the relational management and symbolic approaches. *Journal of Public Relations Research, 13*(4): 321–340.

Cragan, J. F., & Shields, D. C. (1992). The use of symbolic convergence theory in corporate strategic planning: A case study. *Journal of Applied Communication Research, 20*(2): 199–218.

Datta, A. (Avi), Sahaym, A., & Brooks, S. (2018). Unpacking the antecedents of crowdfunding campaign's success: The effects of social media and innovation orientation. *Journal of Small Business Management, 57*(2): 462–488.

Diers–Lawson, A., & Pang, A. (2016). Did BP Atone for its transgressions?: Expanding theory on "ethical apology" in crisis communication. *Journal of Contingencies and Crisis Management, 24*(3): 148–161.

Dilenschneider, R. L., & Hyde, R. C. (1985). Crisis communications: Planning for the unplanned. *Business Horizon, 28*: 35–38.

DiNardo, A. M. (2002). The Internet as a crisis management tool: A critique of banking sites during Y2K. *Public Relations Review, 28*: 367–378.

Driskill, L. P., & Goldstein, J. R. (1986). Uncertainty: Theory and practice in organizational communication. *The Journal of Business Communication, 23*(3): 41–56.

Eaddy, LaShonda L. & Jin, Y. (2018). Crisis history tellers matter. *Corporate Communications: An International Journal, 23*(2): 226–241. DOI: 10.1108/CCIJ-04-2017-0039

Fearn-Banks, K. (2007). *Crisis Communication: A Casebook Approach*. Boston, MASS: Pitman.

Gerken, F., Van der Land, S. F., & van der Meer, Toni G. L. A. (2016). Crisis in the air: An investigation of AirAsia's crisis-response effectiveness based on frame alignment. *Public Relations Review, 42*(5): 879–892). DOI: 10.1016/j.pubrev.2016.09.002

Grunig, L. A. (1992). Power in the Public Relations Department. In J. Grunig (Ed.), *Excellence in Public Relations and Communication Management* (pp. 483–502). Mahwah, NJ: Lawrence Erlbaum Associates Publishers.

Hearth, R. L. (1997). *Strategic Issues Management: Organizations and Public Policy Challenges*. Thousand Oaks, Cal.: Sage.

Heath, R. L., Bradshaw, J., & Lee, J. (2002). Community relationship building: Local leadership in the risk communication infrastructure. *Journal of Public Relations Research, 14*: 317–353.

Heath, R. L., & Nathan, K. (1991). Public relations' role in risk communication: Information, rhetoric, and power. *Public Relations Quarterly, 35*(4): 15–22.

Ip, C. Y., Liang, C., & Feng J. Y. (2018). Determinants of public attitude towards a social enterprise crisis in the digital era: Lessons learnt from THINX. *Public Relations Review, 44*(5): 784–793. DOI: 10.1016/j.pubrev.2018.05.005

Jiang, H., Luo, Y., & Kulemeka O. (2016). Social media engagement as an evaluation barometer: Insights from communication executives, *Public Relations Review, 42*(4): 679–691. DOI: 10.1016/j.pubrev.2015.12.004

Jin, Y., Pang, A. & Smith, J. (2018). Crisis communication and ethics: The role of public relations. *Journal of Business Strategy, 39*(1): 43–52. DOI: 10.1108/JBS-09-2016-0095

Kim, Y., Kang, M., Lee, E., Yang, S-U. (2019). Exploring crisis communication in the internal context of an organization: Examining moderated and mediated effects of employee-organization relationships on crisis outcomes. *Public Relations Review, 45*(3): 101777.

Lagadec, P. (1993). *Preparing Chaos in a Crisis: Strategies for Prevention, Control and Damage Limitation* (pp. 32–33). New York, NY: McGraw-Hill.

LaGree, D., Wilbur, D., & Cameron, G. T. (2019). A strategic approach to sports crisis management. *International Journal of Sports Marketing and Sponsorship.* DOI: 10.1108/IJSMS-05-2018-0045

Lee, S. Y., & Atkinson, L. (2019). Never easy to say "sorry": Exploring the interplay of crisis involvement, brand image, and message appeal in developing effective corporate apologies. *Public Relations Review, 45*(1):178–188.

Lee, Y. (2019). Crisis perceptions, relationship, and communicative behaviors of employees: Internal public segmentation approach. *Public Relations Review, 45*(4): 101832.

Lerbinger, O. (1997). *The Crisis Manager: Facing Risk and Responsibility.* New Jersey: Lawrence Erlbaum Associates Inc Publishers.

Lu, X. (2017). Online communication behavior at the onset of a catastrophe: an exploratory study of the 2008 Wenchuan earthquake in China. *Natural Hazards, 91*(2): 785–802. DOI: 10.1007/s11069-017-3155-1

Ma, L., & Zhan, M. (2016). Effects of attributed responsibility and response strategies on organizational reputation: A meta-analysis of situational crisis communication theory research. *Journal of Public Relations Research, 28*(2): 102–119.

Meyers, G. (1986). *When It Hits the Fan—Managing the Nine Crises of Business.* Boston, MASS: Houghton Mifflin.

Park, D., Kim, W. G., & Choi, S. (2018). Application of social media analytics in tourism crisis communication. *Current Issues in Tourism, 22*(15): 1810–1824. DOI: 10.1080/13683500.2018.1504900

Park, H., & Reber, B. H. (2011). The organization-public relationship and crisis communication: The effect of the organization-public relationship on publics' perceptions of crisis and attitudes toward the organization. *International Journal of Strategic Communication, 5*(4): 240–260. DOI: 10.1080/1553118X.2011.596870

Repper, F. C. (1992). How communication managers can apply the theories of excellence and effectiveness? In J. Gunig (Ed.), *Excellence in Public Relations and Communication Management* (pp. 109–115). Mahwah, NJ: Lawrence Erlbaum Associates Publishers.

Roberts, H., & Veil, S. R. (2016). Health literacy and crisis: Public relations in the 2010 egg recall. *Public Relations Review, 42*(1): 214–218. DOI: 10.1016/j.pubrev.2015.07.013

Rosenthal, U., Hart, P., & Kouzmin, A. (1991). Bureau-politics of crisis management. *Public Administration, 69*: 211–233.

Ryschka, A. M., Domke-Damonte, Darla J., Keels, J. K., & Nagel, R. (2016). The effect of social media on reputation during a crisis event in the cruise line industry. *International Journal of Hospitality & Tourism Administration, 17*(2): 198–221. DOI: 10.1080/15256480.2015.1130671

Sádaba, T., SanMiguel, P., & Gargoles, P. (2019). Communication crisis in fashion: From the Rana Plaza tragedy to the Bravo Tekstil Factory crisis. *Fashion Communication in the Digital Age, FACTUM 19.* Fashion Communication Conference, Ascona, Switzerland, 21–26 July. London, UK: Springer (eBook), 259–275. DOI: 10.1007/978-3-030-15436-3_24

Seeger, M. W. (2002). Chaos and crisis: Propositions for a general theory of crisis communication. *Public Relations Review, 28*: 329–337.

Sellnow, T. L. (1993). Scientific argument in organizational crisis communication: The case of Exxon. *Argumentation and Advocacy, 30*: 329–337.

Sjöberg, Ulrika (2016). It is not about facts – It is about framing. The app generation's information－seeking tactics: Proactive online crisis communication. *Journal of Contingencies and Crisis Management, 26*(1): 127–137.

Sommerfeldt, E. J., & Kent, M. L. (2015). Civil society, networks, and relationship management: Beyond the organization–public dyad. *International Journal of Strategic Communication, 9*(3): 235–252.

Steyn, B., & Niemann, L. (2008). Institutionalizing the strategic role of corporate communication/public relations through its contribution to enterprise strategy and enterprise governance. Paper presented at the Euprera 2008 Congress, 16–18 October, Milan, Italy.

Tan, K. K.-Y., Pang, A., & Kang, J. X. (2018). Breaking bad news with CONSOLE: Toward a framework integrating medical protocols with crisis communication. *Public Relations Review, 45*(1), 153–166. DOI: 10.1016/j.pubrev.2018.10.013

Tao, W., & Kim, S. (2017). Application of two under-researched typologies in crisis communication: Ethics of justice vs. care and public relations vs. legal strategies. *Public Relations Review, 43*(4): 690–699. DOI: 10.1016/j.pubrev.2017.06.003

Terry, L. D. (1998). Administrative leadership, neo-managerialism, and the public management movement. *Public Administrative Review, 58*: 194–200.

Ulmer, R. R. (2001). Effective crisis management through established stakeholder relationships. *Management Communication Quarterly, 14*(4): 590–615.

Ulmer, R. R., & Sellnow, T. L. (2002). Crisis management and the discourse of renewal: Understanding the potential for positive outcomes of Crisis. *Public Relations Review, 28*: 361–365.

Utz, S., Schultz, F., & Glocka, S. (2013). Crisis communication online: How medium, crisis type and emotions affected public reactions in the Fukushima Daiichi nuclear disaster. *Public Relations Review, 39*(1): 40–46. DOI: 10.1016/j.pubrev.2012.09.010

Wu, F., & Choy, C. H. Y. (2018). Frames and framing effects in Chinese online and offline crisis communication: The case study of a celebrity scandal. *Chinese Journal of Communication, 11*(3): 324–343. DOI: 10.1080/17544750.2018.1473265

Zhang, D., & Zhang, J. (2008). Impacts of Chinese public relations: PR expertise, legitimacy, and news. Paper presented to the 58th Annual Conference of the International Communication Association, May 22–26, Montreal, Quebec, Canada.

Zhao, H., Falkheimer, J., & Heide, M. (2017). Revisiting a Social Constructionist Approach to Crisis Communication—Investigating Contemporary Crises in China. *International Journal of Strategic Communication, 11*(5): 364–378. DOI: 10.1080/1553118X.2017.1363758

第三部分 西方公關理論與中國政府公關實踐調和

# 情境危機傳播理論與
# 中國政府新疆暴亂危機公關

## 一、簡介

　　2008 年 3 月西藏拉薩打砸搶燒暴力事件的噩夢尚未離去，僅僅不到 16 個月時間，新疆於 2009 年7月突發暴亂。新疆維吾爾自治區位於中國內地西北部，但居於亞洲內地中心，維吾爾族佔人口總數的 46.6%，漢族佔 40.5%。自治區首府烏魯木齊人口逾 230 萬，其中 74% 為漢族，12.7% 為維吾爾族，其餘各族共佔13.3%（國家統計局，2010）。2009 年 7 月5日20 時左右，新疆烏魯木齊市發生了嚴重群體暴力事件，暴力分子對商店、車輛、建築打砸搶燒，致使 197 人死亡，1,721人受傷（Yan, Geng & Ye, 2009）。一周後，事件雖在烏魯木齊得到控制和平息，但暴亂卻蔓延到中國內地最西部的新疆喀什地區。8 月中旬，烏魯木齊再次發生維吾爾族人對漢族人的侵害，476 人遭遇襲擊（Bodeen, 2009）。新疆民族衝突事件引起國內外媒體高度關注，很快演變成一場政治危機。

---

* 本章部分內容引自筆者的文章：Chen, Ni (2012). Beijing's political crisis communication: An analysis of Chinese government communication in the 2009 Xinjiang riot. *Journal of Contemporary China*. 21(75): 461–79.

這場危機發生在社會和民族矛盾長期尖銳及衝突頻發的地區，爆發突然，發展快速，暴力傾向明顯，不僅嚴重危害公共秩序，更為重要的是強烈地挑戰和損害政府機構的聲譽。所有這些特點似乎符合危機管理研究定性的「情境危機」。針對此類危機的傳播管理，西方公共關係學者近期推出了情境危機傳播理論（Situational Crisis Communication Theory，簡稱 SCCT）（Coombs, 2004, 2006, 2007, 2015; Coombs & Holladay, 2002）。該理論建議，無論是政府或組織，還是企業或機構，危機管理人員應從戰略性危機應對為出發點，將聲譽管理（Reputational Management）作為危機公關的核心。為此，危機傳播人員首先要基於危機的歷史記錄和先前的聲譽關係迅速、客觀地評估危機對聲譽的威脅；其次要預測政府或組織、企業或機構的聲譽所受到威脅的程度和潛在加劇的可能；再次要引導公眾客觀認知危機和認可危機責任；最後將危機傳播的措施盡可能地與危機所造成的危機責任和聲譽威脅程度相匹配。

無疑，新疆暴亂嚴重威脅了中國政府——無論是中央政府，還是新疆自治區政府——處理積怨甚久甚深的民族矛盾的政治聲譽。面對如此的情境危機，中國政府的危機公關管理人員是否認識到此次危機作為情境危機的特殊性？是否參考了西方情境危機傳播的原則或採取了相關策略和措施？情景危機傳播理論在中國政府公關的實踐中調和性如何？

## 二、文獻綜述與研究假設

危機管理領域的研究提出了一個非常清楚的原則，即：危機一旦成為公共危機，將對整個公共系統、機構和秩序產生危害，主要是威脅其基本價值、意識形態甚至物理存在（Grandien & Johansson, 2016; Lerbinger, 1997; Pauchant & Mitroff, 1992; Rosenthal & Kouzmin, 1997; Swedish Emergency Management Agency, 2003）。西方的實踐表明，在應對一般的公共危機時，危機公關常常擔負着與正

在發生的事件保持密切聯繫，向媒體發佈信息，盡可能保持對信息的控制，並向受害者表示同情和慰問等危機管理重任。但是在處理公共領域的情境危機時，情境危機傳播理論則提出了一些特殊的原則和建議。

在公共危機應對階段，情境危機傳播理論要求危機公關應注重危機識別階段的信息收集，並以此為基礎迅速對危機可能造成的對政府或機構聲譽的威脅作出評估(Coombs, 1999, 2002, 2007)。此外，危機傳播對於縮短危機持續時間、儘量在第一時間控制危機對聲譽的威脅和減少危機損失至關重要。只有這樣才能使得危機傳播有的放矢，以適當的應對策略管理危機帶來的聲譽損失，以期迅速、有效地維護政府或組織在公眾心裏和眼中的聲譽與形象(Ingenhoff, Buhmann, White, Zhang & Kiousis, 2018)。於是，有效的情境危機傳播可讓政府或組織在最短時間內建立起對情境危機局勢的控制(Brown, 2014; Coombs, 2004; Guerber, Anand, Ellstrand, et al., 2019; Sisco, Collins & Zoch, 2010)。

危機往往會突然發生，然後隨着時間的推移而逐步積直至達到臨界。儘管危機呈現出逐步累積的模式，但危機的臨界值很可能是由知情告密者、媒體、公共利益群體，以及其他組織行為的監督者等與危機本身並無利益關係的人或群體的行為來界定(Braverman, 2003; Coombs, 2004)。於是，在危機全面爆發或達到臨界之前，政府相關機構或人員往往會收到源源不斷的預警信號，但這些預警信息往往具有不確定性或不可驗證性，因而通常很容易就被有意識或無意識地忽略掉。對於中國這樣一個處於轉型期的國家而言，政府很難獲取充足的信息來預測公共危機爆發及可能對政府聲譽產生的後果。新疆暴亂正是如此，它看似是突發事件，但其實由於長期的少數民族與漢民族的矛盾經歷了一個逐步積累的過程。當它首次出現在媒體報導中時，幾乎沒有人能夠預見到這個發生在遙遠疆域的暴亂，會演變成大規模的公共危機，不僅對生命財產造成如此巨大的破壞，還將中央和地方政府的政治聲譽推上了風口浪尖。

　　無論準備多麼充足，危機公關總會面臨巨大的壓力。每當公共危機發生時，政府——特別是負責公共關係的部門和官員——往往沒有足夠的時間去收集、分析信息，並評估對聲譽和公共秩序的危害性和危害程度，結果是常常無法選擇最佳的應對方案，以致難以建立對危機的控制感（Coombs, 2004; Rachmat & McKenna, 2019; Swedish Emergency Management Agency, 2003）。反之，在情境危機的初始階段，通常在政府或組織內部又會出現被困心態，相關負責人員極易陷於什麼也不做、什麼也不說的被動狀態，變得無動於衷；同時，負責回應公眾的機構和人員會選擇採取守勢，開始尋找替罪羊為自己開脫責任（Bin Salamh, 2019; Chang, Himelboim & Dong, 2009; Chen, 2003; Coombs, 2002; Rensburg, Conradie, & Dondolo, 2017）。在危機開始擴散的時候，公共安全負責人及政府公關負責人一定會進一步感受到來自內外部的空前的雙層壓力，常常傾向於自我辯護，遷怒於替罪羊。

　　假設1：新疆暴亂使中國政府措手不及，政府領導人及政府公關人員匆忙做出回應並在迅速增長的壓力下立即採取守勢。

　　由於中國各級政府機構間具有嚴格的等級體系，決策權無法得到充足下放，因此級別較低的機構或其他職能機構並沒有權力對危機的原因做出客觀分析，也難以對危機可能對政府聲譽的危害程度做出及時的判斷，這種情況與情境危機傳播理論的原則要求有明顯的距離。另外，制度理論（Chen, 2009; Frandsen & Johansen, 2013; Grunig, 2011; Scott, 1987）認為，高層領導傾向於採用規範化、制度化、合法化的原則和措施，而業務層面的工作人員則傾向於通過具體的行動以避免操作計劃的中斷。雖與改革開放前相比，中國政府的權力已經在中央——地方的層面部分地分散（Zheng, 2004），但官僚體制原生的嚴格等級制度和中國特色的行政體系，極易使得在面臨危機時權力臨時性地傾向於高度集中。儘管政府公關已經取代了地方層面的政治宣傳（Chen, 2003），但新疆暴亂中的政府公關似乎仍然受高層直接掌控。

　　假設2：此次新疆暴亂中的危機公關活動是一個自上而下的過程，由中央政府制定方針與政策，自治區地方政府負責實施。

按照情境危機傳播理論的要求，一旦組織或機構做出應對危機的決定，公關就應該成為戰略和操作層面不可分割的一部分，並在應對公共危機時，政府公關傳播更需讓公眾客觀地了解危機的性質、已經或預期產生的損害及相應的處理措施（Bin Salamh, 2019; Cooley & Cooley, 2011; Effiong; 2014; Jamal & Bakar; 2017）。為了達到這一目的，政府的危機公關必須立即組成危機管理團隊，開啟危機傳播中心，進行必要的事實調查，快速舉行新聞發佈會並公開、公正、精準地公開信息，以及統一不同機構對外傳播口徑等一系列活動（Applegate, 2007; Coombs & Holladay, 2002; Huqee & Lee, 2000）。

儘管認識到危機公關的作用，中國各級政府似乎仍需要做好與媒體溝通的各種準備。有初步研究表明，政府官員在面對公眾時往往不是過於害怕就是過於傲慢，尤其是在面對猝不及防的壞消息時（Brady, 2008; Chen, 2003; Hou & Zhu, 2012）。

假設3：儘管意識到與公眾溝通的必要性，但中國政府在透過媒體向公眾披露信息時似乎仍顯得謹慎和保守。

對此，負責情境危機傳播的公關人員的專業質素則顯得至關重要。西方發達國家通常由受過專門培訓的公關專家負責危機公關。合格的政府公關專家至少應具備定量分析的能力，即能夠戰略性的使用預測和成本效益等較為複雜的分析方法。他們在決策制定過程中也常常被授權參與決策並行使相應權力。同時，解放型的管理模式也確保了他們盡可能地擁有更多的行動自由（Applegate, 2007; Rosenthal & Kouzmin, 1997）。中國政府快速推行了政府公關實踐，但主管政府公關的官員或人員似乎並沒有得到良好的專門培訓（Chen, 2003; Hou & Zhu, 2012），特別在了解和掌握情境危機傳播方面專業知識和技能較弱。

假設4：負責新疆暴亂危機公關的中央政府及新疆自治區政府官員，並未得到充足的危機公關培訓，對情境危機傳播知之甚少。

有研究表明，當情景危機開始擴散時，諸如公共監督組織或機構（如非政府組織）、新聞調查的記者及知情告密者的報

第三部分　西方公關理論與中國政府公關實踐調和

349

告常常會加劇危機的發酵與擴散，特別是對政府或組織的聲譽威脅的程度會不斷提升（Cooms, 2000; Eriksson, 2018; Rachmat & McKenna, 2019）。例如，危機爆發後，媒體自然會予以高度關注；隨着互聯網及數字通信技術推動下的新媒體迅猛發展，公眾更加期望新媒體中的輿論領袖擔當及時、客觀的危險預警監察人（Barnett, 2003; Mycoff, 2007; Chang et al., 2009; Eriksson, 2018）。按照情境危機傳播理論的建議，當危機爆發時，如果組織或機構能夠對聲譽威脅做出及時和準確的判斷，並透過相對應的傳播活動或措施及時填補信息空白，那麼，危機傳播就有較大的機會影響新聞和媒體報導。如果政府想要通過危機公關控制和引導事件報導，那麼危機爆發後的最初幾個小時就顯得至關重要。因為無論是對描述事件、還是對定義危機責任或構建公眾對危機性質和危害程度的判斷背景，針對性強的危機傳播會取得事半功倍的效果（Barbe & Pennington-Gray, 2018; Cooley & Cooley, 2011; Effiong, 2014; Lerbinger, 1997; Rachmat & McKenna, 2019）。儘管中國內地改革開放以年來中國政府對新聞媒體放寬了限制，但政府對於媒體報導的審查仍然較為嚴格（Bhattacharji, Zissis & Baldwin, 2010），尤其是在諸如挑戰政府聲譽的政治危機發生時。

假設5：中央政府和新疆自治區當地政府試圖通過一些公關措施控制和引導媒體傳播對危機性質和危機責任的報導，但成效似乎並不明顯。

與此同時，處於公共危機中的公眾，如果感知難以有效獲得和控制有關危機信息，便會對於危機結果的預測產生不確定性；反之，如果公眾對預測危機潛在的風險越有信心，就越能感覺到自身對結果的確定性和控制度（Berger, 1987; Sellnow, Matthew & Ulmer, 2002）。另根據Heath & Nathan 的研究（1991），在危害政府或組織聲譽的政治危機中，控制和不確定性是相伴而生的，因為人們試圖通過控制風險信息來源──尤其是他們不信任的信息來源──來減少不確定性。由於中國政府的行政改革起步較晚，一般公眾往往對來自政府的信息不夠信任，尤其是對涉及公共安全領域信息服務的信任度較低。如何提升公眾對政府信息的信

任度並相信政府有把握控制危機，進而降低他們對危機潛在風險的不確定感，成為了新疆暴亂中政府危機公關的一大挑戰。

假設6：中國政府的危機公關活動部分地旨在影響公眾對於新疆暴亂中政府控制能力和成效的認知和信任，從而減少公眾由於難以確定危機風險所帶來的擔憂。

傳播技術的快速發展註定會影響情境危機傳播，尤其是互聯網支持的社交媒體對危機管理帶來的挑戰似乎大於機遇。新媒體所帶來的即時性及國際性致使世界範圍內的記者或活動家都可以在事件發生數秒內透過探查組織或機構的背景來尋求事件背後的秘密（Barbe & Pennington-Gray, 2018; Bin Salamh, 2019; Brown, 2014; Chang et al.,2009; Eriksson, 2018），特別是當危機在威脅政府政治聲譽時，更是如此。在中國內地，新媒體所帶來的影響與日俱增。研究表明，人們對於政治事件的看法普遍受到新媒體的影響（Zhu & He, 2002）。

假設7：新疆暴亂期間，中國政府危機公關團隊在與公眾的溝通中嘗試了將社交媒體用作策略層面的公關工具。

根據情境危機傳播理論的原則，組織或機構的危機公關似可採取重建策略，以努力提高組織或機構的聲譽，如：公開聲明組織對危機承擔全部責任，並請求諒解和做出誠懇的道歉，包括為受害者提供金錢或禮物等賠償，以此補償危機的產生的負面影響（Dulaney & Gunn, 2017; Jamal & Bakar, 2017; Rensburg, Conradie & Dondolo, 2017）。無疑，當直接挑戰政府聲譽的公共危機發生時，由於其對社會產生的重大負面影響，如果作為負責公共服務的政府處理不當，政府和公眾間的信任都會遭到嚴重削弱，政府的政治聲譽也將遭受重創。因此，政府危機公關必須體現人文關懷、重建信任，即公關專家在回應公眾時應表現出對於公眾遭受危機的同情心，證明政府有處理危機的決心和能力，並盡可能地表達承擔損害責任的意願（Braverman, 2003; Coombs, 2015; Guerber, Anand, Ellstrand et al., 2019; Ham & Kim, 2019）。此外，根據符號融合理論的假設，受危機影響的人通過關注他們所能接收

到的信息，傾向於建立一個由符號展現的現實，並依此為其應對危機的行為提供目的、動機和心理支援（Bormann, 1985; Guerber, Anand, Ellstrand et al., 2019）。通常，群體成員──公眾──通過交流和互動構建出一個共同認知的社會現實──相互主體性，並以此作為想像主題和語義視野來描述他們的群體經歷（Coombs, 2004a; Cragan & Shields, 1992; Ham & Kim, 2019）。據此，情感和心理認同也是情境危機傳播的一個重要內容和目的。有理由相信，新疆暴亂不僅造成人員受傷、財產受損，更使社會陷入震驚、恐慌、無助和對政府的疑慮和指責。

假設8：中國政府危機公關特意採取重建策略以展現其對於公眾的同情心、人文關懷、歉意和解決危機的能力，旨在促進相互主體性建設。

隨着公共危機的發展，危機公關活動除了應在滿足公眾的信息需求外（Coombs, 1999; Dong, Chang & Chen, 2008; Mycoff, 2008），更重要的是須明確表達將如何控制和解決危機（Sellnow, Matthew & Ulmer, 2002）。情境危機傳播的應對策略，是一個組織在應對危機中實施的以幫助修復因危機造成的名譽損失之措施。儘管包括人文關懷和道歉等重建措施是一種常被運用的應對策略，也常常起到維護聲譽和保護形象的作用，但重建策略並非解決所有情境危機的萬能秘方，須配合使用其他策略，如加強策略。作為對重建或其他策略的補充，加強策略尋求在政府或組織和危機中的利益相關者之間加強對相互良好關係的認知和認同，比如解釋政府如何也成為了危機的受害者，盛讚受害者的表現，也可加強宣傳政府過往的良好口碑及政績（Cooley & Cooley, 2011; Coombs, 2004a; Effiong, 2014; Sisco, Collins & Zoch, 2010）。當時的中國政府在「科學發展觀」的指導下，實施了一系列執政為民的措施，受到了民眾的讚賞，這似乎有利於政府危機公關採取加強的措施。隨着危機的發展，公眾便會渴望得到恢復和修復危機創傷的信息，包括如何減輕危機所帶來的長期傷害的措施、受災人員安置計劃及對危機責任者的追究等（Hearit & Courtright, 2003）。為了滿足這些不斷變化的信息需求，政府和機構的最高領

導人應立刻與公眾建立強有力的公關價值定位。中國仍然深受國家首腦權威這一政治傳統的影響,在公眾心目中,政府最高領導人往往代表着最權威的聲音,似可通過危機公關加強核心價值認知。

假設9:中國政府的危機公關採納了加強策略,包括了安排政府最高領導人對處理暴亂後的問題發表政策宣示,以期在公眾心目中建立核心價值定位。

## 三、研究方法

為了對上述研究問題和假設進行驗證,本次研究採用了網絡研究、文本研究及深入訪談等方法。

新疆暴亂期間及之後,中央政府及新疆自治區政府開展了大量危機公關活動,其主要平台為外交部、國務院新聞辦公室、新疆自治區新聞辦公室召開的一系列新聞發佈會。

這一平台具有重要的研究意義。自2003年以來,政府指定新聞發言人出席新聞發佈會發佈政府消息,已成為中國內地各級政府的普遍做法。2003年非典(SARS)危機使中國政府認識到及時公開的公關活動的重要性。當媒體和公眾能夠獲取權威的、全面的信息時,他們對危機的不確定性會降低,對政府控制和處理危機的信心會提升,尤其是在暴亂發生期間。到2005年,中央政府及各省級政府舉辦新聞發佈會已形成常規。2008年汶川地震期間,中國政府成功的運用政府新聞發言人機制開展政府傳播。這使中國領導人相信,及時、公開、透明的信息發佈能有效地說明政府處理危機。

本研究重點分析了中央政府和新疆自治區政府新聞發佈會的內容,希望從中探討政府危機傳播策略的細微之處。首先,筆者仔細查看了與新疆暴亂相關的政府網站以及網絡中所保留的

信息及所有新聞發佈會的新聞稿。筆者還仔細查看了 2009 年7月 5 日到 9 月30日，即從暴亂爆發到政府宣佈暴亂結束這一段時間內所有的視頻記錄。

除了詳細考察網上的記錄，筆者從2009 年 8月初到10月初開展了深入訪談。首先，根據危機傳播文獻中所提出的問題，筆者設計了一系列關於政府危機傳播的開放式問題。然後，2009 年 8 月，筆者通過書面詢問和電話聯繫，與參與到此次危機公關活動的兩位國務院新聞辦公室官員取得初步聯繫並安排了三次訪談。此外，筆者於 10月下旬對來自上海的三位學者進行了訪談，每次訪談為時一小時。受訪者分別從事於民族問題及伊斯蘭文明、戰略傳播與公關及國家反恐問題研究，並且在新疆暴亂危機管理期間受到政府相關部門的諮詢。最後，筆者對錄音數據進行轉錄和分類。

訪談問題主要集中在與危機公關相關的問題上，可以分為以下四類：

一是政府最初反應：政府對於新疆這個多民族居住的地區突發暴亂事先是否知曉還是毫無準備？政府危機公關是否刻意收集相關信息，並評估危機對政府聲譽的威脅及程度？是否很快就危機責任取得共識？在受暴亂影響的地區開展危機公關時，政府公關團隊採用了什麼策略和方法？為什麼？當遭受國內外媒體質疑或批評時，政府公關團隊採用了什麼策略及方法予以釋疑？公關團隊如何評估不同公關方法的有效性？

二是信息發佈：危機公關的信息發佈遵循了怎樣的原則？是控制還是盡可能公佈所有相關信息，無論是正面或負面的？危機傳播的相關材料或腳本由何人設計？發佈由何人或何部門審核及批准？中央和新疆自治區政府負責危機處理的部門間是否進行過協商？國家和政府最高領導人是否主導或審核了公關數據制定？在決定公關材料內容時，政府會考慮哪些因素？在制定公關材料時，政府公關團隊是否會收集公眾的意見並在公關材料中對某些特殊問題做出回應？

三是與媒體互動：向國內外媒體召開新聞發佈會時曾遇到過哪些具有挑戰性的問題？政府公關團隊是否試圖為媒體報導制定框架並設置議程？如果有，效果如何？

四是與公眾互動：危機公關有無組織一些與危機發生地公眾直接溝通的活動？如有，活動的目的是什麼？活動的策略是如何確定的？效果如何？是怎麼評估的？

訪談也安排了開放的問題，如請受訪者評價新疆暴亂的危機處理成效及危機傳播的作用等。

## 四、調查結果和討論

本研究的調查結果顯現了針對本議題的學術意義，其中一些調查結果印證或者部分印證了前述假設，有些則推翻了此前的假設。

調查結果 1：就政府危機公關而言，政府對暴亂的反應偏保守、緩慢且受政府反暴亂的立場影響，傾向於採取死防嚴守的姿態。

由於暴亂爆發前的預警信息互相衝突，所以中國政府對於這場快速蔓延的危機毫無準備。因此，暴亂爆發後，政府公關最初偏於謹慎，傾向於採取防守和控制口徑姿態。實際上，中國政府一直在關注新疆漢族與維吾爾族之間的民族矛盾。本世紀之初，受所謂的東突厥斯坦伊斯蘭運動及世界維吾爾代表大會支持，「疆獨分子」逐漸活躍起來。自那時起，中央到地方各層公共安全和國家安全機構一直在嚴密關注新疆，以防任何以政治為目的的有組織的暴亂活動發生(訪談，2009c)。

然而，「7‧5」暴亂源起於維吾爾族勞工聲稱在廣東受到了當地漢族僱主的虐待，政府的相關部門無論如何也沒想到這場勞資糾紛會演變成一場暴亂。後來的情報信息表明，境外支援「疆獨」的世界維吾爾代表大會參與了事件的策劃，但卻並沒有暴亂

將於何時、何地、以何種方式爆發的詳細信息。因此,當維族暴力分子直接公開地把矛頭對準新疆自治區政府時,相關政府部門感到措手不及(訪談,2009e)。

暴亂發生後的第一時間內,新疆政府迅速啟動反恐應急預案,委任烏魯木齊市高層領導負責此次暴亂。根據應急方案的安排,烏魯木齊政府特設指揮所,統一指揮和協調當地員警、國家安全人員、武警及災害控制和救援隊的行動(訪談,2009e)。然而,由於缺乏直接與暴亂相關的詳細情報和信息,烏魯木齊市政府最初的應對措施顯得有些匆忙。

與此同時,新疆自治區新聞工作辦公室擔負起危機傳播的工作。部分地由於準備不足,新聞辦公室對於事件的信息披露非常謹慎。在 7 月6日(暴亂發生後第二天)當地電視台的新聞報導中,新疆自治區主席努爾•白克力確認了暴亂發生的消息,但並沒有解釋原因。同日召開的政府新聞發佈會也非常簡要,並沒有設置問答環節。雖然烏魯木齊最高領導人市委書記栗智和市長吉爾拉•衣沙木丁共同出席了發佈會,但僅由市長簡單地閱讀了事先準備好的新聞稿,重點報告了暴力分子所造成的損壞及政府所採取的應急措施(烏魯木齊市政府,2009a,2009b)。在7月8日舉行的新聞發佈會上,烏魯木齊市長仍遵循了同樣的模式,只是提供了更多關於政府在恢復公共秩序方面所做出的努力。他強調政府已經控制此次危機並將採取更多措施(烏魯木齊市政府,2009c)。

由於政府在暴亂發生後的數日內並未提供實質性的信息,媒體與公眾開始質問暴亂發生的原因、所造成的破壞、傷亡情況以及誰該為此次暴亂負責。面對如山的壓力,政府公關陷入防禦和否認。在7月16日國務院新聞辦公室召開的新聞發佈會中,新加坡記者暗示中國政府應該為此次突發暴亂負責。來自中央民族大學民族學與社會學學院的特邀發言人楊聖敏院長,立即加以否認,轉而將矛頭對準世界維吾爾代表大會,譴責是這些疆獨分子策劃和領導了這次打砸搶活動。為此,楊聖敏透露:「這次

『7‧5』烏魯木齊的暴力犯罪事件是境外熱比婭挑動的。7月5日以前，熱比婭就跟她烏魯木齊的親屬、朋友通電話告訴他們這個事情要怎麼做。」其他政府官員也明確表示，此次暴亂與所謂的新疆漢維收入差距及政府虐待少數民族和限制伊斯蘭教毫無關係（國新辦，2009a）。至此，似乎首次公開確認和傳播危機責任。

顯然，政府公關從一開始就指定極端主義、分裂主義、恐怖主義這「三股勢力」是導致此次暴亂發生的主要原因。在7月6日新疆自治區政府的聲明中，此次事件被定義為一宗由境外遙控指揮、煽動，境內具體組織實施，有預謀、有組織的暴力犯罪事件（烏魯木齊市政府，2009a）。回顧相關新聞發佈會的撰稿，在隨機選出的 68 篇報導中，19 篇（27.9%）提到「三股力量」，10 篇（14.7%）提到世維會領導熱比亞‧卡德爾，8篇（11.8%）提到分裂主義，5 篇（7.3%）提到恐怖主義，5 篇（7.3%）提到東突厥斯坦伊斯蘭運動，4 篇（5.8%）談到外國政府支持，2 篇（2.9%）談到基地組織。而且，這68篇報導都在強調此次暴亂與民族衝突（n=10, 14.7%）和宗教衝突（n=5, 7.3%）無關。

調查結果 2：政府公關呈現出自上而下的管理模式，由中央政府制定方針與政策，自治區地方政府負責實施。因此，假設2得到了部分印證。

新疆自治區新聞辦公室是處於暴亂第一線的危機傳播機構。暴亂發生後 72 小時內，他們發佈了一則新聞稿並於烏魯木齊召開了兩場新聞發佈會，但並無問答環節，這一系列活動都在當地電視台進行直播。接下來的兩周，新疆自治區新聞辦公室又召開了 5 場新聞發佈會，但仍然沒有問答環節。但是，他們與媒體召開 3 次協調會，並10次組織媒體進入暴亂地點實地查看暴亂所造成的損失。新疆自治區新聞辦公室的高級官員接受新聞記者一對一訪談達 30 次，其中包括與土耳其廣播記者的一次訪談。儘管得到國務院新聞辦公室的許可公開直接的面對媒體，但新疆自治區新聞辦公室仍需根據自治區最高領導的指示來進行信息的發佈並聽從國務院新聞辦公室的建議（訪談，2009a）。

　　鑒於中國外交部在應對媒體——特別是境外媒體——方面的豐富經驗，外交部新聞發言人在與國內外媒體公開見面的發佈會上也談及新疆暴亂相關議題。儘管外交部並沒有舉辦任何關於暴亂的專門新聞發佈會，但就暴亂的相關事宜在例行的問答環節中給予了解釋。實際上在暴亂期間的5場新聞發佈會中，外交部發言人花費大概一半的時間用來應答國內外受邀記者有關暴亂的相關問題。新聞發佈會全程電視直播，所有相關視頻在會後全部發佈於官網上（外交部，2009a；2009b; 2009c）。

　　作為中央政府的新聞傳播機構，國務院新聞辦公室直到暴亂後期才開始直接介入危機公關工作。根據公開的數據顯示，國務院新聞辦公室於7月16日就新疆暴亂召開了第一場新聞發佈會。新聞發佈會上，新聞發言人主要針對暴亂原因和性質做出了闡述，直指暴亂為境內外「三股勢力」所為，屬暴力恐怖主義行為（國新辦，2009a）。在此後的新聞發佈會上，國新辦通過電視、網絡直播和漫長的問答環節，試圖營造一種與境內外媒體進行公開、直接和互動的氛圍（國新辦，2009b，2009b，2009c）。有知情的公關專家指出，直至此刻，中央政府的危機公關才顯得是經過精心準備並得到了良好貫徹（訪談，2009d）。

　　鑒於此次暴亂的政治敏感性，所有涉及危機公關的策略、計劃、方案的制定，無論是內容還是方式，均由政府高層決定。負責政府公關的官員、專家和技術人員未能參與高層決策。一旦高層就相關政策、路線及公關主題做出決定，他們必須嚴格地予以遵循並在執行層面予以貫徹（訪談，2009b）。因此，中國內地媒體在新聞報導中嚴格地遵循政府新聞發佈會確定的新聞報導口徑和範圍，如主要關注暴亂導致的漢族居民傷亡情況，較少探究暴亂背後的深層次原因（Doran, 2009）。

　　調查結果 3：中國政府認識到危機發生時與公眾全面快速溝通的必要性，但在透過危機公關公開與暴亂相關的信息方面十分謹慎。

　　有理由相信，當新疆暴亂發生之時，中國政府領導人即刻意識到此次危機是對政府執政能力的一次重大考驗，能否妥善處理此次危機將直接影響中國政府形象和政治聲譽。鑑於2008年汶川地震中政府危機公關的良好結果，政府高層意識到國內外媒體期待他們快速採取行動進行信息發佈（訪談，2009a，2009d）。此外，中國領導層也明白，在這個由日趨商業化的媒體所主導的社會，政府如果試圖阻礙媒體報導，不僅毫無意義，甚至可能適得其反。據稱，有公關專家建議，自暴亂發生的第一時間始，政府至少應該努力嘗試營造出一種「公開、自由、直接和互動」的媒體報導氛圍，否則有可能引發政府對外的形象危機和對內的信任及聲譽危機（訪談，2009a，2009d）。相反，如果政府允許記者親眼見證暴亂所帶來的嚴重破壞及政府在營救傷患及恢復秩序方面所做出的巨大努力，那麼，政府將會首先獲得記者的信任，並由記者將信任傳遞給公眾。

　　因此，中國政府決定為有關暴亂的新聞報導提供便利。7月7日，政府高層透過國新辦表明，無論境內或境外記者，只要通過正常的申請程序，他們都可以在確保自身安全的情況下進入暴亂現場進行報導。國務院新聞辦公室要求新疆自治區新聞辦公室做好全面準備，迎接這批記者的到來。為了贏取記者的信任，新疆政府為來訪的境內外新聞記者安排了住宿、交通，並允許他們有限地使用網絡（國新辦，2009d）。事實上，在解放軍部隊平息叛亂的幾個小時後，國新辦就組織國外記者進入烏魯木齊進行官方實證調查（Doran, 2009; Wines, 2009）。一名外國通訊記者表示：「我們被允許進入問題地區和醫院進行報導，這是史無前例的」（Foster, 2009）。不到三天時間，來自148個新聞機構的370名新聞工作者奔赴新疆，其中包括120名外國媒體記者和24名香港記者（侯漢敏，2009）。

　　在7月24日召開的外交部新聞發佈會上，發言人秦剛就三名外籍記者在烏魯木齊被安全部門控制一事發表聲明，他說：「外國記者只要採取正當合法的方式在烏魯木齊進行新聞報導，我們願意為其提供便利。」他證實，這三名記者已經被從街上帶

走；並表明這一舉措只是因為這三名記者無視當地員警的安全建議，試圖直接採訪尚在驚恐之中的路人，導致他們做出暴力回應。秦剛提醒外國記者，任何應邀赴現場採訪境內外記者均必須遵守中國法律，在進行新聞報導時不得製造假新聞或者引起騷亂。

中國政府危機公關針對外國記者所採取的態度和措施似乎給媒體留下了深刻的印象。一名英國記者表示：「此次新疆暴亂後，外國記者被允許進入烏魯木齊。而2008年3月14日拉薩發生暴亂及此後在高原上發生示威遊行，外國記者被全面禁止前往西藏。這兩次事件形成了鮮明對比」（Hornby, 2009）。此外，外國記者對於中國政府在信息公開方面所做出的改進也表示了讚賞。外國媒體認為中國政府之所以有此改進主要是：「中國政府沒有什麼需要隱瞞的」、「中國政府從世界範圍的政治抗議中吸取了教訓」、「中國當局變得更加老練了」（Doran, 2009; Wines, 2009）。也有外國專家指出，看起來中國公關專家研究了電子和數碼傳播技術在抗議者組織活動、接觸外界方面所起的作用，以及政府應該如何採取應對措施（Foster, 2009）。上述措施使中國政府在此次危機公關中贏得了國際新聞界的信任。

調查結果 4：新疆自治區級政府官員缺乏豐富的公關專業知識和經驗，在應對暴亂時雖採用了一些危機公關的原則，但局限於雙向非對稱模式。

政府公關已得到中國各級政府的認可，但大多地方一級的政府公關機構都是新設立的，並且大多工作人員缺乏公關的專業知識、技能和經驗。

新疆自治區新聞辦公室並不是一個獨立的政府單位，而是隸屬於自治區黨委宣傳部。其主任侯漢敏不僅是新疆自治區公佈的四位政府新聞發言人之一，同時還兼任了自治區黨委宣傳部常務副部長、自治區黨委對外宣傳領導小組辦公室主任。其副主任、第四新聞發言人艾力提·沙力也夫同時也是政府宣傳部門出身。沒有足夠證據顯示他們兩人接受過正式的公關教育，都只參

加過一次由國務院新聞辦公室舉辦的新聞發言人培訓班。即便如此，他們在應對暴亂時仍然應用了危機公關的一些原則，但也暴露了不足。

暴亂發生後，新疆自治區新聞辦公室迅速向國務院新聞辦公室彙報，並就如何開展政府危機公關尋求指導和建議。在得到允許媒體報導的指示後，他們於 7 月 7 日上午 10 點立刻啟動新聞發佈機制，組建危機傳播團隊，設立危機新聞中心並向記者提供有限的無線網絡服務（訪談，2009a，2009e）。在這個團隊的努力下，新疆自治區政府得以召開新聞發佈會向媒體報告暴亂的相關信息。他們還組織實證調查小組進入問題地區和政府救援中心開展報導（國新辦，2009d）。

但是，新疆自治區新聞辦公室在新聞發佈會的流程安排上沒有設置現場的問答環節，似乎有意避免了直接面對媒體或與媒體互動。新聞發言人也只是刻板地閱讀事先準備好的材料，似乎未被授權在發佈會現場直接地表達觀點。由於準備倉促，自治區新聞辦公室似乎未能確定到底由誰擔任政府的新聞發言人，是政府領導，還是之前公佈的新聞發言人，因而在面對媒體時官方未能形成統一的聲音。為了控制有關暴亂的報導，自治區新聞辦公室對外國媒體以安全為名設置了禁入區，也曾拒絕了對政府政策多有批評的兩名香港記者出席新聞發佈會的要求（訪談，2009e）。

調查結果 5：中國政府的危機公關通過定性危機和危機責任來控制和引導新聞報導。

中國政府傳播官員認為，為了維護黨和國家的政治聲譽、控制危機對聲譽的威脅，他們應該努力影響或塑造新聞報導。通過設定新聞發佈會的主題，謹慎篩選提問記者，政府旨在通過公關活動影響報導內容和報導方式（訪談，2009b）。因此，在與媒體打交道時，政府官員極度關注議程設置和制定框架。

首先，無論中央還是地方政府的新聞發佈會，始終試圖將新疆暴亂定性為一宗打砸搶燒的暴力事件，而非一般的民眾抗議

活動。如此定性與相關信息在所有的政府公關材料中反覆呈現。新疆自治區主席努爾・白克力於 7 月 6 日早晨發表電視講話時便明確指出：「此次打砸搶燒嚴重暴力犯罪事件，是一宗典型的境外指揮、境內行動，有預謀、有組織的打砸搶事件，必將遭到各族人民的譴責與唾棄。」暴亂期間，中國政府共舉行了 11 場新聞發佈會，其中新疆自治區政府舉行了 2 場，國務院新聞辦公室 3 場，外交部 6 場。這 11 場新聞發佈會 47 次提及此次暴亂，並將它稱為「暴力犯罪事件」(40.4%, n=19)或「7・5事件」(59.6%, n=28)。在第一周的新聞發佈會中，「暴力犯罪事件」這一叫法佔據主導地位，而「7・5事件」這一較為中性的叫法只是出現在危機即將結束時。

其次，在答記者問時，政府新聞發言人設法將暴亂的責任定位在支持新疆獨立的東突分子身上。在 7 月 7 日外交部新聞發佈會上，一名國內記者問到：「在新疆暴亂發生的同一時刻，中國大使館是否也遭受到東突分子的襲擊。」秦剛表明：「大約150名東突分子在中國駐荷蘭大使館前抗議並投擲石頭，威脅到使館人員和財產的安全。此外，兩個未知身份的年輕人向中國駐慕尼克總領事館投擲燃燒瓶，造成使館設施和中國國旗的損壞。」他蘊含新疆暴亂有東突背景。在 7 月 9 日的新聞發佈會上，一名國內記者提問到：「諸如美國、德國、巴基斯坦及吉爾吉斯斯坦等國家均與東突組織這類國際恐怖組織有聯繫，中國政府是否會對這些國家施加壓力？」秦剛借此機會聲明：「東突分子在境外接受像『基地』組織這類恐怖組織的訓練。」他同時補充道：「在打擊恐怖主義方面，中國政府始終主張有關國家應該加強合作，不能搞『雙重標準』」（外交部，2009a）。在8月11日外交部的新聞發佈會上，中國中東特使吳思科詳細介紹了中國對阿拉伯及穆斯林國家的政治立場，並強調中國政府將繼續與伊斯蘭國家保持良好關係，捍衛國家主權（外交部，2009c）。政府還通過給予某些特定記者提問機會達到了「說什麼」的目的。尤其是黨媒記者的提問通常是事先準備好的，其目的就在於給新聞發言人機會來傳達政府的觀點（訪談，2009d）。

　　第三，政府公關官員充分利用了權威人士的「證言」來駁斥媒體或輿論對於政府民族政策的批判，以免被定位成危機責任者。在 7 月16日國務院新聞辦公室的第一次新聞發佈會上，在回答澳洲、新加坡和香港記者有關新疆的漢維民族衝突的問題時，國務院新聞辦公室邀請了兩位國際知名專家解讀中國的民族政策和宗教自由政策。他們指出：「包括漢維在內的 13 個民族在新疆和諧共處，因此此次暴亂絕對和民族與宗教矛盾無關。」國務院新聞辦公室還邀請了一位維族政府官員現身說法，詳細描述了在新疆不同民族的群體是如何互相尊重彼此的文化根源、生活方式及宗教信仰。這份來自本地頗具聲望的維族人的「證言」似乎會讓人更加信服（國新辦，2009a）。

　　在 7 月21日國務院新聞辦公室的新聞發佈會上，國家民族事務委員會副主任委員吳仕民應邀出席，進一步探討了民族團結問題。一名美國記者問道：「此次暴亂是否源於新疆的宗教矛盾？」吳仕民表示不是，因為「新疆維吾爾自治區所有的清真寺和宗教人員都沒有參與此次事件。」在回答瑞士記者關於漢族與少數民族收入差異的問題時，吳仕民首先承認這一現象可能存在，但他強調中央政府一直在採取措施促進當地經濟發展以擴大少數民族的就業機會，同時也一直在對他們進行免費的職業培訓以提升其就業能力。當被英國記者追問為什麼暴亂期間漢族群眾也手持武器前往維族聚居的一些社區，吳仕民簡單的回應道：「這只是一個個例」（國新辦，2009b）。

　　調查結果 6：中國政府的危機公關活動努力使受影響地區的人們相信政府已完全掌控了暴亂，但似乎並未有效地減弱公眾的焦慮和不確定感。

　　為了使公眾相信政府可以掌控危機，政府危機公關互動着重強調了以下幾個要點：

　　第一，政府危機公關強調了政府對暴亂有應急預案，並做出了快速反應。在 7 月 7 日召開的新聞發佈會上，烏魯木齊市委書

記栗智告訴記者:「政府已全面啟動應急方案並採取一系列措施控制暴亂,包括控制交通、維持秩序、疏散群眾、防止危機擴散等。此外,警方已逮捕 1,000 多名嫌疑犯」(烏魯木齊市政府,2009b)。

第二,政府危機公關強調了政府在營救群眾及恢復秩序方面所做出的巨大努力。栗智在 7 月 7 日的新聞發佈會上表示:「政府的首要責任是不惜一切代價營救群眾並且已派遣部隊深入遇襲地區營救被歹徒控制的無辜民眾。政府已經組建特別行動小組負責照管死者、救治傷患、賠償損失、修復設施等工作,從而保護公眾安全並開展暴亂後清理工作。政府將在最短時間內恢復公共秩序及設施」(烏魯木齊市政府,2009b)。在 7 月 8 日召開的新聞發佈會上,烏魯木齊市長強調政府正在採用最先進的技術來確定死亡人數並將體面妥善地安置他們的葬禮(烏魯木齊市政府,2009c)。

第三,政府後期的危機公關通過宣傳良好的民族關係歷史以期恢復和重建公眾對政府民族和宗教政策的信心。國務院新聞辦公室在新聞發佈會上邀請主管民族事務的政府官員解讀民族政策,並邀請包括新疆、西藏在內的五個自治區政府主席彙報在中國成立後各少數民族自治地區在經濟及社會發展領域所取得的重大成果。此外,政府公關團隊還精心挑選了少數民族代表在新聞發佈會上分享對於中國民族政策及宗教政策的切身體驗,他們在分享中頻繁使用民族團結(n=21)、民族和諧(n=19)、民族自治(n=18)、民族認同(n=8)及宗教自由(n=15)等詞彙。

無疑,政府危機公關活動內容和方式的設計應該在某些程度上影響到公眾的情緒、感受和對事實真相的認知,但是,此次政府公關仍然存在着一些問題。中國外交部及國務院新聞辦公室在新聞發佈會上,一直沒有明確暴亂所導致的死亡人數,而這點對於公眾來說意義重大。在政治敏感問題上,政府公關傳播顯得含混不清。例如,漢族群體對於暴亂的憤怒反應就被搪塞過去。當受暴亂影響的群體對自身關切的問題和信息未能得到

來自政府權威的及時的發佈或解釋，公眾對暴亂狀態和發展的焦慮和不確定性不僅難以得以降低，反而易導致他們選擇不相信政府的信息和觀點。

調查結果7：政府公關只是適度地將互聯網作為政府危機傳播的平台。

儘管中國政府在此次危機公關中只是適度地採用了互聯網這一平台，但這似乎表明他們認可了新媒體在危機公關中的不可或缺，並努力發揮其有效作用。國務院新聞辦公室至少四個做法值得關注：第一，國務院新聞辦公室從第一次新聞發佈會起，就將活動全程進行電視和網絡直播。第二，國務院新聞辦公室在新聞發佈會結束後不久，就將未做任何改動的文字記錄全部上傳到官網上，上傳的文字記錄被分成不同的時間段，並標記出在彙報及問答環節所花費的時間。第三，發言人講話中涉及到的所有背景資料及相關信息也上傳網上，並供公眾查看下載。第四，人們可以在網上找到發言人和提問記者的相關個人信息及新聞發佈會的全部錄音材料。

然而，外交部和烏魯木齊市政府所召開的新聞發佈會並沒有在網上直播，他們也並沒有將新聞發佈會的全部資料上傳網上，因而公眾就無法了解諸如傳統媒體報導的發佈會內容是否是全部或是節選、哪位記者提問或提了什麼問題等。他們的官網上沒有就關於暴亂的新聞發佈會進行線上交流互動的平台。事實上，暴亂發生後將近一年的時間，烏魯木齊市的網絡使用都受到嚴格限制（Bhattacharji, 2010）。此外，新聞發言人也沒有使用微博發佈與暴亂相關的信息。人們也無法從他們的官網上找到會議記錄及背景資料的外文版本。

一名訪談人員表示：「新媒體尤其是互聯網對於政府公關來說就如同一把雙刃劍，控制不好，反受其亂。」因此，中國政府只是有限地使用新的傳播技術，並加以嚴格控制，以避免危機擴大（訪談，2009d）。在暴亂發生的第一周裏，互聯網及無線網絡處於被封鎖狀態；中國移動通訊服務及國際長途服務中斷；本地網

站和谷歌上未被授權的帖子被審查機構刪除；新疆的網站無法訪問。事實上，烏魯木齊的網絡直至2010年才全面恢復。

調查結果 8：中國政府的危機公關活動未能明顯地表現政府與受危機危害和影響的群體感同身受，也未能為受害群眾建立互動平台。

新疆自治區及烏魯木齊市政府網站上發佈了大量的照片和視頻，用以展現政府在營救遇害者、救治傷患、逮捕罪犯、清理街道、修復設施、社區巡邏方面所做出的努力。當地政府領導走訪和慰問受災群眾的活動也被當作特寫新聞。這些報導似乎試圖表明政府在應對危機時富有同情心和責任心，體現了政府官員為各族人民服務的核心價值觀。

然而政府新聞發佈會中的公關活動卻並未能及時傳達政府及領導人對於受害群眾的同情及處理暴亂的決心。除了新疆自治區政府的第一個新聞發佈會，其他政府新聞發佈會都未能傳達政府及高層領導人對受害群體的人文關懷。事實上，中華人民共和國國家主席胡錦濤及新疆自治區黨委書記王樂泉等中央及地方高層領導高度關注暴亂對人民群眾的財產及生命造成的損失（Xinhua News, 2009b），他們親自視察受暴亂破壞的區域，對受害群眾表達了同情和慰問，並承諾將竭盡全力營救受害群眾、開展救災及災後重建工作。出人意料的是，政府發言人和新聞發言人在新聞發佈會上卻對於上述高層領導與受害群體間的情感交流和心理互動隻字未提。

此外，政府的危機公關活動幾乎忽視了受害地區群眾間相互主體性的建立和發展，沒有開展任何公關活動來為受災群眾建立互動性平台，以強化他們自覺地支持政府危機處理行動的意義、情感和動機。為了給受害群體提供心理疏導和情緒管理，烏魯木齊政府官網上傳了政府的心理治療方案，但這一對建設互動性平台有益的舉措，卻並未在新聞發佈會中體現，政府的新聞發佈會也未能邀請相關專家就相關心理問題與媒體和公眾充分溝通。

　　儘管政府的危機公關團隊重點強化了危機後醫治傷患和修復受損設施的重要性，但卻幾乎沒有提及到政府將如何在烏魯木齊開展災後重建及提升公共安全工作，而這些常常是危機中公眾關心的切身議題。此外，當受害群體認為暴亂的發生是由於當地公安部門的疏忽而埋怨政府時，政府的危機公關只是一味地否認，並未安排公安部門領導在事發後發表道歉聲明，而烏魯木齊市公安局局長直到暴亂爆發兩個月後才被問責下台（Xinhua News, 2009e）。對於緩和公眾對政府的猜疑情緒，政府公關忽略了這些公眾關切的議題領域實在可惜。

　　調查結果 9：政府在開展危機公關時，未能安排一位高層領導針對政府危機後重建的政策和策略做權威性發佈，以致公眾未能及時感知政府恢復秩序和推動改革的決心和能力。

　　烏魯木齊市政府實際上非常及時地制定了危機後恢復、重建、保障計劃。在 7 月 7 日的第一場新聞發佈會上，烏魯木齊市委書記栗智詳細介紹了政府善後方案。他表示：「政府將依法嚴懲行兇者。烏魯木齊政府將支付醫療費用及安葬費用，為災民免費提供避難所和食物，並根據評估賠償個人財產及公共設施的修復費用。烏魯木齊市正在動員社區及非政府組織參與維持社會秩序，幫助、安撫、救治受傷群眾。政府也正在為受傷兒童提供心理諮詢。」然而，他沒有明確各項計劃和工作範疇的具體負責人和時間表，也沒有談到政府未來將如何改進防恐、防暴的政策和策略。儘管如此，這是唯一一次由高層領導出席並講述政府善後方案的新聞發佈會。

　　國務院新聞辦公室雖然邀請了國家民族事務委員會副主任委員和新疆自治區副主席等高層領導出席了新聞發佈會，然而他們的講話並沒有直接展示和宣佈中央或地方政府關於危機後重建、強化公共安全保障的短期及中長期方案（Xinhua News, 2009d），而這些一直是公眾的關注所在。

　　如果國務院新聞辦公室能夠邀請時任國務院總理溫家寶或者國務委員、公安部部長兼武警部隊第一政委孟建柱出席新聞

發佈會，並就危機後重建和改善公共安全保障等發表講話可能
會更有效果。7月7日至9日，孟建柱專程奔赴烏魯木齊現場看
望慰問在新疆「7‧5」打砸搶燒嚴重暴力犯罪事件中無辜受傷的
幹部群眾、遇害同胞家屬和參與危機處理的政府官員、公安幹
警和武警官兵（Xinhua News, 2009a）。政府的危機公關團隊本應抓
住這一機會安排孟建柱代表中央政府發佈危機重建和安保改革
等政策和計劃；他們本可以透過中央領導人的權威聲音向公眾
傳達政府將開展危機後重建工作、改善民族關係和保障公共安
全的決心和信心；他們也本應該利用中央領導人現場視察和看
望幹部群眾的機會建立並強化政府與公眾公開互動和溝通的意
願和成效。

儘管政府的危機公關一直在介紹政府在救援及災後重建方
面所開展的工作，但未能與公眾構建核心價值立場，也沒能利用
危機公關推動政府相關工作的優化和改革，以致政府公關能夠
發揮更大、更有效的作用。上海的專家解釋說：「在處理（新疆）
危機時，中國政府把控制危機放在工作首位，把暴亂後的問題處
理放在第二位。因為對於政府來說，控制危機更攸關政治」（訪
談，2009）。在溫家寶總理7月9日晚上主持召開的中共中央政治
局常務委員會上，所有的與會者一致同意維護新疆穩定是當務
之急，並鄭重宣告將依法嚴懲罪犯（Xinhua News, 2009c）。


## 五、結論和啟發

由於新疆暴亂關係到中國政府在國內和國際上的聲譽、形象
及可信度，因此該危機屬於一場情境危機。為了維護中國政府的
政治聲譽，中國政府謹慎地採用西方的危機公關來幫助處理危
機，並有限地、似乎是無意識地運用了部分情境危機傳播理論
的原則和措施。

通過考察中央和地方政府的新疆暴亂危機公關活動，筆者
從情境危機傳播理論的角度初步得到以下幾點發現：

　　第一，中國政府及領導人及危機公關傳播人員似乎從一開始就認識到危機對政府聲譽的威脅，故毫不猶疑地決定通過由政府主導的危機公關管理危機，旨在維護、構建或重塑政府的聲譽和正面形象。即使危機發生在遠離政治中心的偏遠的新疆，而這一地區因為民族衝突而極具政治敏感性，中國政府幾乎在第一時間便啟動了政府危機公關機制。同時也由於政府相關領導人確信，政府須吸取非典危機的教訓再也不能向公眾及媒體隱瞞暴亂的相關信息，只有通過展現出與媒體公開溝通的意願和行動，政府才有可能透過正面的宣傳來維護和提升其國內外聲譽和形象。較為遺憾的是，儘管各級政府領導和危機傳播人員認識到暴亂對政府聲譽的威脅，但未見能證明他們對聲譽威脅程度進行過仔細的分析和客觀的評估的事實。有理由認為，政府並未將危機傳播的應對措施與聲譽威脅程度相匹配，難以在危機處理過程中建立控制感，也無法在實施中做到有的放矢。

　　第二，中國政府針對新疆暴亂的危機傳播措施似乎遵循了一些情境危機傳播理論的原則。例如，無論是中央的危機傳播機制（如國新辦和外交部的新聞發佈會），還是新疆自治區政府的新聞機構，不約而同地將危機責任的認定作為危機爆發時和幾乎全階段的一項重要工作，並通過多種傳播形式強化境外的東突分子為危機責任者，是以暴力手段爭取新疆分裂為目的的恐怖和暴力勢力。雖然對危機責任的認定與聲譽威脅似乎相一致，但各級政府的危機傳播過度地渲染危機責任者，難免引起部分利益相關者（特別是維吾爾族群體）的反感和不信任，同時也加劇了另一部分利益相關者（漢族群體）對威脅認知的焦慮。

　　第三，中央及地方政府負責危機公關的新聞辦公室都制訂了危機公關預案，其實施的措施不乏與情境危機傳播理論的要求不謀而合之處。例如，一個主導了新疆自治區、外交部及國務院新聞辦公室召開的新聞發佈會的共識是：必須通過信息控制、引導媒體對危機性質的認定，以及對政府控制和解決危機能力的信心，於是危機傳播堅持了優先公佈與政府觀點、立場相一致的信息。儘管新聞發言人在發佈會上有選擇性地回答問題，但他們

對境內外媒體的質疑和一些棘手的提問還是以寬容的態度反覆陳述對政府有利的信息。儘管絕大多數政府公關人員並沒有接受過專業的公關培訓，但他們仍能試圖通過議程設置和框架制定來控制和引導新聞報導。與幾年前相比，他們的公關意識變得更強，技巧明顯提高。值得強調的是，他們除了為了弱化危機對政府聲譽的負面影響，往往尋找藉口為政府或相關機構做無責辯解，同時也無意識地採取了情境危機傳播理論所倡導的重建和加強策略，儘管他們對弱化和重建及加強策略之間的區別。

第四，新疆暴亂的政府危機公關由地方政府為主的機制安排存在着一些不妥之處。新疆「7·5」暴亂是一場挑戰中國政府民族政策及處理危機能力的嚴重政治危機，因此受到境內外輿論界的高度關注。但由於中央政府將此次應對暴亂的危機公關交由地方政府負責，缺乏豐富經驗的新疆自治區政府公關人員被置於危機第一線，其危機傳播十分謹慎甚至保守，初期難免引起了公眾的困惑和疑慮。國務院新聞辦公室和外交部新聞機構似乎主要關注國際反恐、國內民族和宗教等國家層面的議題，並未直接地介入危機處理（IDSA，2010; Millward, 2008），故而與當地政府的危機公關活動的協調和一致性有所欠缺。因此，儘管政府的危機公關不斷地嘗試進行議程設置和框架制定，但常常陷入了被動的防禦；儘管政府的危機公關重點展示的是政府處理危機的舉措和做出的努力，但未能利用各種機會和更加專業的公關活動，充分展現政府和最高領導人對受災群眾的同情和人文關懷，以及其應對和解決此次危機的決心和能力，以致在雙向認知層面未能建立一個核心價值體系以強化政府與公眾的溝通。

與 2008 年汶川地震時相比，新疆暴亂中的政府公關從公開性和透明度來看似乎有所退步。在這兩次事件中，中國政府在與公眾和媒體進行信息公開時都採用了雙向非對稱模式，如發佈經過加工的信息，活動更多傾向於勸說、說服和控制。然而，在新疆「7·5」暴亂中，政府公關顯得更加保守、滯後和間接，如不安排發言人和記者直接對話或互動，控制境外記者採訪的空間，有限制

地開放互聯網和無線網。有理由認為，與中央政府及發達地區相比，地方層面或邊遠地區的政府公關制度化程度仍有差距，以致危機公關活動的效果和作用不夠理想。雖然政府危機公關已經成為政府處理公共危機的重要工具，但由於中國政府公關人員對諸如情境危機傳播等理論和原則尚未深入了解，即便在戰術及操作層面具有明顯作用，在戰略層面作用卻十分有限。

## 參考文獻

外交部（2009a）。外交部新聞發佈會，7月9日，見www.gov.cn/xwfb/2009-07/09 /content_1361309.htm

外交部（2009b）。外交部新聞發佈會，7月14日，見www.gov.cn/xwfb/2009-07/14 /content_1365471.htm

外交部（2009c）。外交部新聞發佈會，8月11日，見www.gov.cn/xwfb/2009-08/11 /content_1389178.htm

侯漢敏（2009）。〈第一時間讓世界了解中國〉，《中國網》，見www.china.com.cn /v/news/hot/2009-07/09/content_18104462.htm

烏魯木齊市政府（2009a）。烏魯木齊市新聞發佈會，7月6日，見www.scio.gov.cn/xwfbh/gssx wfbh/xwfbh/xinjiang/200907/t358889.htm

烏魯木齊市政府（2009b）。烏魯木齊市新聞發佈會，7月7日，見www.scio.gov.cn/xwfbh/gssx wfbh/xwfbh/xinjiang/200907/t358937.htm

烏魯木齊市政府（2009c）。烏魯木齊市新聞發佈會，7月8日，見www.scio.gov.cn/xwfbh/gssx wfbh/xwfbh/xinjiang/200907/t360167.htm

國家統計局（2010）。《第六次人口普查數據》，見www.stats.gov.cn/tjsj/pcsj/rkpc/6rp/in dexch.htm，2010

國新辦（2009a）。國務院新聞辦公室新聞發佈會，7月17日，見www.scio.gov.cn/ x wfbh/xwbfbh/fbh/200907/t367368.htm

國新辦（2009b）。國務院新聞辦公室新聞發佈會，7月21日，見www.scio.gov.cn/x wfbh/xwbfbh/fbh/200907/t368961.htm

國新辦（2009c）。國務院新聞辦公室新聞發佈會，9月2日，見www.scio.gov.cn/x wfbh/xwbfbh/fbh/200909/t400679.htm

國新辦（2009d）。外交部新聞發佈會，7月7日，見www.gov.cn/xwfb/2009-07/07 /content_1359575.htm

訪談（2009a）。與國務院新聞辦公室官員，2009年8月12日，北京。

訪談（2009b）。與國務院新聞辦公室官員，2009年8月13日，北京。

訪談（2009c）。與民族問題和伊斯蘭文明研究專家，10月21日，上海。

訪談（2009d）。與戰略傳播專家，10月22日上午，上海。

訪談（2009e）。與反恐問題研究專家，10月22日下午，上海。

Applegate, E. (2007). The concepts of "news balance" and "objectivity". *Public Relations Quarterly, 52*: 5–8.

Barbe, D., & Pennington-Gray, L. (2018). Using situational crisis communication theory to understand Orlando hotels' Twitter response to three crises in the summer of 2016. *Journal of Hospitality and Tourism Insights, 1*(3): 258–275. https://doi.org/10.1108/JHTI-02-2018-0009

Barnett, C. (2003). Crisis communications now: three views. *Public Relations Tactics, 10*: 15–16.

Berger, C. R. (1987). Communicating under uncertainty. In M. E. Roloff and G. R. Miller (Eds.), *Interpersonal Processes*: *New Directions in Communication Research* (pp. 39–62). Newbury Park, CA: Sage.

Bhattacharji, P., Zissis, C., & Baldwin, C. (2010). Media censorship in China. Backgrounder. Council on Foreign Relations. http://www.cfr.org/publication/11515/media_censor ship_in_china.html

Bin Salamh, F. M. (2019). Protecting organization reputations during a crisis: Emerging social media in risk and crisis communication. *Indian Journal of Science & Technology, 12*(18). DOI: 10.17485/ijst/2019/v12i18/144603

Bodeen, C. (2009). Chinese city quiet after protests left 5 dead. *ABC News.* http://abcnews.go.com/International/wireSor y?id¼48487579

Bormann, E. G. (1985). Symbolic convergence theory: A communication formulation. *Journal of Communication, 35*(4): 128–138.

Brady, A.-M. (2008). *Marketing Dictatorship: Propaganda and Thought Work in Contemporary China*. Lanham, MD: Rowman and Littlefield.

Braverman, M. (2003). Managing the human impact of crisis. *Risk Management, 50*: 10–14.

Brown, N. A. (2014). The convergence of situational crisis communication theory and social media: Empirically testing the effectiveness of sports fan-enacted crisis communication. Doctoral dissertation. University of Alabama. http://acumen.lib.ua.edu/content/u0015/0000001/0001493/u0015_0000001_0001493.pdf

Chang, T. K, Himelboim, I., & Dong, D. (2009). Open global networks, closed international flows: World system and political economy of hyperlinks incyberspace. *International Communication Gazette, 71*(3): 137–159.

Chen, N. (2003). From propaganda to public relations: Evolutionary change in the Chinese government. *Asian Journal of Communication 13*(12): 96–121.

Chen, N. (2009). Institutionalizing public relations: A case study of Chinese government crisis communication on 2008 Sichuan earthquake. *Public Relations Review, 35*(3): 187–198.

Cooley, Skye Chance & Asya Besova Cooley (2011). An examination of the situational crisis communication theory through the general motors bankruptcy. *Journal of Media and Communication Studies, 3*(6): 203–211. http://www.academicjournals.org/jmcs

Coombs, W. T. (1999). *Ongoing Crisis Communication: Planning, Managing, and Responding*. Thousand Oaks, CA: SAGE.

Cooms, W. T. (2000). Crisis management: Advantages of a relational perspective. In J. A. Ledingham & S. D. Bruning (Eds.), *Public Relations as a Relationship Management: A Relational Approach to Public Relations*. Mahwah, NJ: Laurence Erlbaum Associates.

Coombs, W. T. (2002). Deep and surface threats: Conceptual and practical implications for "crisis" vs. "problem". *Public Relations Review 28*: 339–345.

Coombs, W. T. (2004). A theoretical frame for post-crisis communication: Situational crisis communication theory. In M. J. Martinko (Ed.), *Attribution Theory in the Organizational Sciences: Theoretical and Empirical Contributions*. Greenwich, CT: Information Age.

Coombs, W. T. (2004a). Impact of past crises on current crisis communication: Insights from situational crisis communication theory. *Journal of Business Communication, 41*(3): 265–289. DOI: 10.1177/0021943604265607

Coombs, W. T. (2006). The protective powers of crisis response strategies: Managing reputational assets during a crisis. *Journal of Promotion Management*, 12: 241–259.

Coombs, W. T. (2007). Protecting organization reputations during a crisis: The development and application of situational crisis communication theory. *Corporate Reputation Review, 10*(3): 163–176. https://doi.org/10.1057/palgrave.crr.1550049

Coombs, W. T. (2015). *Ongoing Crisis Communication: Planning, Managing, and Responding* (Fourth Edition). Thousand Oaks, CA: Sage Publication.

Coombs, W. T., & Holladay, S. J. (2002). Helping crisis managers protect reputational assets: Initial tests of the situational crisis communication theory. *Management Communication Quarterly, 16*: 165. DOI: 10.1177/089331802237233

Cragan, J. F., & Shields, D. C. (1992). The use of symbolic convergence theory in corporate strategic planning: A case study. *Journal of Applied Communication Research, 20*(2): 199–218.

Dong, D., Chang, T. K., & Chen, D. (2008). Reporting AIDS and the invisible victims in China: Official knowledge as news in the People's Daily, 1986–2002. *Journal of Health Communication 13*: 357–374.

Doran, D'Arcy (2009, September). China extend hand to foreign media, but tightens grip elsewhere. *France 24.* http://www.france24.com/en/20090709

Dulaney, E., & Gunn, R. (2017). Situational crisis communication theory and the use of apologies in five high-profile food-poisoning incidents. *Journal of the Indiana Academy of the Social Sciences*, 20(1), Article 5. https://digitalcommons.butler.edu/jiass/vol20/iss1/5

Effiong, A. I. (2014). Managing reputational risk and situational crisis in higher institutions of learning. *Independent Journal of Management & Production, 5*(2), February–May. http://www.ijmp.jor.br

Eriksson, M. (2018). Lessons for crisis communication on social media: A systematic review of what research tells the practice. *International Journal of Strategic Communication, 12*(5): 526–551.

Foster, P. (2009). Uyghur unrest: Not another Tiananmen. *The Daily Telegraph.* http://blogs.telegraph.co.uk/news/perterfoster/100002368

Frandsen, F., & Johansen, W. (2013). Public relations and the new institutionalism: In search of a theoretical framework. *Public Relations Inquiry, 2*(2) 205–221. DOI: 10.1177/2046147X13485353

Grandien, C., & Johansson, C. (2016). Organizing and disorganizing strategic communication: Discursive institutional change dynamics in two communication departments. *International Journal of Strategic Communication, 10*(4): 332–351.

Grunig, J. E. (2011). Public relations and strategic management: Institutionalizing organization–public relationships in contemporary society, Central European *Journal of Communication, 1*(6): 11–31. Retrieved from http://cejsh.icm.edu.pl/cejsh/element/bwmeta1.element.desklight-69a525a7-ea71-4b47-981d-31fa059ad02a.

Guerber, A. J., Anand, V., Ellstrand, A. E. et al. (2019). Extending the situational crisis communication theory: The impact of linguistic style and culture. *Corporate Reputation Review, 23*, 106–127 (2020). DOI: 10.1057/s41299-019-00081-1

Ham, C.-D., & Kim, J. (2019). The role of CSR in crises: Integration of situational crisis communication theory and the persuasion knowledge model. *Journal of Business Ethics, 158*(2): 353–372.

Hearit, K. M., & Courtright, J. L. (2003). A social constructionist approach to crisis management: Allegations of sudden acceleration in the Audi 5000. *Communication Studies, 54*(1): 79–95.

Heath, R. L., & Nathan, K. (1991). Public relations' role in risk communication: Information, rhetoric, and power. *Public Relations Quarterly, 35*(4): 15–22.

Hornby, L. (2009, July 31). China says Xinjiang riot media openness a success. *Reuters*. https://www.reuters.com/article/us-china-xinjiang-media-idUSTRE56U3JD20090731

Hou, Z., & Zhu, Y. (2012). An institutional perspective of public relations practices in the Chinese cultural contexts. *Public Relations Review, 38*(5): 916–925.

Huque, A. S., & Lee, G. O. M. (2000). *Managing public services: Crises and Lessons from Hong Kong*. Hampshire, U.K.: Ashgate.

IDSA (2010, July 9). A year since Xinjiang riots: Are the fault lines Manageable? https://idsa.in/idsacomments/AYearsinceXinjiangRiotsArethefaultlinesmanageable_agodbole_090710

Ingenhoff, D., Buhmann, A., White, C., Zhang, T., & Kiousis S. (2018). Reputation spillover: Corporate crises' effects on country reputation. *Journal of Communication Management, 22*(1): 96–112.

Jamal, J., & Bakar, H. A. (2017). Revisiting organizational credibility and organizational reputation—A situational crisis communication approach. *SHS Web of Conferences, 33*(1): 00083. DOI: 10.1051/ 73300083

Kriyantono R., & McKenna, B. (2019). Crisis response vs crisis cluster: A test of situational crisis communication theory on crisis with two crisis clusters in Indonesian public relations. *Malaysian Journal of Communication, 35*(1). http://ejournal.ukm.my/mjc/article/view/23446

Lerbinger, O. (1997). *The Crisis Manager: Facing Risk and Responsibility*. New Jersey: Lawrence Erlbaum.

Millward, J. A. (2008, November 19). Violent separatism in Xinjiang: A critical assessment. http://www.eastwestcenter.org/fileadmin/stored/p dfs/PS006.pdf

Mycoff, J. D. (2007). Congress and Katrina: A failure of oversight. *State & Local Government Review, 39*: 16–30.

Pauchant, T. C., & Mitroff I. I. (1992). *Transforming the Crisis-Prone Organization: Preventing Individual, Organizational, and Environmental Tragedies*. San Francisco, CA: Jossey-Bass.

Rosenthal, U., & A. Kouzmin (1997). Crises and crisis management: Toward comprehensive government decision making. *Journal of Public Administration Research and Theory, 7*: 277–304.

Sellnow, T. L., Seeger, M. W., & Ulmer, R. R. (2002). Chaos theory, informational needs, and natural disasters. *Journal of Applied Communication Research, 30*(4): 269–292.

Sisco, H. F., Collins, E. L., & Zoch, L. M. (2010).Through the looking glass: A decade of Red Cross crisis response and situational crisis communication theory. *Public Relations Review, 36*(1): 21–27.

Swedish Emergency Management Agency (2003). *Crisis Management Handbook*. SEMA's Educational Series 2003:1.

第三部分 西方公關理論與中國政府公關實踐調和

van Rensburg, A., Conradie, D. P., & Dondolo, H. B. (2017). The use of the situational crisis communication theory to study crisis response strategies at a university of technology. DOI: 10.18820/24150525/Comm.v22.5

Wines, M. (2009, September 7). In latest upheaval, China applies news strategies to control flow of information. *The New York Times*. http://www.nytimes.com/2009/07/08/world/asia /08beijing.html

Xinhua News (2009a, July 8). Chinese police chief urges hardline crackdown on thugs in Xinjiang riot. http://news.xinhuanet.com/english/2009-07/08/content_11675177.htm

Xinhua News (2009b, July 8). Chinese president leaves for home ahead of schedule due to situation in Xinjiang. http://news.Xinhu anet.com/english/200907/08/content_11670124.htm

Xinhua News (2009c, July 9). Senior Chinese leader stresses stability, vows lawful punishment of outlaws. http://news.xinhuanet.com/english/200907/09/content_11682235.htm

Xinhua News (2009d, July 11). Senior leader calls to build "steel wall" in Xinjiang for stability. http://news.xinhuanet.com/english/2009-07/11/content _11693730.htm

Xinhua News (2009e, September 6). Urumqi party chief, Xinjiang police chief sacked after protests. http://news.xin huanet.com/english/2009-09/06/content_12002467.htm

Yan, H., Geng, R., & Ye, Y. (2009). Xinjiang riot hits regional anti-terror nerve. Accessed on 22 May, 2010, from http://news.xinhuanet.com/English/2009-07/18/content_11727782.htm

Zheng, Y. (2004). *Globalization and state transformation in China*. Cambridge and New York: Cambridge University Press.

Zhu, J. J. H., & Zhou, H. (2002). Information accessibility, user sophistication, and source credibility: The impact of the Internet on value orientations in Mainland China. *Journal of Computer-Mediated Communications 7*(2). DOI: 10.1111/j.1083-6101.2002.tb00138.x

# 14.
# 國家形象傳播與
# 中國大型國際活動品牌化

## 一、概述

　　國家形象通常被看作是一個國家軟實力的柔性體現（Nye,
2004）。對外，它成是發揮國際影響的戰略資產的重要組成部分；
對內，它為維繫政權和制度穩定提供政治資本。有研究表明，國
家形象傳播（National Image Communication）是國家形象塑造的一
個主要手段，因此成為公共關係研究的一個重要領域（Buhmann,
2016; Buhmann & Ingenhoff, 2015; Vanc & Fitzpatrick, 2016）。國家形象
傳播既可以通過「戰略傳播」（Fredriksson & Pallas, 2016; Werder,
Nothhaft, Verčič & Zerfass, 2018）也可以通過「公共外交」（Buhmann,
2016; Vanc & Fitzpatrick, 2016）的路徑實施。近年來，有研究發現，
國家形象傳播還可通過產品（Product）、活動（Event）及地區（Place）
的品牌化（Branding）的方式實現（Kotler & Gertner, 2002）。從行銷
學角度看，消費者認為當對一個產品的感知與現實中的產品一

---

＊　本章部分內容引自筆者合著的文章：李瑩、林功成、陳霓（2014）。〈大型事件對國家形
　　象建構的影響——基於對北京奧運會和上海世博會的問卷調查〉，《新聞與傳播研究》，第8
　　期，5–14頁。

致、並且對產品產生良好的印象時，品牌就會形成了（Berkowitz, Gjermano, Gomez, & Schafer, 2007）。基於對消費者行為的研究表明，人們從購買習慣到對某一國家乃至國民的看法等方面都會受到形象這一因素的影響。隨着人們愈來愈認可德國安霍爾特‧捷孚凱（Anholt Ipsos）的國家品牌指數（NBI）概念（該指數曾於 2009 年從旅遊、出口、治理、移民與投資、文化、國民性等六個方面，對包括發達國家和發展中國家在內的 50 個國家進行國家形象測評），國家形象品牌化也引起了各國政府的關注。因為，以廣義上的產品品牌化為核心的國家形象傳播，不僅對外促進消費和交流，對內也能獲取人民、社會對政府的支持。

大型國際活動品牌化無疑是國家形象傳播的重要策略之一。中國先後於 2008 年 8 月主辦了北京奧運會，2010 年 5 月至 10 月舉辦了上海世博會，2010 年 11 月主辦了廣州亞運會。中國政府力爭這三次大型活動的舉辦權並舉全國之力投入大量的資源來組織，以期將活動辦成「史無前例」的國際盛事。有研究認為，中國政府之所以對這些活動予以高度重視，是因為期待活動能夠提升中國的國家形象（Berkowitz et al., 2007; Lamberti et al., 2011; Wang, 2010）。另有研究表明，這三次大型國際活動通過在國內外的品牌化有效地塑造了北京、上海和廣州這三個主辦城市及中國政府的形象（李瑩等，2014；李彥冰，2014；鄭自隆，2015）；也有學者在解析大型活動對中國海外形象傳播的實際影響後指出，如此的活動對中國國家形象塑造作用甚微（Chen, 2012; Rabinovitch, 2008）。無疑，大型活動是否有助於塑造國家及政府形象這一問題具有公共關係研究的學術意義。本章從西方國家形象傳播的視角出發，着重探討大型國際活動的品牌化與中國國家形象塑造的關係。

## 二、文獻綜述、研究問題和假設

公關從業人員一直以來希望通過公共活動使得客戶相信，對某一活動的贊助會對贊助商的形象產生影響（Farrelly, Quester & Greyster, 2005）。贊助商之所以投入大量資源來爭取大型活動的舉

辦權，也正是因為他們相信贊助大型活動會給觀眾留下良好印象，從而對贊助機構也抱有好感。

根據這一假設，Gwinner（1997）提出了一個理論模型來解釋贊助活動對品牌形象的影響。他認為，人們對於活動的印象可以轉移為贊助商的形象，而活動類型、活動特點、活動意義及活動的歷史等是影響人們活動印象的重要因素。Gwinner在探究活動形象對贊助商形象的影響時，發現相似度、贊助程度、事件舉辦頻率、產品參與度等因素至關重要，這些因素最終會促使活動形象向贊助商形象轉移。這主要是因為贊助商贊助某一活動的目的就是為了塑造品牌形象，從而影響消費者的態度。然而，Gwinner的這一理論模型仍需要進一步的實證研究。即便品牌形象轉移這一理論適用於企業或機構，但當一個國家或者城市主辦國際性大型活動時，活動形象是否可以轉移為國家或城市形象，仍然尚待驗證。

儘管如此，西方學者的一些研究表明，諸如奧運會的體育賽事和世博會的文化和貿易博覽等國際性大型活動，可以有效地塑造國家形象，因為大型活動通常具有世界知名度和世界意義，並且會對主辦國家及地區產生重大影響（Law, 1993; Ryan, 2002; White, 2012）。儘管此類大型活動花費高昂、競標流程複雜、舉辦難度大，但愈來愈多的國家對其表現出濃厚的興趣。究其原因，學者發現此類活動不僅可以促進主辦國家經濟增長和基礎設施完善，還可以提升主辦國家形象（Matos, 2006; Kim, Kim & Odio, 2010; Kim & Petrick, 2005; Wu & Jimura , 2019）。還有研究進一步指出，儘管此類國際大型活動常常須耗費巨量資源，但對於遊客卻很有吸引力，他們可能會因為大型活動，對那些文化、精神和價值豐富的地方產生積極的印象（Collantes & Oliva, 2015; Horne & Manzenreiter, 2006; Therkelsen, 2003）。

很多學者在研究大型活動尤其是體育類比賽的影響時，發現這些大型活動會給主辦方帶來積極影響。大型活動一方面可以為主辦方帶來經濟增長、基礎設施完善、旅遊業增加等「硬」收益（Crompton, 1999; Getz, 1998; Gilmore, 2002; Grix, 2012; Hall &

Hodges, 1996; Kim & Morrison, 2005; Knott, Fyall & Jones, 2015; Richie & Smith, 1991; Smith, 2005），另一方面也可以提升主辦國家和地區的知名度及自信心，即「軟」收益（Allen, Toole, McDonnell & Harris, 2002; Brown, Chalip, Jago & Mules, 2001; Chalip, 2005; Knott, Fyall & Jones, 2016; Lee et al., 2005）。儘管有研究表明大型活動與主辦國家的形象有關聯，但這些研究大都停留在描述階段，而且並未能指出主辦國家如何通過大型活動追求、管理及獲得「軟」收益。

迄今，幾乎沒有學者通過實證研究來評估品牌形象轉移是否真的存在於品牌創建的過程中，也幾乎尚無客觀的觀察數據表明大型活動形象會自動轉化為主辦國家形象。公共關係學者也沒有在國家層面展開研究，探討主辦國際性活動是否會有助於創建國家形象品牌。據此，本研究提出如下研究問題：

問題1：人們會將大型活動形象與主辦國家及政府形象聯繫起來嗎？

問題2：如果大型活動形象與主辦國家及政府形象之間存在關聯，那麼哪些因素會影響這一關聯？

問題3：哪些因素會影響人們對於大型活動的看法？哪些因素又會影響人們對於主辦國家及政府的看法與態度呢？

一些學者表示，中國政府對外開展「魅力外交」以及推動「一帶一路」合作就是針對在美國和西方世界盛行的「中國威脅論」（BDHL, 2011），希望通過公共外交在世界輿論中樹立友好和平的國家形象（Ban & Pan, 2019; Kurlantizck, 2007; Wang, 2003, 2008），為此，中國政府把舉辦具有世界影響和知名度的大型活動作為其重要的國家形象構建平台。儘管大多數的研究假設中國政府旨在通過國際性大型活動在世界範圍內塑造國家形象，筆者認為中國政府同樣也旨在在國內塑造國家形象。因為中國在國外的形象有可能會影響其國內的可信度及合法性，因此，也有理由相信，中國政府舉辦這些大型活動也是基於國內考慮，目的是在國內的民眾中塑造良好的政府形象。於是，中國政府希望通

過舉辦大型活動在國內外塑造一個更加良好的國家形象和政府形象。

　　然而，很少有學者關注中國政府這一公共關係舉措的實際效果。現有的研究大多停留在對中國政府舉辦大型國際活動的動機上。如一項較新的研究表明中國政府把北京奧運會當作提升和發揚中國文明價值觀的重要契機（de Kloet, Chong & Landsberger, 2011）。另外一些學者的研究指出，中國政府主張在城市化進程中秉持可持續發展戰略，而此次上海世博會以「城市，讓生活更美好」為主題，就是因為中國政府期望以此次世博會為契機，肯定上海在城市可持續發展實踐中的領頭羊作用（Lamberti et al., 2011）。這一發現與中國政府的政策宣示相一致。時任上海市委書記俞正聲在 2010 年 11 月 11 日接受上海媒體聯合採訪時表示：「上海世博會以『城市，讓生活更美好』為主題……讓廣大人民群眾的生活更美好，是我們一切工作的出發點和歸宿」（央廣網，2010）。一位原上海世博會組織委員會的官員在 2011 年 6 月接受訪談時表示：「此次上海世博會可以促進國內旅遊業的發展，使得中國人民無需出國即可便覽世界風光。」這一訊息的傳遞似乎是致力於讓人們相信政府在世博會基礎設施建設上的花費都是值得的。2010 年 12 月 27 日，時任國家主席胡錦濤在上海世博會總結表彰大會講話中指出：「上海世博會的成功舉辦，有效的增強了全國各族人民的民族自豪感、自信心和凝聚力」（人民網，2010）。

　　那麼，北京奧運會、上海世博會及廣州亞運會等大型活動又是怎樣對國內民眾產生影響的？這些國際性大型活動的形象是否會轉移為國家和政府的形象呢？這些問題正是這項研究的核心議題。為了探討這三次國際性大型活動對於對內對外塑造國家形象的實際效果，本文將中國內地、香港及澳門的居民作為研究對象，也試圖明確潛在的影響因素。

　　假設1：人們往往會把對大型活動形象與對主辦國家及政府形象聯繫起來。

Nelson（1990）及McDonald（1991）的研究表明，從公共關係活動策劃人的角度看，如果某一組織贊助某項活動，那麼其組織形象及產品都會受到影響。有針對性的贊助活動可以有效改善人們對於贊助機構的看法，甚至有可能提升人們對其服務及產品的看法。相反，如果贊助活動未經過精心策劃，執行不力，那麼它不僅無益於贊助機構的形象提升，甚至可能產生事與願違的後果。品牌形象轉移使得贊助活動有可能改變人們對於贊助機構的看法和認知。

市場調查表明，贊助活動使人們把活動形象與贊助商的品牌形象聯繫起來。例如，在某一項涉及到節約能源的活動中，提供電力資源服務的中國電力建設集團贊助了此次活動。在這種情況下，活動與贊助商之間的價值觀念的協同性使得人們有可能把活動形象與贊助機構的品牌形象聯繫起來。這同樣也應該適用於國際性大型活動。一些對於國際體育賽事的研究也表明，遊客對於國際體育賽事的正面形象有助於提升賽事舉辦地的旅遊目的地形象（Bieger et al., 2003; Getz, 1991; Grix, 2012; Knott, Fyall & Jones, 2015, 2016; MacCartney, 2005; Moon et al., 2009; Ritchie, 1996; Ritchie & Smith, 1991）。

假設2a：人們對於大型活動的看法越積極，活動形象就越能正面地影響人們對主辦國家的看法。

一些研究表示，活動形象並不一定會轉移為贊助品牌的形象，有時轉移的只是部分的，而非全部的轉移。對於國家形象和政府形象的認知也是如此。王洪英（Wang, 2010）在研究中指出，美國人對於中國的形象認知有些與政府所試圖塑造的相一致，有些則截然相反。Otker & Hayes（1987）對1986年世界盃的相關研究表明，與非贊助商相比，贊助商的品牌形象幾乎沒有得到改變。

假設2b：大型活動形象有時可以轉移為主辦國家及政府形象，有時則不能。

可轉移的非完整性主要是因為有些形象自身具有客觀性，不容許過多的解讀，而有些形象本身就充滿了主觀判斷和爭議，被

任意解讀的可能性較大。大型活動形象本身就包含客觀和主觀的成分，並不總能全部轉移為主辦國家和政府的形象，而且其可轉移性部分取決於諸如經濟、環境等外部因素，以及人們對於大型活動的看法(Lamberti, 2010)。

大型的體育或者文化活動必然會受到文化因素的影響，因此對於不同文化和個人經歷的參與者或遊客來說，他(她)們對於活動的認知和期待並不相同。有的人希望獲得更多的外部參與(Dozier & Ehling, 1992; Fredline & Faulkner, 1998; Moon, Lee & Ko, 2009)，有的人則希望享受文化體驗(Therkelsen, 2003)。人們對於自己國家形象的感知主要取決於他們的民族認同、文化認同及個人認同。而在中國，即使是漢族人也未必就完全認同自己的國家。香港和澳門曾分別是英國和葡萄牙的殖民地，而他們於 1997 年和 1999 年先後回歸中國管治。儘管中國政府對港澳實行「一國兩制」的方針，但幾個世紀的分裂使得香港人和澳門人對於自身和國家及政府的關係會有不同的理解和認同(Chou, 2010)，因此，他們對北京奧運會、上海世博會及廣州亞運會可能會有不同的看法。

假設 3：中國內地民眾更傾向於積極地看待中國所主辦的國際性大型活動，澳門次之，而香港又次之。

假設 4：對中國情感依附較深(即為自己是中國人而感到自豪)的民眾更傾向於積極地看待中國政府所主辦的國際性大型活動，並對中國及中國政府產生更加積極的看法。

除地理位置及個人對國家的情感依附之外，教育水平也會決定人們對大型活動的看法。有研究表明，國際性大型活動的獨特之處在於它們可以在短期或一段時期內潛在地提升主辦國家的知名度、吸引力和盈利能力(Lamberti, 2010)。民眾是否支援政府舉辦國際性大型活動，部分取決於他們對於活動本身和政府機構的看法和態度(Baum, Deery, Hanlon, Lockstone, & Smith, 2009)。受教育程度會影響人們的認知過程，從而影響他們的看法及態度。受教育程度越高的民眾就越能較少地受外界因素影響，從而產生自身對於國際性大型活動的態度和看法。

假設 5a：受教育程度越高的民眾就越可能以更加中立態度看待國際性大型活動，越不會把活動形象和主辦國家及政府的形象關聯起來。

假設 5b：受教育程度越低的民眾就越傾向於把大型活動形象和主辦國家及政府的形象關聯起來，因而活動形象往往會影響他們對於主辦國家看法的程度及方向。

「涉入度」概念的引入使得公眾情景理論(Gruning, 1966)更加豐富完善，而這一概念旨在解釋主動傳播行為的信息搜尋與被動傳播行為的信息處理之間的區別。公眾情景理論指出，在問題認知度高，受限認知度低，尤其是涉入認知度高的情況下，人們會主動地進行信息搜尋。因此，個人的信息搜尋及信息使用行為取決於其情景涉入度。一般而言，情景涉入度高的人會更加頻繁的分析信息，會更傾向使用更多包含論據的信息(Heath, Liao, & Douglas, 1995)，並獲得更高的認知水平(Engelberg, Flora, & Nass, 1995)。這部分人群更加喜歡主動的尋找信息而不是被動的處理信息。Dozier & Ehling (1992, p. 172)指出個人的涉入度越高，其問題認知度就越高，受限認知度就越低。Johnson & Eagly (1989)的研究表明，在面對強有力的論據時，涉入度高的人比涉入度低的人更易於被說服。Camaj (2010) 開展的關於媒體在轉型社會中的影響的研究發現，從黨媒報導中獲取的信息對人們政治建構態度的形成起到了積極作用。

由此可知，個體活動涉入度是一個至關重要的影響因素，甚至在某些程度上決定着個體搜尋和處理與活動相關的信息的行為。而大型活動之所以被稱為大型活動，就在於其鼓勵更多的人參與進來。個體的活動涉入度、參與度和相關度對於其對活動的認知和印象起着至關重要的作用(Dozier & Ehling, 1992; Yan et al., 2007)。個體活動涉入度越高，參與度越高，其對活動的看法就越積極 (Johnson & Eagly, 1989; Kim et al., 2010)。

在北京奧運會、上海世博會、廣州亞運會這三次大型活動中，中國政府一直在鼓勵國內民眾以參觀者或志願者的方式積

極參與到活動中去(Lamberti, 2010)。據世博會官方數據顯示,上海世博會參觀人數達 7,308.4 萬人,創造了世博會歷史上的新紀錄(中新網,2010;訪談,2010b)。其中 27.3% 的觀眾來自上海本地,25.4% 來自於江蘇、浙江等周邊省份,其餘的 41.5% 來自於其他省市、自治區,國內參觀人數佔總參觀人數的 94.2%。上海世博會志願者人數達 79,965名,其中其他省市1,266名,境外204名,其餘全部為上海本地人及於上海就讀的學生。與北京和廣州參與活動組織的官員的訪談也表明了該城市居民的較高參與度(訪談,2010a,2010c)

假設 6:個人或群體參與活動有助於其對活動產生積極的看法。與其他人相比,大型活動中的志願者及觀眾可能會對活動有着更積極的看法和印象。

議程設置理論、媒介依賴理論、框架理論、培養理論等傳播學理論,以及大眾傳播效果的相關研究均表明公眾對於問題、事件、主題等的意見及看法在很大程度上受大眾傳播的影響(Chomsky & Herman, 2002; Gauntlett, 2005; McCombs & Shaw, 1993; Scheufele & Tewksbury, 2007)。大眾傳媒通常被用作調控社會秩序的工具,早前有學者甚至把它看作一種特殊的社會機構(Steunberg, 1972)。人們利用大眾傳媒對公眾進行教育引導,從而形成良好的看法(Harris, 1982)。

在中國內地,儘管政府對傳統的大眾傳播仍有相當大的影響力,但微信、微博、Facebook、Twitter 等社交媒體近些年在中國也得到了高速發展。相對於傳統媒體而言,社交媒體享有相對較高的自由度,政府更加難以施加影響。因此,從某種程度上來看,社交媒體減弱了中國政府對中國民眾尤其是受到良好教育者尋求信息的控制(Bhattacharji, Zissis, & Baldwin, 2010; Hazleton, Harrison-Rexrode, & Kennan, 2007; Wiesenberg, Zerfass, & Moreno, 2017)。

與中國內地相比,香港和澳門政府對於大眾傳媒的控制較弱。在香港,出版自由受到《基本法》保護,因此香港成為大量

國際媒體出版物的誕生地。同樣，澳門的出版自由也受到《澳門出版法》保障。由於媒介體制和媒介功能的差異，與中國內地相比，香港和澳門媒體較少受到社會控制和政治的影響。

基於人們的媒體消費行為和信息來源對於其對大型活動和主辦國家的態度及看法有重大影響這一可能，似可提出如下兩個假設：

假設 7：從受政府控制的大眾傳媒獲取活動信息的人更易於對大型活動產生積極的看法，而從社交媒體獲取活動信息的人更易於對大型活動產生不太積極或者較為中立的看法。

假設 8：從中國官方媒體獲取活動信息的人比從商業媒體獲取活動信息的人更易於對這些大型活動產生積極的看法；從香港、澳門或者國外媒體獲取活動信息的人更傾向於對這些大型活動產生不太積極或者較為中立甚至消極的看法。

大型活動通常具有舉世聞名的特點，而大型活動本身的吸引力、目的、歷史、營利性以及人們對於大型活動的認知都會影響到人們對於活動的態度（訪談，2010）。

假設 9：從活動吸引力（世界性或區域性）、活動類別（體育賽事或文化活動）及主辦城市歷史（歷史悠久或新興城市）這三方面來評估這三次大型活動，人們對這三次活動的積極看法有所不同，情感依附也有所不同，其中北京奧運會＜上海世博會＞廣州亞運會。


## 三、研究方法

這研究採用了定性研究和定量研究相結合的方法。定性分析包括了對中國政府傳播的權威機構國務院新聞辦公室和作為主辦城市北京、上海和廣州市政府官方網站上的相關新聞報導進

行深度解讀，同時對相關政府官員開展了深度訪談。定量分析主要基於對相關地區民眾的問卷調查。

這項研究考察了官方公佈的信息，並將其作為本章的研究背景。鑒於網絡的重要作用，在這三次大型活動中，中央政府和三個舉辦城市地方政府分別建立了官方網站，上傳了大量活動前後的官方報導、新聞通稿、記者招待會、活動數據、照片和視頻等數據，同時以中英文兩種語言有選擇地刊載了境外紙質媒體的報導。

在進行數據分析時，筆者發現了在這三次活動報導中所分別頻繁使用的一系列措辭和表述，它們對於評估與調查者對這三次大型活動的印象非常有幫助。在此基礎上，筆者設計了調查問卷。

基於官方網站上的相關信息，筆者於 2010 年11月對國務院新聞辦公室的一名官員進行了開放式訪談，為時 45 分鐘，並於11–12月分別對各舉辦城市活動組織委員會（共 11 名組織委員）中的三名政府官員進行訪談，各為時一小時。在訪談中，這些官員談到了對自身工作的反思，對相關活動的看法等各方面的內容。當然，訪談的重點仍然是政府如何向中國民眾傳達與活動相關的政策制定及執行過程。這三次訪談均在中國內地進行，訪談過程全程錄音，並於訪談結束後對錄音數據進行轉錄。為了確保數據的可靠性，筆者將訪談數據與官網上的數據進行比照核對，以避免出現信息曲解。

本研究的另一個重點是基於數據的定量分析。筆者於2011年5 月和 6 月在上海、廣州、香港、澳門四地開展問卷調查，其中上海和廣州分別是上海世博會和廣州亞運會的主辦城市，而香港和澳門作為回歸後首次以特別行政區身份參與在中國內地舉辦的奧運會、世博會、亞運會這樣大型的國際活動，香港和澳門居民對於中國內地主辦的大型活動的態度與看法具有特別意義。據此，本研究深入對比了港澳居民與內地居民對這三次大型活動及中國政府的態度與看法。

## 樣本

鑒於受過教育的年輕人往往會對此類廣受關注的大型國際活動有着更加濃厚的興趣,並傾向於以志願者或參觀者的身份參與其中,因此本次調查以高校學生為對象,與調查者年齡與教育背景大致相同。而性別與年齡對本次研究中的因變量分析影響不大,所以不做考慮。本次調查在上海外國語大學、中山大學、香港城市大學及澳門科技大學四所高校展開。前兩所學校學生大多來自於全國各地,後兩所主要反映的是來自香港和澳門學生的態度,因此樣本具有一定的代表性。

筆者在實地調查的同時還將調查問卷發佈網上,作為實地調查的補充材料。56 人完成了網上問卷,其中 18 份問卷的填寫人來自於上述四所高校之外的其他內地省份的高校,這18 份問卷被確定為有效問卷並被併入中國內地的樣本中。

此次調查共在上述四所高校發放370份問卷,最終收回305份,應答率 82.5%。再加上 18 份網上問卷,最終有效問卷共計323份。其中 221 份問卷來自中國內地,佔有效問卷的 68.4%,52 份問卷來自香港,佔 16.1%,50 份問卷來自於澳門,佔15.5%。而中國內地高校學生總數約為 2,500 萬,香港為12 萬、澳門為 4.5 萬,因此這一抽樣比例具有合理性。

## 操作定義

關於活動形象,本研究採取兩項工作予以評估。首先,對政府官網上的數據和媒體報導進行文本分析,最終確定了21 條在報導中頻繁使用的措辭及表述;然後,要求與調查者從這21 條措辭及表述中選出他們認為最能描述或者反映活動形象的表述。

關於與調查者對活動的看法(積極/中立/消極),在評估時採用了五分量表法,要求與調查者對上述 21 條措辭與表述進行評估,1 為非常消極,5 為非常積極。與調查者對其中 8 條描述持積極看法,9 條持中立看法,2 條持消極看法,另外 2 條因為太過模糊而無法評估。

　　筆者對上述 21 條措辭及表述進行了三輪的因數分析，最終得出了三個明確的指數：積極（m=4.07）、中立（m=3.13）、消極（m=1.3），解釋了 80.3% 的變量，且內部一致性可信度極高。上述三個指標的 α 系數分別為 .82、.83、.87。

　　最後，筆者根據與調查者多選題的答案來計算與調查者對活動總體看法的得分。首先計算了積極／中立／消極描述所出現的次數。然後，將出現的次數分別乘以 0.5 和 −1.75 來消除各類描述出現次數不同而產生的偏差。再將上兩個步驟得出的結果加上 3.5，從而形成一個 0−7 的得分體系。經過這三個步驟，最終將問題答案轉化成可計算的分數。

　　公式如下：總體看法 = $(N_p*0.5+N_n*(-1.75))+3.5$

　　$N_p$ 表示與調查者所選擇的積極描述的數量。積極描述的總數量為 8，所以 $N_p$ 的範圍從 0 到 8，0 表示沒有選擇任何積極描述，8 表示選擇了所有的積極描述。$N_n$ 表示與調查者所選擇的消極描述的數量。消極描述總數量為 2，所以 $N_n$ 的範圍從 0 到 2。然後筆者將 $N_p$ 和 $N_n$ 分別乘以 0.5 和 1.75。如果最終得分為 −3.5，則說明與調查者會對活動持非常消極的看法。如果得分為 3.5，則表明與調查者對活動持非常積極的看法。筆者將上面的結果加上 3.5，從而形成一個 0−7 的分數範圍。通過這三個步驟，筆者就可以評估與調查者對活動總體看法的集中趨勢，並考慮到該變量的均值和標準差，「*」表示乘。

　　關於關聯可能性，採用了五分量表法評估與調查者將活動形象與主辦國家形象關聯起來的可能性，選項包括 1−5，1 為完全不可能，5 為非常可能。

　　關於活動對人們所形成主辦國家態度看法的影響程度，採用了五分量表法評估活動形象對與調查者對主辦國家看法的影響程度，選項包括 1−5，1 為非常小，5 為非常大。

　　關於活動形象對人們對主辦國家態度看法的影響方向，筆者採用了五分量表法，評估大型活動形象會積極的還是會消極的

影響與調查者對於主辦國家的看法,選項包括 1–5,1 為非常消極,5 為非常積極。

## 數據分析

數據處理及分析全部通過 SPSS-PC+ 完成,採用了 T 檢驗、方差分析、皮爾森相關系數、Scheffe 檢驗、逐步多元回歸等多種分析方法。

筆者首先採用正交旋轉、主軸因數法對確定的 21 條措辭及表述進行因數分析,最終產生了三個指數,然後用這三個指數評估與調查者對活動的看法。

# 四、分析結果和討論

## 描述性調查結果

總共 323 名大專院校學生參與是次調查,其中男生 91 名(28.2%),女生 232 名(71.8%)。在中國內地,這一男女比例大致符合有關綜合性大學性別比例的報告,而與香港和澳門高校男女生比例則略有差異。絕大多數與調查者接受過良好的教育,其中 251 名(77.7%)與調查者持有文學學士學位或理學學士學位,58 名(18%)與調查者持有文學碩士學位或理學碩士學位,6 名(1.9%)持有博士學位,只有 8 名(2.5%)與調查者(主要為網上與調查者)僅有高中學歷。

所有與調查者均知曉 2008 年北京奧運會和 2010 年上海世博會,但 22 名(6.8%)與調查者表示從未聽說過 2010 年廣州亞運會。

共有 275 名(85%)與調查者表示這三次大型活動有助於促進世界人民對中國人民、文化和社會的了解。然而,只有 48 名(15.2%)與調查者曾以志願者或參觀者的身份參與過 2008 年北京奧運會,51 名(15.9%)參與過 2010 年廣州亞運會,146 名(45.2%)參與過 2010 年上海世博會。

針對與調查者獲取活動信息的管道這一項調查產生了十分有趣的結果。略感驚訝的是，電視是他們獲取活動信息的主要管道(n=304, 94.1%)，其次是報紙(n=235, 72.8%)，然後是網絡(n=226, 70%)。超過一半的與調查者(n=185, 57.2%)表示他們主要從中國官方媒體獲取活動信息，179 名(55.5%)與調查者表示他們通常從中國商業媒體獲取活動信息。

在與調查者對於活動印象的這一項中，他們選出的最能反映他們對於北京奧運會和上海世博會印象的三條描述分別為：中國政府為提升形象和聲譽而開展的大型宣傳活動(北京奧運會：n=198, 61.4%；上海世博會：n=172, 53.4%)、塑造國家形象的大型宣傳活動(北京奧運會：n=181, 55.9%；上海世博會：n=155, 47.9%)、表明中國正在崛起的大型活動(北京奧運會：n=167, 51.7%；上海世博會：n=135, 41.7%)。

而與調查者對廣州亞運會的印象似乎有所不同，他們所選出的三條描述如下：這是一次有助於世界各國人民加深了解、增進友誼的大型活動(n=122, 37.9%)、這是一次中國政府為提升形象和聲譽而開展的大型宣傳活動(n=116, 35.9%)、這是一次成功的大型活動(n=112, 34.8%)。

總而言之，「塑造國家形象的大型活動」和「表明中國正在崛起的大型活動」這兩條描述，在這三次活動中均位居前五。數據還表明，大約一半的與調查者對這三次活動持中立的看法，只有少部分人(北京奧運會：n=31, 9.7%；上海世博會：n=26, 7.9%；廣州亞運會：n=22, 6.9%)表示，這三次大型活動的召開使他們為自己是中國人而感到自豪。

## 假設驗證

本次研究印證了假設1，即：人們往往會將對於大型活動的印象與主辦國家和政府形象相關聯。第一，筆者採用李克特五分量表法評估與調查者將活動形象與主辦國家形象(m=3.78, SD=1.02)及主辦國家政府形象(m=3.42, SD=1.12)關聯起來的可能性。第

表 14.1　活動形象與其對人們對主辦國家看法的影響之間的相互關係

| | 將活動形象與主辦國家形象關聯起來的可能性 | 活動形象對人們對主辦國家看法的影響程度 | 活動形象對人們對主辦國家看法的影響方向 |
|---|---|---|---|
| **積極描述數量** | | | |
| 北京奧運會 | .361*** | .314*** | .356*** |
| 上海世博會 | .313*** | .297*** | .343*** |
| 廣州亞運會 | .280*** | .277*** | .279*** |
| **中立描述數量** | | | |
| 北京奧運會 | .315*** | .292*** | .233*** |
| 上海世博會 | .328*** | .243*** | .203*** |
| 廣州亞運會 | .187** | .230*** | .190** |
| **消極描述數量** | | | |
| 北京奧運會 | -.178** | -.143* | -.308*** |
| 上海世博會 | -.174** | .000 | -.190** |
| 廣州亞運會 | -.124* | -.072 | -.098 |

\*　　p<.05
\*\*　 p<.01
\*\*\* p<.001

表 14.2　活動形象與主辦國家和政府形象之間的相互關係

| | 將活動形象與主辦國家形象關聯起來的可能性 | 將活動形象與主辦國家政府形象關聯起來的可能性 |
|---|---|---|
| **總體看法** | | |
| 北京奧運會 | .355*** | .181** |
| 上海世博會 | .323*** | .154** |
| 廣州亞運會 | .275*** | .207*** |
| **積極描述數量** | | |
| 北京奧運會 | .361*** | .202** |
| 上海世博會 | .313*** | .197** |
| 廣州亞運會 | .280*** | .281*** |
| **中立描述數量** | | |
| 北京奧運會 | .315*** | .175** |
| 上海世博會 | .328*** | .153** |
| 廣州亞運會 | .187** | .225*** |
| **消極描述數量** | | |
| 北京奧運會 | -.178** | -.077 |
| 上海世博會 | -.174** | -.046 |
| 廣州亞運會 | -.124* | -.045 |

\*　　p<.05
\*\*　 p<.01
\*\*\* p<.001

二，75名(23.2%)與調查者選擇了「非常有可能」，152名(47.1%)選擇了「相當有可能」，這表明與調查者傾向於將活動形象與主辦國家及主辦國家政府形象關聯起來。

假設 2a 得到了部分印證，即：人們對於活動的印象越好，活動形象就越能使人們對主辦國家產生積極的態度和看法。調查的數據表明，對大型活動持積極或中立態度的人傾向於表示活動形象會以積極的方式影響他們對主辦國家的看法。然而，對大型活動持消極看法的人傾向於對主辦國家產生消極的看法，儘管這一結論並無統計學意義(見表 14.1)。

假設 2b 大部分得到了印證，並不是所有的活動形象都能轉移為主辦國家及政府形象(見表 14.2)。

在調查與調查者對於活動的總體看法與對主辦國及政府看法之間的聯繫時，發現對於活動持有積極看法的人會更傾向於把活動形象與主辦國家形象關聯起來。

在驗證活動形象與主辦國家及政府形象之間的關係時，筆者聚焦了活動形象轉移為主辦國家及政府形象的可能性有多大這一問題。為此，特別統計了積極印象、中立印象和消極印象的數量，最後的數據表明，積極的或中立的印象可以轉移為主辦國家政府形象，而消極的印象則不會，這一發現極具統計學意義。

與調查者似乎還會將對活動的消極看法與主辦國家政府形象關聯起來，而不會將其與主辦國家形象關聯起來，儘管這一發現並沒有統計學意義。這樣看來，活動形象對於國家形象的塑造及政府形象的塑造效果不盡相同。

假設 3 得到了印證，與澳門和香港相比，中國內地居民更傾向於積極的看待這些大型活動。通過方差分析，發現地理位置這一變量會影響人們的看法，但卻與假設中的順序略有不同。

在與調查者對北京奧運會的看法這一問題上，調查數據表明，不同地區的居民對於同一活動的看法有所不同(F=7.246，

p<.001），其中澳門居民（m=3.85, SD=1.23）更傾向於積極地看待這一活動，中國內地居民（m=3.79, SD=1.42）次之，香港居民（m=2.34, SD=1.85）又次之（見圖 14.1）。此外，中國內地和澳門居民之間的看法差異不大，而香港居民與前兩者之間的差別極大。

在與調查者對上海世博會的看法這一問題上，不同地區的居民同樣存在不同的看法（F=5.384, p<.01），順序與北京奧運會一致（見圖 14.2），澳門（m=3.83, SD=1.18）＞中國內地（m=3.59, SD=1.54）＞香港（m=2.36, SD=1.64）。同樣，中國內地與澳門之間的看法差異不大，而這兩者與香港之間的差別很大。

在與調查者對廣州亞運會的看法這一問題上，不同地區間的差異仍然存在（F=15.857, p<.001），但順序略有不同（見圖 14.3），中國內地（m=3.64, SD=0.83）＞澳門（m=3.40, SD=1.21）＞香港（m=1.84, SD=1.61）。同樣，中國內地與澳門之間的看法差異不大，而這兩者與香港之間的差別很大。

值得指出的是，香港居民對這三次大型活動的看法均低於中國內地居民和澳門居民，而中國內地與澳門居民之間則相差不大。但意料之外的是，澳門居民對北京奧運會和上海世博會的看法均略高於中國內地居民。

獨立樣本 T 檢驗印證了假設 4，對主辦國家情感依附較深的民眾傾向於積極地看待這些大型活動，從而對主辦國家及政府產生積極的看法。T 檢驗的結果表明，與並不為自己是中國人而感到驕傲的民眾相比（北京奧運會：m=4.50, SD=1.26；上海世博會：m=4.29, SD=1.28；廣州亞運會：m=4.01, SD=1.37），為自己是中國人而感到自豪的民眾更傾向於對活動產生積極的看法（北京奧運會：m=3.24, SD=1.43；上海世博會：m=3.23, SD=1.40；廣州亞運會：m=3.47, SD=1.26）。這些差異具有統計學意義（北京奧運會：平均差=1.25；上海世博會：平均差=1.06；廣州亞運會，平均差=0.54；p<.001）。

在驗證假設 5a 時，本研究關注了與調查者受教育程度是否會決定他們對於活動的看法，從而影響將活動形象與主辦國家

圖 14.1　與調查者對北京奧運會的總體看法

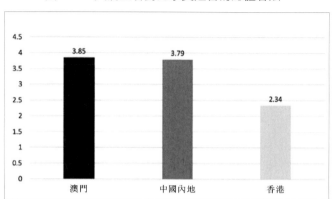

圖 14.2　與調查者對上海世博會的總體看法

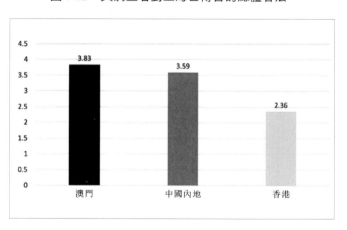

圖 14.3　與調查者對廣州亞運會的總體看法

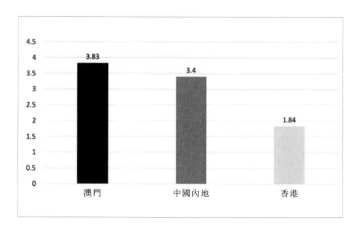

及政府形象相關聯的可能性。數據表明，與調查者的受教育程度越高，他們就越傾向於中立地或理性地看待大型活動，就越不會將活動形象與主辦國家形象相關聯。

在數據分析過程中，筆者根據受教育程度將與調查者分成兩組，一組是學士及學士以下，一組是碩士及碩士以上。相關系數分析表明與調查者受教育程度與他們看待活動的態度之間沒有明顯的關係(p>.1)。T 檢驗表明碩士及碩士以上的與調查者稍微傾向於以中立的態度看待這些活動(平均差=.49, p>.01)。因此，假設 5a 的前半部分被否定了。然而，數據分析也並未能證明碩士及以上的與調查者不會把活動形象與主辦國家政府形象關聯起來(Spearman rho=-.150, p<.05)。同樣，活動形象也不大會影響到他們對國家的看法(Spearman rho=-.112, p<.1)。因此，假設 5a 的後半部分得到了部分印證。

但是，假設 5b 得到了強有力的印證，即：與調查者的受教育程度越低，他們就越傾向於將活動形象與主辦國家及政府形象相關聯。如表 14.3 所示，活動形象會積極地影響與調查者對主辦國家的看法，但將活動形象與主辦國家形象相關聯的可能性這一問題的結果並不具有統計學意義。

假設 6 也得到了明確的印證：與調查者的活動參與度會影響他們對活動的看法。獨立樣本T檢驗表明活動參與者(北京奧運會：m=3.44，SD=1.44；上海世博會：m=3.93，SD=1.31；廣州亞運會：m=3.90，SD=1.12)與未參與者(北京奧運會：m=2.52，SD=2.51；上海世博會：m=3.29，SD=1.49；廣州亞運會：m=3.53，SD=1.33)對活動的看法具有顯著差異。以志願者或參觀者身份參與過活動的人對活動明顯有着更積極的看法(北京奧運會：平均差=-0.92，t=-3.42；上海世博會：平均差=0.64，t=3.91；廣州亞運會，平均差=0.37，t=3.91；p<.01)。絕大多數(245名，76%)與調查者表示他們曾不同程度地參與過這三次大型活動。

假設 7 既未得到印證，也未被推翻。調查結果似乎表明，與調查者都不是單純的大眾傳媒消費者或社交媒體/網絡媒體使

表14.3　活動形象與主辦國家及政府形象之間的相關關係及
受教育程度對個人對國家看法的影響

| | 小組 | 算術平均值／標準差(m/SD) | 平均差(mean difference) | 皮爾森相關系數(p) |
|---|---|---|---|---|
| 將活動形象與主辦國家形象關聯起來的可能性 | 學士及學士以下 | 3.81 (1.05) | .15 | .371 |
| | 碩士及碩士以上 | 3.66 (.84) | | |
| 將活動形象與主辦國家政府形象關聯起來的可能性 | 學士及學士以下 | 3.51 (1.09) | .57 | .001 |
| | 碩士及碩士以上 | 2.94 (1.17) | | |
| 活動形象對與調查者看法的影響程度 | 學士及學士以下 | 3.76 (.92) | .36 | .015 |
| | 碩士及碩士以上 | 3.40 (.95) | | |
| 活動形象對與調查者對主辦國家政府看法的影響方向 | 學士及學士以下 | 3.74 (.80) | .27 | .038 |
| | 碩士及碩士以上 | 3.47 (.83) | | |

用者，他們往往同時使用這兩種管道來獲取信息。但仍然有兩點發現值得探討。

中國內地、香港和澳門的與調查者均更傾向於從大眾傳媒中獲取活動相關的信息（見表14.4），即便是受到政府控制的電視及報紙仍是他們的首選，其次是社交媒體和人際傳播管道。這在一定程度上反映了人們對受政府影響的大眾傳媒的依賴程度。至於人們是否認可政府控制媒體或是不認可政府應控制媒體和傳播管道不在這次研究的範圍之內。

表14.5表明，在這三次大型活動中，無論與調查者通過哪種管道獲取信息，均不會影響他們對於活動的看法，儘管這一結果並無統計學意義。

### 表 14.4　媒介消費行為

| 媒介消費行為 | 頻率（共計323） | 百分比（%） |
|---|---|---|
| 大眾傳媒 | | |
| 電視 | 304 | 94.1 |
| 報紙 | 235 | 72.8 |
| 雜誌 | 145 | 44.8 |
| 宣傳海報/宣傳冊 | 145 | 44.8 |
| 廣播 | 115 | 35.5 |
| 網絡媒體 | | |
| 社交網絡媒體 | 199 | 61.7 |
| 人際傳播管道 | | |
| 口頭傳播 | 199 | 61.7 |
| 其他 | 21 | 6.6 |

### 表 14.5　媒介消費行為及與調查者對活動的看法

| 媒介消費行為 | 與調查者人數 | 對活動普遍看法的算術平均值及標準差 |
|---|---|---|
| 北京奧運會 | | |
| 大眾傳媒 | 293 | 3.59 (1.31) |
| 網絡媒體 | 270 | 3.88 (1.47) |
| 口頭傳播 | 211 | 3.97 (1.45) |
| 上海世博會 | | |
| 大眾傳媒 | 293 | 3.80 (1.50) |
| 網絡媒體 | 270 | 3.57 (1.42) |
| 口頭傳播 | 211 | 3.51 (1.44) |
| 廣州亞運會 | | |
| 大眾傳媒 | 293 | 3.59 (1.44) |
| 網絡媒體 | 270 | 3.62 (1.29) |
| 口頭傳播 | 211 | 3.67 (1.31) |

表 14.6　活動信息來源與對活動的看法與態度

|  | 人數 | 對活動普遍看法的算術平均值及標準差 |
|---|---|---|
| 中國官方媒體 | 166 | 3.59 (1.44) |
| 中國商業媒體 | 161 | 3.52 (1.53) |
| 香港、澳門及其他媒體 | 162 | 3.60 (1.47) |

　　與假設 7 一樣，假設 8 既未得到印證，也未被推翻，即：信息來源可能會影響人們對活動及主辦國家的看法。調查數據表明，所有與調查者均不是單純的從官方媒體或商業媒體獲取活動相關信息。正如預期的那樣，主要從中國官方媒體獲取信息的與調查者往往傾向於對活動產生積極的看法（見表 14.6）。儘管這一差異不具備統計學意義，但仍值得關注。

　　假設 8 表示，由於這三次活動的吸引力（世界性或區域性）、類別（體育賽事或文化活動）、主辦城市歷史（歷史悠久或經濟發達城市）及資源投入等因素的影響，人們對這三次活動的積極看法會有所不同，其中北京奧運會＞上海世博會＞廣州亞運會，人們對於活動的情感依附也是如此。這一假設得到了部分印證。

　　數據表明，與調查者對這三次活動的看法有所不同，但順序與預期的略有差異，北京奧運會（m=3.80, SD=1.49）＞廣州亞運會（m=3.59, SD=1.30）＞上海世博會（m=3.58, SD=1.45）。而與調查者對活動的情感依附則正好與預期的截然相反，廣州亞運會（m=1.77, SD=0.44）＞上海世博會（m=1.67, SD=0.47）＞北京奧運會（m=1.55, SD=0.50）。這一差異並無統計學意義。

## 研究問題探討

　　調查結果基本應對了本研究所提出的研究問題。首先通過數據分析解答了第一個研究問題，然後又通過雙變量分析、多元回歸分析及檢驗變量之間的關係等方法解答了後兩個研究問題。

　　本研究還通過雙變量着重分析了教育水平、地理位置、對主辦國家的情感依附、活動涉入度、媒介消費行為、信息來源等對處於

轉型期的大型活動主辦國家態度和看法具有影響作用的一系列變量。此外還進行了多元回歸分析，同時對多個變量進行分析，以確定在其他自變量可控或保持不變的情況下，哪些自變量對因變量的變化影響最大。在前述中，筆者發現教育水平、地理位置、對主辦國家的情感依附、活動涉入度這四個自變量與選定的因變量互相關聯，因此在此多元回歸分析中將這四個自變量作為了分析重點。

兩元回歸分析表明，當把教育水平和地理位置等人口統計學變量(參照物：中國內地)及情感依附這一心理學變量(參照物：為自己是中國人而感到驕傲)看作自變量時，與調查者的看法差異非常顯著(見表 14.7)。具體如下：(1)香港居民對這三次大型活動的看法與中國內地及澳門的看法具有顯著的統計意義差異(見表 14.7，模型(1)，表明地理位置這一人口統計變量對人們的態度看法起着重要的作用；(2)對主辦國家的情感依附在很大程度上決定着人們對活動的看法；然而，同一地方的與調查者的教育水平不會影響他們對活動的看法。

當把活動參與度這一變量納入回歸方程式進行分析，結果表明，活動參與度是活動形象的重要影響因素。因此，活動參與度對人們對活動以及主辦國家的看法起着決定作用。

## 五、結論和啟發

本研究以 2008 年北京奧運會、2010 年上海世博會及 2010 年廣州亞運會這三次大型國際活動為案例，探討了中國政府在通過大型國際活動品牌化以塑造國家形象方面所做出的國家形象傳播努力。如同許多國家和政府一樣，中國政府之所以投入大量的公共資源去爭取國際大型活動的主辦權，部分地因為他們堅信活動的正面形象，可以轉移為主辦國家和政府的正面形象。除此之外，本研究還探討，中國政府是否也試圖通過舉辦此類大型活動向國內民眾展現其政權和領導的合法性。因此，筆者重點評估了這三次活動對中國民眾國家形象認同的效果。

表 14.7　活動看法在教育水平、地理位置、情感依附、
　　　　　涉入度等方面的層次回歸

| | 北京奧運會 | | 上海世博會 | | 廣州亞運會 | |
|---|---|---|---|---|---|---|
| | 回歸系數（標準差） | 標準回歸系數 | 回歸系數（標準差） | 標準回歸系數 | 回歸系數（標準差） | 標準回歸系數 |
| **模型1** | | | | | | |
| 恒量 | 3.221(.844) | | 4.072(.842) | | 4.827(.758) | |
| 教育水平 | .018(.204) | .006 | -.195(.204) | -.064 | -.273(.183) | -.323 |
| **地理位置** | | | | | | |
| 香港 | -1.094(.358) | -.182** | -.943(.352) | -.162** | -1.694(.317) | -.323*** |
| 澳門 | .119(.215) | .030 | .177(.213) | .046 | -.393(.194) | -.114* |
| **對國家的情感依附** | | | | | | |
| 為自己是中國人而感到驕傲 | 1.200(.167) | .401*** | 1.010(.169) | .329*** | .365(.175) | .116* |
| 判定系數 | .213 | | .162 | | .162 | |
| 統計量值 | 15.399*** | 10.941*** | 11.008*** | | | |
| **模型2** | | | | | | |
| 恒量 | 3.201(.845) | | 3.558(.858) | | 4.731(.766) | |
| 教育水平 | .029(.205) | .009 | -.125(.204) | -.041 | -.259(.184) | -.094 |
| **地理位置** | | | | | | |
| 香港 | -1.072(.360) | -.178** | -.796(.353) | -.137* | -1.678(.317) | -.320*** |
| 澳門 | .105(.217) | .027 | .367(.244) | .096 | -.366(.196) | -.106a |
| **對國家的情感依附** | | | | | | |
| 為自己是中國人而感到驕傲 | .144(.228) | .035 | .452(.176) | .156* | .177(.197) | .050 |
| **活動涉入度（參照物：未涉入）** | | | | | | |
| 參與 | 1.191(.168) | .398*** | .913(.171) | .298*** | .364(.176) | .116* |
| 判定系數 | .214 | | .181 | | .165 | |
| 統計量值 | 12.872*** | | 10.396*** | | 9.302*** | |

a　　p<.1.
*　　p<.05.
**　　p<.01.
***　　p<.001.

　　針對上述兩個主要研究問題，是次調查的結果揭示了一些具有國家形象傳播學術和實務意義的啟發，對未來這一領域的研究或許具有啟示作用。

　　國際大型及具標誌性活動形象在品牌化的過程中大致可以轉移為主辦國的國家及政府形象。本研究發現，中國內地、香港

及澳門的高校學生均表示，他們傾向於把對活動的積極形象轉移為對主辦國家的正面形象，在一定程度上也會轉移為對主辦國家政府的正面形象。這在一定程度上驗證了 Gwinner 的假設，即活動形象可以轉移為主辦國的國家政府形象。但未來仍需要更多的研究對這一分析模型進行驗證，尤其是探討活動形象與主辦國家形象及主辦國家政府形象兩者在活動品牌化中轉移效果的差異。

第二，國家及政府舉辦國際性大型活動不僅僅是為了在國際社會上塑造國家形象，同時也是為了提升主辦國政府的國內形象。本研究表明，對於中國這樣一個仍在深化改革開放的國家，政府無疑希望通過舉辦國際性大型活動，向國內民眾展現其堅持對外開放的決心和信心；但是，人們將活動形象與主辦國家形象關聯起來的可能性高於將其與主辦國的政府形象關聯起來的可能性。這一發現意味着人們在大型活動中真正感受到的是國家的魅力而非主辦國政府的能力。

第三，媒體消費行為及信息來源等變量有助於活動形象和主辦國家及政府形象之間的關聯性轉移。本研究發現，由於這些因素會影響人們對於大型活動的看法，進而影響人們對主辦國家的看法。這一發現表明，受政府影響的媒體仍然在動員民眾支持政府舉辦大型活動上能夠發揮重要作用。研究還發現，與中國內地和澳門居民相比，香港居民對中國政府主辦的大型國際活動的認同感較之於澳門居民為弱。然而在中國內地，政府媒體和社交媒體、政府媒體和商業媒體之間並不存在明顯的區分，社交媒體會借鑒並選用政府媒體的報導，而商業媒體同樣受到政府的影響。

第四，個人的活動涉入度或參與度與其對大型活動的看法以及對主辦國家及政府的看法呈現正相關。這項研究的結果表明，人們的活動涉入度越高，就越傾向於對大型活動產生積極的看法，繼而傾向於對主辦國家和政府產生積極的看法。這一定程度上說明了政府在規劃公共關係活動時將盡可能地提升公眾參與度作為其主要目標的理性。

　　第五，是次研究還發現，個人對主辦國家的認同和情感依附也會影響人們對大型活動及主辦國家及政府的看法，這一發現進一步驗證了在贊助活動中應使用說服策略這一公關實務原則的適用性。

　　是次研究無疑存在着一些局限。局限之一是僅調查了在中國舉辦的三次大型活動，未能與其他國家的同類案例進行對比研究，因而這一研究結果很難具有普遍的適用性，仍需反覆的驗證。局限之二，由於在中國開展此類以公眾問卷調查和訪談為主要方法的研究愈來愈困難，因此是次研究僅採用了便利抽樣的方式，以致樣本的代表性有限。

　　本章所體現的研究結果只是關於中國通過將大型國際活動品牌化以塑造國家形象這一國家形象傳播研究的初步嘗試。未來的研究似可從更多、更廣泛的群體中選取更廣泛更具有代表性的樣本，如將調查範圍擴大到高校學生以外的群體，也須嘗試從首都北京這樣的政治經濟中心或中國北方地區選取樣本等。中國政府通過舉辦國際性大型活動並將其品牌化，以期提升在國內民眾心目中形象的結論仍需進一步的驗證。另外，有必要更加深度地考察中國政府投入大量資源以爭取舉辦國際大型活動的動因，如聚焦解析是受國內遊說力量的影響，還是擔心國際社會會阻止正在壯大發展的中國舉辦此類大型活動等。

## 參考文獻

人民網（2010）。〈「胡錦濤：在2010年上海世博會總結表彰大會上的講話〉，見http://politics.people.com.cn/GB/1024/13595127.html

中國政府網（2010）。〈「世博人」眼中的「財富」——專訪上海世博局局長〉，見www.gov.cn/jrzg/2010-10/30/content_1734063.htm

中新網（2010）。〈上海世博會今日閉幕，刷新多項歷史記錄〉，見www.jiaodong.net/special/system/2010/10/31/010993936.shtml

央廣網（2010）。上海市委書記俞正聲就世博成功舉辦接受媒體聯合採訪，見www.cnr.cn/news/201011/t20101111_507305946_6.shtml

李彥冰（2014）。《政治傳播視野中的中國國家形象構建》。北京：中國社會科學出版社。

李瑩、林功成、陳霓（2014）。〈大型事件對國家形象建構的影響──基於對北京奧運會和上海世博會的問卷調查〉，《新聞與傳播研究》，第 8 期，見www.cqvip.com/qk/83042x/201408/661946790.html

訪談（2010）。與國務院新聞辦公室官員，11月9日，北京。

訪談（2010a）。與城市活動組織委員會委員，11月10日，北京。

訪談（2010b）。與城市活動組織委員會委員，12月12日，上海。

訪談（2010c）。與城市活動組織委員會委員，12月20日，廣州。

鄭自隆（2015）。《傳播研究與效果評估》。台北：五南圖書出版公司。

Allen, J., Toole, W., McDonnell, I., & Harris, R. (2002). *Festival and Special Event Management*. London: Wiley.

Baum, T., Deery, T., Hanlon, C., Lockstone, L., & Smith, K. (2009). *People and Work in Events and Conventions: A Research Perspective*. Oxfordshire, UK: CABI.

Berkowitz, P., Gjermano, G., Gomez, L., & Schafer, G. (2007). Brand China: Using the 2008 Olympic Games to enhance China's image. *Place Branding and Public Diplomacy, 3*: 164–178. www.palgrave-jounals.com/pb

Bhattacharji, P., Zissis, C., & Baldwin, C. (2010). Media censorship in China. Council on Foreign Relations. Available at www.cfr.org/publication/11515/media censorship in china.html

Bieger, T., Laesser, C., Scherer, R. J., Johnson, J., & Bischof, L. (2003). The impact of mega events on destination images: The case of annual meeting of the WEF in Davos. In Paper presented at the TTRA European Chapter Gasgow.

Brown, G., Chalip, L., Jago, L., & Mules, T. (2001). The Sydney Olympics and brand Australia. In Morgan N. J. and Pritchard, A., and Pride, R. (Eds.), *Destination Branding: Creating the Unique Destination Proposition*. Butterworths, Oxford.

Buhmann, A. (2016). The constitution and effects of country images: Theory and measurement of a central target construct in international public relations and public diplomacy. *Studies in Communication Sciences 16*(2): 182–198.

Buhmann, A., & Ingenhoff, D. (2015). Advancing the country image construct from a public relations perspective. *Journal of Communication Management, 19*(1): 62–80.

Bureau of Democracy, Human rights and Labor (BDHL), Department of State, USA (2011). *2010 Human Rights Report: China (Includes Tibet, Hong Kong and Macau)*. 8 April, http://www.state.gov/g/drl/rls/hrrpt/2010/eap/154382.htm

Camaj, L. (2011). Mass media and political culture: Examining the impact of media use on political trust and participation in Kosovo. ProQuest Dissertations and Theses, http://search.proquest.com/docview/872543792?accountid=10134

Chalip, L. (2006). Towards social leverage of sport events. *Journal of Sport & Tourism, 11*(2): 109–127.

Chen, H. (2012). Medals, media and myth of national images: How Chinese audiences thought of foreign countries during the Beijing Olympics. *Public Relations Review, 38*(5): 755–764.

Chomsky, N., & Herman, E. (2002). *Manufacturing Consent: The Political Economy of the Mass Media*. New York: Pantheon. Chapter 1.

Chou, B. K. P. (2010). Building national identity in Hong Kong and Macao. *East Asian Policy, 2*: 73–80.

Crompton, J. I. (1999). The economic impact of sports tournaments and events. *Parks and Recreation, 3*(9): 142–150.

De Kloet, J., Chong, G. O. L., & Landsberger, S. (2011). National image management begins at home: Imagining the new Olympic citizen. In J. Wang (Ed.), *Soft Power in China: Public Diplomacy through Communication* (pp. 117–134). New York: Palgrave Macmillan.

Dozier, D. M., & Ehling, W. P. (1992). Evaluation of public relations programs: What the literature tells us about their effects. In J. E. Grunig (Ed.), *Excellence in Public Relations and Communication Management* (pp. 159–184). Hillsdale: Lawrence Erlbaum.

Engelberg, M., Flora, J. A., & Nassau, C. I. (1995). AIDS knowledge: Effects of channel involvement and interpersonal communication. *Health Communication, 7*: 73–91.

Farrelly, F., Quester, P., & Greyster, S. A. (2005). Defending the Co-Branding Benefits of Sponsorship B2B Partnerships: The Case of Ambush Marketing. *Journal of Advertising Research.* DOI: 10.1017/S0021849905050348

Fredline, E., & Faulkner, B. (1998). Resident reactions to a major tourist event: The Glod Coast Indy car race. *Festival Management and Event Tourism, 5*(4): 185–205.

Fredriksson, M., & Pallas, J. (2016). Diverging principles for strategic communication in government agencies. *International Journal of Strategic Communication, 10*(3): 153–164.

Gauntlett, D. (2005). *Moving Experiences: Media Effects and Beyond*. London: John Libbey.

Getz, D. (1991). *Festivals, Special Events and Tourism*. New York, NY: Van Nostrand Reinhold.

Getz, D. (1998). Trend strategies and issues in sport event tourism. *Sport Marketing Quarterly, 7*(2): 8–13.

GfK Group Press Release. (2009). America is now the most admired country globally. http://www.gfk.com/group/press information/press releases/004734

Gilmore, F. (2002). A country—can it be repositioned? Spain - the success story of country branding. *Journal of Brand Management, 9*(4-5): 281–293.

Grix, J. (2012). Image' leveraging and sports mega-events: Germany and the 2006 FIFA World Cup. *Journal of Sport and Tourism, 17*(4): 289–312. DOI: https://doi.org/10.1080/14775085.2012.760934

Grunig, J. E. (1966). The role of information in economic decision making. *Journalism Monographs, 3*: 51.

Gwinner, K. (1997). A model of image creation and image transfer in event sponsorship. *International Marketing Review, 14*(3): 145–158.

Hall, C. M., & Hodges, J. (1996). The party's great but what about the hangover? The housing and social impacts of mega-events with special reference to the 200 Sydney Olympics. Festival Management and Event Tourism: *An International Journal, 4*, 13–20.

Harris, P. (1982). Pressure groups and protest. *Politics*, 17: 111–120.

Hazleton, V., Harrison-Rexrode, J., & Kennan, W. R. (2007). New technologies in the formation of personal and public relations: Social capital and social media. In S. C. Duhe (Ed.), *New Media and Public Relations* (pp. 97–106). New York: Peter Lang Publishing Inc.

Heath, R. L., Liao, S., & Douglas, W. (1995). Effects of perceived economic harms and benefits on issue involvement, use of information sources, and action: A study in risk communication. *Journal of Public Relations Research, 7*: 89–109.

Horne, J., & Manzenreiter, W. (2006). An introduction to the sociology of sports mega-events. *The Sociological Review, 54*(2): 1—624.

Johnson, B. T., & Eagly, A. H. (1989). Effects of involvement on persuasion: A meta-analysis. *Psychological Bulletin, 106*: 290—6314.

Kim, M., Kim, M. K., & Odio, M. A. (2010). Are your proud? The influence of sport and community identity and job satisfaction on pride of mega-event volunteers. *Event Management*, 14: 127–136.

Kim, S. S., & Petrick, J. F. (2005). Residents' perceptions on the impacts of the FIFA 2002 World Cup: The case of Seoul as a host city. *Tourism Management, 26*: 25–38.

Kim, S. S., & Morrison, A. M. (2005). Change of images of South Korea among foreign tourists after the 2002 FIFA Would Cup. *Tourism Management, 26*: 233–247.

Knott, B., A. Fyall & I. Jones (2015).The nation branding opportunities provided by a sport mega-event: South Africa and the 2010 FIFA World Cup. *Journal of Destination Marketing & Management, 4*(1): 46–56.

Knott, B., Fyall, A., & Jones, I. (2016). Leveraging nation branding opportunities through sport mega-events. *International Journal of Culture, Tourism and Hospitality Research, 10*(1): 105–118. http://dx.doi.org/10.1108/IJCTHR-06-2015-0051

Kotler, P., & Gertner, D. (2002). Country as brand, product, and beyond: A place marketing and brand management perspective. *Journal of Brand Management, 9*(4–5): 249–261.

Kurlantzick, J. (2007). *Charm Offensive: How China's Soft Power is Transforming the World*. New Haven: Yale University Press. (Chapter 1).

Lamberti, L. (2010). Mega-events as drivers of community participation in developing countries: the case of Shanghai World Expo. *Tourism Management*. http://dx.doi.org/10.1016/j.tourman.2010.12008

Lamberti, L. (2011). Mega-events as drivers of community participation in developing countries: The case of Shanghai World Expo. *Tourism Management*. http://dx.doi.org/10.1016/j.tourman.2010.12.008

Law, C. M. (1993). *Urban Tourism, Attracting Visitors to Large Cities*. London: Mansell Manzenreiter.

Lee, Ch., Lee, Y., & Lee, B. (2005). Korea's destination image formed by the 2002 World Cup. *Annals of Tourism Research, 32*(4): 839–858.

MacCartney, G. J. (2005). Hosting a recurring mega event: visitor raison d'etre. *Journal of Sport Tourism, 10*(2), 113–128.

Matos, P. (2006). Hosting mega sports events—A brief assessment of their multidimensional impacts. Paper presented at the Copenhagen conference on the economic and social impact of hosting mega sport events, 9 January.

McCombs, M. F., & Shaw, D. L. (1993). The evaluation of agenda-setting research: Twenty-five years in the marketplace of ideas. *Journal of Communication, 43*: 58–67.

McDonald, C. (1991). Sponsorship and the image of the sponsor. *European Journal of Marketing, 25*: 31–38.

Moon, K. S., Lee, J. H., & Ko, Y. J. (2009). The effect of event quality on residents' perception of local impacts: a case of Tour de Korea International Cycle Competition. *Korean Journal of Sport Science, 20*(1): 81–89.

Nelson, E. H. (1990). The evaluation of sponsorship. Paper presented at an association of market survey organizations seminar on sponsorship.

Nye, J. S., Jr. (2004). *Soft Power: The Means to Success in World Politics* (pp. 107–129). New York: Public Affairs.

Otker, T., & Hayes, P. (1987). Judging the efficiency of sponsorship—Experiences from the 1986 soccer world cup. Paper presented at ESOMAR Conference.

Rabinovitch, S. (2008). The rise of an image-conscious China. *China Security: A Journal of China's Strategic Development*. http://www.chinasecurity.us/index.php?option=com_content&view=article &id=59

Richie, B., & Smith, B. (1991). The impact of a mega event on host region awareness—A longitudinal study. *Journal of Travel Research, 30*(1): 3–10.

Ritchie, J. R. B. (1996). How special is the event? The economic and strategic development of the New Zealand Masters Games. *Festival Management & Event Tourism, 4:* 17–26.

Ryan, C. (2002). The politics of branding cities and regions: the case of New Zealand, in Morgan, N., Pritchard, A., and Pride, R. (Eds.) (2002), *Destination Branding: Creating the Unique Destination Proposition*. Butterworth Heinemann, Oxford UK.

第三部分 西方公關理論與中國政府公關實踐調和

Scheufele, D. A., & Tewksbury, D. (2007). Framing, agenda setting, and priming: The evolution of three media effects models. *Journal of Communication, 57*: 9–20.

Smith, A. (2005). Reimaging the city—the value of sport initiatives. *Annals of Tourism Research, 32*(1): 217–236.

Steinberg, C. S. (1972). *Mass Media and Communication* (pp. 562–563). New York: Hastings House.

Therkelsen, A. (2003). Imagining places: Image formation of tourists and its consequences for destination promotion. *Scandinavian Journal of Hospitality and Tourism, 3*: 134–150.

Vanc, Antoaneta M., & Fitzpatrick, K. R. (2016). Scope and status of public diplomacy research by public relations scholars, 1990–2014. *Public Relations Review, 42*(3): 432–440.

Wang, H. (2003). National image building and Chinese foreign policy. *China: An International Journal, 1*: 46–72.

Wang, H. (2010). China's image projection and its impact. In J. Wang (Ed.), *Soft Power in China: Public Diplomacy through Communication* (pp. 37–56). Palgrave Macmillan.

Wang, J. (2008). The power and limits of branding in national image communication in global society, *The Journal of International Communication, 14*:2, 9–24. DOI: 10.1080/13216597.2008.9674730

Werder, K. P., Nothhaft, H., Verčič, D., & Zerfass, A. (2018). Strategic communication as an emerging interdisciplinary paradigm. *International Journal of Strategic Communication, 12*(4): 333–351.

White, C. L. (2012). Brands and national image: An exploration of inverse country-of-origin effect. *Place Branding and Public Diplomacy, 8*(2): 110–118.

Wiesenberg, M., Zerfass, A., & Moreno, A. (2017). Big data and automation in strategic communication. *International Journal of Strategic Communication, 11*(2): 95–114.

Wu, H., & Jimura, T. (2019). Exploring an importance–performance analysis approach to evaluate destination image. Local Economy: *The Journal of the Local Economy Policy Unit, 34*(7): 699–717.

Xavier, R. C., & Mercè, O. R. (2015). Narrativity approaches to branding. In G. Rossolatos (Ed.), *Handbook of Brand Semiotics*. Kassel: Kassel University Press.

Yan, L., et al. (2007). Personal involvement and perception of press credibility. Paper presented at the annual meeting of the international communication association, San Francisco, CA, 23 May. http://www.allacademic.com/meta/p169089 index. html

Zhuo, B., & Pan, X. (2019). An analysis of national image communication strategies of Chinese corporations in the context of one-belt-one-road. *Place Branding and Public Diplomacy*, 3.

# 中國公關研究發展趨勢——
## 從卓越公關到陽光公關

## 一、引言

　　公共關係實踐和研究在很大程度上受到文化背景的制約，即：公共關係作為一門學術研究領域和專業職業，在不同的文化中可能蘊含着不同的含義，體現出不同的因果或關聯效應（Kenny, 2017; Laskin, 2012, 2012; Rhee, 2003; Thurlow, Kushniryk, Yue, Blanchette, Murchland & Simon, 2017）。本章基於中國文化背景，試圖探索一種既能反映本土特徵又可與全球接軌的中國公共關係視角，從而形成一套體現並詮釋當代中國公共關係實踐和研究本質的理論。

　　如前所述，公共關係這一源自西方的概念、理論和實踐自上個世紀八十年代初期被引入中國內地後，獲得了迅速的發展（陳先紅，2006，2009；Chen, 1996）。在過去的三十多年裏，公共關係在

---

本章部分內容引自筆者與陳先紅合著的文章：Chen, N. & Chen, X. (2018). From excellence to sunshine public relations: A modified general theory for Chinese public relations practice. *Humanities and Social Sciences Review.* 7(1): 337–48.）

中國內地各個領域蓬勃發展，如今儼然已成為一個漸趨成熟的行業，成千上萬的公共關係從業人員活躍在各行各業。據中國國際公共關係協會（2019）《中國公共關係業 2018 年度調查報告》，公共關係在中國市場的「年營業規模已達 627 億人民幣，年增長率約 11.9%，高於 2018 年 GDP 的增長幅度，突顯了新業行業的成長性」（p. 4）。然而，中國公共關係實踐及研究仍然處於持續引進、借鑒和消化源自西方的概念、理念、模式和理論，缺乏一個源自中國發展特色、反映中國公關實踐、為國際學術界認可的理論體系。因而，形成一個用於指導和解釋當代中國公共關係實踐的理論已成為中國公共關係領域研究的當務之急（秦褘，2012）。

　　本研究主要基於 J. Grunig 等學者提出的「卓越公關理論」（1992）這一西方理想主義的分析和認知框架，着重探討中國公共關係從業人員和教育工作者對中國卓越公關構成要素的態度和認知，並以細微的差異處為出發點，提出「陽光公關理論」和 15 項基本原則，希翼補充或替代卓越公關理論。儘管卓越公關理論似乎具有全球的適用性，但不可否認的是，這一理論仍然是基於西方視角探討如何實現高效且符合西方倫理原則的公共關係活動，簡而言之，即如何實現公關實踐的卓越。在本研究中，筆者將組織行為學中的效率與倫理概念引入公關領域，以「組織－公眾－環境」的邏輯框架來探討這一問題，從而形成符合中國文化背景的「陽光公關理論」。


## 二、文獻綜述

### 卓越公關理論

　　卓越公關理論無疑是公共關係研究和實踐領域最為著名的理論體系之一，是美國著名公關學者 Gruing 等基於公共關係領域的一項研究提出的一個描述和衡量公共關係實踐的理論框架（Grunig, 1992; L. A. Grunig, J. E. Grunig & Dozier, 2002），探究的一個

具「根本性」的問題是：公共關係如何、在何種程度上影響到組織目標的達成以及為什麼？（黃懿慧、呂琛，2017，p. 131）。

卓越公關理論始於Grunig & Hunt（1984）的四種公共關係模式，即：新聞宣傳、公共信息、雙向對稱、雙向不對稱。這四種公共關係模式在很大程度上源於對美國公關實踐——特別是美國公共關係從業人員對公關實務的理解和認知——的觀察和檢驗，於上個世紀九十年代得到了廣泛應用，並迅速引起了不同地區學者對公關實踐在全球範圍內表現形式和內涵特徵的比較研究，如 Lyra（1991）對希臘公關活動的研究、Sriramesh（1991）對印度公關活動的研究以及 Huang（2000）對台灣公關活動的研究。

然而，由於這四種公共關係模式在實際的公關實踐中往往互相重迭或者同存共生，上個世紀九十年代後期，這四種公共關係模式被重新構建成一個四維框架（Grunig, 1997）。Grunig認為這一四維框架可以更好地從傳播行為的不同維度上描述公關實踐並推動公關實踐的比較研究。這四個維度分別為方向維度、目的維度、管道維度和倫理維度：

(1) 方向維度，主要描述公關活動是單向還是雙向，前者為傳達信息，而後者則是通過形成性和評價性研究進行信息交流。

(2) 目的維度，主要衡量公關活動的對稱性和非對稱性，前者強調溝通的雙方，旨在形成合作，而後者則只關注溝通的一方，目的只是為了宣傳。

(3) 管道維度，反映公共關係從業人員是採用人際管道還是媒體仲介管道，前者是面對面的直接行為，而後者則是由大眾媒介介入的間接行為。

(4) 倫理維度，則指公共關係從業人員的行為是否合乎倫理標準。

尤其是針對第四維度，Vercic, Grunig & Grunig（1996）發現公關倫理應包括三個子維度：目的、披露和社會責任。從目的的角

度來看，他們認為符合倫理標準的公關應對公眾或利益相關者承擔行為後果。在披露維度方面，只要宣傳活動和不對稱式公關活動告知公眾或利益相關者公關活動所服務的利益群體，它們同樣也是符合倫理標準的。在社會責任維度方面，公關活動應觸及社會的所有成員，而不僅僅局限於直接相關的公眾或利益相關者。

Huang（1997）將四維框架應用於案例分析，提出了雙向傳播、對稱傳播、仲介傳播、人際傳播和倫理傳播五個衡量因素。在對台灣地區公關活動的實際案例分析過程中，她發現這五個因素會隨着其中一個因素的變化而一起變化。此後，她通過驗證性因數分析（CFA）特別對台灣立法機關的公共事務進行了測量從而檢驗這五個衡量要素，並再次得出了一樣的結論。同樣，Rhee（1999）以韓國企業公關活動為例，也檢驗了相關衡量模型的本土適應性。

與此同時，卓越研究積極地解決了公關職能應當如何組織和管理從而最大限度地提高組織效率這一規範性問題（Schmitz, 2014; Thurlow, Kushniryk, Yue, Blanchette, Murchland & Simon, 2017）。基於對傳播學、公共關係學、管理學、組織心理與社會學、社會與認知心理學、女權研究、政治科學、決策和文化研究等不同領域理論的搜集、分析和整理，Grunig 和他的卓越研究團隊（J. E. Grunig, 1992; L. A. Grunig, J. Grunig & Dozier, 2002）確定了 10 條「卓越公關原則」，並提出這些原則對於組織、部門和專案層面的卓越公關都至關重要。他們還主張這些卓越原則可以形成一個「單一的、二階的因素」或「卓越因素」。這 10 條原則包括（Grunig, 1994; L. A. Grunig, J. E. Grunig & Vercic, 1998）：

⑴ 將公共關係活動納入戰略管理；

⑵ 公共關係從業人員有權進入組織權力中心，在組織中擁有一定的權力；

⑶ 對公共關係職能進行整合；

⑷ 公共關係職能必須獨立於其他管理職能；

⑸ 公共關係部門應由管理人員而非技術人員領導；

⑹ 公共關係應採用對稱的溝通模式；

⑺ 組織內部溝通應採取對稱的溝通模式；

⑻ 公共關係從業人員必須具備管理知識；

⑼ 公共關係角色必須多樣性（如性別多樣）；

⑽ 公共關係從業人員必須恪守倫理道德準則。

在這 10 條原則中，其中對稱原則和倫理道德準則，是Grunig 和他的卓越研究團隊基於目的和倫理這兩個維度操作設定的。

這些原則無一例外地成為卓越理論的核心，並推動了卓越溝通和卓越公關領域的一系列實證研究。在 1990 年至 1991 年期間，相關學者對公關和傳播管理實踐的理論假設進行了有史以來規模最大、最深入的調查，加拿大、英國和美國等西方發達國家中文化背景最為接近的 327 個不同組織或機構的 5,000 多名人員參與了此次調查。調查結果證實了卓越作為單一因素的存在，與預期一致（Grunig, 1992）。

隨後，公共關係和傳播管理等領域的學者，將卓越公關的這些原則和假設置於不同文化和社會經濟制度的國家進行了進一步檢驗，確定其是否具有普遍適用性（Kent & Taylor, 2017; Thurlow, Kushniryk, Yue, Blanchette, Murchland & Simon, 2017）。經過一些重複的定量研究，有文獻表明，卓越公關理論同樣適用於韓國（Rhee, 1999）和斯洛文尼亞（Vercic, Grunig & Grunig, 1996）。韓國雖以東亞傳統為主要的文化背景，但卻在二戰以後經歷了快速發展，實現了工業化。作為從原南斯拉夫社會主義體制中獨立出來的新型國家斯洛文尼亞，在冷戰後經歷了深刻的社會經濟轉型，在文化形態上更日趨西方化，其年輕的公共關係實踐大部分採用卓越公關原則。而幾乎同樣性質的定性研究也以馬來西亞（Kaur, 1997）為驗證對象，作為東南亞的一個伊斯蘭民族國家，在總理馬哈蒂爾領導下展示了成功的現代化進程，其公關實務體現了卓越公關的原則。Wakefield（2007）開展了一項覆蓋範圍更廣的多國驗證調查，採用了 Delphi 方法對 29 個不同發展階段國家的公

關活動進行了考察，發現卓越公關原則在這些國家具有普遍的適用性。

這些原則和假設也在不同的組織中得到了檢驗，研究表明卓越公關原則適用於營利性組織、非營利性組織、政府組織等不同組織類型（Laskin, 2012）。例如，一項關於挪威政府公關活動的研究（Grunig & Jaatinen, 1999）表明，卓越原則有助於促進政府的傳播管理和公共事務更加高效且符合倫理準則。

雖然卓越理論及其主要原則已經在不同類型的組織、國家、社會經濟制度和文化中得到了檢驗，但這一理論仍然主要還是根植於美國和西方發達國家的主流文化，而且相關的研究也大多是基於西方國家（Kenny, 2017; Thurlow, Kushniryk, Yue, Blanchette, Murchland & Simon, 2017），需要在國際背景中進一步檢驗（Kent & Taylor, 2017）。那麼，卓越公關理論究竟在多大程度上適用於中國的公關實踐呢？

毫無疑問，在所有亞洲國家中，中國擁有最為悠久的歷史和文化。在過去的四十年裏，中國內地經歷了最為深刻的社會經濟轉型。自公共關係被引入中國內地以來，公關領域的職業發展和學術研究成果斐然，其中「卓越理論」起到了幾乎不可替代的啟蒙和指導作用（郭惠民，2006；黃懿慧、呂琛，2017），但同時中國的公關學者也呼喚着具「中國特色」的卓越公關理論和模式的出現（秦禕，2012）。

## 陽光公關原則

近期，中國公共關係學者採用卓越理論及其相關原則衡量中國公關活動，最終得出了一些有別於西方公關活動和原則的發現（Chen, 1996; Chen & Culbertson, 1996, 2003；郭惠民，2006；陳先紅，2006；張明新、陳先紅、賴正能 & 陳霓，2014）。

最近一項關於中國內地公眾對於公共關係基本認知的調查研究表明（張明新 & 陳先紅，2014）：

(1) 大多中國公共關係從業人員、傳播專家和記者將公共關係視為一種「構建關係與管理關係」的社會活動，而不是一種既定的職業；

(2) 在社會責任維度上，中國內地公眾認為公關就是在幫助解決「黑與白」之間的「灰色地帶」；

(3) 絕大多數與調查者認為，從本質上來說，公關應該只服務於公共利益，而不是私人利益；

(4) 超過一半的與調查者認為現實中的公關活動往往是在幕後進行，很難做到公開、透明、高尚或處於陽光之下。

(5) 在處理不同類型的危機時，公共關係從業人員很難做到在公共利益和私人/組織利益之間尋求並保持平衡。這些差異可能主要根源於中國的文化和體制（陳先紅，2009）。

如果中國的公共關係活動具有深厚的本土特色，那麼，是否有可能或有必要探討那些更貼切中國國情和文化傳統的公關原則？對此，筆者認為既有必要也有可能。為此，本次研究以卓越理論為理論框架，結合中國公關實踐和研究的相關文獻，試圖提出「陽光公關」（Sunshine PR）的概念及一系列原則，並檢驗這些原則較於卓越公關是否適用於中國背景下的公關活動。本次研究仍然基於西方理想主義的公關分析和認知框架，主要探討如何在中國背景下識別、突顯和傳播積極的態度和認知。本次研究所提出的公關原則均源於中國社會文化環境，並希望推動中國公關實踐更加專業、更加卓越。

陽光公關原則似乎應包括（但不限於）如下 15 項：

(1) 公共關係以公眾關係為核心，而不是私人關係。因此，任何公關決策都應該以公眾為導向，服務於公眾利益，而不是個人利益。

(2) 公共關係強調公開性，通過雙向溝通促進信息透明化。

(3) 公共關係應重視輿論。公關活動應尊重公眾，在組織與公眾/利益相關者之間建立共識。

(4) 公共關係應當符合倫理準則，反映組織的良知。公關活動應致力於使組織與利益相關者之間實現雙贏，關注社會和全人類的福祉。

(5) 公共關係從業人員在組織－公眾－環境之間充當仲介聯絡人，秉持協力廠商立場，因而值得信賴。

(6) 公共關係應包含情感，強調建立信任，提高與利益相關者長期關係的品質，同時積累社會資本。

(7) 公共關係傾向於對話，注重雙向對稱溝通，將利益相關者視為平等的合作夥伴。

(8) 公共關係必須是戰術性的。公共關係從業人員在符合倫理準則的前提下應採用一定的説服戰術以實現組織目標。

(9) 公共關係是社會性的，通過鼓勵個人和組織爭做社會好公民來盡到社會責任。

(10) 公共關係是民主性的，它應該代表不同的聲音並應該成為利益相關者的公開表達機制。

(11) 公共關係通過溝通對關係、形象和聲譽建立進行系統管理。

(12) 公共關係必須是戰略性的，它強調監測環境，預測趨勢，從而推動公關活動符合社會變化趨勢。

(13) 公共關係強調真實性，與媒體共建社會真實。

(14) 公共關係通過強調説好話、做好事來促進人類和社會的美德。

(15) 公共關係倡導美的價值，堅持美德，塑造良好形象，從而推動世界更加美好。

上述 15 項所建議的陽光公關的原則，部分源於卓越公關理論，部分則源於中國公關和傳播學者對中國公關活動及實踐的相關研究（Chen，1996；陳先紅，2006 & 2009；張明新 & 陳先紅，2014；張明新、陳先紅、賴正能 & 陳霓，2014）。無疑，這些原則是對上述研究的高度概括，對其過程，在此不做贅述。

# 三、研究方法

當然，要檢驗這 15 項原則的有效性和可靠性就必須開展實證與驗證性研究，因此，筆者對中國公共關係領域的學者和從業人員開展了一系列的初步研究，以期得出具有理論啟示意義的發現。

這項研究採用了定量與定性相結合的方法。首先，筆者對中國內地公共關係從業人員、傳播專家和教育工作者進行了隨機的問卷調查。正式發放問卷之前，先在公關教育工作者當中做了一次前測，並根據回饋意見對問卷做了微調。最終，在發出的 378 份問卷中，共 354 人完成了問卷，應答率為 94%。隨後，運用 Data Miner 和 SPSS 19.0 對收集到的數據予以分析。筆者還與 10 名具有 5 年以上工作/專業經驗的公關從業人員和教育工作者實施了深度訪談，並對收集到的數據進行深入分析，作為問卷調查的補充數據。

這項研究還借用了「組織－公眾－環境」的分析框架（陳先紅，2009），試圖探究在這一視角下考察公共關係的社會角色和功能，是否有助於將公共關係從組織層面擴大到戰略層面，從而考察公共關係在推動民主政治、建設公民社會、積累社會資本、提高文化軟實力和解決社會衝突等戰略層面的角色和功能。

# 四、結果和討論

從問卷調查所收集到的數據中，得出了一些有意義的發現。

首先，在中國內地公關仍然是一個以女性為主的職業和專業。在這 354 名與調查者中，女性佔 70.34%（N=249）。這一數據再次證實了，至少從人數上來看，中國跟大多數西方國家一樣，公共關係從業人員也以女性為主。相關知情觀察人士在與筆者的交流中也表示，愈來愈多的女性在從事公關工作，這已成為中國女性求職的一個重要意向，而這一趨勢將會在可預見的時間裏

持續下去。這一發現與Chen & Culbertson（1996）的早期研究結論再次吻合，即：「女性在公關領域的命運，尤其是她們參與管理決策的命運，與公關職業的生存和發展有着不可分割的聯繫。」毋庸置疑，進一步了解她們對於中國現階段經濟發展和社會轉型背景下如何實現卓越公關的態度和看法也至關重要。

其次，公共關係在中國內地仍是一個相對「年輕」的行業。數據顯示，大多數與調查者年齡均屬青年與中年之間，其中超過一半的與調查者（N=191, 54%）年齡在20歲至29歲之間；24%（N=85）在30至39歲之間；16%（N–57）在40到49歲之間；僅6%（N=21）在50歲到59歲之間。中國公關界的這一年齡構成並不奇怪，因為公共關係這一源自西方的概念和實踐直到上個世紀八十年代初期才引入中國，並經歷了發展初期的陣痛，一度曾左右搖擺，停滯不前（Chen, 1996）。

第三，中國內地的公共關係從業人員均受過良好的教育。在這354名與調查者中，本科學歷佔59%（N=209），碩士學歷佔24%（N=85），博士學歷佔17%（N=60）。這些數字表明，雖然上個世紀八十年代初僅有兩所中國高校開設了新聞專業的學位課程，尚未有高校開設傳播學和公共關係專業（Chen, 1994）的學位課程，但自八十年代以來，特別是本世紀初開始，中國高等院校新聞、傳播和公共關係專業增設速度十分迅猛，使得從事公共關係實務和教學與研究的人員擁有更多在高等院校接受專業教育的機會，以致中國公共關係從業人員與教研工作者的總體教育水平較高。

隨後，筆者通過測量以下兩個主要要素，以探討公關從業人員和教育工作者對卓越公關應具備哪些特徵的看法、態度和認知：

## 對「陽光公關」15項原則的認同程度

首先，筆者採用李克特五分量表法，評估與調查者對陽光公關15項原則的認同程度，其中1表示非常不同意，5表示非常同意。其次，與調查者需要對他們最認可的三個原則做出評論。

表 15.1　基於李克特五分量表法的「認同程度」

| | 非常不同意 | 不同意 | 既不同意也不反對 | 同意 | 非常同意 | 均值 |
|---|---|---|---|---|---|---|
| 以公共關係為核心 | 10 | 31 | 21 | 194 | 98 | 3.96 |
| 公開性 | 3 | 22 | 33 | 182 | 114 | 4.08 |
| 輿論性 | 2 | 6 | 17 | 190 | 139 | 4.29 |
| 倫理性 | 6 | 15 | 62 | 173 | 98 | 3.97 |
| 協力廠商立場 | 4 | 34 | 44 | 185 | 87 | 3.90 |
| 情感性 | 0 | 5 | 12 | 187 | 150 | 4.36* |
| 對話性 | 2 | 24 | 20 | 187 | 121 | 4.13 |
| 戰術性 | 2 | 16 | 26 | 177 | 133 | 4.19 |
| 社會性 | 0 | 15 | 49 | 189 | 101 | 4.06 |
| 民主性 | 2 | 26 | 46 | 190 | 90 | 3.96 |
| 管理職能 | 1 | 3 | 11 | 163 | 176 | 4.44* |
| 戰略性 | 1 | 4 | 14 | 183 | 152 | 4.36* |
| 真實性 | 6 | 30 | 54 | 156 | 108 | 3.93 |
| 美德性 | 4 | 51 | 80 | 148 | 71 | 3.65 |
| 倡導美的價值 | 4 | 20 | 67 | 175 | 88 | 3.91 |

　　如表 15.1 所示，在這 15 條原則中，其中 8 條都得到了與調查者較高程度的認可，平均得分在 4 分以上。其中，「公共關係應發揮管理職能」得分最高（均值=4.44），其次是「公共關係包含情感」（均值=4.36），「公共關係必須是戰略性的」（均值=4.36）。

　　將近一半的受訪者（N=175, 49.3%）認為，公關要想高效、卓越就必須發揮管理職能，而不是單純的溝通或技術操作職能。與公關從業人員的深度訪談的結果表明，「管理職能」在很大程度上被理解為「通過溝通建立關係／形象／聲譽」（訪談，2016a，2016b，2016c，2917f，2017g，2017h）。中國公關從業人員和教育工作者這一認識與西方公關實務與學術界認為公共關係本質上是「組織與公眾之間的溝通管理」這一共識相吻合。同樣，這種管理職能基於企業文化的核心要素，主動地與企業的關係、形象、聲譽、品牌等無形資產相結合，因此或多或少被視為一種「軟」管理。

參與此次調查的中國公關從業人員和教育工作者對「公共關係應包含情感」顯現出第二高的認可度（均值=4.36）。這一發現對中國的公關實踐和研究至少有三點有意義的啟示：

第一，對情感的強調體現了中國公共關係活動的文化特徵，即：中國公關強調在組織與利益相關者之間建立以機制與情感為支撐的互信，從而提升相互關係的品質和可持續性，最終積累成為組織有效性所需的社會資本。

第二，要實現組織有效性，其有效的公共關係活動就必須融入「情感」要素。對中國公關從業人員和教育工作者深度訪談的結果也表明，中國公關活動十分重視尊重、公平、信任、忠誠、甚至是同情等價值觀，以確保與不同的利益相關者維持高品質、可持續的關係。而受訪者表示，這是關係到在中國組織或機構能否積累社會資本的關鍵影響因素之一。正如兩位受訪的公關從業人員談到：「如果與你溝通的人相信你在與他們交流時投入了真正的『情感』，他們會更加認可你的工作」（訪談，2016a，2017f）。這正是中國人所倡導的「真情換人心」。

第三，「公共關係應包含情感」意味着，組織在與利益相關者建立信任關係時，需要做出長期的、連貫的、一致性的承諾，而非一次性或短期的承諾；同時，應把利益相關者看作平等的合作夥伴，而非其他。一位公關教育工作者表示，「信任在中國非常重要，但當今中國社會卻缺乏信任；要想與利益相關者建立信任，公關從業人員就必須在關注他們的福祉和利益的同時，表現出對他們的尊重和真誠」（訪談，2017i）。當今的中國，在改革開放戰略的推動下，經濟社會發展飛速，如大江奔騰、泥沙俱下。當社會的制度體系、機制體系乃至價值體系尚未健全甚至滯後於發展之時，人與人之間、組織與組織基於情感的信任，對於交流和合作就變得尤為重要了。

同樣值得注意的是，參與此次調查的公關從業人員和教育工作者對「公共關係必須是戰略性的」的認可度，與他們對「公共關係應包含情感」的認可度（均值=4.36）相同。公共關係的戰略

性原則，強調了公關活動必須監測與分析相關環境因素，並預測發展趨勢，從而確保公關活動與社會環境和變化的趨勢盡最大可能保持契合。在這一點上，Grunig（2009）也認為，即便在全球化和數字化時代，公關仍必須成為組織權力最高層管理戰略性決策的一部分。事實上，大多數中國與調查者都認為公關活動關乎決策制定，也就必須要開展客觀的觀察和科學的研究，才能確保公關活動能夠更加準確與所預測的發展趨勢相一致。其中一名受訪者（訪談，2016e）表示：「公關從業人員要想制定出高效且具有戰略性的決策，他們就必須能夠明確問題所在、定義問題，並預測可能的發展趨勢，從而提出解決方案。」從這個意義上說，有效的公關活動除了宣傳活動的策劃和執行（例如，撰寫新聞稿和處理新聞發佈會）等技術性常規工作之外，還包括仔細的環境監測、問題診斷和趨勢預測等戰略管理性的工作。

## 對「陽光公關」15項原則「感知重要性」的排序

在上述調查中，筆者試圖確定與調查者認為「陽光公關」15條原則中哪些最能反映卓越公關的特徵，並依權重作出排序。

首先，要求與調查者從這 15 條原則中選出 3 條最為重要且最為相關的原則。其次，要求與調查者在他們認為最為重要的原則前寫上「3」，在第二重要原則前寫上「2」，在第三重要原則前寫上「1」。筆者首先將與調查者選擇並且按照重要性進行排序的原則按照次數進行總結，隨後，將每個原則根據選擇次數和給定的分數，計算其重要性（例如，如果某一條原則被 2 次選擇為最為重要的原則，那麼，其重要性則為：3x2= 6）。表 15.2 最後一列為每一項原則的重要性總分。

依此步驟調查所產生的數據及分析，顯現出一些有趣的發現。

如表 15.2 所示，從相關性和重要性的排序來看，得分最高的原則為「公共關係應包含情感，強調建立信任，提高與利益相關

表 15.2　按「感知重要性和關聯性」排序

| 原則 | 被選為第一重要原則的次數 | 被選為第二重要原則的次數 | 被選為第三重要原則的次數 | 位列前三的總次數 | 總分 |
|---|---|---|---|---|---|
| 以公共關係為核心 | 54 | 15 | 25 | 94 | 219* |
| 公開性 | 35 | 40 | 26 | 101 | 211* |
| 美德性 | 27 | 35 | 42 | 104 | 193 |
| 社會性 | 15 | 21 | 17 | 53 | 104 |
| 倫理性 | 23 | 25 | 21 | 69 | 71 |
| 情感性 | 39 | 45 | 31 | 115 | 238* |
| 戰略性 | 24 | 26 | 20 | 70 | 144 |
| 對話性 | 24 | 28 | 24 | 76 | 152 |
| 協力廠商立場 | 16 | 11 | 12 | 39 | 82 |
| 真實性 | 8 | 20 | 19 | 47 | 83 |
| 輿論性 | 23 | 40 | 51 | 114 | 200 |
| 戰術性 | 28 | 31 | 27 | 86 | 173 |
| 民主性 | 26 | 12 | 24 | 62 | 126 |
| 管理職能 | 8 | 4 | 7 | 19 | 39 |
| 倡導美的價值 | 4 | 1 | 8 | 13 | 22 |

者長期關係的品質，同時積累社會資本」。此外，這一原則在與調查者所選擇的最為重要的 3 條原則中也位居第一。而這一原則也是唯一在「認同程度」和「感知重要性和相關性」表格中均排名前三的原則。值得強調的是，這一巧合確實較為肯定地反映出中國卓越公關的獨特特徵，與卓越公關理論略有差異。如上所述，在公共關係從業人員和教育工作者看來，包含情感的公關實踐意味着「組織在與利益相關者建立信任關係時需要長期的而非一次性或短期的承諾，同時應把利益相關者看作平等的夥伴」。訪談也大致反映了如此的觀點（訪談，2016a；2016b；2016c；2016e；2017f；2017g；2017j；2017h）

　　在進一步探究為什麼這一原則在認同程度和重要性方面均十分突出時，筆者從深度訪談中也發現了一些有見地的答案。一位受訪者（訪談，2017g）指出：「在中國經濟快速增長的這四十年

裏，許多組織和企業喪失了願景/使命，也因此迷失了方向；他們過分重視短期收益，只看到投資回報、利潤率、創收等，而忽視了信任、忠誠、誠信等團結一切的核心價值觀。」這位受訪者進一步解釋説：「通常，獲取短期利益的代價是失信於民，因為組織會試圖隱瞞信息、作弊或使用一些不道德的方法。因此，公眾會高度懷疑組織行為，進而妨礙組織和利益相關者之間建立互惠互利的關係。失去這種關係，組織就很難做到高效。沒有信任，不管你的策略或戰術再好，你都將舉步維艱。」

這一結果雖然只是初步的發現，但它至少暗示了公關從業人員及教育工作者對卓越公關的看法和態度發生了一些變化。在他們看來，卓越公關的核心應是基於承諾和情感建立信任，而不僅僅是為了利益達成理解或建立關係。

從與調查者的選擇看，第二得分最高的原則是「公共關係以公眾關係為核心，而不是私人關係。因此，任何公關決策都應該以公眾為導向，服務於公眾利益，而不是個人利益」。同樣值得注意的是，這一原則並不是卓越理論的組成原則，這也部分地顯示了中國公關活動的另一個獨特特徵。

組織間或人與人之間強調和注重「私人關係」，一直是東方文化、尤其是中國傳統文化的核心，由此極易衍生出的「搞關係」即強調與他人建立非官方關係，雙方在互動中確立義務和恩惠，從而據此關係享受特權(Chen & Culbertson, 1996)。這就是為什麼許多中國人會把公共關係和私人關係混為一談。而通過「搞關係」這一定義，我們至少可以確定將公共關係和私人關係區分開的兩個重要理由：一是建立關係的目的，二是建立關係的方式。

同時，與調查者似乎也認為要想實現卓越公關，公共關係應該以公眾的利益和福祉為核心，應該與公眾建立關係，而不能單純的考慮個人或機構的利益，只與個人或機構建立私人關係。

這樣的觀念和認知，顯然與中國傳統價值觀不同，但對於中國公關行業的發展確實是個福音。兩位接受訪談的公關教育者

解釋道（訪談，2016a，2017i）：「公共關係剛進入中國時，人們認為公關活動強調要建立的關係主要為私人關係。當然，更有效的公關活動也依賴於更好的個人關係，」但是，這樣的傾向會腐蝕中國的公關實踐。為此，其中一位受訪者指出，「我們必須糾正過分強調個人關係建設這一錯誤做法，要不然以後公關在中國根本不可能被認可為一門職業，也就更談不上什麼卓越公關了」（訪談，2017i）。

按照最重要和最相關的原則，排名第三的是「公共關係強調公開性，通過雙向溝通促進信息透明化」。無疑，這一原則與卓越公關原則相吻合。在西方，公共關係從一開始就部分地源於美國企業和機構管理勞資關係的實踐，在這一過程中形成了信息公開和雙向溝通的原則。在內部溝通中，管理首先需要在信息上公開，在管理上透明，並逐步從單向溝通轉向雙向溝通，而雙向溝通則更加有助於促進管理層與員工之間建立良好關係，從而幫助企業樹立良好的公眾形象。

出乎筆者意料的是，絕大多數中國內地的公關從業人員和教育工作者都認可了「公開和透明」在中國卓越公關實踐中的重要性。一些受訪者認為透明幾乎關乎企業生死存亡。正如一位受訪者所言（訪談，2016e），「無論發生什麼事情，無論其性質好壞，一個組織都必須採取合法措施，以開放、誠實和透明的方式與公眾進行溝通，以建立信任。此外，隨着新媒體和社交媒體的興起，我們幾乎不可能掩蓋任何事情，因此倒不如採取公開透明的方式，一勞永逸。」這表明有效和卓越的公共關係必須遵循「公開」和「透明」的原則，無論是在發達的西方，還是在發展中的中國。

## 五、啟示與意義

在西方公共關係學術界普遍推崇的卓越理論的指導下，是項研究首先依據現存關於中國內地公共關係活動的研究確定並

解釋了一些與其公關實踐和研究相關的必要原則，從而形成陽光公關分析框架。然後，通過對中國內地的公關從業人員和教育工作者的問卷調查和深度訪談，檢驗陽光公關原則是否適用於中國公關活動，並試圖解析卓越公關的普遍意義和本土特徵，繼而考察中國公關研究是否在引入、借鑒和調和西方公關理論的演進過程中在向本土化方向轉化。

　　這項研究雖然只是初步探析中國學者提出的陽光公關原則，但卻產生了一些富有啟發的發現。首先，中國內地的公共關係從業人員和教育工作者對基於西方——特別是美國——所衍生的卓越公關理論的構成要素方面表現出了較大程度的認同，如「公開、透明」原則，這充分表明西方的公關實踐和學術研究在過去三十多年對中國公關實踐和研究所產生的深遠影響；其次，研究結果也明確表明，由於東西方社會、經濟、政治和文化體系的差異，以及中國改革開放所形成的現代化發展階段的不同，西方的公關理論似乎不足以充分或完全解釋、指導中國的公關實踐和研究，因此，這就要求研究當今公共關係活動的學者更加關注中國公關相比於西方公關的特徵，以期逐步形成具有中國特色的公關理論原則；　再次，陽光公關衍生於卓越理論體系，在目前階段充其量只是對卓越公關的有益延伸。最後，從理論體系所要求的的嚴謹性和完整性上看，陽光公關尚處於提出基本假設階段，尚待在反覆檢驗的過程中不斷完善，例如中國內地、台灣、香港和澳門社會經濟體制各異，現代化發展也處於不同階段，公共關係領域的發展也不盡相同，而正是由於這些差異，這個地區應為陽光公關的下一個理想驗證平台。無疑，公共關係在中國的實踐不僅為公關國際化、全球化提供了理論深化的檢驗平台，也為關注研究理論創新的中國學者指引了公關本土化甚或體系轉化的方向。

# 參考文獻

秦禕（2012）。〈呼喚中國式卓越公關〉，《現代裝飾（理論）》，156–158頁。

張明新、陳先紅（2014）。〈中國公眾公共關係認知現狀的調查與分析〉，《國際新聞界》，第2期，42–57頁。

張明新、陳先紅、賴正能、陳霓（2014）。〈正在形成的「認知共同體」：內地與台灣公共關係從業者職業認知比較研究〉，《新聞與傳播研究》，第2期，35–55頁。

訪談（2016a）。對公關公司公共關係從業人員，2016年11月18日，上海。

訪談（2016b）。對國企公關部公關從業人員，2016年11月18日，上海。

訪談（2016c）。對外企公關部公關從業人員，2016年11月19日，上海。

訪談（2016d）。對大學公關專業教師，2016年11月19日，上海。

訪談（2016e）。對大學傳播學專業教師，2016年11月20日，上海。

訪談（2017f）。對公關公司公共關係從業人員，2017年6月3日，廣州。

訪談（2017g）。對國企公關部公關從業人員，2017年6月3日，廣州。

訪談（2017h）。對外企公關部公關從業人員，2017年6月21日，深圳。

訪談（2017i）。對大學公關專業教師，2017年6月21日，深圳。

訪談（2017j）。對大學傳播學專業教師，2017年6月22日，深圳。

郭惠民（2006）。〈卓越公共關係在中國〉，《國際公關》第5期，40頁。

陳先紅（2006）。《公共關係生態論》。武漢：華中科技大學出版社。

陳先紅（2009）。《現代公共關係學》。北京：高等教育出版社。

黃懿慧、呂琛（2017）。〈卓越公共關係理論研究三十年回顧與展望〉，《國際新聞界》，第5期，129–154頁。

Chen, N. (1994). Public relations education in the People's Republic of China. *Journalism Educator, 49*(1): 14–22.

Chen, N. (1996). Public relations in China: The introduction and development of an occupational field. In H. M. Culbertson, & N. Chen (Eds.), *International Public Relations: A Comparative Analysis* (pp. 121–153). Mahwah NJ: Lawrence Erlbaum Assoc.

Chen, N., & Culbertson, H. M. (1996). Guest relations: A demanding but constrained role for lady public relations practitioners in mainland China. *Public Relations Review, 22* (3): 279–296.

Chen, N., & Culbertson, H. M. (2003). Public relations in Mainland China: An adolescent with growing pains. In K. Sriramesh, & D. Verčič (Eds.). *The Global Public Relations Hand Book: Theory, Research, And Practice* (pp. 23–45). Mahwah, NJ: Lawrence Erlbaum Associates.

Grunig, J. E. (1992). *Excellence in Public Relations and Communication Management.* Hillsdale, NJ: Lawrence Erlbaum Associates.

Grunig, J. E. (1994). Implications of Public Relations for Other Domains of Communication. In M. R. Levyand M. Gurevitch (Eds.), *Defining Media Studies: Reflections of the Future of the Field* (pp. 172–181). New York: Oxford University Press.

Grunig, J. E. (1997). A situational theory of publics: Conceptual history, recent challenges and new research. In D. Moss, T. MacManus, & D. Verčič (Eds.), *Public Relations Research: An International Perspective* (pp. 3–48). London: International Thomson Business Press.

Grunig, J. E. (2009). Paradigms of global public relations in an age of digitalisation. *PRism*, 6(2): 1–19.

Grunig, J. E., & Hunt, T. (1984). *Managing Public Relations.* New York: Holt, Rinehart & Winston.

Grunig, J. E., & Jaatinen, M. (1999). Strategic, symmetrical public relations in government: From pluralism to societal corporatism. *Journal of Communication Management*, 3: 218–234.

Grunig, L. A, Grunig, J. E., & Dozier, D. M. (2002). *Excellent Public Relations and Effective Organizations: A Study of Communication Management in Three Countries.* Mahwah, NJ: Lawrence Erlbaum Associates.

Grunig, L. A., Grunig, J. E., & Vercic, D. (1998). Are the IABC's excellence principles generic? Comparing Slovenia and the United States, the United Kingdom and Canada. *Journal of Communication Management,* 2: 335–356.

Huang, Y. H. (1997). Public relations strategies, relational outcomes, and conflict management. Unpublished doctoral dissertation, University of Maryland, College Park.

Huang, Y. H. (2000). The personal influence model and gao guanxi in Taiwan Chinese public relations. *Public Relations Review, 26*(2): 219–236.

Kaur, K. (1997). The impact of privatization on public relations and the role of public relations management in the privatization process: A qualitative analysis of the Malaysian case. Unpublished doctoral dissertation, University of Maryland, College Park.

Kenny, J. (2017). Excellence theory and its critics: A literature review critiquing Grunig's strategic management of public relations paradigm. *Asia Pacific Public Relations Journal, 17*(2): 78–91.

Kent, M., & Taylor, L. M. (2017). Beyond excellence: Extending the generic approach to international public relations, the case of Bosnia. *Public Relations Review, 33*: 10–20.

Laskin, A. (2012). Public relations scales: Advancing the excellence theory. *Journal of Communication Management, 16*(4): 355–370. https://doi. org/10.1108/13632541211278996

Lyra, A. (1991). Public relations in Greece: Models, roles and gender. Unpublished Master's thesis, University of Maryland, College Park.

Rhee, Y. (1999). Confucian culture and excellent public relations: A study of generic principles and specific applications in South Korean public relations practice. Unpublished master's thesis, University of Maryland, College Park.

Rhee, Y. (2003). Global public relations: A cross-cultural study of the excellence theory South Korea. *Journal of Public Relations Research, 14*(3): 159–184.

Schmitz, K. L. (2014). "NO ON 26" and @MS4HealthyFams: A study of excellence theory public relations in the magnolia state. *Honors Theses*. Paper 214. https:// aquila.usm.edu/honors_theses/214

Sriramesh, K. (1991). The impact of societal culture on public relations: An ethnographic inquiry of south Indian organizations. Unpublished doctoral dissertation, University of Maryland, College Park.

Thurlow, A., Kushniryk, A., Yue, A. R.. Blanchette, K., Murchland, P., & Simon, A. (2017). Evaluating excellence: A model of evaluation for public relations practice in organizational culture and context. *Public Relations Review, 43*(1): 71–79.

Vercic, D., Grunig, L. A., & Grunig, J. E. (1996). Global and specific principles of public relations: Evidence from Slovenia. In H. M. Culbertson & N. Chen (Eds.), *International Public Relations: A Comparative Analysis* (pp. 31–65). Mahwah NJ: Lawrence Erlbaum Associates.

Wakefield, R. I. (2007). A retrospective on world class: The excellence theory goes international. In E. L. Toth (Ed.), *The Future of Excellence in Public Relations and Communication Management: Challenges for the Next Generation* (pp. 545–568). New Jersey: Lawrence Erlbaum Associates, Inc.

# 結 語

　　中國公共關係研究方興未艾。公共關係在中國的快速成長，無論是作為一個現代行業，還是作為社會科學的一門學科，無疑是中國四十年改革開放所創造的一個令人矚目的成就。本章再次檢視本書的研究議題，概述西方公關的概念、理念、模式、理論和思想在中國內地演進的特徵及與中國公關的實踐相調和或是否得以轉化的意義，同時討論一些仍在爭論中、尚待不斷完善的公共關係理論、研究方法或範式，並展望在可預見的未來中應受到中國公關學者和從業人員予以關注的理論和實踐領域和議題。

## 一、檢視研究議題、結果與意義

　　針對中國內地引入並接納了源自西方的公共關係、並經三十餘年將其發展成具本土特色的現代行業和教研體系的現象，本書以回顧和反思公共關係在中國內地第一個三十年的實踐探索和成長模式，及以此檢驗西方公關理論和假設的可靠性和適用性為研究目的，採取了長焦距、寬橫面和多交點的方法，探索了西方的公共關係概念、理念、模式、理論和思想在中國內地的演進(E)、與中國實踐的調和(R)及可能產生的轉化(T)，形成了一些對公共關係研究有啟示的結果。

首先，背景（Context）自始至終突顯為一個重要的變量。上個世紀後半葉，隨着二戰後主宰了世界政治、經濟、社會和文化的冷戰（Cold War）以蘇聯解體而結束，以所謂「歷史終結」者美國為領導的西方世界強化了全球化在世界範圍內——特別是在「鐵幕」後的非西方國家——的全面推進（Fukuyama, 1989），成為中國與西方和現代化接軌的一個全球背景。作為社會主義陣營一員的中國，在鄧小平等第二代領導人的帶領下，確定了對外開放、對內改革的戰略方針，給世界和中國帶來了史無前例的機遇和挑戰，這是中國融入世界的一個國家背景。

中國內地改革開放的一個主要初衷是轉型經濟體制，以建設「社會主義市場經濟」；於是，一切有助於市場經濟構建的西方理論和思想奪門而入。如管理、行銷、投資、廣告等多經歷的，公共關係也正是在這個背景中被引入中國內地。經濟變革的不斷深入必然帶動了政治制度、行政機制、社會管理和媒體生態（包括傳播新技術）的變遷，而所有這些領域的變化既推動、也制約了公共關係在中國內地的演進和轉化，成為中國公共關係發展的制度背景。

其次，公共關係在中國內地演進的過程展現了符合西方學術界所預期的擴散和認知曲線（Diffusion and Learning Curve）。正如創新擴散理論所預測的，中國公共關係的引入、擴散及發展歷程，與其他源於西方的理念一樣，首先落地於以改革開放前沿廣州為中心的南部沿海地區，隨後擴散至中國的經濟和政治中心上海和北京，最後向內陸如南京等二線城市發展，隨着新生事物的不斷擴散，內陸城市最終也迎來難以抗拒的變化。再如人們對作為新生事物的公共關係概念和職能的認識或認知也經歷了從淺顯到深刻、從片面到全面、從疑惑甚或誤解到客觀和理智評價的過程。其間，年齡和受教育程度顯現為影響人們對公共關係的認知和態度的重要因素，受過大學教育的年輕人更易擁抱公關，支持改革開放並投身其中的精英們也更易接受公關。這種認知上的特徵基本驗證了創新擴散理論對接受新事物規律的描述和假設（Dearing, 2009; Seeger & Wilson, 2019）。

　　中國內地公關教育體系的形成和演變也是如此。高等院校層面的公關教育在上個世紀八十年代末至九十年代初得以迅速擴張，大致也是按照從改革開放的前沿地區（廣州、深圳）向經濟政治中心上海北京再向內陸城市擴散的軌跡。但如西方發達國家一樣，中國公關行業和職業所遭遇的負面身份／形象認知困擾制約了公關教育的健康發展，導致在教師資質認定、課程設置、教學法運用和教與學的創新等方面，較之於西方國家更多地受到本土傳統和保守的教育體制和機制的制約。例如，絕大多數公關教師不具備新聞傳播和公共關係專業的系統學習和培訓資歷，僅能依據西方的教科書在中國的課堂現學現賣，難以組織與中國實踐的真實場景相契合的教學專案。中國內地公關教育雖仍落後於公關行業的快速發展，但近期在師資質素、教材編寫、案例研究、教研結合、新媒體利用等方面已經取得明顯的進步。

　　再次，西方的公關理念、理論和原則在與中國實踐中部分地得以驗證，有些相調和度較高，有些則較低甚至無明顯的可調和性。

　　就企業公關而言，中國內地企業的內部／員工溝通與企業有效性之間的正相關關係，遠比西方國家企業更為顯著，驗證了「卓越理論」的核心觀點——即應將公共關係的戰略管理職能納入包括內部溝通等日常運營中——的合理性，儘管中國內地企業的內部仍限於單向非平衡模式。中國內地女性公關從業者在職位定義和男性同事刻板印象的雙重限制下，使得應酬客戶佔據了她們比擔負其他角色更多的時間，這與西方的「角色理論」的描述基本相符，但她們傾向於關注客戶應酬角色與公關促進者這一管理角色之間的共通之處，即：能夠深度觀察客戶的策略性思考、觀點及特徵，並將其觀察形成系統分析並向管理層提出建議的能動性，卻超出了西方角色理論解析範圍。對中國內地的華為和香港的中電企業社會責任公關策略和措施的分析幾乎完全驗證了西方「CSR公關」原則要求的可靠性和適用性，如：須將長期的CSR戰略建立在企業與社會的價值觀同步的核心價值基礎上，並充分融入企業文化中，以形成集體認同。關於「訴訟公

關」議題的考察也是如此：由於訴訟往往涉及了企業或機構近期和中長期的重大利益，對其管理必須是一種戰略性、決策性的管理過程，只有賦予訴訟公關戰略決策和管理的地位，才能為訴訟、為企業保駕護航。

就政府公關而言，本書研究的結果表明，「對話理論」在中國內地政府健康傳播中的適用性僅得到部分驗證：儘管進城務工人員希望衛生體系政府官員採用對話傳播的方式與他們交流，而衛生體系政府官員也有意願參與對話，但對話傳播意願高僅為有效實現對話傳播的潛在可能，並不能排除存在於兩者結構及行為方面的制約因素影響，故顯示了對話理論的局限性。公關「制度化」的理論要求在中國政府設立和建設新聞發言人制度的實踐中大部分得到滿足，如將政府公關納入戰略性管理中，在信息發佈中強調雙向平衡傳播，及建立政府公關人才專業培訓機制等。但是，中國內地政府公關制度化的演進所體現的規範化和機制化，在推動制度化方面的作用似乎未能受到西方公關制度化理論倡議者的關注，研究兩者之間的相關性（可能是正面的，也可能是負面的）應具理論深化的意義。中國政府針對汶川大地震的危機傳播策略和措施大多體現了西方危機公關的理論及方法的影響，即：展現了危機公關的戰略功能，也強化了政府公關的合法化。值得注意的是，中國政府危機傳播在從非對稱向同時包含雙向對稱和雙向非對稱兩種模式的混合模式公關的方向演進，成為可能是適合現階段中國國情的一種最佳模式，即「本土特色」。中央和地方政府針對新疆暴亂的危機公關活動僅少部分地驗證了「情境危機傳播理論」的可靠性和適用性。如：中國危機公關人員的傳播動因始終是他們對危機威脅政府聲譽的認知，但他們並未將危機定性為情境危機，也未能對聲譽威脅程度進行分析和評估，與此同時卻強化了危機責任的傳播。這種不平衡似乎是該情境危機傳播理論難以解釋和化解之處。中國政府推動北京奧運會、上海世博會和廣州亞運會這三次大型國際活動品牌化的動因、策略和措施，驗證了國家形象傳播的理論假設，即：國家與政府之所以投入大量的公共支出去爭取

國際大型活動的主辦權，是因為活動的正面形象可以轉移為主辦國家和政府的正面形象；但中國案例還表明，中國政府舉辦大型國際活動也有向國內民眾展現其政權和領導合法性的隱含動因，而且民眾的活動涉入度或參與度與其對大型活動的看法以及對主辦國家及政府的看法呈現正相關。此發現在西方國家的類似研究中尚未出現。

最後，本書展現了西方公關的概念、理念、模式、理論和思想在中國內地演進的特徵，以及與中國公關的實踐調和性和局限性，但尚難以確定西方的公關理論體系是否在中國內地得以轉化。即便是對從卓越公關向陽光公關轉化的初步探析，也只是表明：中國內地的公關從業人員和學者對卓越理論的構成要素和原則具較大程度的認同，同時也認為卓越或其他西方理論不能充分或完全解釋、指導中國的公關實踐和研究，故存在推出本土特色的理論——如陽光公關——的迫切性和可能性，但這一研究動態充其量只是對卓越理論的延伸，尚未達到轉化的程度。這就要求中國公關學者須在細緻地研究西方公關理論的深刻內涵和發展趨勢的基礎上，更加客觀和嚴謹地探討中國公關相比於西方公關的特徵及西方理論未及相調和的原因，以期逐步形成具有中國特色的公關理論和範式。

## 二、公共關係研究趨勢

公共關係研究歷經半個多世紀的發展，雖經過不同階段的陣痛，已然逐步自成體系，使得公共關係學科大致成為一個有理論支撐、研究邊際清晰、應用特色鮮明的學術領域。愈來愈多的具有傳播學或其他相關學科背景的學者從不同的視角研究公關議題，對公關學科在身份認同、世界觀、理論及範式方面進行系統性的思考和客觀的科學分析。這些努力對公共關係研究體系的有序整合與建構無疑具有正相關性(Botan & Taylor, 2004; Heath, 2001; Pasadeos, Berger, & Renfro, 2010)。

　　然而，就公共關係研究的發展趨勢而言，四個重要方向與面臨的挑戰值得注意。首先，公共關係研究正在由「個體」向「整體」發展。應該說，現存的公關理論不乏具有描述、分析、推斷公共關係某個方面（如角色作用、信息處理、危機管理、議程設置、效率評估等）的成果，但如何建構一個能夠解析公關的整體社會屬性的理論體系仍將是公關理論工作者所面臨的最大的挑戰之一（Heath, 2006, p. 110）。正如 Grunig（2006）指出，一個成熟的公關理論必須能夠：(1)解釋公關對組織、公眾和社會的價值與貢獻；(2)解釋公關對戰略管理不同於其他管理職能（如行銷）的特殊作用；(3)提出能夠指導公關管理者實施戰略管理的具體技巧；(4)解釋關係構建在公關策劃和評估中的關鍵作用；(5)區分不同的傳播模式並解釋什麼策略才是發展公眾關係的最佳策略；(6)將倫理與道德納入公關的戰略作用中去；(7)解釋公關理論如何在全球範圍內適用（pp. 153-4）。

　　其次，公共關係研究正在由「單面」向「多面」發展。隨着公共關係的發展趨向於全球化和戰略化，傳播技術以驚人的速度發展和普及乃至強烈地改變公關的行為，當代公關實踐衍生出愈來愈多的新議題和新層面，如：對新媒體、大數據的運用，關係管理、信任的構建等已成為公關研究的重點；危機傳播和管理之重要性愈來愈凸現；訴訟公關已粉墨登場；政府公關從來沒有顯現如今的重要性；環境保護、公共衛生、能源利用、工業安全等正在成為全球範圍內公關的新問題。現代公關的理論模式已無法僅局限於與公眾的關係建立上，一個旨在探索公關多層面、多類別、並指導多種文化背景中實踐的研究體系必將呼之欲出（Flynn, 2006）。可以預見的是，儘管「多樣化」要求將繼續表現出強勁的影響力，由於「深度比較方法」在公關理論研究中得到更為廣泛地運用，愈來愈多的具有「普遍適用」意義的理論原則將會得到更加令人信服的比較驗證。

　　再次，作為一個學術領域，公共關係研究正在朝着跨學科、多領域、方法整合的方向發展。誠然，公共關係理論能夠單獨自成一派者寡，當中有很多實際上是借助了其他學科和領域的理

論或分析框架,不單來自傳統的學科如社會學、行為科學、心理學及哲學,也來自新發展的研究領域,如修辭、性別、倫理及傳播研究等方面。此傳統令理論研究得以延續,而且更具挑戰性,可以預期跨學科性質的理論發展趨勢將會持續發展下去(Toth, 2006)。例如,由 G. M. Broom 提出的「開放系統研究」(Open-system Approach)設想──基於現存公關理論以外(如管理學、社會學、心理學、符號學、族群研究)的研究成果,確定了一個相容性強並帶有普遍意義的研究課題(如角色設定和戰略設計等),也提出了一個包含長期觀察和不間斷測試的研究計劃。如果得到實質意義上的回應,公關理論的研究一定能夠獲得跨越性的提升(Broom, 2006)。

最後,公共關係研究一直在致力於建立獨立的、特色鮮明的理論與研究體系。公共關係的理論發展,至今仍大量依靠方法複製及理論核實,缺乏獨創性及與現實世界中理論實踐之間的緊密結合。如何運用更為科學的方法,顯然是公共關係產生自身具有獨特性理論的一個關鍵(Broom, 2006)。為此,愈來愈多公關理論工作者用更加嚴謹的態度思辨公關的理論議題、設計公關研究的研究體系、檢測實證方法的客觀性。例如,Grunig 在上個世紀九十年代末就提出,如何使公共關係的戰略性管理功能「機制化」,應該成為公關理論研究的下一個攻關目標和「突破口」(Grunig, 2006)。根據他的解釋,一個公關機制化的理論模式能夠真正將公關與其傳統的附屬、邊際、支撐和連結功能區隔開來。至此,已有學者從事這方面的研究(Chen, 2009; Gruing, 2011),無疑,更多的研究結果將指日可待。

儘管在過去的數十年裏新的公關理論和假設層出不窮,但公共關係研究仍舊呼喚出現一個或數個具奠基意義、整合功能和發展空間的「主旨理論」(Unifying Theory)。究其原因,不難發現:一些公關學者們似乎過於執着地研究某個單一的理論議題而忽略了對其他理論的關注;當不少公關學者僅滿足於在某個時期、某個視角(如卓越理論)的主導中推進學術研究而放棄研究範式的探索時,公關理論發展的空域便日趨狹隘,研究的動力

也趨於呆滯。據此，滋養、促進、保持和保護一個生機勃勃的、不斷變化的、具有深刻挑戰性的公關理論探索生態，尤為重要。

## 三、公共關係研究方法創新

任何一門成熟的學科不僅需要有其相對獨立及邏輯完整的理論體系，還須有一套相應的研究方法或範式。雖然公關學者通過多年摸索和不斷整合已形成一套適用於研究公共關係的方法，但相對於同期的其他行為學科如經濟學、社會學等，公關研究在方法的使用上仍在一致性、協調性和完整性等方面存在着不足。無論是質化（定性）還是量化（定量）研究，均不同程度地受到其強大的專業應用性和跨學科、融學科特點的制約，尚待形成一套對公共關係更具適用性和學科性的研究方法或範式。

與公關研究範式、學派不斷發展的階段性成果相比，公共關係的研究方法相對滯後，仍面對認知與實操等方面的挑戰，繼而影響了公關研究總體發展的進程。

迄今，公關研究的方法大致可分為經驗法、實驗法和測驗法。學者通過這些方法來總結、概括及驗證相關理論，探討公共關係活動內在規律。與其他人文及社會科學領域的研究者一樣，公關學者也採用質化/定性或量化/定量的研究方法。最常用的質化研究方法包括但不限於訪談、焦點小組討論、民族志和話語分析；量化研究方法則為實驗、問卷調查和內容分析，主要是利用觀察或獲取的數據去測試一些普遍的法則，並在測試結果的基礎上提出系統而簡潔的理論假設。量化研究通常追求實證研究範式從而具備客觀性和普遍性；而質化研究被認為是解釋性研究範式，但同一研究同時使用量化和質化混合方法的案例也屢見不鮮。

然而，如何創新公關研究方法以建構相對獨特的研究體系，至今仍面臨挑戰和在方法上創新和拓展的可能。

　　挑戰之一是如何跳出實證主義的束縛。Yao (2017)提出須重新思考公關研究的科學性。他認為首先須區隔科學研究(Science Research) 和科學性研究(Scientific Research)，即：由於科學研究是以追求客觀真理為最終目的的科學哲學觀，要求過程及手段均符合科學研究標準的研究才具科學性；但不少研究者將針對人類社會及行為的所有研究定義為科學研究，且以衍生於科學哲學觀的實證主義範式作為衡量科學性的唯一標準，忽略了如人文、藝術、歷史、哲學等非科學性研究方法，導致方法的片面和視角的局限。

　　鑒於此，公關研究者應避免傳統社會科學關於實證主義和非實證主義爭論的約束，大膽借鑒人文領域日趨成熟的研究方法，如歷史敍事、話語分析、田野調查等。

　　挑戰之二是公關研究如何接受實用主義的哲學觀。實用主義雖起源於美國，但由胡適引入中國。實用主義的核心是以任何事物及行為對人類生活產生的價值為標準確定其存在的意義；實用主義者不認為學術研究的最終目的是探索、發現及描述真理，而是在認知現實的基礎上改變和創造現實；實用主義認為理論只是對行為結果的一種假定，其價值在於能否有效指導行為(Peirce, 1992)。

　　從學理上看，公關研究雖受到新聞傳播學理論體系的影響，但更接近於管理學、工程學及其應用性學科。例如，就公關效果檢測而言，管理學和工程學常用的系統論和標準化研究方法似乎更為適用。

　　挑戰之三是如何充分利用跨學科特點引進前沿新興學科的研究方法。公關研究的學術觸角十分廣泛，除了新聞學、傳播學、廣告學、設計學外，還涉及社會學、心理學、管理學、經濟學、語言學、哲學、政治學、行為學、文化研究等基礎和應用性學科，公共關係學具有應用性、交叉性和融合性。這是公關研究的挑戰，也是優勢。

　　如果不拘泥於科學研究的範式，公關研究者便可不再局限於量化或質化的二元對立，而是遵循「拿來主義」，即：無論屬於哪種範式，只要能更好的解決研究問題，即為最好方法。堅持開放性、實用性和融合性，研究者便能充分利用公關研究跨學科的特性以創新性地引進相關學科的研究方法(Yao, 2017)。

　　挑戰之四是公關研究如何充分利用網絡技術、數據科學甚至人工智能(AI)科技等工具開發研究方法。Turnbull (2003) 提出公關研究應該更關注網絡分析法等前沿學科的發展，嘗試其成熟的研究方法。Himelboim, et al. (2014)也認為公關學者可利用社交網絡的分析方法來更好地研究公眾和企業組織之間相互依存的關係，以及公關信息對維護這種關係所起到的融合劑作用。

　　近年來，信息和傳播技術突飛猛進，其尖端的研究工具對公關研究者而言已非遙不可及。隨着網絡數據採擷和分析在輿情、市場、行為、社會心理分析和預測等研究領域廣泛應用，公關研究主動依靠大數據已是勢在必行。如在公關傳播效果的研究中採用網絡數據採擷、文本數據分析、人工智能技術，對海量傳播信息進行廣泛、客觀、及時、系統的分析將不再是個難題(Yao, 2017)。

　　隨着大數據分析已快速被大眾傳播、社會心理、市場預測、組織行為等研究領域廣泛應用，這些基於飛速發展的信息技術工具對於公關學者而言無疑具有極高的價值。例如在公關傳播效果的研究裏，如何客觀、即時、系統地對海量傳播信息進行處理始終是一個極具挑戰的難題，而網絡數據採擷、大數據分析、人工智能類比等一定是攻克此難題的有效工具。如果公關學者能充分利用其跨學科研究視野的優勢，積極主動地借鑒應用科學領域的研究方法和工具，公關研究的理論與實用價值的提高指日可待。

# 四、中國公關研究的拓展

中國公共關係研究經歷了從觀念啟蒙與理論引進的初級階段和構建中國特色公關學術體系的成熟階段，如今進入了推動學術範式創新的新階段。可以預期的是，隨着中國公共關係實踐愈來愈廣泛，公共關係學者的研究觸角也會愈來愈深入，中國經驗一定會催生中國特色的公共關係研究體系。

中國公共關係研究已經具備了依據中國特色的公共關係實踐和研究嘗試學術創新的必要條件。如果說「卓越理論」主導了國際公關學術界的理論探索，中國公共關係研究似可在其基礎上，拓展自身的研究領域和學術範式。根據筆者的觀察，中國公關研究至少在如下三大領域有所作為。

首先，中國公共關係研究可著力於政府公關研究。政府始終是中國改革開放和社會變革的主導者、推動者和護航者，其在中國現代化進程中所發揮的巨大作用是其他任何要素無法比擬的，也是世界其他國家或地區難以比肩的。中國政府採取公共關係作為對內對外傳播和溝通的時間並不長，經驗也不足，但發展的空間巨大。

如服務於國家形象建設和公共外交的中國政府對外傳播可包括（但不限於）：

(1) **「一帶一路」戰略傳播**——作為中國當前和今後一段時間公共外交的一個重要工作，中國政府亟需通過戰略傳播和整合平台，構建和加強與「一帶一路」目的國、沿線國以及與國際社會（特別是協力廠商合作國）的溝通，說好「中國故事」（陳先紅，2013）。中國公關學者有必要探索其活動、模式、機制等特徵以及與西方倡導和實施的戰略傳播的差異。

(2) **國際組織和全球治理傳播**——經過四十年的改革開放，中國已經深度融入世界，從最初是經濟全球化的受益者逐步成為全球化的參與者和推動者。隨着中國國際

影響力的極大提升，中國在參與全球治理和為國際社會提供「公共產品」時需要中國聲音、中國方案和中國規則。為此，中國政府針對國際組織（包括政府和非政府組織）的公共外交傳播將進一步形成體系、突顯特色，其過程與結果值得中國公關學者潛心研究。

(3) **中國跨國企業公關**——中國企業（央企、國企和民企）走出去已勢在必行，其跨國業務的落地和可持續發展需要比較公共關係保駕護航。近期中國多家跨國企業遭遇美國和西方國家的打壓便是一例。此方面進行深度研究的空間和意義極大。

如服務於國內社會變革、推動民生建設和改善公共服務的中國政府（中央和地方）對內傳播可包括（但不限於）：

(1) **扶貧公關**——新時代的中國政府和社會正在進行一項劃時代的歷史工程——減少貧困人口。經數年的努力，政府和社會在與貧困群體就如何脫貧致富進行溝通上已經形成整合傳播的路徑和方法，但系統研究者甚寡。

(2) **綠色公關**——中國現代化在不斷深入的過程中，業已將綠色或可持續發展作為經濟提升和社會進步的核心價值，政府和社會在遏制破壞環境和生態行為、促進綠色產業發展和培養全民綠色意識等方面已經實施了大量的公關活動，採取了大量的公關措施，但對此重大議題進行研究的成果不多。

(3) **教育公關**——中國的教育事業關乎國計民生，教育的體制與機制改革勢在必行。可以預見的是，一些重要政策領域如高考制度改革、基礎教育重建、職業教育推廣、高等院校機制變革等，均要求各級政府的教育行政管理部門和教育機構運用公共關係加強和社會各界的溝通，這必將為中國公關學者的研究打開一扇機遇的大門。

(4) **禁毒戒毒公關**——根據《2018中國毒品形勢報告》，2018年，中國現有吸毒人數雖首次出現下降，但仍達240.4萬名，佔全國人口總數的0.18%（人民日報，2019）。中國政府

和社會禁毒的決心極大，將打擊、防範和教育相結合，為此，服務於禁毒戒毒的政府公關活動已然成為各級政府公關傳播的重要工作，但公關學者對此重大議題的研究尚顯不足。

(5) **健康傳播**——隨着中國人生活水平的大幅提高，健康已經並將持續成為各級政府必須面對一個重大的民生議題。作為社會主義制度優越性的一個重要體現，中國政府已經並將持續改革和優化健康公共服務，如醫療保險、醫藥改革、重大傳染（愛滋病）和流行病（豬流感、非典型肺炎、禽流感、埃博拉出血熱）防治等。為了有效地實現政府的工作目標，作為政府公關範疇的健康傳播已經悄然開始，必將走向深化。

其次，中國公共關係研究可着力於「專業化」(Specialization) 的公關研究。作為當今世界的第二大經濟體，中國的經濟已經深度融入國際經濟體系，現代經濟體的眾多成熟經驗已經在中國落地生根，並迅速繁殖，促進了具備鮮明中國特色的專業化分工和協同。於是，針對高度專業化領域的公共關係研究便越發重要，如：

(1) **財經公關**(Financial PR)——隨着資本市場在中國的快速成長以及大型企業重組的層出不窮，企業和投資者為了追求利益最大化和風險最小化，愈來愈傾向於尋求專業公關專家的服務，維護其在資本市場投資者和那些對投資者有重要影響的人士心目中特定形象和價值定位，因此財經公關在中國應運而生，且穩步發展。如此專業化的公關領域必定、也必須引起中國公關學者的關注。

(2) **科技公關**(Science & Technology PR)——中國的經濟增長方式已經向「科技創新引領」轉型，然而由信息革命引領的新一輪科技革命對經濟發展方式、社會交往方式和社會治理方式的影響和衝擊異常深刻，由此產生的問題與困惑層出不窮（例如智慧型機器人是否會反過

來控制人類,高新科技企業的科技含量到底如何),需要專業的公關人士加強對任何一個高新技術的行業背景、科技知識、市場應用價值等方面的傳播。在一個科技革命推動的社會大變革時代,中國式的科技攻關呼之欲出,對公關學者而言,不僅是挑戰,也是一個巨大的學術機遇(李心萍,2019;Grunig, 2009)。

(3) **訴訟公關** (Litigation PR)──隨着中國法制化建設的不斷深入,企業和機構涉訟的數量、頻率、影響度及潛在風險等越演越烈,這也是現代化進程中無法繞過去的新生事物。中國的訴訟公關如何在中國的法治環境、文化傳統和大眾傳播生態中健康成長,是公關學者不得不關心的一個重要議題。

最後,中國公共關係可著力於「數字化」(Digitalization)公關研究。中國數字化的快速演進正在引領國際潮流,「數字中國」已經並將持續成為中國經濟社會發展的重大領域,如:「互聯網+政務服務」推動了政府公共服務,數字經濟已成為中國經濟的新引擎,智慧社會讓普通大眾的生活更便捷輕鬆(李心萍,2019)。對中國公關從業人員而言,如何迅速跟上數字化的步伐、熟練地運用數字傳播技術、創新地開發數字化的公共關係活動,既是挑戰,也是機遇,而對中國的公關學者,也是如此。

中國的改革開放永遠在路上,中國公共關係研究任重道遠。源自美國和西方國家的公共關係實務和研究從一開始便帶有濃厚的區域或地方色彩,隨着公關在其他國家和地區的延伸,「西方原則、本土實踐」成為了一種擴展模式,知識的內涵和外延在「既是國際的、也是本土的」交融中得以充實和厚實。中國特色的公共關係研究也應在這種趨勢中演進,因此非常值得期待。

# 參考文獻

人民日報（2019）。〈中國吸毒人數首次出現下降，冰毒成濫用「頭號毒品」〉，《新華網》，6月19日，見www.xinhuanet.com/2019-06/19/c_1124640850.htm。

李心萍（2019）。〈數字中國，邁向美好未來〉，《人民日報》，5月7日，見www.gov.cn/guowuyuan/2019-05/05/content_5388653.htm。

陳先紅（2013）。〈用公關理念講好中國故事〉，4月5日，華南理工大學新聞與傳播學院，見www2.scut.edu.cn/communication/2017/0405/c4229a212210/page.psp。

Yao, Z. Y. (2017). Public relations research: Positivism vs. pragmatism（〈魚與熊掌能否兼得？——公關研究方法的科學性和實用性〉）. In X. H. Chen (Ed.), *Public Relations Studies in China*（《中國公共關係學》）。Communication University of China Press (中國傳媒大學出版社)。微信號gjxwjwx 功能介紹 新聞傳播學科唯一的國家社科基金首批資助期刊、全國中文核心期刊、全國新聞核心期刊、中文社會科學引文索引（CSSCI）來源期刊。

Botan, C. H., & Taylor, M. (2004). Public relations: State of the field. *Journal of Communication, 54*(4): 645–661.

Broom, G. M. (2006). An open-system approach to theory building in public relations. *Journal of Public Relations Research, 18*: 141–150.

Chen, N. (2009). Institutionalizing public relations: A case study of Chinese government crisis communication on 2008 Sichuan earthquake. *Public Relations Review, 35*(3): 187–98.

Dearing, J. W. (2009). Applying diffusion of innovation theory to intervention development. *Res Soc Work Pract, 19*(5): 503–518. doi: 10.1177/1049731509335569

Flynn, T. (2006). A delicate equilibrium: Balancing theory, practice, and outcomes. *Journal of Public Relations Research, 18*: 191–201.

Fukuyama, F. (1989). The end of history? *The National Interest, 16*(Summer): 3–18. https://www.jstor.org/stable/24027184

Grunig, J. E. (2006). Furnishing the edifice: Ongoing research on public relations as a strategic management function. *Journal of Public Relations Research, 18*(2): 151–176.

Grunig, J. E. (2009). Paradigms of global public relations in an age of digitalization. *PRism, 6*(2): 1–19. http://praxis.massey.ac.nz/prism_on-line_journ.html

Grunig, J. E. (2011). Public relations and strategic management: Institutionalizing organization–public relationships in contemporary society. *Central European Journal of Communication, 4*(1): 11–31.

Heath, R. L. (2001). *Handbook of Public Relations*. Thousand Oaks, CA: Sage Publications.

Heath, R. L. (2006). Onward into the moe fog: Thoughts on public relations research directions. *Journal of Public Relations Research, 18*: 93–114.

Himelboim, I., Golan, G. J., Moon, B. B., & Suto, R. J. (2014). A social networks approach to public relations on Twitter: Social mediators and mediated public relations. *Journal of Public Relations Research, 26*(4): 359–379.

Pasadeos, Y., Berger, B., & Renfro, R. B. (2010). Public relations as a maturing discipline: An update on research networks. *Journal of Public Relations Research. 22*(2): 136–158.

Peirce, C. S. (1992). *The Essential Peirce, Selected Philosophical Writings, Volume 1* (1867–1893). Nathan Houser and Christian.

Seeger, H., & Wilson, R. S. (2019). Diffusion of innovations and public communication campaigns: An examination of the 4R nutrient stewardship program. *Journal of Applied Communications, 103*(2). https://doi.org/10.4148/1051-0834.2234

Toth, E. L. (2006). Public relations and communication management: Challenges for the next generation. *Journal of Public Relations Research, 18*: 91.

Turnbull, N. (2003). Five hypotheses on an epistemology of public relations. *Asia-Pacific Public Relations Journal, 4*(2).

Λ